ÉCONOMIE RURALE.

IMPRIMERIE DE FÉLIX LOCQUIN,
16, rue Notre-Dame des Victoires.

ÉCONOMIE RURALE

CONSIDÉRÉE DANS SES RAPPORTS

AVEC

LA CHIMIE, LA PHYSIQUE

ET LA MÉTÉOROLOGIE

PAR J.-B. BOUSSINGAULT,

Membre de l'Académie des Sciences de l'Institut, ancien doyen d la Faculté des Sciences de Lyon, Membre de l'Académie des Sciences de Stockholm, de la Société royale et centrale d'Agriculture, de l'Académie royale d'Agriculture de Suède, de la Société Philomathique, etc., etc.

TOME DEUXIÈME.

PARIS

BÉCHET JEUNE, LIBRAIRE-EDITEUR,

PLACE DE L'ÉCOLE DE MÉDECINE, N. 1.

—

1844

SCIENCE AGRICOLE.

CHAPITRE V.

DES ENGRAIS.

Quelles que soient sa constitution et ses propriétés physiques, la terre ne donne des récoltes lucratives qu'autant qu'elle renferme une quantité suffisante de matières organiques, sous un état plus ou moins avancé de décomposition. Il est des sols favorisés dans lesquels cette matière, désignée sous les noms d'humus ou de terreau, existe naturellement; il en est d'autres, et c'est le plus grand nombre, qui en sont totalement privés, ou qui n'en contiennent qu'une proportion insignifiante. Ces sols exigent, pour devenir fertiles, l'intervention des engrais; rien ne saurait y suppléer, ni le travail qui les ameublit, ni le climat qui aide si puissamment leur fécondité, ni les sels ou les alcalis qui sont de si utiles auxiliaires de la végétation.

Ce n'est pas qu'une terre entièrement privée de débris organiques ne puisse permettre à une plante de naître et de se développer. Nous avons vu précédemment que l'atmosphère, la lumière, la chaleur et l'humidité, suffisent à son existence; mais, dans une semblable condition, la végétation est lente, quelquefois imparfaite, et l'industrie agricole ne saurait s'exercer sur un sol qui approcherait de ce degré de stérilité absolue.

Les végétaux, considérés dans l'ensemble de leur constitution, contiennent du carbone, de l'eau toute formée ou ses éléments, de l'azote, du phosphore, du soufre, des oxydes métalliques unis aux acides phosphorique et sulfurique, des chlorures, des bases alcalines combinées à des acides végétaux. Plusieurs de ces éléments ne font pas partie de l'atmosphère, et dérivent nécessairement du sol. Les engrais les plus communément employés ne sont d'ailleurs autre chose que les détritus des plantes, les dépouilles ou les excrétions des animaux, renfermant, par le fait même de leur origine, la totalité des principes qui constituent les êtres organisés; et bien qu'il soit très probable que certaines familles végétales sont plus aptes que d'autres à s'approprier l'azote ou les vapeurs ammoniacales de l'atmosphère, l'expérience prouve, que les débris organiques azotés concourent de la manière la plus efficace à la fertilité du sol. Nous sommes loin aussi de pouvoir affirmer, que le carbone des plantes provient exclusivement de l'acide carbonique atmosphérique. Cet acide, sans aucun doute, en est la principale source, mais il est possible que certains éléments carburés des fumiers soient assimilés directement.

Les auteurs qui ont traité des engrais, en ont généralement formé deux grandes classes : 1° les fumiers d'origine organique, dans lesquels on retrouve tous les éléments de la matière vivante; 2° les engrais minéraux, salins ou alcalins, qu'on a particulièrement désignés sous le nom de stimulants, en leur accordant la faculté purement gratuite, de faciliter l'assimilation de la nourriture que les plantes rencontrent dans les fumiers, en stimulant, en excitant leurs organes. Une telle distinction n'est réellement pas fondée, et rien ne montre autant combien nos connaissances sur ce sujet étaient alors peu avancées, que cette tendance qu'ont eue les meilleurs esprits, à rapprocher continuellement la nutrition végétale de l'alimentation des animaux.

Nous nommerons *engrais*, tous les agents dont dispose le cultivateur pour réparer, conserver, augmenter la fécondité du sol. Pour nous, le plâtre, la marne, les cendres, sont des engrais comme le fumier de cheval, le sang, l'urine : tous concourent au but qu'on se propose en les employant, et qui est d'accroître la production végétale. Le meilleur engrais, celui dont l'usage est le plus général, est précisément celui qui, par sa nature complexe, réunit tous les principes fécondants exigés par les cultures ordinaires. Les cultures spéciales peuvent demander des engrais spéciaux; mais l'engrais normal, comme le fumier de ferme, par exemple, quand il dérive d'une bonne alimentation, administrée à des animaux pourvus d'une litière convenable et abondante, offre la totalité des principes nécessaires au développement des végétaux. Un semblable fumier contient à la fois les éléments habituels qui entrent dans l'organisme des plantes, et les substances minérales qui se trouvent réparties dans leurs tissus. On y rencontre en effet le carbone, l'azote, l'hydrogène et l'oxygène, réunis aux phosphates, aux sulfates, aux chlorures, etc.

Tout engrais, pour être immédiatement efficace, doit présenter cette composition mixte. Les cendres, le plâtre, la chaux, répandus sur un terrain stérile, ne l'amélioreraient pas d'une manière sensible. Des matières organiques azotées qui seraient absolument privées de substances salines et terreuses, ne produiraient probablement pas un meilleur effet ; c'est l'association de ces deux ordres de principes, dont les premiers dérivent en définitive de l'atmosphère, et dont les seconds appartiennent à la partie solide du globe, qui constitue l'engrais normal, nécessaire à l'amélioration des cultures.

La matière organique morte, exposée aux influences réunies de la chaleur, de l'humidité et du contact de l'air, éprouve des modifications profondes, et passe, par une suite de transformation, à un état de composition de plus en plus simple. Les tissus, tant qu'ils font partie des êtres animés, se trouvent protégés contre l'action destructive des agents atmosphériques. Cette protection ne s'étend pas au delà de l'existence des plantes et des animaux. La destruction commence avec la mort, si les circonstances accessoires sont suffisamment intenses ; alors se réalisent tous les phénomènes de la putréfaction, de la fermentation putride qui engendre, aux dépens des éléments primitifs des êtres organisés, des corps moins compliqués dans leur constitution, plus stables, et qui se présentent sous la forme qu'affectent généralement les corps inorganisés de la nature, l'état gazeux et l'état crystallin. Les substances minérales qui se trouvaient engagées dans l'organisme redeviennent libres, et sont ainsi restituées à la terre.

Les matières organisées qui s'altèrent le plus

promptement, sont précisément celles dans lesquelles l'azote entre comme principe constituant. Abandonnées à elles-mêmes, en dissolution ou simplement humectées, ces matières donnent tous les signes caractéristiques de la putréfaction. Il s'en exhale une odeur des plus insupportables, et le résultat de leur décomposition poussée à l'extrême, est en définitive une production de sels à base d'ammoniaque. L'eau au milieu de laquelle le phénomène s'accomplit, ne le favorise pas seulement en atténuant la cohésion, en permettant aux molécules de se mouvoir plus librement; elle intervient encore par l'affinité même de chacun de ses principes, pour les éléments de la substance qui subit la fermentation putride. Proust a vu que, pendant l'altération du gluten plongé dans l'eau, il se dégage un mélange de gaz acide carbonique et de gaz hydrogène pur, phénomène qu'il explique par la décomposition du liquide; en même temps il se produit des sels ammoniacaux, parmi lesquels se trouvent de l'acétate et du lactate, dont les acides ont pris naissance au sein même de la fermentation.

Comme un exemple frappant de l'intervention de l'eau, dans le passage de l'azote à l'état d'ammoniaque dans un composé quaternaire, on peut choisir la putréfaction de l'urée.

L'urée se rencontre dans l'urine de l'homme et

des quadrupèdes; sa composition, suivant M. Dumas, est :

Carbone	20,0
Hydrogène	6,6
Oxygène	26,7
Azote	46,7
	100,0

Les matières animales dissoutes dans l'urine, comme le mucus de la vessie, éprouvent au contact de l'air une modification qui les fait se comporter comme ferment à l'égard de l'urée. Par leur influence, les éléments de l'eau réagissent sur cette matière et la transforment en carbonate d'ammoniaque.

Le carbonate d'ammoniaque est composé de :

Acide carbonique 56, 41 contenant	Carbone. . . .	15,39
	Oxygène. . .	41,02
Ammoniaque. . 43,59 contenant	Hydrogène. .	7,69
	Azote. . . .	35,90

100 d'urée ont produit par la fermentation 130 de carbonate d'ammoniaque.

	Carbone.	Hydrog.	Oxygène.	Azote.
Avant la fermentation, 100 d'urée contenaient.	20,00	6,60	26,7	46,7
Après la ferm. 130 de carb. d'amm. contiennent.	20,00	10,00	53,3	46,7
Différences . .	C. 0. 0.	+H3. 4.	+O26,6	A. 0. 0

Ainsi, pendant sa transformation, l'urée a gagné 3,4 d'hydrogène et 24,6 d'oxygène.

Dans l'eau, l'hydrogène est à l'oxygène : : 1 : 8. Or, c'est précisément dans ce même rapport que se trouvent l'hydrogène et l'oxygène acquis par l'urée, en passant à l'état de carbonate d'ammoniaque; d'où il résulte que ce sont bien réellement les éléments de l'eau qui ont été fixés.

La putréfaction des substances azotées est loin de présenter toujours des résultats aussi nets; le plus souvent, en se putréfiant, elles passent par une série d'altérations encore très obscures, avant de parvenir à la dernière limite, la production de sels ammoniacaux. C'est ainsi qu'en faisant pourrir du caséum délayé dans l'eau, M. Braconnot a obtenu, entre autres produits, une matière fort remarquable, qu'il a nommée aposépédine; il se forme en outre des sels à base d'ammoniaque. L'aposépédine, purifiée, est une substance blanche, crystalline, soluble dans l'eau et dans l'alcool, susceptible de se combiner avec les oxydes métalliques; l'azote est au nombre de ses éléments. Cette substance, bien qu'engendrée au sein même de la putréfaction, peut néanmoins se putréfier elle-même, et donner naissance aux produits derniers de la décomposition spontanée de matières azotées.

Un des caractères les plus saillants, du moins celui qui est le plus facilement remarqué, est l'odeur fétide, qu'exhalent les substances animales qui se putréfient. Ce n'est pas toujours l'odeur ammoniacale qui domine, celle de l'acide hydrosulfurique est souvent très prononcée; mais ce n'est pas encore là l'émanation la plus repoussante ; il se développe aussi des principes nauséabonds, des miasmes, tous d'une fétidité extrême, qui semblent être la matière altérée elle-même, entraînée par les gaz qui se dégagent.

Le soufre, comme le phosphore, fait presque toujours partie des corps organisés; toutefois, sa faible proportion serait insuffisante pour répandre l'odeur hépatique si intense que l'on observe fréquemment durant la putréfaction. Cette production d'acide hydrosulfurique tient à un fait très curieux, apprécié pour la première fois par M. O. Henri. Il consiste en ce que les sulfates dissous dans un milieu où se trouvent des matières azotées en décomposition, éprouvent eux-mêmes une véritable réduction, passent à l'état de sulfures, et dégagent ensuite de l'acide hydrosulfurique par l'action de l'acide carbonique de l'atmosphère, ou par celui qui se forme pendant la putréfaction de la matière organique ; c'est par une action semblable, exercée sur le sulfate de chaux, que M. Henri a expliqué l'origine sulfureuse des eaux d'Enghien, près Paris; et M. Fontan, dans un travail remarquable sur les eaux minérales, a généralisé cette explication (1).

La cause de la destruction des sulfates placés dans de telles circonstances se comprend aisé-

(1) Fontan, *Annales de Chimie et de Physique*, t. LXXIV, p. 225, 2e série.

ment. Durant la décomposition des matières organisées, le carbone qui leur appartient forme du gaz acide carbonique, à la fois avec l'oxygène des matières elles-mêmes et avec l'oxygène de l'eau ; il est probable que l'oxygène de l'acide sulfurique concourt également à cette formation, et que le soufre devient libre. L'hydrogène de l'eau décomposée, comme celui de la matière, se trouvant avec le soufre à l'état naissant, s'unissent pour former de l'acide hydrosulfurique, qui réagit aussitôt sur la base du sulfate, en produisant, comme on sait, de l'eau et un sulfure métallique. Ce sulfure, ne pouvant exister en présence du dégagement continu de gaz acide carbonique qui a lieu au sein de la masse en putréfaction, donne pour résultat définitif, un carbonate d'une part, et de l'autre de l'acide hydrosulfurique.

La faculté que possèdent les corps organisés azotés de se décomposer spontanément en présence de l'eau et sous l'influence de la chaleur, paraît dépendre de la tendance qu'a l'azote à s'unir à l'hydrogène pour former de l'ammoniaque. Cette tendance est peut-être la cause déterminante du phénomène de la fermentation, pris dans l'acception la plus générale. Les corps organiques exempts d'azote se décomposent moins facilement, et le genre d'altération qu'ils éprouvent de la part de l'eau et de l'air, diffère à beaucoup d'égards de la putréfaction des matières azotées. La difficulté que l'on rencontre, lorsqu'il s'agit de faire fermenter des substances végétales, en est une preuve. Cependant les débris végétaux qui vont au fumier, renferment tous, sans exception, des principes azotés, souvent, il est vrai, en proportion fort minime; mais nous savons qu'il n'y a pas d'exemple d'un tissu organique végétal qui en soit complètement privé. Les débris de plantes les plus riches en azote sont certainement ceux qui éprouvent le plus promptement et le plus complètement la fermentation putride; tels sont les choux, les feuilles de betteraves, etc. Les pailles, au contraire, lorsqu'elles sont seules, la subissent lentement et d'une manière imparfaite: le peu de principe azoté qu'elles renferment, s'altère et réagit sur le ligneux qui l'environne; mais l'effet s'arrête bientôt et cesse même entièrement si l'on ne fait intervenir des substances riches en azote. Le ligneux des pailles se trouve exactement dans la condition du sucre qui n'a pas reçu la dose de ferment nécessaire pour sa transformation totale en alcool.

La plupart des substances organisées, qu'elles appartiennent à l'un ou à l'autre règne, quand elles sont placées dans certaines conditions, éprouvent de la part de l'oxygène des altérations profondes. Nous devons étudier ces altérations avec d'autant plus de soin que, dans la pratique agricole, on a successivement intérêt à favoriser ou à prévenir les causes qui les font naître, selon qu'il s'agit d'activer la décomposition des débris végétaux pour en faire des engrais, ou de s'entourer de toutes les précautions que la prudence suggère, pour conserver intact le produit des récoltes.

Les substances organisées, humectées et exposées à l'air, sous l'influence d'une température dont je crois, d'après quelques essais, pouvoir fixer le minimum à 9° ou 10°, s'emparent de l'oxygène, l'absorbent en partie, pour former de l'eau avec leur hydrogène, et de l'acide carbonique aux dépens de leur carbone. Lorsque ces matières sont accumulées en assez grande masse, la chaleur produite se dissipe moins rapidement, la température s'élève et favorise la réaction, au point souvent de faire succéder une combustion ardente, un incendie, à la combustion lente qui s'était manifestée d'abord. Ainsi, il n'est pas sans exemple de voir prendre feu au foin rentré trop humide dans le fenil; et la température toujours élevée des chiffons humides mis dans le *pourrissoir* des papeteries, la production abondante d'acide carbonique qui a lieu dans cette circonstance, montrent que c'est avec raison que l'on assimile ce genre d'action au phénomène de la combustion.

Cette combustion lente n'est pas particulière

aux substances organiques azotées, celles qui sont privées d'azote la subissent également. Cette altération de la matière organique, cette combustion opérée à une basse température par l'action de l'air, diffère, dans ses résultats, de la décomposition qui s'effectue au milieu d'une masse liquide; nous avons vu, par exemple, que le gluten, en fermentant sous l'eau, laisse dégager du gaz hydrogène. Or, Bertholet a établi, et M. de Saussure a confirmé cette observation, qu'un corps azoté en putréfaction, dont toutes les parties sont en contact avec l'air, n'ajoute jamais de gaz hydrogène ni de gaz azote à l'atmosphère confinée dans laquelle il est placé (1). D'un autre côté, Saussure a montré que les substances organiques qui n'émettent pas de gaz hydrogène pendant leur décomposition spontanée, s'opérant dans un milieu exempt d'oxygène, ne changent point le volume d'une atmosphère dont ce gaz fait partie. Ces mêmes substances condensent au contraire de l'oxygène, lorsqu'elles sont arrivées à cette phase de leur altération où elles exhalent de l'hydrogène. En poursuivant, avec une persévérante sagacité, l'étude de la putréfaction, M. de Saussure a découvert la cause de cette condensation. Elle réside dans ce qu'une matière organique en voie de décomposition spontanée,

(1) Saussure, *Recherches chimiques*, p. 156.

se comporte à quelques égards comme l'éponge de platine placée dans un mélange gazeux d'oxygène et d'hydrogène. On sait que le platine, récemment chauffé et introduit dans un mélange de ces deux gaz, détermine leur union dans les proportions voulues pour constituer de l'eau. Or, en substituant au métal des graines humides, préalablement privées de leur faculté germinative, le même effet est produit, les gaz se combinent, jusqu'à ce que l'un des deux ait complètement disparu. Quand cette combustion de l'hydrogène, provenant de la décomposition des substances organiques, a lieu au sein de l'air atmosphérique qui contient de l'azote, il est possible qu'il y ait production d'une faible quantité d'ammoniaque, en même temps qu'il se produit de l'eau. Et ce n'est sans doute pas aller trop loin, en supposant que des engrais très peu azotés prélèvent, en fermentant, de l'azote sur l'air atmosphérique; que pendant l'acte même de la végétation, l'hydrogène provenant de l'eau décomposée, ou bien encore celui qui fait partie des huiles essentielles formées par les plantes, peut, en s'oxydant de nouveau, introduire l'azote atmosphérique dans leur constitution.

Les matières organisées mortes, comme le bois, la paille, les feuilles, exposées humides et pendant longtemps à l'action de l'air, finissent par se transformer en une substance brune, presque noire quand elle est mouillée, qui se pulvérise quand elle est sèche, et que l'on désigne communément par le nom de terreau. C'est pour ainsi dire le dernier terme de la décomposition des matières organiques ; déjà le terreau semble appartenir au règne minéral, et, quelle que soit la diversité de son origine, il présente assez de caractères propres pour le considérer comme une substance particulière. A la vérité, l'atmosphère continue à exercer son action sur le terreau ; ses éléments combustibles se dissipent en brûlant d'une manière lente, imperceptible, en donnant lieu à de l'eau et à de l'acide carbonique. Mais dans cette décomposition ultérieure, on ne remarque plus ces produits fétides qui caractérisent la fermentation putride.

De la sciure de bois humectée, placée pendant quelques semaines dans une atmosphère d'oxygène, forme une certaine quantité d'acide carbonique, et le volume du gaz ne diminue pas sensiblement ; à sa surface le bois acquiert une couleur d'un brun foncé. Plusieurs expériences entreprises par de Saussure, prouvent que le bois mort ne fixe point le gaz oxygène de l'atmosphère ; il le transforme en acide carbonique, et l'action se passe comme si le carbone de la matière organique éprouvait seul l'effet de l'oxygène; car le volume gazeux reste le même. Cependant la perte éprouvée par le ligneux durant son séjour dans l'air, est plus forte qu'elle ne devrait l'être, si du carbone seul était éliminé ; d'où Saussure conclut qu'en même temps que le ligneux abandonne du carbone, il laisse échapper de l'eau de constitution (1).

Comme conséquence de ces observations, la proportion relative de carbone doit augmenter dans le bois humide altéré par l'action de l'atmosphère, puisque par cette action on a constaté que le ligneux perd plus en éléments de l'eau qu'il ne perd en carbone. C'est ce que confirment les analyses suivantes : la première faite sur du bois de chêne, préalablement purifié par des lavages à l'eau et à l'alcool, est due à MM. Thenard et Gay-Lussac. La suivante appartient à MM. Meyer et Will (2).

	Bois de chêne.	id. pourri.	id. pourri.
Carbone	52,5	53,6	56,2
Hydrogène et oxygène, eau. . .	47,5	46,4	43,8
	100,0	100,0	100,0

Le bois qui se décompose sous l'eau, sans être en contact direct avec l'air, subit une modification différente ; il blanchit au lieu de noircir, et le carbone, loin d'augmenter, diminue. Saussure croit que ce genre d'altération tient principale-

(1) Saussure, *Recherches chimiques*, p. 147.
(2) Liebig, *Chimie organique*, introduction, p. 5.

ment à la perte des principes solubles et colorants du bois, principes qui renferment plus de carbone que le ligneux lui-même (1) ; de sorte que le ligneux pur, exposé humide à l'action de l'air, donnerait un produit analogue à celui qui résulte de sa décomposition sous l'eau. La vérité est que les chiffons de lin humecté, que l'on fait pourrir dans les fabriques de papier, donnent un produit blanc et très peu cohérent. La masse, qui s'échauffe beaucoup pendant cette opération, perd environ 20 pour 100 de son poids primitif. C'est précisément ce qui arrive au bois pourri par l'action alternative de l'eau et de l'air, qui devient blanc et très friable. Du bois de chêne parvenu à cet état de décomposition contenait, suivant M. Liebig (2) :

Carbone	47,6
Hydrogène.	6,2
Oxygène.	44,9
Cendres	1,3
	100,0

Comparés à la composition du bois de chêne inaltéré, ces nombres font voir que, pendant sa modification, le bois a perdu du carbone, et que, d'un autre côté, il a gagné de l'hydrogène; les éléments de l'eau ont dû nécessairement intervenir et se fixer pendant la réaction.

(1) Saussure, *Recherches chimiques*, p. 149.
(2) Liebig, *Chimie organique*, introduction, p. 59.

Le ligneux qui se pourrit sous l'eau, n'est pas par cela même complètement à l'abri de l'atmosphère ; l'eau tient toujours de l'air en dissolution, et l'oxygène de cet air réagit certainement comme s'il se trouvait à l'état gazeux.

La chaleur exerce sur tous les phénomènes de décomposition qui se rattachent à la fermentation, à la putréfaction ou à la combustion lente, une influence qui n'a certainement pas été suffisamment appréciée. Des corps organiques plongés dans une grande masse d'eau, ne sont pas exposés à des changements de température aussi variés, aussi brusques, que lorsqu'ils sont placés dans l'atmosphère ; leur décomposition peut être plus lente, plus uniforme ; les produits solubles qu'ils renferment, ou qui sont le résultat de l'altération qu'ils subissent, sont en grande partie dissous. La température peut amener ainsi de grandes différences dans le résultat final de la décomposition. La tourbe qui dérive, comme on sait, de la destruction lente des plantes submergées, ne semble plus se former dans les lacs des climats chauds ; on ne l'a peut-être jamais rencontrée dans les eaux stagnantes des régions équinoxiales ; là, le ligneux paraît totalement se dissiper en gaz acide carbonique, et en gaz des marais, source probable de l'insalubrité de ces contrées. On n'observe des lacs à fond tourbeux que sur les plateaux très élevés des Andes, dans des localités où la température moyenne n'excède pas 8 à 12° C.

Les alcalis contribuent puissamment soit à déterminer, soit à accélérer la décomposition de certaines matières organiques. Il en est plusieurs qui n'éprouveraient aucun changement sans leur intervention, quelles que soient d'ailleurs les conditions favorables à la décomposition. Ainsi, suivant M. Chevreul, avec l'acide gallique, plusieurs substances colorantes peuvent être conservées intactes en dissolution presque indéfiniment; mais il suffit de la présence d'une très petite quantité d'alcali libre pour qu'elles acquièrent aussitôt la faculté d'absorber l'oxygène, en prenant en même temps une teinte brune. M. Chevreul a vu que 0.2 gr. d'hématine en dissolution dans de la potasse, peuvent absorber 25,6 centigr. d'oxygène, en formant 6 centigr. d'acide carbonique; l'oxygène qui entre dans l'acide carbonique ne représente donc pas à beaucoup près, celui qui a été fixé dans la dissolution, et il est à peu près certain que ce gaz a réagi également sur l'hydrogène de la matière colorante.

L'emploi des alcalis, comme moyen d'accélérer la destruction des matières organisées, est connu depuis longtemps des agriculteurs. C'est ainsi qu'on stratifie quelquefois les fougères, les pailles, les fanes ligneuses avec de la chaux vive pour faciliter leur désagrégation, et par suite leur décomposition. L'utilité de cette pratique ancienne ne saurait être contestée, tant qu'elle reste confinée dans certaines limites ; malheureusement on en abuse fréquemment, car il est hors de doute que les alcalis mêlés inconsidérément aux engrais, deviennent réellement plus nuisibles qu'avantageux au but qu'on se propose en les faisant intervenir.

Un caractère propre à toutes les matières végétales qui se décomposent, et qui devient d'autant plus prononcé que la décomposition avance vers sa dernière phase, qui est la production du terreau, c'est l'apparition d'une substance brune, peu soluble dans l'eau, et se dissolvant aisément dans les alcalis. Cette substance, c'est l'ulmine, qui, en raison de quelques propriétés acides qu'elle possède, est aussi nommée acide ulmique. Elle fait partie du terreau, et Polydore Boullay l'a constamment retrouvée dans les eaux de fumiers.

Vauquelin découvrit l'ulmine unie à la potasse en 1797, dans les produits de l'exsudation de l'ulcère d'un orme (1). En 1804 (2), Klaproth confirma cette observation. Plus tard, M. Braconnot parvint à préparer artificiellement l'ulmine en traitant le ligneux par un alcali (3). On se procure facilement cette substance, en chauffant dans

(1) Vauquelin, *Annales de Chimie*, t. XXI, p. 39.
(2) Klaproth. *Gehlen. Journ.*, t. IV, p. 329.
(3) Braconnot, *Ann. de Chimie et de Physiq.*, t. XLIII, p. 273.

une bassine d'argent, avec ménagement et en agitant continuellement, un mélange de parties égales de potasse et de sciure de bois légèrement humectée. Il arrive une époque où le ligneux se ramollit et semble se dissoudre subitement ; la matière commence alors à se boursoufler ; on cesse le feu. Le produit obtenu se dissout dans l'eau presque en totalité. La solution, d'un brun extrêmement foncé, contient comme produit principal de l'ulmine combinée à la potasse, que l'on précipite par l'addition d'une quantité suffisante d'acide sulfurique faible. Après avoir été lavée et desséchée, l'ulmine est noire, fragile et ressemble au jayet ; encore humide, elle rougit le papier de tournesol ; sa dissolution dans la potasse forme avec plusieurs sels, et par voie de double décomposition, des ulmates insolubles. M. Péligot donne à l'ulmine la composition suivante (1) :

Carbone	72,3
Hydrogène. . .	6,2
Oxygène	21,5
	100,0

Les fumiers, le bois pourri, le terreau renferment toujours une substance brune, qui possède des propriétés à très peu près semblables à celles

(1) Péligot, *Annales de Chimie et de Physique*, t. LXXIII, p. 214, 2e série.

qui caractérisent l'ulmine obtenue par l'action des alcalis sur le ligneux.

Le terreau qui contient cette ulmine en abondance et sous l'état le plus convenable pour favoriser la végétation, doit par cela même être étudié avec attention. Son histoire a d'ailleurs été si habilement tracée par M. de Saussure, que la science actuelle ne pourrait ajouter que peu de chose aux déductions importantes que le célèbre auteur des *Recherches chimiques* a fait ressortir de ses observations.

M. de Saussure définit le terreau végétal : la substance noire qui recouvre les plantes mortes, après qu'elles ont été exposées pendant longtemps à l'action combinée de l'eau et de l'oxygène (1). Ses expériences ont porté sur des terreaux presque purs, c'est à dire séparés à l'aide d'un tamis serré des débris végétaux qui y sont toujours mêlés; et on les avait recueillis soit sur des rochers élevés, soit dans des troncs d'arbres, où ils n'avaient pu être souillés par des causes étrangères à celle de la décomposition spontanée qui les avait produits. Tous ont paru fertiles, surtout lorsqu'ils étaient préalablement mélangés avec du gravier, qui sert de point d'appui aux racines et permet l'accès de l'air. Il faut cependant en excepter celui qui s'était formé

(1) Saussure, *Recherches chimiques*, p. 162.

dans l'intérieur des arbres et dans une situation telle, que l'eau des pluies ne trouvait pas d'écoulement; alors le terreau renferme des principes extractifs provenant en partie de la plante vivante et qui obstruent les pores du végétal auquel on l'applique comme engrais.

En calcinant comparativement, en vases clos, divers terreaux et des plantes semblables à celles qui les avaient formés, et en recueillant d'une part le charbon, de l'autre les matières volatiles et gazeuses, M. de Saussure a reconnu qu'ils contiennent, sous le même poids, plus de carbone et d'azote que les végétaux d'où ils dérivent. La plus forte proportion d'azote dans la plante décomposée semble indiquer que, pendant leur altération les végétaux ne laissent pas dégager cet élément; mais il faut ajouter à cette cause, celle qui a son origine dans les dépouilles que peuvent abandonner les insectes qui vivent dans l'humus.

L'action des acides faibles sur le terreau, se borne à dissoudre les parties métalliques terreuses et alcalines qu'il contient. Les acides énergiques, comme l'acide sulfurique, en dégagent souvent de l'acide acétique. L'alcool agit à peine sur lui, en dissolvant quelques centièmes de matière résineuse qui préexistait probablement dans la plante. La soude et la potasse le dissolvent presque complètement, en émettant de l'ammoniaque. Les acides précipitent de cette dissolution une poudre brune, combustible, jouissant des caractères que nous avons reconnus à l'ulmine. L'ulmine, séparée par cette voie, est loin de répondre au poids de la matière traitée par les alcalis. C'est qu'indépendamment de cette substance, le terreau renferme des principes qui ne sont pas précipités de la dissolution alcaline.

Un terreau assez riche pour ne donner qu'environ 1/10 de cendres, n'a perdu que 1/11 de son poids par des traitements réitérés à l'eau bouillante. Ce terreau épuisé par des lavages à l'eau, puis exposé à l'action humide de l'air, pendant l'espace de trois mois, a donné, par de nouveaux lavages, de la matière soluble; cet effet s'est constamment reproduit. Ainsi, par l'exposition à l'air du terreau insoluble humide, il se forme une matière extractive soluble. Cette matière extractive, obtenue par l'évaporation de l'eau qui en est chargée, n'est point déliquescente; elle donne de l'ammoniaque à la distillation. La solution aqueuse, rapprochée à la consistance de sirop, est neutre aux réactifs; sa saveur est sensiblement sucrée (1).

On sait que les sels alcalins qui entrent dans les sucs des végétaux, ne manifestent que très rarement les réactions qui leur sont propres; il faut incinérer la plante pour constater leur

(1) Saussure, *Recherches chimiques*, p. 162 à 174.

présence. Il en est ainsi des sels engagés dans le terreau.

Le terreau, comme je l'ai déjà fait observer, est le dernier terme de la putréfaction des matières organisées : ses éléments ont acquis une stabilité qui fait qu'ils résistent à toute fermentation. M. de Saussure en a conservé intacts pendant un an, dans des récipients pleins d'eau, fermés par du mercure, sans remarquer aucune émission de gaz. Cependant il est hors de doute que la partie organique du terreau ne soit entièrement destructive, quand elle est humide, par l'action de l'air ; avec le temps elle se dissipe, et il ne reste plus que les matières fixes, salines et terreuses qui s'y trouvaient. C'est ce que Bénédict de Saussure avait déjà conclu de ses observations sur la terre végétale qui recouvre le sol compris entre San Germano et Turin (1). Cette destructibilité de la terre végétale, dit de Saussure père, est un fait sans exception, et toutes les fois que les cultivateurs ont voulu suppléer aux engrais par des labours trop fréquemment répétés, ils en ont fait la triste expérience ; la terre s'est appauvrie graduellement et les champs sont devenus stériles. J'ajouterai que la nature du climat a une grande influence sur la dissipation des principes fertilisants du sol, et c'est

(1) Saussure, *Voyages dans les Alpes*, § 1319.

certainement à tort que les Européens blâment les labours superficiels que l'on donne généralement aux terres des pays équinoxiaux. Il y est bien reconnu qu'un trop grand ameublissement du fond est souvent préjudiciable, même dans les terres irriguées, où par conséquent l'effet défavorable ne saurait être attribué à une dessiccation trop rapide. Quelques renseignements parvenus à l'Académie des sciences, sur la culture des possessions françaises en Afrique, tendraient à faire croire que la même cause produit les mêmes effets en Algérie, et que ce n'est pas sans raison que les Arabes donnent aussi des labours très superficiels aux terres destinées à produire des céréales.

Le terreau se dissipe en brûlant dans l'air d'une combustion lente; au contact de l'oxygène, il donne naissance à de l'acide carbonique, comme le prouvent les expériences de Saussure. Du terreau pur, imbibé d'eau distillée et placé dans des cloches posées sur du mercure, ont formé du gaz acide carbonique, en faisant disparaître de l'oxygène. Le volume de gaz acide formé correspondait, en volume, à celui de l'oxygène qui avait disparu : ainsi le terreau émet, en présence de l'air, du gaz acide carbonique, et le phénomène se passe encore ici comme si le carbone seul était brûlé. La perte éprouvée est plus forte que celle qui devrait provenir du carbone qui s'unit à l'oxygène ; et Saussure en conclut qu'en même temps il y a perte des éléments de l'eau (1).

Le fait capital qui ressort des expériences de M. de Saussure, le résultat directement applicable à la théorie des engrais, c'est que le terreau se dissipe lorsqu'il est exposé à l'air, et que pendant la combustion lente qu'il éprouve il est une source continue de gaz acide carbonique.

Pour compléter les notions qui peuvent jeter du jour sur le rôle des fumiers, il me reste à traiter d'un phénomène important, qui s'accomplit quelquefois dans les mêmes conditions que celles qui accompagnent la décomposition, la putréfaction des matières organiques; je veux parler de la formation spontanée de l'acide nitrique, de la nitrification. L'acide nitrique résulte de l'union de l'azote avec l'oxygène. Telle est du moins la constitution de cet acide lorsqu'il est engagé dans les sels; mais à l'état isolé, il est toujours combiné à une certaine quantité d'eau; on ne l'a pas encore obtenu, et il paraît qu'il n'existe pas à l'état anhydre.

L'azote ne se combine donc pas directement avec l'oxygène; il faut qu'il y ait au moins intervention de l'eau, et suivant Cavendish, pour opé-

(1) Saussure, *Recherches chimiques*, p. 179.

rer cette union on doit faire passer une série d'étincelles électriques dans un mélange humide des deux gaz.

Cependant, en présence de bases terreuses ou alcalines, la réunion de l'azote à l'oxygène paraît être singulièrement favorisée, puisque dans la nature, les nitrates se rencontrent avec une certaine abondance; mais les circonstances qui déterminent leur formation, sont encore enveloppées d'une obscurité profonde.

On peut assigner aux nitrates naturels trois origines distinctes :

1° Des terrains, encore mal étudiés, laissent effleurir à leur surface, ou donnent par la lixiviation des quantités immenses de nitre. Telle est la source du salpêtre importé des Indes orientales. En Espagne, selon Proust, la terre de certaines localités des environs de Saragosse serait une mine inépuisable de nitrate de potasse. J'ai vu moi-même près Latacunga, à peu de distance de Quito, sur un sol formé de débris trachytiques, une production semblable de nitre, s'opérer pour ainsi dire sous mes yeux.

2° Sur la côte du Pérou, dans le désert de Tarapaca, à peu de distance du port de Iquique, on rencontre dans un terrain argileux, d'une époque extrêmement récente, de nombreux gisements de nitrate de soude, analogues et peut-être contemporains des gîtes de sel marin que l'on exploite sur la même côte, plus près de l'équateur, dans le désert de Sechura. C'est, à ma connaissance, le seul exemple d'un gîte minéral donnant lieu à l'exploitation d'un nitrate. Le nitrate de soude de Tarapaca arrive aujourd'hui en Europe en très grande quantité; ce sel remplace avec avantage le nitrate de potasse dans plusieurs arts chimiques, et tout récemment, on a fait en Angleterre des essais agricoles assez nombreux, dans la vue d'utiliser ce sel comme engrais. Jusqu'à présent ces essais ont donné des résultats contradictoires, et il faut attendre une expérience plus étendue avant de se prononcer.

3° Les nitrates provenant des matériaux salpêtrés.

La plupart des terres exposées aux émanations des animaux, les décombres des bâtiments qui ont été longtemps habités, le sol des écuries, des étables, des caves, contiennent presque toujours une certaine quantité de nitrates. Dans les contrées où les pluies sont rares, et où, par conséquent, ces sels, qui sont tous solubles, peuvent s'accumuler dans le terrain, en Egypte, par exemple, les ruines des villes anciennes sont aujourd'hui de véritables nitrières. C'est de la formation du nitre dans ces conditions que nous devons surtout nous occuper. Ce sel manifeste sa présence dans nos exploitations agricoles, il prend naissance durant la confection de nos fumiers, au milieu de nos champs en culture; nous le retrouvons enfin dans les plantes que nous récoltons, et nous sommes d'autant plus intéressés à découvrir son existence, à constater son action, que dans l'état actuel de nos connaissances, il nous est encore impossible de dire si le nitre intervient comme auxiliaire dans les phénomènes de la végétation, s'il contribue à la production des principes azotés qui entrent dans l'organisation végétale.

Pour que les nitrates se forment, il ne suffit pas de la présence des matières organiques azotées; il faut de plus que ces matières, pendant leur décomposition, se trouvent en contact avec des carbonates alcalins, calcaires ou magnésiens. Aussi a-t-on observé que les roches à structure crystalline ne se *nitrifient* point aussi facilement, quand elles sont exemptes des substances que nous venons de nommer. Les roches calcaires et magnésiennes les plus favorables à la nitrification des émanations animales, des végétaux en putréfaction, sont aussi celles de ces roches qui présentent le moins de cohésion, qui sont les plus poreuses, comme la craie, le tuf. Dans les contrées où le sol ne se nitrifie point naturellement, on s'applique à faire naître les circonstances qui donnent lieu à la production du salpêtre ; on forme des nitrières artificielles. Dans les pays du nord de l'Europe, là où la roche est granitique, on réunit en tas, dans une cabane bâtie en bois, un mélange de terre ordinaire, de sable calcaire ou de marne et de cendres lessivées. On arrose ce tas avec de l'urine d'herbivores ; de temps à autre on remue le mélange en le changeant de place, pour favoriser l'accès de l'air, et dans la même intention on a soin de ne pas comprimer la terre ; le monceau a ordinairement de 8 à 10 décimètres de hauteur, et il est disposé en talus sur tout le développement que comporte la longueur de la cabane. La pratique a enseigné que la nitrification s'opère mieux à l'ombre (1). En Prusse, on gâche avec de l'eau de fumier un mélange composé de cinq parties de terreau, d'une partie de cendres lessivées et de paille. Ensuite on élève avec cette espèce de mortier des massifs de 6 à 7 mètres de longueur, sur 2 mètres de hauteur. Pendant la construction, on introduit en assez grand nombre des bâtons dans la masse, et on les retire lorsqu'elle a acquis une consistance suffisante pour qu'il en résulte des issues au moyen desquelles l'air puisse pénétrer. Ces murs sont placés dans des lieux humides, et recouverts de toits en paille pour les préserver à la fois du soleil et de

(1) *Instruction sur la fabrication du salpêtre*; Paris, 1820.

la pluie. La masse est arrosée de temps à autre, et, après un an d'exposition, les matériaux sont suffisamment salpêtrés pour être soumis à la lixiviation (1).

Nous voyons que dans les nitrières artificielles, on cherche à réunir les circonstances sous lesquelles les nitrates se forment dans le sol des écuries, dans les caves des habitations. On met en effet en présence des matières organiques très azotées, et des carbonates terreux ou alcalins. La nécessité où l'on est dans l'établissement des nitrières, de faire intervenir des matières d'origine animale, fait présumer que la plus grande partie de l'acide nitrique qui se produit provient de l'azote de ces matières, soit que cet azote se combine à l'oxygène de l'air, ou à l'oxygène des principes organiques; mais nous ignorons encore par quelle voie s'effectue cette acidification.

M. Liebig en partant de ce fait, que les matières organiques azotées donnent toujours naissance à de l'ammoniaque pendant leur putréfaction; considérant ensuite que, durant la combustion du gaz ammoniaque mêlé à un grand excès d'hydrogène, il y a toujours oxydation de l'azote, en conclut que la nitrification est le résultat de la combustion lente de l'ammoniaque issue des ma-

(1) Chaptal, *Chimie appliquée aux arts*, t. IV.

tières azotées en voie de décomposition. L'azote de l'ammoniaque s'oxyde effectivement à l'aide de diverses conditions qu'il est facile de réaliser. En brûlant les substances animales au moyen de l'oxyde de cuivre, on sait de combien de précautions il faut s'entourer pour s'opposer à l'apparition de l'acide nitreux; et en favorisant la production de cet acide, par exemple en faisant passer un courant de gaz ammoniac sur du peroxyde de fer ou de manganèse placé dans un tube chauffé au rouge naissant, on obtient en abondance du nitrate d'ammoniaque. On arrive au même résultat, en soumettant à l'action de l'éponge de platine incandescente un mélange d'oxygène et d'ammoniaque gazeuse. La cause déterminante de l'acidification de l'azote engagé dans l'ammoniaque est probablement due à ce que, pendant la combustion, il se forme deux corps qui peuvent s'unir immédiatement; d'une part de l'acide nitrique, et de l'autre de l'eau sans laquelle l'acide ne saurait exister (1). Cependant le phénomène n'a lieu qu'à une chaleur suffisamment élevée. A la température ordinaire, la combustion des éléments de l'ammoniaque n'a pas, que je sache, encore été observée; et dans une série d'expériences que j'avais entreprises, en me guidant sur des idées entièrement conformes à

(1) Liebig, *Chimie organique*, introduction, p. 38.

celles émises par Liebig, je n'ai pas réussi à former des nitrates, en laissant séjourner de la chaux, de la potasse dans une atmosphère composée d'oxygène et de vapeur ammoniacale.

Dans une communication faite à l'Académie des sciences(1), M. Khulman a annoncé avoir constaté la présence du nitrate d'ammoniaque dans les produits de la putréfaction des matières animales. Si ce fait se confirme, si réellement l'acide nitrique est un des nombreux produits de la fermentation putride, la nitrification des terres en contact avec les matières organiques s'expliquerait tout naturellement. Je dois dire cependant que j'ai cherché en vain du nitrate d'ammoniaque dans le résultat de la fermentation putride du caséum.

Resterait néanmoins à concevoir la formation du nitre dans les localités nombreuses où il semble se former en l'absence de toute substance organique, comme dans les sols salpêtrés de l'Inde, de l'Amérique et de l'Espagne. John Davy qui a visité les nitrières de Ceylan, Proust qui a longtemps habité la Péninsule, ont émis l'opinion que le nitre apparaît dans des terrains où l'on n'aperçoit aucun vestige de ces substances. L'assertion de Proust est suspecte, en ce que, dans son mémoire, il affirme que la terre voi-

(1) Khulman, *Compte rendu de l'Académie des sciences*, 1841.

sine des nitrières est d'une grande fertilité, et qu'elle donne des récoltes abondantes sans jamais recevoir d'engrais. Or, jusqu'à ce jour, il est admis que tout terrain doué d'une grande fécondité doit contenir ou recevoir de la matière organisée morte. A Ceylan, selon Davy, les cavernes dont les parois se salpêtrent avec une si grande rapidité, sont surmontées d'un sol fertile, extrêmement boisé, dont les infiltrations peuvent pénétrer dans l'intérieur. Près de Latacunga, les observations que j'ai pu faire sur ces nitrières ne sont peut-être pas assez précises; je crois cependant pouvoir assurer que le terrain n'est pas exempt de terreau; çà et là on aperçoit des places couvertes de gazon. Il faut bien reconnaître cependant que, dans les localités que je viens de désigner, il existe une cause permanente de nitrification, puisque dans des terrains bien autrement fertiles le salpêtre n'apparaît, pour ainsi dire, qu'accidentellement, et jamais avec une aussi extraordinaire abondance.

Quoi qu'il en puisse être de la valeur des théories ingénieuses, mais encore bien incomplètes, de la nitrification, il est peut-être utile, dans des questions agricoles, de constater l'existence des nitrates contenus dans les terres. Wollaston a recommandé un procédé qui remplit bien ce but. Il est fondé sur la propriété qu'a l'eau régale, le mélange des acides chlorhydrique et nitrique, de dissoudre l'or pur, qui, comme on sait, résiste à l'action de chacun de ces deux acides agissant isolément. La terre dans laquelle on soupçonne des nitrates est traitée par l'eau distillée bouillante, puis jetée sur un filtre. On lave et l'on réunit les eaux de lavage à la liqueur filtrée. Par l'évaporation, on réduit le liquide à un très petit volume, et on le met dans un verre à pied; on ajoute de l'acide chlorhydrique, puis on introduit quelques petits lambeaux d'or battu; on agite avec une baguette de verre. Si la liqueur contient des nitrates, les parcelles d'or battu se dissolvent.

Après avoir décrit les circonstances qui déterminent et les phénomènes qui accompagnent la décomposition de la matière organisée morte, il me reste à traiter des engrais en particulier, de leur préparation, de leur application et de leur valeur relative.

Dans le cas le plus général, l'engrais destiné à fertiliser la terre a pour origine les déjections des animaux entretenus dans un domaine agricole, et la litière employée dans un double but de propreté et de salubrité. Ainsi, les matériaux qui concourent journellement à augmenter la masse des fumiers sont la paille, les excréments et les urines des bêtes à cornes, des chevaux, des porcs, etc. Ces différentes substances contiennent, en outre des éléments organiques qui entrent dans leur composition, les diverses substances minérales qui sont indispensables au développement des plantes. En effet, toutes les déjections laissent, quand on les brûle, des quantités souvent fort considérables de cendres, dans lesquelles on retrouve les mêmes substances salines et terreuses qui préexistaient dans les fourrages qui ont servi à l'alimentation des animaux. Les excréments varient nécessairement dans leur composition, suivant les aliments consommés, la nature et l'état de santé de l'animal qui les rend. Ceux des herbivores n'ont point été suffisamment examinés; Thaer et Einhof ont seulement constaté que la bouse de vache renferme un principe extractif en partie coagulable par la chaleur, et qu'il est possible d'en séparer des débris d'aliments. Toutes les matières fécales en contiennent effectivement une certaine quantité qui a échappé à la digestion, particulièrement chez les individus abondamment nourris. On y trouve aussi de l'albumine, mais la substance qui paraît y dominer, c'est la bile.

On sait qu'après la mastication, les aliments, mêlés à la salive et aux mucosités sécrétées par les glandes muqueuses, sont portés dans l'arrière-bouche, et passent successivement de l'œsophage dans l'estomac. Là, ils s'imbibent de suc gastrique, se modifient, deviennent acides, et se convertissent en une sorte de bouillie appelée *chyme*. Le chyme une fois formé se rend dans les intestins grêles, où il rencontre la bile et le suc pancréatique, qui le modifient, le convertissent en chyle, qui est absorbé par les capillaires. Tout ce qui n'est pas absorbé se résout en une matière extrêmement fétide, qui pénètre dans le gros intestin, d'où elle est expulsée périodiquement par l'animal, sous forme d'excrétions. La bile qui accompagne les matières fécales est sécrétée par le foie; c'est une liqueur amère, visqueuse, d'un jaune verdâtre, d'une odeur nauséabonde particulière.

Suivant M. Thenard, la bile de bœuf contiendrait :

Eau	700
Picromel	69 (1)
Matières grasses	15
Soude Phosphate de soude Chlorure de potassium et de sodium Sulfate de soude	10
Phosphate de chaux Oxyde de fer	1
	795

(1) Le picromel, découvert dans la bile de bœuf par M. Thenard, est une matière de consistance sirupeuse, incolore; placée sur la langue, elle fait éprouver une sensation âcre et amère, qui bientôt se change en une saveur légèrement sucrée. Les recherches récentes de MM. Tiedemann et Gmelin ont fait connaître dans la bile de bœuf des substances qui avaient échappé aux premières investigations. Ces chimistes ont rencontré 1° une substance ayant l'odeur de musc, et qui, probablement, est une des causes

L'urine est un liquide sécrété du sang artériel par les reins ; elle se rend dans la vessie par les uretères. Sa composition varie suivant les animaux qui la sécrètent. Son principe le plus caractéristique est l'urée; dans l'eau qu'elle contient toujours en très forte proportion, se trouvent des substances salines et une matière animale que l'on considère comme du mucus de la vessie. L'urine de cheval renferme, d'après M. Chevreul (1) :

Du carbonate de soude, de chaux et de magnésie ;
Du sulfate de soude,
Du chlorure de sodium,
De l'hippurate de soude,
De l'urée,
Une huile rousse.

L'urine des bêtes à cornes offre une composition analogue, avec cette différence qu'elle est beaucoup plus aqueuse.

J'ai constaté, dans l'urine altérée du bétail de nos étables, la présence de carbonates alcalins. Le sel marin s'y rencontre également. Elle contient aussi de l'huile rousse. Ayant eu à plusieurs reprises l'occasion de faire évaporer des quan-

de l'odeur particulière des excréments du bétail ; 2° des corps gras ; 3° de la résine biliaire ; 4° de la taurine, substance crystallisée ; 5° du sucre biliaire, qui renferme de l'azote au nombre de ses éléments. Suivant MM. Tiedemann et Gmelin, le picromel de M. Thenard résulterait de l'union du sucre et de la résine biliaire.

(1) Chevreul, *Annales de Chimie*, 1re série, t. LXVII, p. 302.

tités considérables d'urine de cheval, j'ai constamment remarqué qu'à la première ébullition il se coagule une matière azotée qui ressemble beaucoup à l'albumine. J'ai aussi reconnu dans l'urine des herbivores un acide volatil auquel elle doit probablement son odeur.

Dans l'urine de chameau, M. Chevreul a trouvé (1) :

Des carbonates de chaux et de magnésie,
De la silice,
Du sulfate de chaux } en très petites quantités.
De l'oxyde de fer }
Du chlorure de potassium,
Du carbonate de potasse } en petites quantités.
Du sulfate de soude }
Du sulfate de potasse en grande quantité,
De l'urée,
Un hippurate alcalin,
De l'huile rousse.

L'urine de lapins renferme, d'après Vauquelin :

Des carbonates de chaux, de magnésie et de potasse,
Du sulfate de potasse,
Du chlorure de potassium,
Du soufre,
De l'urée,
Du mucus.

Chez les oiseaux, l'urine se distingue par une forte proportion d'acide urique ; l'alimentation influe d'ailleurs sur cette proportion. Une nour-

(1) Chevreul, *Annales de Chimie*, 1re série, t. LXVII, p. 302.

riture très azotée l'augmente considérablement. Wollaston a fait l'observation que les excréments d'une poule qui se nourrissait d'herbages ne contenaient que 2 pour cent d'acide urique. Ceux d'un faisan alimenté avec de l'orge en renfermait 14 pour 100. Enfin, un faucon qui ne mangeait que de la viande, ne rendait presque que de l'acide urique (1).

Dans l'urine d'une autruche, Fourcroy et Vauquelin ont trouvé (2) :

Du sulfate de potasse,
Du sulfate de chaux,
Du chlorhydrate d'ammoniaque,
Une matière animale,
Une matière grasse, huileuse,
De l'acide urique dans la proportion de 1/60.

J'ai donné la composition de l'urée. L'acide hippurique est un acide azoté, que l'on obtient facilement en versant de l'acide chlorhydrique dans de l'urine de cheval réduite par l'évaporation à un dixième environ de son volume primitif. Il se précipite une matière grenue, crystalline, salie par une huile particulière (3). Il faut employer de l'urine fraîche : celle qui est altérée donne de l'acide benzoïque; aussi,

(1) Wollaston, *Annales de Chimie*, t. LXXVI, p. 31.

(2) Thenard, *Traité de Chimie*, t. V, p. 184.

(3) On purifie cet acide brut en le dissolvant dans un lait de chaux, laissant digérer sur du charbon animal, filtrant et versant dans la liqueur encore chaude de l'acide chlorhydrique. Par le refroidissement, il se dépose de beaux crystaux d'acide hippurique.

pendant longtemps, a-t-on admis cet acide au nombre des éléments de l'urine des herbivores; en présence des matières organiques qui se putréfient si promptement dans l'urine, l'acide hippurique se transforme en acide benzoïque et en ammoniaque. C'est M. Liebig qui a fait cette observation, et c'est en opérant sur de l'urine non altérée qu'il a découvert l'acide hippurique. Sa composition est la suivante :

Carbone	60,7
Hydrogène . . .	5,0
Oxygène	26,3
Azote	8,0
	100,0

L'acide urique n'a pas encore été rencontré dans l'urine des mammifères herbivores; cet acide existe dans l'urine des hommes : il fut d'abord découvert dans les calculs de la vessie, et reçut pour cette raison le nom d'acide lithique. L'analyse, qui en a été faite par M. Liebig, donne pour sa composition :

Carbone	36,1
Hydrogène . . .	2,4
Oxygène	28,2
Azote	33,4
	100,0

La litière la plus communément employée pour absorber l'urine des animaux entretenus à l'étable, est la paille de froment. Elle est en grande partie formée de ligneux; cependant, comme tous les tissus végétaux, elle contient un principe azoté et des matières solubles dans les alcalis caustiques. Dans la cendre de paille, nous avons signalé de la silice en abondance, des sels alcalins et terreux.

La proportion d'azote paraît varier dans la proportion de 3 à 6 pour 1000. Une analyse de paille de froment sèche m'a donné les nombres suivants:

Carbone	48,4
Hydrogène . . .	5,3
Oxygène	38,9
Azote	00,4 à 0,6
Cendres	07,0
	100

Dans tous les temps, les agriculteurs ont admis que les engrais les plus énergiques sont ceux qui dérivent des substances d'origine animale; cette opinion traditionnelle, exprimée dans le langage de la science, revient à dire que les fumiers les plus actifs sont précisément ceux qui renferment la plus forte proportion de principes azotés. On voit en effet, par ce qui précède, que toutes les matières qui concourent à la production du fumier de ferme contiennent de l'azote, et qu'il en est plusieurs, comme les acides urique et hippurique, l'urée, dans lesquels cet élément entre pour une quantité très élevée.

En considérant les changements prochains que toutes ces matières fortement azotées éprouvent par le fait de la putréfaction, on prévoit que, pendant leur transformation en fumier, elles donneront naissance à des sels ammoniacaux. Des faits agricoles parfaitement constatés prouvent, de la manière la plus évidente, que les sels à base d'ammoniaque doivent être rangés au nombre des agents les plus puissants qui soient capables de favoriser la végétation. Il suffit, par exemple, de rappeler que, dans la culture de la Flandre, l'urine putréfiée est un engrais employé avec le plus grand succès. Or, par la putréfaction, l'urée, comme nous l'avons vu, se transforme en carbonate d'ammoniaque.

Sur une grande étendue de la côte du Pérou, le sol, qui est d'une grande stérilité, est rendu fertile par l'application du guano; la terre, composée d'un sable quartzeux mêlé d'argile, produit alors des récoltes abondantes. L'engrais qui opère un changement aussi prompt et aussi favorable est formé presque exclusivement de sels ammoniacaux. C'est en présence de ce fait qu'en 1832, époque à laquelle je me trouvais sur les côtes de la mer du Sud, j'adoptais l'opinion que je professe aujourd'hui, sur l'utile intervention des sels à base d'ammoniaque dans les phénomènes de la végétation. J'ai formulé mes idées à ce sujet dans un Mémoire publié en 1837 (1). Avant cette publication, un des plus habiles manufacturiers de l'Alsace, M. Schattenmann, avait déjà fixé l'attention des cultivateurs sur ce point important, en rappelant qu'en Suisse on introduit du sulfate de fer dans les purinières pour transformer le carbonate d'ammoniaque en sulfate, et changer ainsi un sel éminemment volatil, susceptible de se dissiper en pure perte, en un sel fixe et stable. Dans une communication faite en 1835, au comice agricole de Bouxwiller, M. Schattenmann annonça positivement que les eaux de fumier ainsi préparées, répandues sur les prés, produisent un très grand effet (2).

Tels sont, à ma connaissance, les faits pratiques qui établissent, bien mieux que ne le pourraient faire des observations de laboratoire, l'utile influence de l'ammoniaque sur le développement des plantes. Néanmoins, il est juste de reconnaître que, bien avant les dates que je viens de rappeler, Davy avait constaté que de l'eau renfermant 1/300 de carbonate d'ammoniaque favorise singulièrement la végétation du blé, et d'une manière beaucoup plus marquée que ne le font, dans des conditions exactement semblables, le chlorhydrate et le nitrate de la

(1) *Annales de Chimie et de Physique*, t. LXV, p. 301, 2e série.

(2) Procès-verbal de la séance du 12 juillet 1835, de l'assemblée générale des comices agricoles du canton de Bouxwiller.

même base; ce résultat, Davy l'attribuait à ce que, dans le carbonate d'ammoniaque, il entre du carbone, de l'hydrogène, de l'oxygène et de l'azote, c'est à dire tous les éléments essentiels à l'organisation des plantes. L'illustre chimiste anglais a conclu de ses expériences que l'efficacité bien connue de la suie, comme engrais, est due en partie à l'alcali volatil qu'elle renferme (1).

M. Liebig, en partageant ces opinions, a cherché à les généraliser, en montrant, par des expériences délicates, que l'air pris dans le voisinage du sol contient toujours du carbonate d'ammoniaque; qu'on retrouve le même sel dans la pluie, la neige, les eaux de source. L'ammoniaque atmosphérique, selon M. Liebig, s'ajouterait à celle qui se développe dans les engrais, pour concourir à la formation des principes azotés qui appartiennent aux végétaux. Ces idées ingénieuses rentrent complètement dans celles que de Saussure a émises en 1802, lorsqu'il eut reconnu que l'azote gazeux de l'air n'est pas absorbé directement par les plantes : « Si l'azote est un « être simple, s'il n'est pas un élément de l'eau, « dit ce célèbre observateur, on doit être forcé « de reconnaître que les plantes ne se l'assimilent « que dans les extraits végétaux et animaux, et

(1) Davy, *Chimie agricole*, t. II, p. 86, traduction française.

« dans les vapeurs ammoniacales où d'autres « composés solubles dans l'eau qu'elles peuvent « absorber dans le sol et dans l'atmosphère. On « ne peut douter de la présence des vapeurs « ammoniacales dans l'atmosphère, lorsqu'on « voit que le sulfate d'alumine pur finit par se « changer en sulfate ammoniacal d'alumine (1). »

Dans les établissements agricoles où l'on comprend bien l'importance des engrais, toutes les précautions sont prises pour en assurer la production et la conservation. Les dépenses faites dans le but d'améliorer cette branche vitale du domaine, sont bientôt payées outre mesure. On peut, à la première vue, juger de l'industrie, du degré d'intelligence d'un cultivateur, par les soins qu'il donne à son tas de fumier. C'est une chose déplorable de voir avec quelle négligence on laisse perdre les engrais dans une grande partie de la France ; on rencontre des villages, et malheureusement ils sont nombreux, où le fumier est déposé précisément de manière à recevoir toute la pluie qui s'écoule des toitures des habitations, comme si on se proposait de profiter des eaux pluviales pour le laver.

Tout le secret de la culture prospère de la Flandre française, consiste peut-être dans le soin extrême que l'on met dans ce pays à recueillir tout

(1) Saussure, *Recherches chimiques*, page 207.

ce qui doit servir à féconder la terre. Les sociétés d'agriculture, qui sont aujourd'hui si multipliées, rendraient un véritable service, si elles encourageaient de tous les moyens dont elles disposent, l'économie des engrais ; si elles recherchaient, pour les récompenser, les cultivateurs qui conservent leurs fumiers de la manière la plus rationnelle.

Le lieu où l'on dépose les engrais dans une ferme doit être placé à la proximité des écuries et des étables ; les dispositions peuvent varier à l'infini, mais quelles qu'elles soient, elles doivent être telles que les conditions suivantes se trouvent réalisées : 1° que les eaux de fumier ne s'écoulent pas au dehors ; 2° que ces eaux se rassemblent dans un réservoir commun pratiqué dans le sol, afin de les reporter en temps de sècheresse sur la masse de fumier ; 3° prendre toutes les mesures opportunes pour empêcher les eaux courantes extérieures de se rendre sur le dépôt, de manière qu'il ne reçoive que la pluie qui tombe sur sa surface ; 4° que la place soit assez étendue pour ne pas être obligé d'accumuler le fumier sur une trop grande hauteur.

Il est très avantageux de rendre le terrain légèrement concave, et de placer le réservoir dans le point le plus bas. Il est à désirer que le sol soit argileux, imperméable, et, quand il n'en est pas ainsi, on se trouve dans la nécessité d'établir un bon pavage.

Les eaux de fumier qui se rassemblent dans le réservoir sont remontées au moyen d'une pompe et versées sur le tas, lorsque la surface devient trop sèche. Pour exécuter cet arrosage, Schwertz recommande de placer sur des tréteaux des conduits mobiles de longueur variable qui s'ajustent l'un à l'autre, de manière à pouvoir conduire les eaux sur tous les points.

L'ouverture du réservoir, qui se trouve nécessairement sous le fumier, est fermée par un fort gril en bois, très solide, dont les madriers sont suffisamment rapprochés pour que les matières solides, les pailles, ne puissent y passer. Une disposition très importante, qu'il n'est pas permis de négliger, c'est que les pentes soient ménagées de telle sorte, que les urines des écuries, des étables, les eaux de lavages, se rendent naturellement au fumier. La litière, quelque abondante qu'elle soit, n'absorbe pas la totalité des urines, surtout à l'époque où le bétail est mis au vert, et la faute que l'on commettrait en négligeant de les diriger sur le fumier, serait impardonnable.

Les litières imprégnées d'excréments et imbibées d'urine doivent être transportées sur une brouette basse sans parois; il ne faut tolérer l'enlevage au crochet, qui consiste à traîner les litières sur le sol, qu'autant que les lieux d'où on les enlève ne sont qu'à une très courte distance du dépôt : si cette distance est considérable, on éprouve des pertes très appréciables.

Les matières ne doivent pas être jetées au hasard sur le tas; il faut les étendre, les diviser. Un dépôt inégal occasionne des vides qui, par la suite, donnent lieu à la moisissure. Il importe qu'elles soient bien tassées, afin de s'opposer à une fermentation trop rapide, toujours préjudiciable lorsqu'elle s'exerce sur un fumier trop ameubli. Il faut veiller avec un soin tout particulier à ce que la masse conserve, dans les temps chauds, une certaine humidité à la surface; on y parvient en arrosant fréquemment. A Bechelbronn, le fumier est assez fortement tassé pour qu'un chariot chargé, attelé de quatre chevaux, puisse passer à sa surface sans trop de difficulté. L'épaisseur qu'il convient de donner au dépôt n'est pas une chose absolument indifférente; outre la commodité des chargements qu'il ne faut point oublier, une épaisseur trop considérable pourrait devenir nuisible, en occasionnant une trop grande élévation de température, et si les circonstances obligeaient à garder pendant longtemps une masse aussi épaisse, la décomposition pourrait devenir assez rapide pour occasionner des pertes très graves. L'expérience a prouvé que la hauteur du tas de fumier doit être comprise entre 1 mètre et demi et 2 mètres. Deux mètres sont ordinairement la plus grande épaisseur du dépôt, en la comptant de la surface du sol de la cour. Cette profondeur est moindre à mesure qu'on s'approche vers l'extrémité où elle est nulle, car il est d'usage de conserver une pente convenable qui permette l'arrivée des voitures. En Alsace, les chargements s'exécutent sur le fumier même.

Afin d'obvier à une trop grande dessiccation, on a l'habitude, dans certaines localités, de déposer les matières au nord d'un bâtiment. Cette disposition doit avoir des avantages incontestables, mais elle est bien rarement réalisable dans une grande exploitation, où le voisinage aussi immédiat d'une grande masse de substances en putréfaction peut devenir très gênant et peut être insalubre. Dans le département du Nord, on met quelquefois les engrais à l'abri du soleil, en éludant l'inconvénient que je viens de signaler. A cet effet, on garnit les abords de la fosse d'une plantation d'ormes (1); cet abri est de beaucoup préférable à celui d'une toiture, que l'on a proposée fort souvent, mais que l'on ne trouve presque nulle part. Les toits préserveraient à la fois le fumier du soleil et de la pluie. La pluie n'est pas un inconvénient très grave, si l'on a éliminé avec soin les eaux courantes; mais les toi-

(1) Cordier, *Agriculture de la Flandre française*, p. 249.

tures sont trop dispendieuses pour qu'on puisse songer sérieusement à les établir ; la charpente, sans cesse exposée aux émanations humides qu'exhale une grande masse de fumier en fermentation, serait promptement détruite. Enfin, elles entraveraient le service des voitures, service qui, comme chacun sait, doit se faire très activement à certaines époques de l'année.

Quand les circonstances, le peu d'extension de la ferme, ne permettent pas l'établissement d'un réservoir, lorsque le sol est perméable et qu'on n'a pu remédier à sa perméabilité, on court le risque de voir les eaux se perdre ; le parti qu'on doit prendre, pour recueillir les matières liquides du fumier, est de recouvrir le fond de la fosse d'une couche de terre, de sable, de tourbe, de marne, en un mot, d'une substance sèche et poreuse, capable d'absorber les liquides. Cette pratique est souvent suivie avec profit par les cultivateurs de l'Alsace.

Dans certaines fermes, on réunit dans des dépôts particuliers les fumiers de même origine ; ainsi on met ensemble les litières des écuries, on en fait autant pour celles des étables à vaches, pour celles du porc, du mouton, etc. Dans de grands établissements, un semblable triage est souvent une nécessité; mais les avantages que l'on attribue à cette division sont tout au moins contestables, et les idées que certains auteurs ont émises à ce sujet se fondent sur des observations qui sont loin d'avoir une exactitude suffisante. Sans nier que certaines cultures se trouvent mieux de l'emploi d'engrais spéciaux, il me paraît néanmoins plus convenable de mettre ensemble toutes les litières, quand il n'y a pas de trop grandes difficultés locales; on obtient ainsi un fumier moyen, qui est considéré, avec raison, comme celui dont l'application est la plus avantageuse dans les cas les plus généraux. La distinction que l'on a voulu établir entre la qualité relative des fumiers d'origines différentes, est beaucoup trop absolue, et c'est pour cette raison sans doute qu'il est fort difficile de faire accorder l'opinion de divers agronomes. Ainsi, selon Sinclair, le fumier de porc serait, de tous, le plus énergique, le plus riche en principes fertilisants (1); suivant Schwertz, ce serait au contraire le plus mauvais (2).

La vérité est que des fumiers issus des mêmes animaux présentent souvent plus de différences entre eux, sous le rappport de la qualité, que des engrais provenant de sources très distinctes. Je montrerai plus tard que la valeur des fumiers dépend surtout de l'alimentation, de l'âge et de la condition dans laquelle se trouve l'animal qui les produit. Il est bien connu que le fumier du bé-

(1) Sinclair, *Agriculture pratique et raisonnée*, t. I, p. 388.
(2) Schwertz, *Préceptes d'agriculture pratique*, p. 148.

tail nourri dans l'hiver avec de la paille, est de beaucoup inférieur à celui qu'il fournit quand il reçoit une ration plus nutritive.

Lorsque les litières imprégnées des déjections animales sont accumulées en quantité suffisante dans la fosse, la fermentation ne tarde pas à se manifester : la température s'élève, et il se dégage d'abondantes vapeurs. Comme au nombre des produits volatils de cette décomposition, se trouve le carbonate d'ammoniaque, il importe de la ralentir ; on y parvient en tenant la masse dans un état convenable d'humidité, et en ménageant autant que possible l'accès de l'air atmosphérique. L'addition journalière des litières nouvelles qui sont amenées des étables, contribue puissamment à empêcher la dispersion des principes volatils qu'il est si important de retenir dans les engrais; réparties avec discernement, elles deviennent un obstacle à l'évaporation; elles forment une couverture qui remplit le rôle de condensateur, en même temps qu'elles préservent les couches inférieures du contact trop direct de l'oxygène. Tant que le fumier est entretenu de cette manière, la fermentation est restreinte aux couches inférieures de la masse.

Thaer s'est assuré que l'air que l'on recueille à la superficie d'un tas de fumier soumis à une fermentation modérée, ne contient pas beaucoup plus d'acide carbonique que celui pris au loin dans l'atmosphère. Un vase renfermant de l'acide nitrique ne produit point non plus, quand on le place dans le voisinage de la masse qui fermente, ces vapeurs blanches et épaisses, caractère certain de la présence de l'ammoniaque (1). Cette décomposition lente, qu'il est si avantageux de déterminer, ne se réalise aisément que sur des masses suffisamment comprimées, et dans lesquelles les litières ont été épandues aussi également que possible. Un point important, est d'enlever le fumier avant que les parties supérieures, récemment ajoutées, soient en voie d'altération; autrement la masse tout entière entre en pleine fermentation, et les matières volatiles n'étant plus arrêtées au passage, par la couche supérieure, s'échappent et vont se perdre dans l'air. Un moyen de prévenir cette perte, dans le cas assez rare où on aurait un motif pour laisser consommer la masse sur toute son épaisseur, serait de la recouvrir de terre végétale dans laquelle viendraient se condenser les principes volatils. La terre qui aurait servi de couverture, serait ainsi transformée en un engrais puissant.

On s'oppose encore à la dissipation du carbonate d'ammoniaque, durant la fermentation du fumier de ferme, en faisant intervenir certains sels

(1) Thaer, *Principes raisonnés d'agriculture*, t. II, p. 184.

capables de transformer le carbonate ammoniacal en un sel fixe. C'est en se fondant sur une réaction de cette nature que M. Schattenmann, l'habile directeur de l'usine de Bouxwiller, a proposé, après l'avoir pratiqué lui-même, d'ajouter aux fumiers une certaine quantité de sulfate de fer, ou de sulfate de chaux, pour fixer en un sel stable l'ammoniaque qui se forme durant leur putréfaction (1). Au reste, il ne faut pas s'exagérer la perte en ammoniaque qu'éprouvent les fumiers qui fermentent quand l'on dirige cette fermentation avec prudence et en suivant les indications que j'ai données. Je ne crains pas d'assurer qu'alors cette perte est très peu considérable. La fermentation modérée présente des caractères qui diffèrent essentiellement de ceux qui accompagnent la putréfaction tumultueuse, qui ne manque jamais de se développer lorsqu'on néglige de prendre les précautions convenables. Comme exemple d'une fermentation rapide et défavorable, je puis citer celle qui s'établit dans des amas d'excréments de chevaux ; j'ai vu cette matière, abandonnée à elle-même, sans addition d'eau, acquérir en quelques jours une chaleur très intense, et prendre feu. J'en ai vu se réduire à un état entièrement terreux. Tels ne sont pas les résultats de la décomposition graduelle du fumier de ferme. Quand

(1) Schattenmann, *Annales de Chimie et de Physique*, 3e série, t. IV, p. 116.

on vide la fosse où s'est opérée une fermentation lente, on reconnaît que la couche supérieure est presque au même état où elle se trouvait quand elle a été apportée; la partie qui vient immédiatement au dessous est plus altérée: elle dénote parfois une légère odeur ammoniacale. Dans les strates inférieures, la modification est profonde; la paille de litière a perdu sa consistance, elle est fibreuse, se rompt avec la plus grande facilité ; le fumier offre une couleur d'autant plus foncée, qu'on le prend à une plus grande profondeur. Près du sol, il est complètement noir, l'odeur qu'il répand est celle de l'acide hydrosulfurique; on y reconnaît du sulfure de fer, et nul doute que ces produits sulfureux ne soient la conséquence de la décomposition des sulfates par l'influence des matières organiques. C'est à ce signe que je reconnais la bonne confection de l'engrais de ferme; la présence des sulfures, de l'hydrosulfate d'ammoniaque, n'a rien d'alarmant pour la végétation, car à peine le fumier est-il étendu sur le sol, que ces produits se transforment en sulfates, et bientôt il émet cette odeur musquée qui lui est particulière. Nul doute encore que l'état sous lequel se trouve un semblable fumier ne soit dû aux circonstances dans lesquelles on l'a placé et entretenu pendant tout le temps de sa modification ; les éléments eussent suivi une tout autre marche dans leur décomposition, si on les avait abandonnés à l'air libre. Pour s'en convaincre, il suffit de remarquer l'odeur purement ammoniacale, si fortement prononcée, qui se développe pendant l'été dans les écuries, dans les étables, là où séjournent, répandues sur le sol, les urines des herbivores.

On comprendra facilement combien doit être défavorable à la bonne confection du fumier, l'usage où l'on est, dans certaines contrées, de le retourner, de l'aérer en quelque façon pour hâter sa décomposition. Ainsi tourmenté, il se décompose, en effet, beaucoup plus promptement; mais on n'obtient ce résultat, dont je ne vois pas précisément le but, qu'aux dépens de la qualité ; car il est bien évident qu'une partie de ses principes volatils s'évapore d'autant plus aisément, qu'on multiplie davantage leurs points de contact avec l'air.

La méthode qui consiste à réunir les litières des étables sur une place destinée à la conservation des fumiers, est celle qui est le plus généralement usitée. Cependant, il est des pays où on laisse le fumier s'accumuler dans les étables, en le recouvrant chaque jour de paille fraîche. Le sol s'exhausse ainsi continuellement sous les pieds du bétail : aussi, on est obligé d'établir des crèches mobiles que l'on élève graduellement. Cette méthode a cela de commode, qu'on n'est pas astreint à nettoyer aussi fréquemment ; mais on gagne peu sous le rapport de l'économie de la main-d'œuvre, car, en définitive, c'est toujours à peu près la même masse d'engrais qu'il faut transporter. La fermentation du fumier serait grandement favorisée par la température toujours élevée des écuries, si le piétinement constant des bêtes n'opérait un tassement très fort; ensuite, la paille nouvelle dont on le recouvre tous les jours, produit ici l'effet que j'ai signalé dans les fosses à fumier : elle condense les vapeurs et s'oppose à l'évaporation. Le fait est que, dans les étables où l'on conserve ainsi les déjections, on n'observe pas une très mauvaise odeur, et les animaux qui les habitent respirent sans inconvénient, si l'on a le soin de ne pas intercepter toute communication avec l'extérieur, ce qu'on ne doit faire dans aucun cas, alors même que l'étable est entretenue avec la plus grande propreté. Cette méthode devient à peu près impraticable quand le bétail reçoit, non plus une nourriture sèche, mais des aliments très aqueux, comme des racines, du trèfle vert; l'abondance des urines est si considérablement augmentée par ce régime, les excréments sont si volumineux et si fluides, qu'il faudrait une énorme quantité de paille pour absorber les parties liquides; et malgré cette augmentation de litière, les animaux seraient encore exposés à séjourner dans la fange, ce qui, à n'en pas douter, deviendrait une cause puissante d'insalubrité.

En Belgique on parvient, selon Schwertz, à conserver les déjections dans les étables, en remédiant aux inconvénients que la méthode précédente présente ordinairement. Le bétail est placé sur une sorte d'estrade qui s'élève un peu au dessus du plancher de l'étable : on peut alors accumuler sur le sol le fumier qu'on retire de dessous les animaux (1).

La paille a l'inconvénient d'avoir un prix souvent assez élevé; elle est rare dans certaines contrées, et dans quelques parties de la Suisse, où on se livre à la culture des prairies, on est obligé d'économiser la litière autant que possible, et dans ce but on la lave. Bien qu'il soit difficile de donner la raison d'une pratique qui consiste à augmenter outre mesure le volume d'un engrais, en en diminuant la qualité, et à accroître ainsi les dépenses occasionnées par les transports, il est de fait que cette méthode se maintient depuis très longtemps et qu'elle s'est propagée dans divers cantons (2). On ne voit là d'autre objet que celui de recueillir, jusqu'à la dernière particule, les excréments rendus par le bétail, en employant

(1) Thaer, *Principes raisonnés d'agriculture*, t. II, p. 179.
(2) Schwertz, *Préceptes d'agriculture pratique*, p. 196.

des lavages abondants qui font rentrer cette méthode dans celle suivie par les chimistes dans leurs analyses les plus précises.

L'urine rendue par le bétail coule dans une rigole, qui communique avec un grand réservoir; cette rigole contient de l'eau, dans laquelle non seulement on délaye les déjections solides, mais qui sert encore à laver la paille de litière, qui n'est remplacée que deux fois par semaine. Les réservoirs sont construits dans le sol même de l'écurie, pour les mettre à l'abri de la gelée. La fermentation d'une masse aussi délayée est à peine perceptible, et l'on peut être assuré qu'à part les fuites, il ne se perd rien de la matière animale en décomposition. L'engrais liquide est retiré à l'aide d'une pompe et conduit aux champs dans des cuves disposées sur des chariots.

On est aussi dans l'usage d'employer séparément, comme engrais, les urines du bétail : on donne à cet engrais le nom de *purin;* en Suisse on y ajoute souvent du sulfate de fer, pour faire passer, comme je l'ai déjà dit, l'ammoniaque à l'état de sulfate. Les engrais liquides ont leurs avantages et leurs inconvénients; quant à leur valeur, nous chercherons bientôt à l'apprécier, comparativement à celle des engrais solides, et cette appréciation nous conduira à adopter, sur les engrais délayés, l'opinion de M. Crud, qui considère comme exagérés les avantages qu'on leur attribue en Suisse (1).

Quelle que soit la forme sous laquelle les engrais sont appliqués, on a vivement agité la question de savoir s'il est avantageux ou nuisible à l'intérêt du cultivateur de les employer avant ou après qu'ils ont fermenté.

Les matières organiques ne deviennent aptes à favoriser le développement des plantes, qu'autant qu'elles ont subi une profonde altération qui modifie leur nature. Un des résultats de cette modification est, comme nous l'avons admis, l'apparition de sels ammoniacaux. Le fumier frais, tel qu'il sort de l'étable, introduit directement dans la terre, y éprouve exactement la même altération et donne naissance aux mêmes produits : il y a cette seule différence, qu'étant disséminé, étendu dans une grande masse inerte, la décomposition s'opère avec beaucoup plus de lenteur que s'il était accumulé dans les fosses. La question qui a été si vivement controversée se réduit donc réellement à celle-ci: Est-il avantageux de laisser fermenter les fumiers dans le sol même qu'ils doivent fumer?

On peut s'étonner aujourd'hui qu'une semblable question ait été soulevée, et plus encore que la réponse affirmative ait été combattue

(1) Crud, *Economie théorique et pratique de l'agriculture*, t. I, p. 306.

par des agriculteurs du plus grand mérite. On a été jusqu'à prétendre que les déjections nouvelles nuisent à la végétation. La preuve du contraire peut s'établir facilement; il suffit, en effet, de rappeler que dans le parcage des moutons, du bétail, les excréments, les urines, passent immédiatement aux champs, aux pâturages que parcourent les animaux. Sans aucun doute, les déjections fraîches, répandues en excès, peuvent nuire aux plantes; mais on peut en dire tout autant des engrais fermentés.

Un chimiste italien, M. Gazzeri, s'est livré avec une persévérance digne des plus grands éloges à des travaux qui ont eu pour objet de montrer que l'usage dans lequel on est généralement de laisser putréfier les fumiers, avant de les conduire sur les terres, occasionne une perte considérable en principes fertilisants, et que, par conséquent, il est avantageux de les employer à l'état même où ils sortent des étables.

Pour lever tous les doutes que l'on pouvait encore conserver sur l'effet nuisible des engrais non fermentés, M. Gazzeri a fait venir du blé dans une terre qui avait reçu une dose extraordinaire de colombine, qui passe pour un des engrais les plus actifs. Du crottin de cheval, pris au moment où il venait d'être rendu, mêlé à la terre dans la proportion d'un quart en volume, n'a causé aucun obstacle à la végétation des céréales (1).

Pour se former une idée de la perte éprouvée par les fumiers frais soumis à la fermentation, M. Gazzeri les a soumis à la putréfaction après les avoir pesés; puis, lorsque la décomposition fut achevée, il a constaté de nouveau, non seulement leur poids, mais il a encore déterminé la proportion des matières fixes et celle des substances solubles. Pour les déjections du cheval, on est arrivé à cette conclusion, qu'ils perdent, en quatre mois de fermentation, plus de la moitié du poids de la matière sèche qu'ils contenaient avant la putréfaction.

Au reste, Davy avait déjà prouvé que, durant la décomposition des engrais frais, il se perd des vapeurs dont l'action peut être utilisée dans la végétation. L'expérience consistait à introduire du fumier dans une cornue dont le bec se rendait sous les racines d'un gazon. En quelques jours, l'herbe exposée aux émanations de la cornue végétait avec une vigueur toute particulière (2). Quoiqu'il soit certain qu'en dirigeant avec prudence la confection des fumiers, on puisse retenir les principes ammoniacaux volatils qui apparaissent pendant la putréfaction, il semble néanmoins

(1) Gazzeri, *Annales de l'Agriculture française*, t. XIX, p. 49, 2e série.

(2) Davy, *Chimie agricole*, t. II, p. 43, trad.

hors de doute que leur emploi direct avant la fermentation offre plus de garanties contre les pertes. Aussi, Thaer, Schwertz, M. Coke en Angleterre, ont fini par reconnaître l'opportunité de ce dernier usage. Cependant, dans le plus grand nombre des fermes, on rassemble les fumiers, et on ne les porte sur les terres que lorsqu'ils ont fermenté : cela tient à ce que leur accumulation est presque toujours une nécessité de la position. Dans la grande culture, le transport des engrais n'a lieu qu'à des époques déterminées; il ne saurait être continu comme l'est leur production, car il faut avant tout que les terres soient vides pour être amendées : on est donc obligé de conserver les fumiers. En Alsace, on les porte sur les terres toutes les fois que les circonstances le permettent, et sans s'astreindre à leur état plus ou moins avancé de décomposition. Par un effet de ces mêmes circonstances, qui font qu'il séjourne dans la fosse pendant deux ou trois mois, l'engrais est à demi consommé; c'est peut-être, après tout, l'état le plus convenable sous lequel il puisse être introduit dans le sol. Il s'enterre facilement, et ses principes fécondants sont déjà assez abondants pour agir dans un temps donné avec plus d'activité que ne le ferait du fumier entièrement frais. C'est presque toujours à cet état que se trouve l'engrais que nous conduisons sur nos terres : il arrive bien rarement qu'il ait passé trois mois dans les fosses avant d'être enlevé ; la promptitude d'action est un point qui n'est pas sans importance. Un fumier frais agira toujours avec plus de lenteur qu'un fumier arrivé à un certain degré de décomposition, et l'avantage qui peut résulter pour le cultivateur d'activer ses cultures, le décidera souvent à faire usage d'engrais qui ont séjourné dans les fosses. Dans les pays chauds et humides, on comprend très bien qu'il devienne à peu près indifférent d'enterrer des fumiers frais ; leur décomposition, aidée par la chaleur du climat, s'accomplit toujours assez rapidement ; mais il n'en est plus ainsi dans les climats froids : là, la température qui développe et entretient la végétation est souvent de courte durée, et il faut en profiter ; pendant une grande partie de l'année, le sol refroidi peut conserver intactes les substances organiques qui y sont enfouies. Dans ces conditions climatériques, nul doute que l'on doive accorder la préférence aux fumiers faits. C'est probablement à de semblables motifs qu'il faut attribuer l'usage si répandu en Suisse, des engrais liquides fermentés, dont l'action est pour ainsi dire instantanée. C'est avec de telles matières que l'on active en Flandre, les cultures des plantes industrielles, qui ont ordinairement une grande valeur.

La fermentation, quand elle est conduite avec

discernement et en prenant toutes les précautions nécessaires pour s'opposer à la volatilisation des sels ammoniacaux, à la déperdition des parties solubles, a, indépendamment de l'avantage de produire un engrais qui agit immédiatement, celui de le donner sous un plus petit volume et sous un moindre poids. Le fumier perd souvent le tiers de sa masse en fermentant, et c'est là une circonstance qui peut amener une économie importante dans les transports. On peut arriver à réaliser une semblable économie avec les fumiers frais, en les desséchant au soleil, ainsi que je l'ai vu pratiquer quelquefois; ils se réduisent ainsi au tiers ou au quart de leur poids, et quand la distance à parcourir pour les porter sur les terres est assez grande, il peut y avoir avantage à opérer cette dessiccation.

Une objection assez grave, qui a été faite sur l'application du fumier nouveau aux terres qui doivent porter des céréales, est qu'il contient ordinairement des graines de mauvaises herbes, des œufs d'insectes que la putréfaction seule est capable de détruire (1). Cette objection perd nécessairement toute sa force dans le cas où l'on fume un sol qui recevra une plante sarclée; et l'habitude où nous sommes, à Bechelbronn,

(1) Sinclair, *Agriculture pratique et raisonnée*, t. I, p. 398. Traduct.

de conduire sur ces premières soles des fumiers à tous les états de décomposition, est une garantie de ce que les engrais frais qui concourent également à cette *fumure*, ne présentent réellement aucun inconvénient dans la pratique. Une autre difficulté, qui a été signalée par Thaer, est celle d'enfouir un fumier aussi long et aussi pailleux que l'est celui qui sort des étables. Cette difficulté n'existe pas véritablement quand, comme cela s'exécute en Alsace, on dépose l'engrais dans les sillons à mesure que la charrue les trace. En opérant ainsi, l'*enterrage* se fait en un seul labour.

Si les opinions sont encore partagées sur la question de savoir si le fumier doit être enfoui avant ou après la fermentation, elles ne le sont pas moins sur le mode de le répandre sur les terres, sur les époques où il convient de le transporter aux champs. Au reste, on conçoit que la conviction que l'on s'est formée sur la première question influe nécessairement sur l'opinion que l'on professe à l'égard de la seconde. Ceux qui sont convaincus que l'on peut employer le fumier comme il sort des étables, sont absolument indifférents sur les époques où les transports doivent avoir lieu; ils mettent à profit, pour exécuter ce travail, les moments les plus convenables, et ce n'est pas là un minime avantage; c'est ce que nous faisons à Bechelbronn :

nous transportons nos engrais dès que nous le pouvons. Les terres destinées à être fumées au printemps sont approvisionnées durant l'hiver, lorsque la gelée permet de les aborder. Le fumier, d'abord déchargé en petits tas placés de distance en distance, est ensuite épandu, aussi également que possible, le plus souvent sur la neige, et nous n'avons jamais trouvé aucun inconvénient à cette pratique. L'usage où sont certains cultivateurs de conserver les fumiers en grands tas pour l'épandre ensuite au moment même des labours, est certainement blâmable : les places où séjournent ces tas sont évidemment trop fortement fumées; on ne doit conserver ainsi, jusqu'à l'époque des labours, que le fumier frais, à pailles longues, et qui doit être immédiatement posé dans les sillons. On a critiqué la méthode de laisser ainsi exposé aux intempéries et pendant plusieurs mois le fumier étendu sur les champs; on a dit que, par une semblable exposition, l'engrais doit perdre ses éléments volatils; que les pluies le lavent et enlèvent ses parties les plus solubles; et, guidés par ces craintes, les cultivateurs qui les partagent n'étalent leur fumier qu'au moment où ils vont l'enfouir. Cette divergence d'opinions chez des praticiens qui, tous, sont personnellement intéressés à retirer des engrais dont ils disposent le plus grand effet possible, ne doit pas être jugée légèrement : lorsqu'il s'agit de méthodes en agriculture, il ne faut pas se presser de généraliser. Le climat a, dans la question qui nous occupe, sa part d'influence. En Alsace, l'expérience a prononcé favorablement; mais, dans d'autres contrées, il peut y avoir de très bonnes raisons pour ne pas agir de la même manière. En Alsace, où la pluie recueillie dans un an est de 68 centimètres, il ne tombe, durant les mois de décembre, janvier et février, que 11 centimètres d'eau (1) ; dans un climat où il pleuvrait davantage pendant l'hiver, les fumiers pourraient probablement se détériorer. La qualité des engrais doit être également prise en considération. Un fumier qui serait chargé d'une forte proportion de carbonate d'ammoniaque, qui répandrait une odeur d'alcali volatil très prononcée, perdrait infailliblement de sa valeur par une exposition prolongée au contact de l'air; mais cette perte devient très peu sensible quand les engrais, par une bonne confection, ne renferment qu'une faible quantité de sels ammoniacaux volatils, comme il arrive pour ceux qui ont reçu du gypse; ou bien encore, lorsque ce sont des fumiers frais qui ont été déchargés dans une saison assez froide pour qu'ils se conservent sans altération jusqu'à l'époque des labours. Quand les pluies ne sont pas trop abon-

(1) Herrenschneider, *Résumé des observations météorologiques faites à Strasbourg*, p. 29.

dantes, les parties solubles du fumier étalé sur la terre pénètrent et séjournent dans sa couche supérieure, absolument comme il arrive lorsqu'au lieu d'incorporer l'engrais dans le sol on le répand sur les plantes en pleine végétation. L'usage de *fumer en couverture* est souvent avantageux et d'un grand secours dans la pratique; c'est une nouvelle preuve du peu d'inconvénient qu'il y a à laisser le fumier exposé aux intempéries de l'atmosphère, puisque cet usage consiste à l'éparpiller à la surface des terres déjà ensemencées. Cette méthode est née de la nécessité : on l'a d'abord suivie, pour donner au sol un supplément à la dose insuffisante de fumier qu'il avait reçue avant les semailles; mais on s'en est si bien trouvé dans plusieurs contrées, qu'on l'a continuée. Nous l'avons appliquée plusieurs fois aux plantes sarclées avec un avantage décidé, qui réside principalement en ce que l'on gagne du temps pour la production des engrais. Dans le comté de Marck, la pratique de fumer en couverture les terres ensemencées en céréales d'hiver, se propage de plus en plus (1); on fume lorsque la plante est déjà sortie de terre, et l'expérience prouve que le passage des chariots sur le champ, le piétinement, n'occasionnent pas de dommages appréciables : les traces en disparaissent bientôt;

(1) Schwertz, *Principes raisonnés d'agriculture*, p. 267.

néanmoins, il est préférable de l'exécuter lorsque, par l'effet du froid, la terre peut supporter les voitures. Cette méthode, selon Schwertz, est très utile en Suisse, pour le chanvre et presque pour tous les produits. Dans mon opinion, la fumure en couverture doit être considérée comme un moyen d'apporter à un sol déjà en culture l'engrais qu'on a été forcé de lui refuser à une époque antérieure. Cependant Thaer assure (1), et son autorité est toujours d'un grand poids, qu'il a trop souvent éprouvé les bons effets du fumier épandu sur les légumineuses, pour ne pas être convaincu de la bonté de cette méthode sur un terrain meuble dans lequel les semailles auraient été tardives.

La composition élémentaire du fumier de ferme est une donnée qui n'est pas sans utilité. J'ai analysé à plusieurs reprises celui de Bechelbronn, pris à un état moyen de putréfaction (2) ; les animaux qui avaient concouru à la production de cet engrais étaient :

Trente chevaux,
Trente bêtes à cornes,
Douze à vingt porcs.

La quantité absolue d'humidité a été déterminée en séchant d'abord à l'air un poids considérable de fumier ; puis, après avoir broyé le

(1) Thaer, *Principes raisonnés d'agriculture*, t. II, p. 187.
(2) *Annales de Chimie et de Physique*, 3ᵉ série, t. I, p. 234.

produit desséché, la dessiccation était achevée au bain d'huile, dans le vide sec, à une température de 110°, en opérant sur un échantillon pris dans la masse.

Le fumier préparé :

Dans l'hiver de 1837-1838, contenait	20,4 p. 100 de matière sèche;	
Dans l'hiver de 1838-1839	22,2	
Dans l'été de 1839	19,6	
Moyenne .	20,7	
Eau. . . .	79,3	

L'analyse a donné les résultats suivants :

Epoques de la préparation.	Carbone.	Hydrogène.	Oxygène.	Azote.	Cendres.
Hiver 1837-1838. . . .	32,4	3,8	25,8	1,7	36,3
id.	32,5	4,1	26,0	1,7	35,7
id.	38,7	4,5	28,7	1,7	26,4
Printemps 1838	36,4	4,0	19,1	2,4	38,1
Printemps 1839	40,0	4,3	27,6	2,4	25,7
id.	34,5	4,3	27,6	2,0	31,5

En moyenne, le fumier de ferme desséché à 110° contient :

Carbone	35,8
Hydrogène	4,2
Oxygène.	25,8
Azote.	2,0
Sels et terres	32,2
	100,0

Avec l'humidité, sa composition est représentée par :

Carbone.	7,41
Hydrogène	0,87
Oxygène	5,34
Azote.	0,41
Sels et terres. . . .	6,67
Eau.	79,30
	100,0

La constitution des fumiers doit nécessairement varier; cependant, ceux qui ont une origine commune ne semblent pas présenter de très grandes variations dans la proportion de leurs éléments. Ainsi, un fumier de cheval provenant du midi de la France a donné à l'analyse, à l'état sec, 2,1 pour 100 d'azote. Ce fumier ne contenait que 61 pour 100 d'humidité (1).

Si nous possédions maintenant la composition et la quantité de déjections rendues en 24 heures par les divers animaux qui contribuent à la production du fumier, il deviendrait possible de déterminer, approximativement, quels ont été les éléments éliminés pendant la fermentation. Il suffirait de comparer la matière élémentaire contenue dans les litières qui sortent des étables, avec celle qui se trouve dans l'engrais fermenté. Je possède des données que je crois suffisantes pour entreprendre cette comparaison. Toutefois, je dois prévenir que les analyses dont je vais présenter le résultat ont été faites sur les produits rendus par un seul individu de chaque espèce, celui sur lequel on a dosé les déjections émises en 24 heures. Il eût été de beaucoup préférable d'avoir des analyses et des quantités moyennes; mais le travail qui m'a décidé à entreprendre ces expériences a été fait dans un

(1) Payen et Boussingault, *Annales de Chimie et de Physique*, 3e série, t. VI.

but tout différent de celui que je me propose d'atteindre actuellement.

Déjections du cheval (1).

Le cheval recevait pour nourriture du foin et de l'avoine. L'urine et les excréments réunis contenaient 76,2 pour 100 d'humidité. En 24 heures, les déjections ont pesé : humides 15^{k},580 ; sèches 3^{k},713.

On a trouvé pour leur composition :

	A l'état sec.	A l'état humide.
Carbone	38,6	9,19
Hydrogène. . . .	5,0	1,20
Oxygène	36,4	8,66
Azote	2,7	0,65
Sels et terres. . .	17,3	4,13
Eau	» »	76,17
	100,0	100,00

Déjections de la vache.

La vache était alimentée avec du foin et des pommes de terre crues. L'urine et les excréments réunis contenaient 86,4 d'humidité. Le poids des déjections en 24 heures était : humides 36$^{kil.}$,613; sèches 4$^{kil.}$,961.

(1) La taille du cheval était au dessous de la taille moyenne des chevaux de la ferme.

L'analyse a indiqué pour leur composition :

	A l'état sec.	A l'état humide.
Carbone.	39,8	5,39
Hydrogène.	4,7	0,64
Oxygène.	35,5	4,81
Azote.	2,6	0,36
Sels et terres. . . .	17,4	2,36
Eau.	»	86.44
	100,0	100,00

Déjections du porc.

Les porcs sur lesquels ont porté les observations étaient âgés de six à huit mois, ils étaient nourris avec des pommes de terre cuites à la vapeur. L'urine et les excréments ont perdu à la dessiccation 82 pour 100 d'humidité ; la moyenne des déjections rendues par un porc en 24 heures a été : déjections humides 4^{k},170; sèches 0^{k},750.

Composition :

	A l'état sec.	A l'état humide.
Carbone	38,7	6,97
Hydrogène	4,8	0,86
Oxygène	32,5	5,85
Azote.	3,4	0,61
Sels et terres. . .	20,6	3,71
Eau	» »	82,00
	100,0	100,00

Litière.

La litière est faite le plus souvent avec de la

paille de froment. Cette paille, à l'état où elle est employée, renferme 26 pour 100 d'humidité.

Sa composition est :

	Sèche.	Non desséchée.
Carbone	48,4	35,8
Hydrogène	5,3	3,9
Oxygène*.	38,9	28,8
Azote	0,4	00,3
Sels et terres . . .	7,0	5,2
Eau	» »	26,0
	100,0	100,0

Pour litière, un cheval à Bechelbronn reçoit par jour, paille 2 kil.
une vache 3
un porc 1,87

En 24 heures, on donne en litière aux écuries et aux étables :

pour 30 chevaux, paille . . 60 kil.
30 bêtes à cornes . . 90
16 porcs. 30

paille . . 180 kil. supposée sèche, 133 kil.

Je réunis dans le tableau suivant les quantités et la composition des matières qui entrent au fumier en un jour :

DÉJECTIONS rendues en 24 heures par :	POIDS à l'état sec.	POIDS à l'état humide.	ÉLÉMENTS DE LA MATIÈRE SÈCHE.					EAU qui constitue la matière humide.
			Carb.	Hydrog	Oxyg.	Azote.	Sels et terres.	
	kil.	kil.	kil.	kil.	kil.	kil.	kil.	kil.
30 chevaux . . .	111,4	467,4	43,0	5,6	40,5	3,0	19,3	356,0
30 bêtes à cornes.	148,8	1098,4	59,2	7,0	52,8	3,9	25,9	949,6
16 porcs.	12,0	66,7	4,6	0,6	3,9	0.4	2,5	54,7
Paille des litières.	133,0	180,0	64,4	7,1	51,7	0,5	9,3	47,0
	405,2	1812,5	171,2	20,3	148 9	7,8	57,0	1407,3

On tire pour la composition moyenne de ce mélange :

A L'ÉTAT SEC.					A L'ÉTAT HUMIDE.					
Carbone.	Hydrogène.	Oxygène.	Azote.	Sels.	Carbone.	Hydrogène.	Oxygène.	Azote.	Sel.	Eau.
42,3	5,0	36,7	1,9	14,1	9,4	1,2	8 2	0,4	3,2	77,6
LA COMPOSITION DU FUMIER EST :										
35,8	4,2	25,8	2,0	32,2	7,4	0,9	5,3	0,4	6,7	79,3

En comparant la composition du fumier à celle des litières rassemblées en un jour, on trouve peu de différence; l'excès de matières salines et terreuses qui existent dans l'engrais qui a séjourné dans les fosses, s'explique tout naturellement par les cendres qu'on lui incorpore, et aussi par l'arrivée accidentelle de substances terreuses, comme les balayures de cour, la terre végétale qui adhère aux racines; tous les débris, les résidus du nettoyage des fourrages consommés à l'étable, se rendent finalement au fumier; enfin par les éléments qui se dissipent à l'état de gaz, ou qui se transforment en eau. L'azote est en quantité sensiblement plus forte dans l'engrais fermenté que dans les litières et les déjections fraîches. C'est ce qui se voit aisément en comparant la composition des deux produits, calculée en faisant abstraction des matières salines et terreuses.

La composition des litières fraîches devient : C. 49,3 H. 5,8 O. 42,7 Az. 2,
Celle du fumier . . . . C. 52,8 H. 6,1 O. 38,1 Az. 3,0

Le fumier est donc un peu plus riche en carbone que les litières ; il renferme moins d'oxygène. C'est le fait du ligneux qui se décompose, de donner un produit plus abondant en carbone, malgré l'acide carbonique qui se forme et qui se dégage pendant son altération ; c'est qu'il s'en sépare en même temps les éléments de l'eau.

Le fumier fermenté contient moins d'oxygène que celui qui n'a pas séjourné dans les fosses ; il devrait aussi renfermer moins d'hydrogène, ce que n'indiquent pas les analyses. Mais il faut observer que la quantité 4,6 d'oxygène qui se trouve en moins, n'exigerait, pour former de l'eau, que 0,57 d'hydrogène, nombre dont il est impossible de répondre dans des recherches faites sur de semblables produits. Ce que l'on peut conclure avec certitude, c'est que l'engrais qui a fermenté dans les fosses, contient une plus forte proportion d'azote que les matières qui concourent à sa production ; et qu'il est, par cette raison, très vraisemblable qu'on n'éprouve sur la totalité de ce principe qu'une perte très peu importante, quand la fermentation est bien conduite, quand on porte l'engrais sur les terres avant que sa putréfaction ait fait trop de progrès. Ce résultat, que je tenais beaucoup à constater, s'explique en partie par les recherches intéressantes de M. Hermann, qui établissent que le ligneux, en pourrissant, enlève et fixe une certaine quantité d'azote atmosphérique (1).

L'azote est en effet l'élément qu'il importe le plus d'augmenter et de conserver dans les fumiers. Les matières organiques les plus avantageuses à la production des engrais sont précisément celles qui donnent naissance, par leur décomposition, à la plus forte proportion de corps azotés, solubles ou volatils. Je dis par leur décomposition, car la présence seule de l'azote dans une matière d'origine organique, ne suffit pas pour la caractériser comme engrais. La houille, pour citer un exemple, renferme de l'azote en quantité très appréciable, et cependant son action améliorante sur le sol est entièrement nulle; c'est que la houille résiste à l'action des agents atmosphériques qui déterminent cette fermentation putride, dont le résultat final est toujours une production de sels ammoniacaux, ou d'autres combinaisons azotées favorables au développement des plantes. Tout en admettant l'importance, la nécessité absolue des principes azotés dans les engrais, il ne faut pas aller jusqu'à conclure que ces principes sont les seuls qui contribuent à fertiliser la terre.

Il est hors de doute que les sels alcalins ou

(1) Hermann, *Journ. für prakt. chemie*, t. XXVII, p. 167.

terreux sont indispensables à l'accomplissement des phénomènes de la végétation, et on est loin d'avoir suffisamment démontré que les principes organiques exempts d'azote y jouent un rôle entièrement passif. Mais, à bien peu d'exceptions près, les sels fixes, l'eau ou ses éléments, le carbone, surabondent dans les engrais. L'élément qui y entre pour la moindre proportion, c'est l'azote : c'est celui d'ailleurs qui se dissipe le plus facilement pendant l'altération des corps qui le contiennent. Pour ces motifs, c'est réellement le principe dont il importe surtout de constater la présence. C'est sa proportion qui établit la valeur comparative des engrais (1).

Puisque c'est en se modifiant par la décomposition, par la putréfaction, que se développent, dans les composés quaternaires, les substances azotées favorables à la végétation, on comprend que, toutes choses égales d'ailleurs, un engrais complètement décomposable en produits solubles et gazéiformes, dans le cours d'une seule année, exercera par cela même tout son effet utile sur une première culture. Il en arrive tout autrement si l'engrais se décompose avec plus de lenteur; son action sur une première récolte sera beaucoup moins sensible, mais elle durera pen-

(1) Payen et Boussingault, *Annales de Chimie et de Physique*, 3e série, t. III, p. 65.

dant un temps plus long. Il y a des engrais qui agissent au moment même où ils sont introduits dans le sol; il en est d'autres dont l'action persiste durant plusieurs années. Cependant, deux engrais, bien qu'agissant dans des limites aussi différentes, produiront finalement le même résultat, s'ils contiennent chacun la même dose de principes azotés, s'ils ont la même valeur.

La durée de l'action des engrais doit être prise en sérieuse considération : elle dépend souvent de leur cohésion, de leur insolubilité ; le climat, la nature du terrain, exercent aussi une grande influence sur les progrès de leur décomposition. L'état de la science ne permet pas de prévoir avec une précision suffisante quelle sera cette durée, mais elle indique les moyens que l'on peut mettre en usage pour hâter la décomposition des engrais, ou pour la retarder et proportionner, pour ainsi dire, les produits fertilisants qui en résultent, aux exigences, aux besoins des plantes.

Convaincus de l'importance de l'azote dans les engrais, nous avons entrepris, M. Payen et moi, une longue série d'analyses, dans le but de déterminer les proportions de ce principe dans les nombreuses matières employées à l'amélioration du sol. Ce travail nous a fourni les moyens d'établir les *titres* et les *équivalents* des engrais examinés comparativement, en les rapportant au fumier de ferme, que nous considérons comme l'engrais normal. J'exposerai le résultat de nos recherches dans un tableau, que je crois devoir faire précéder de quelques observations particulières qui se rattachent aux divers engrais qui y figurent.

Pailles, fanes et tiges ligneuses, feuilles des arbres, herbes nuisibles. Les pailles des céréales, les tiges ou fanes de quelques plantes qui entrent dans la grande culture, les feuilles ramassées dans les forêts, les mauvaises herbes, contribuent à augmenter la masse des engrais. Les pailles sont généralement employées comme litières : leur conformation creuse et tubaire, qui leur permet de s'imbiber d'urine, les rend précieuses sous ce rapport ; elles procurent d'ailleurs aux animaux un coucher doux, en même temps qu'elles les préservent du froid. La paille sèche peut doubler son poids, en absorbant les urines et les déjections. Considérée isolément, elle est déjà par sa nature même un engrais qui n'est pas à négliger, puisqu'elle renferme de 2 à 6 millièmes d'azote.

Les fanes de légumineuses sont beaucoup plus azotées que les pailles de céréales : le mieux est certainement de les faire consommer comme aliment, qnand elles ne sont pas trop ligneuses et trop coriaces. Comme litière, elles ont souvent l'inconvénient de procurer un mauvais coucher au bétail : aussi convient-il de ne pas les employer seules. Les fanes utilisées de la sorte présentent un double avantage; elles ajoutent aux engrais une forte proportion de principes azotés, et en outre elles permettent d'économiser la paille : c'est ainsi qu'à Bechelbronn nous avons trouvé très profitable de faire entrer, pour une certaine quantité, les tiges sèches de madia sativa dans la litière des étables et des écuries.

Dans les pays de forêts, les feuilles d'arbres sont presque toujours utilisées en litière; elles absorbent peut-être une moins grande quantité d'urine que la paille, mais comme elles sont beaucoup plus azotées, elles ajoutent à la qualité des fumiers. Il est à désirer que les matières placées sous le bétail, pour en recevoir les excrétions, soient capables de s'imbiber d'une forte dose de liquides; et, comme engrais, ces mêmes matières sont d'autant plus avantageuses qu'il entre dans leur constitution une plus forte proportion d'azote. Les feuilles d'arbres satisfont à ces deux conditions : aussi sont-elles d'une immense ressource dans les localités où il est possible de s'en procurer en abondance. Dans les pays où les forêts sont mises en conservation, l'administration s'oppose ordinairement à l'enlèvement des feuilles. Il est hors de doute qu'il est nuisible d'en priver le sol des jeunes taillis; pour les hautes futaies, l'inconvénient est infiniment moindre : aussi l'enlèvement est-il généralement permis dans certaines limites.

D'ailleurs, par l'effet des circonstances naturelles, une grande partie des feuilles est distraite du sol de la forêt : le vent les chasse et les accumule dans les ravins, d'où elles sont ensuite entraînées par les eaux. Mieux vaut donc que les pauvres cultivateurs en profitent, et le bénéfice qu'ils en retirent leur paraît d'autant plus considérable, qu'ils comptent pour rien la peine qu'ils se donnent et le temps qu'ils mettent à les ramasser.

Les fanes des plantes à cosses, les tiges très ligneuses, présentent quelquefois, comme litière, d'assez graves inconvénients ; elles peuvent être assez rigides pour gêner les animaux ; leur épiderme coriace peut être un obstacle à l'imbibition des urines. On a proposé de les broyer sous la meule, de les couper : ce sont là des opérations dispendieuses ; le mieux, du moins sous le rapport économique, est de les faire écraser sous les roues des voitures de la ferme. L'emploi de toutes les matières ligneuses amènerait sans aucun doute une économie notable dans la dépense de la paille consommée dans les étables, car on ne doit point oublier qu'économiser la paille de litière dans un domaine, c'est augmenter le fourrage. Si, par exemple, il devenait praticable de traiter les tiges ligneuses de topinambours, de manière à pouvoir les employer en litière, les avantages seraient déjà très satisfaisants ; la quantité de tiges séchées qu'on recueille sur un hectare s'élève à 10 ou 12,000 kilogram.; la moelle dont elles sont presque entièrement formées est, par sa nature spongieuse, très propre à prendre du liquide; elles sont légères, et remplaceraient probablement un poids de paille égal au leur. Ordinairement, les tiges sèches de topinambours servent à chauffer le four; mais les profits qu'elles présenteraient, si on pouvait les substituer en partie à la paille de litière, seraient incomparablement plus grands. Au reste, de tous les moyens de tirer parti des tiges de topinambours, le plus mauvais est sans contredit celui de les brûler; comme elles contiennent près de 4 pour 1000 d'azote, le mieux est de les transformer en fumier. Nous les avons placées au fond des fosses, où elles ont fini par se désagréger. Tous les débris très ligneux des végétaux se décomposent assez rapidement, lorsqu'ils sont imbibés d'urine, ou mêlés aux déjections; il en est tout autrement lorsque ces matières sont isolées. L'humidité seule est insuffisante, et leur désagrégation devient alors d'une lenteur désespérante. Les parties vertes des plantes, quand elles sont enfouies dans le sol avec l'eau qu'elles contiennent, s'altèrent assez rapidement; aussi la méthode à suivre pour les utiliser comme engrais est-elle de les enterrer; mais il est des cas où leur enfouissement ne saurait s'exécuter, d'abord à cause de la saison, et ensuite parce qu'il serait quelquefois imprudent de rendre directement à la terre des herbes nuisibles qu'on lui a arrachées, qui recèlent encore des semences qui les feraient apparaître de nouveau; il est d'ailleurs souvent impraticable de conduire ces herbes au domaine, et ce qu'il y a de mieux à faire, est de les transformer rapidement en engrais dans le voisinage des champs qui les ont produites.

Dans ce but, on a proposé d'avoir recours à la chaux : on établit d'abord un lit épais d'environ 35 centimètres avec les herbes qu'il s'agit de détruire, on le recouvre d'une mince couche de chaux vive en poudre grossière (1 à 2 centimètres); l'on continue ainsi la superposition des couches d'herbes et de chaux. Après quelques heures de contact, l'action commence : elle peut être assez intense pour causer l'inflammation; c'est pour la prévenir qu'il faut s'empresser de recouvrir la masse de terre ou de gazon, que l'on comprime de manière à apporter un obstacle à l'entrée de l'air. L'effet est ordinairement produit au bout de vingt-quatre heures, et la matière qui en résulte peut être utilisée comme engrais (1). Toutefois,

(1) *Annales de l'Agriculture française*, t. XXIII, p. 80.

Je n'ai pas pratiqué cette méthode, mais elle me paraît rationnelle. Je vois un inconvénient assez grave dans la difficulté de broyer des quantités un peu fortes de chaux caustique. Je présume qu'on pourrait simplement employer de la chaux vive concassée. Au reste, ce procédé me paraît être la base de tous les

avant de se livrer à une semblable opération, il est prudent de faire un essai, afin d'établir son compte. Tout dépend du prix de la chaux et de celui de la main-d'œuvre : par exemple, dans les conditions où nous sommes placés, je doute que cette méthode soit avantageuse.

Engrais verts. On doit comprendre sous cette dénomination les parties vertes des plantes qui font partie des récoltes de racines ou de tubercules, comme les fanes de pommes de terre et de carottes, les feuilles de betteraves et de navets. Ces matières sont à la fois des engrais et des fourrages, et c'est au cultivateur à décider, d'après sa position et ses ressources particulières, s'il doit les enterrer ou les faire passer par le corps du bétail.

D'après l'expérience qne je possède, les feuilles de betteraves, de pommes de terre et de navets sont des aliments qu'il ne faut donner aux animaux que dans un cas de nécessité. Le plus souvent il est de beaucoup préférable de les enfouir dans le sol aussitôt après la récolte; si ce sont des aliments médiocres, ce sont au contraire des engrais excellents, supérieurs en qualité au fumier de ferme. D'après les recherches

procédés secrets qui ont été annoncés pour fabriquer des engrais avec les végétaux sans le concours des matières animales. L'usage de la chaux, comme moyen de détruire les parties ligneuses des plantes et de les transformer en engrais, est fort ancien.

que j'ai entreprises à ce sujet, les fanes de pommes de terre recueillies sur un hectare représentent environ 800 kilogrammes de ce fumier supposé sec; et les feuilles de betteraves fournies par une semblable surface, valent plus de 2600 kilogrammes du même engrais au même état de siccité (1). C'est dans les engrais verts qu'il convient de classer les plantes marines avec lesquelles on améliore le sol. Ces cryptogames, fortement azotés, ont un pouvoir fertilisant supérieur à celui du fumier ordinaire : c'est ce qui explique les avantages que procure à la Bretagne l'immense récolte de *goëmon* que l'on fait sur ses côtes. Ces plantes sont employées, soit immédiatement après leur sortie de la mer, soit à demi desséchées, macérées, ou même torréfiées par une incinération partielle. Elles agissent à la fois, par la matière organique azotée qu'elles renferment, par les propriétés hydroscopiques qu'elles possèdent, et par les substances salines qu'elles contiennent.

Sous le nom de *goëmons*, les agriculteurs bretons utilisent depuis les temps les plus reculés diverses plantes de la famille des algues. On en fait un semblable usage en Ecosse et en Irlande pour l'engrais des terres. En Bretagne, la

(1) Boussingault, *Annales de Chimie et de Physique*, 3e série, t. II, p. 316.

récolte du goëmon se fait à des époques fixées par des ordonnances; les premiers produits, ainsi que les débris arrachés par les flots, sont abandonnés aux pauvres. La récolte a lieu ensuite régulièrement, à l'aide d'espèces de râteaux tranchants. Les herbes marines coupées sur la roche, amoncelées en radeaux, ou chargées dans des gabares, sont conduites au rivage. Des gabariers font un commerce de goëmon dans le département de la Manche, aux îles Chansey, et sur toute la côte comprise depuis Genest jusqu'au delà du cap la Hogue. Sur les côtes du Calvados, on se livre à la même industrie.

Le goëmon, quand il est employé à l'état où il se trouve en sortant de la mer, est enfoui aussi frais que possible. Pour les terrains ou pour les cultures qui demandent des engrais consommés, le goëmon est stratifié avec du fumier. Dans quelques circonstances, les herbes marines sont soumises à une incinération incomplète qui, détruisant une grande partie du tissu végétal, laisse cependant encore un produit azoté. Avant de brûler le goëmon, on l'expose à la pluie, pour le laver, puis on le sèche à l'air, en le retournant fréquemment. En cet état, on s'en sert comme de combustible dans les localités où le bois est rare. On a signalé avec raison un avantage précieux que présente cette matière; c'est celui d'être entièrement exempt de graines nuisibles (1).

Les plantes aquatiques qui croissent dans l'eau douce peuvent aussi offrir une ressource comme engrais, le roseau fauché en vert se décompose assez facilement. Pour détruire les roseaux qui causent souvent un grand embarras dans les étangs, Schwertz recommande d'abaisser les eaux d'environ 40 centimètres; de couper alors la plante, puis de faire remonter les eaux: elles pénètrent alors dans l'intérieur des tiges et les font périr en très peu de temps (2).

Les récoltes que l'on enfouit en vert, pour améliorer le sol, rentrent également dans les engrais qui nous occupent. Cette méthode date de la plus haute antiquité. Elle était fort recommandée par les Romains, et elle est encore suivie en Italie. On cultive, dans ce but, le colza, la navette, le sarrasin; on donne cependant la préférence aux légumineuses, aux fèverolles, au lupin, plantes qui paraissent prélever le plus de principes sur l'atmosphère : et il faut bien qu'il en soit ainsi, car autrement il serait impossible de se rendre raison de cette ancienne pratique. C'est là au reste l'effet utile de la jachère. Toute plante devient utile et favorable à la fertilité du sol, aussitôt

(1) Payen et Boussingault, *Annales de Chimie et de Physique*, 3e série, t. III, p. 75.

(2) Schwertz, *Préceptes d'agriculture pratique*, p. 110.

après qu'elle a été enterrée par la charrue. Ce n'est pas le repos qui rend à la terre la fécondité qu'elle a perdue par la récolte qu'elle a donnée, ce sont les plantes qui s'y développent spontanément, qui y vivent, s'y multiplient, y mûrissent, y meurent et se reproduisent de nouveau; procurant au sol, avec leurs dépouilles, la matière organique qu'elles ont formée, en assimilant les principes de l'air et de l'eau.

Semences, tourteaux. C'est dans la graine que se réunit, à l'époque de la maturité, la plus grande partie des principes azotés de la plante. Les graines sont, pour cette raison, des engrais fort riches, dont on tire un très bon parti. En Toscane, la semence de lupin se vend comme engrais : elle contient 3 1/2 pour 100 d'azote; on l'emploie après avoir détruit sa faculté germinative par l'ébullition dans l'eau ou par la torréfaction. La culture du lupin se fait dans des terres dont la situation est telle, qu'on exporterait difficilement des récoltes volumineuses.

L'orge germée qui a servi à la fabrication de la bière est aussi utilisée comme engrais. Après sa dessiccation sur les tourailles, elle équivaut à deux fois et demie son poids de fumier de ferme, et dans plusieurs localités elle se vend, sous le nom de touraillons, à un prix qui est en rapport avec cet équivalent. L'état de division des touraillons permet de les répandre régulièrement. En Angleterre, on en met de 35 à 52 hectolitres par hectare, pour l'orge ou le froment (1).

Le marc de raisin contient une forte proportion de matière azotée. La décomposition des pépins est lente, et, pour cette raison, le marc convient surtout à la fumure des vignes ; on le répand directement, ou après lui avoir fait subir une macération spontanée.

Les graines oléagineuses, après l'extraction de l'huile, laissent un résidu qui se trouve dans le commerce sous le nom de tourteaux. L'huile ne renferme pas sensiblement de principes azotés : ces principes résident en entier dans les tourteaux, qui sont, par cela même, d'excellents engrais. La proportion d'azote y varie de 3 1/3 et 9 pour 100. En raison de leur origine, les marcs de graines oléagineuses ne contiennent que fort peu d'humidité, et présentent par cela même de grandes facilités pour les transports ; on peut les porter là où les chargements de fumier ordinaire ne pourraient pas arriver.

On applique les tourteaux de deux manières : 1° en poudre, en les semant sur le champ, mélangés quelquefois avec la graine ; 2° délayés dans l'eau ou dans des eaux de fumier ; alors on répand

(1) Sinclair, *Agriculture pratique et raisonnée*, t. I, p. 443. Traduct.

le liquide qui contient les produits de la décomposition du tourteau. Par leur putréfaction sous l'eau, les marcs donnent une matière extrêmement fétide, en tout comparable, par son odeur et ses effets sur la végétation, aux excréments humains qu'on retire des latrines.

Bien que les tourteaux, par la forte proportion d'albumine ou de légumine qu'ils renferment, soient très convenables à la nourriture du bétail, on trouve cependant plus avantageux, dans plusieurs contrées, de les faire servir immédiatement à l'engrais des terres. L'Angleterre en reçoit de toutes les parties du continent, et la France seule en a exporté, de 1836 à 1840 inclusivement, plus de 120 millions de kilogrammes (1). C'est surtout pour les terrains légers, sablonneux, qu'on en recommande l'usage comme engrais. Schwertz conseille d'ajouter une partie de poudre de chaux à 6 parties de poudre de tourteaux, lorsqu'il s'agit de fumer un sol argileux et froid (2). L'intervention de la chaux caustique me semble toujours un mauvais auxiliaire des engrais qui, comme les résidus des graines huileuses, passent promptement à l'état de produits ammoniacaux.

(1) Leroy de Bethune, *Rapport au conseil général d'agriculture*, *Journal d'agriculture pratique*, t. V, p. 364. Dans ce chiffre se trouve compris celui des tourteaux provenant des graines oléagineuses importées en France.

(2) Schwertz, *Préceptes d'agriculture pratique*, p. 120.

Dans les terrains argileux, il conviendrait peut-être d'appliquer le tourteau putréfié et délayé dans l'eau; son effet ne saurait être douteux.

La poudre de tourteau est donnée au sol à des époques très différentes, selon les besoins de la culture. Il est convenable de l'appliquer par un temps pluvieux. L'effet en est certain s'il vient à pleuvoir dans les deux ou trois semaines qui suivent son introduction dans le sol; par la sécheresse, son action est suspendue; il arrive souvent que la sole n'en éprouve aucune amélioration; mais l'effet ne manque jamais de se faire sentir sur les récoltes suivantes. Schwertz observe judicieusement qu'à cause de cette circonstance, beaucoup de cultivateurs ont méconnu les avantages que présentent réellement cet engrais (1). Effectivement, le tourteau, selon l'état plus ou moins humide de la saison, peut se comporter comme une matière de difficile décomposition, comme un engrais lent dans son action; si, au contraire, l'humidité vient en aide, il agira comme un engrais des plus actifs, dont l'effet est, pour ainsi dire, instantané.

En Angleterre, on donne environ 1000 kilogr. de tourteau par hectare. A Holkam, M. Coke enterre à la charrue l'engrais pulvérisé six semaines avant la semaille des turneps; cependant, on

(1) Schwertz, *Préceptes d'agriculture pratique*, p. 122.

considère comme plus économique et plus avantageux de le répandre en poudre fine, en ligne et avec la semence (1).

Cette dernière assertion ne doit pas être admise avec une trop grande confiance par les cultivateurs ; généralement, on recommande de saupoudrer les champs de tourteau, soit quelques semaines avant les semailles, soit après, quand les plantes se sont déjà développées. Nous possédons d'ailleurs des observations faites par un de nos praticiens les plus expérimentés, qui prouvent que le tourteau, employé sec et sans mélange, produit quelquefois sur la germination les effets les plus nuisibles. En septembre 1824, M. Vilmorin, voulant faire l'essai comparatif de divers engrais pulvérulents, eut l'occasion de répandre sur un trèfle incarnat, immédiatement après la semence, du tourteau de colza. Sur toutes les parties du terrain qui avaient reçu d'autres engrais, appliqués de la même façon, le trèfle leva parfaitement ; mais celle qui contenait le marc d'huile resta absolument nue. Le tourteau avait été employé dans la proportion de 1000 kilogrammes par hectare. On obtint un résultat tout aussi négatif sur un semis de vesce et de pois gris d'hiver (2).

(1) Sinclair, *Agriculture pratique et raisonnée*, t. I, p. 444.
(2) Vilmorin, *Maison rustique*, t. I, p. 204.

Duhamel, en rapportant des faits analogues, recommande d'appliquer le tourteau dix à douze jours avant de semer le grain (1). En Flandre, on en emploie 7 à 8 quintaux métriques par hectare sur les céréales, et on le répand avant l'hiver sur les grains levés.

Pulpes, résidus des féculeries. Dans la fabrication du sucre de betteraves, la pulpe, fortement exprimée, est considérée comme un aliment qui diffère peu en valeur de celle de la racine elle-même; cette pulpe contient en effet, à très peu près, les mêmes proportions de sucre, d'albumine, etc. Néanmoins, il arrive fréquemment que la production de cette matière dépasse les besoins de la consommation, et comme elle est d'une conservation difficile, elle passe aux engrais. A l'état où elle sort des presses, la pulpe renferme 7/10e d'eau, et, d'après son contenu en azote, elle représente les 0,85 de son poids de fumier.

Les écumes et dépôts des défécations qui résultent de la même fabrication, renferment la matière albumineuse combinée à la chaux : l'analyse a indiqué 0,005 d'azote; c'est, à fort peu de chose près, la proportion que l'on rencontre dans le fumier de ferme humide.

Le noir animal des raffineries est un composé

(1) Duhamel, *Eléments d'agriculture*, p. 204.

de charbon d'os en poudre fine, aggloméré par le sang que l'on emploie pour la clarification des sirops, et qui se coagule dans les chaudières. Dans ce mélange reste interposée la faible proportion de sucre que les lavages et la pression n'ont pu extraire. Desséché, ce produit contient environ 21 centièmes de sang, auquel il doit son action fertilisante. Ce résidu, si riche en principes azotés, a été jeté aux décharges publiques, jusqu'en 1824, époque à laquelle M. Payen fit connaître le parti que l'on peut en tirer comme engrais. Ce fut un grand service rendu à l'agriculture, car, depuis lors, plus de 10 millions de kilogrammes sont chaque année utilisés à l'amélioration du sol. L'usage s'en est surtout répandu dans les départements de l'ouest, où les importations de noir animal des raffineries étrangères sont venues concourir à ce débouché nouveau, qui embrasse aujourd'hui l'Orne et le Calvados.

L'importance du commerce des résidus des raffineries et quelques plaintes élevées sur leur qualité, attirèrent, en 1838, l'attention du conseil général de la Loire-Inférieure. Par suite, il fut nommé un inspecteur chargé de la vérification des engrais livrés par le commerce de Nantes. A cette occasion, il est bon d'observer qu'une vérification qui reposerait sur l'évaluation des matières organiques ne saurait suffire, puisqu'elle exposerait à confondre avec le véritable principe utile, le sang, des matières végétales que la fraude pourrait introduire. Le seul moyen d'essai convenable, celui qui offre toutes les garanties désirables, est le dosage de l'azote.

Les résidus des raffineries ont présenté dans leur application une anomalie qui ne doit pas être passée sous silence ; leur effet sur le sol non seulement a été extrêmement variable, mais il est arrivé que ces engrais, appliqués peu de temps après leur sortie des fabriques, ont été décidément nuisibles à la végétation, tandis que, conservés en tas pendant un mois ou deux avant d'être employés, leur action plus constante a toujours été favorable.

Ces actions diverses et opposées sont faciles à expliquer : le sucre contenu dans les résidus des raffineries donne, par la fermentation, de l'alcool, puis des acides acétique et lactique. Appliqués dans ces conditions, les résidus doivent nécessairement nuire au développement des plantes. Il n'en est plus ainsi, lorsqu'après une exposition suffisamment prolongée à l'air, la matière animale que le noir renferme a subi l'altération qui engendre de l'ammoniaque ; il se forme alors non seulement des acétates et des lactates de cette base, mais l'engrais accuse encore une réaction alcaline, constamment favorable à la végétation (1).

(1) Payen et Boussingault, *Annales de Chimie et de Physique*, t. III, p. 95, 3e série.

Les tranches de betteraves épuisées par la macération, que l'on obtient dans le procédé imaginé par M. de Dombasle pour l'extraction du sucre, sont beaucoup plus chargées d'humidité que ne l'est la racine avant l'opération. L'azote contenu dans les tranches ainsi surchargées d'eau ne s'élève pas à 0,0001. Comme engrais, cette matière ne payerait certainement pas les frais de transport.

La pulpe de pomme de terre dont on a extrait l'amidon par le lavage, est un aliment utile, à la condition qu'on en aura exprimé l'excès d'eau. Il arrive quelquefois qu'à la fin de la saison du travail des féculeries, la pulpe, d'ailleurs d'assez mauvaise qualité vers cette époque, se trouve en concurrence avec les fourrages verts du printemps. Elle passe alors aux engrais, et l'analyse a montré qu'à l'état sec elle équivaut à son poids de fumier de ferme. Avec l'eau qu'elle retient au sortir de la presse, 100 de pulpe représentent 131 de fumier humide.

Les eaux de lavage de la pulpe de pommes de terre déposent, pendant leur séjour dans les bassins où elles sont réunies, des matières organiques insolubles. Ces matières enlevées à la fin de la campagne, égouttées et séchées à l'air, constituent un engrais pulvérulent qui, d'après l'analyse, vaut environ la moitié de son poids de poudrette ordinaire. Un de nos agriculteurs les plus éclairés, M. Dailly, a essayé comparativement ces deux engrais, en les employant dans des proportions en rapport avec les équivalents indiqués ci-dessus ; et le résultat pratique a paru démontrer que 200 parties du dépôt des eaux de féculeries remplacent réellement 100 parties de poudrette. Les eaux de lavage qui laissent déposer l'engrais pulvérulent dont je viens de parler, peuvent elles-mêmes contribuer à féconder la terre, lorsqu'on les fait couler sur les cultures. Cette circonstance est d'autant plus heureuse que ces eaux occasionnent, par leur putréfaction, de graves inconvénients pour les localités environnantes. M. Dailly est parvenu, en les utilisant comme engrais, à faire disparaître l'incommodité qui résultait des fétides exhalaisons qu'elles répandent, et de plus il a réalisé avec les eaux de sa grande féculerie un bénéfice qu'il estime annuellement à 1,600 fr. L'analyse a établi que 100 parties de ces eaux de lavage en représentent 17 de fumier humide (1).

Le marc de pommes à cidre abandonné à la fermentation spontanée est mis sur les terres comme engrais. A Bechelbronn, nous le plaçons sur les topinambours; en Normandie, on le croit très convenable pour améliorer les prairies et

(1) Payen et Boussingault, *Annales de chimie et de physique*, 3e série, t. III, p. 79.

les jeunes plantations de pommiers (1). Un marc obtenu en Alsace, desséché à l'air, a donné à l'analyse une proportion d'azote qui placerait son équivalent à côté de celui du fumier de ferme (2).

Sinclair rapporte que dans le Herefordshire, on convertit en bon engrais le marc des pommes et des poires qui ont servi à la préparation du cidre en le mêlant avec de la chaux vive et en le retournant deux ou trois fois pendant l'été suivant (3). Il est possible que l'addition de la chaux accélère la décomposition de la matière ligneuse, mais il me semble que l'on peut parfaitement l'économiser, et que le marc de pommes se décompose assez rapidement dans la terre sans qu'il soit nécessaire de chercher à accélérer cette décomposition.

Débris des animaux. Les débris des animaux morts, les matières animales qui proviennent des abattoirs, sont des engrais puissants qui sont très recherchés dans les localités où l'on sait apprécier leur valeur. Tous les produits du dépeçage peuvent être utilisés, comme les débris de peaux, de crin, de tendons, de corne ; les os, les plumes.

(1) Leclerc-Thouin, *Maison rustique*, t. I, p. 90.

(2) Payen et Boussingault, *Annales de chimie et de physique*, t. VI, p. 449, 3e série.

(3) Sinclair, *Agriculture pratique et raisonnée*, t. I, p. 443. Traduct.

La chair musculaire que l'on n'emploie pas à la nourriture des animaux, peut être desséchée, après une coction préalable, puis réduite en poudre et appliquée comme engrais.

Le sang des animaux abattus convient moins à la nourriture des porcs que la chair musculaire ; il paraît même leur causer des maladies graves. Sa préparation comme engrais est des plus faciles : il suffit de le faire coaguler d'abord par l'ébullition, pour le faire sécher ensuite à l'air ou dans des étuves. On pourrait employer comme engrais le sang liquide, mais la décomposition a lieu avec une telle rapidité, que les produits s'exhalent sans produire beaucoup d'effet. On peut remédier par deux moyens à cet inconvénient : 1° en étendant le sang dans une grande masse d'eau que l'on fait servir à l'irrigation ; 2° en faisant absorber le sang par de la terre végétale que l'on répand ensuite sur les terres.

On prépare dans des établissements spéciaux qui se sont élevés dans la proximité des grandes villes, des engrais pulvérulents dont le sang desséché forme la base. La richesse en azote de ces engrais explique comment ils peuvent avoir une valeur assez grande pour être transportés au loin, jusqu'aux colonies.

Les os sont destinés à l'agriculture, après qu'on en a extrait les matières grasses contenues dans le tissu adipeux de leurs cavités. On les broie grossièrement entre les dents de cylindres en fonte. On doit les considérer comme un engrais dont l'action est de longue durée, parce que la matière animale que les os contiennent se décompose très lentement, défendue qu'elle est par le tissu calcaire qui l'enveloppe. En Angleterre, on met jusqu'à 52 hectolitres d'os broyés par hectare de terre destinée à porter des turneps.

Les os employés comme engrais ont donné lieu aux observations les plus variées et les plus contradictoires; dans quelques circonstances, leur effet sur la végétation a été reconnu à peu près nul; dans d'autres, leur action a été manifeste et des plus favorables. M. Payen s'est parfaitement rendu compte de ces anomalies. Selon mon savant confrère, les os contiennent dans leurs parties celluleuses une substance grasse plus ou moins consistante, que l'on peut leur enlever en les faisant bouillir dans l'eau; la quantité moyenne de graisse que l'on extrait des os de boucherie est d'environ 10 pour 100. On a remarqué que cette matière grasse diminue graduellement dans les os à mesure qu'ils se dessèchent. Elle disparaît presque complètement lorsque cette dessiccation a lieu à une température élevée. C'est que l'eau, après qu'elle est dégagée du tissu osseux par l'effet de l'évaporation, est remplacée par la graisse liquéfiée par la chaleur. Il en résulte que le tissu organique de l'os, déjà difficilement attaquable par le fait de sa cohésion, devient encore moins altérable lorsqu'il est imprégné de graisse, et que cette graisse, en réagissant sur le carbonate calcaire du réseau osseux, a formé un savon de chaux qui résiste à toutes les influences atmosphériques. On comprend que les os parvenus à cet état ne devront exercer qu'une action à peu près nulle, à moins d'être réduits à un degré de ténuité extrême. Cela seul peut expliquer comment il a pu arriver que des os, après un séjour de quatre années dans la terre, n'ont perdu, ainsi qu'on l'a constaté, que 8 pour 100 de leur poids, tandis que ceux qui ont été extraits tout récemment des animaux, et dont on a enlevé la graisse par l'eau bouillante, perdent dans le même espace de temps 25 à 30 pour 100 (1). Ces remarques, dues à M. Payen, montrent combien Schwertz s'est mépris en attribuant la mauvaise qualité de l'engrais fabriqué avec de vieux os, ou avec des os bouillis, à l'absence de la graisse, qu'il considère, on ne sait sur quelle autorité, comme une substance des plus utiles à la végétation (2). On ne comprend pas comment les corps gras agiraient comme engrais. J'ai d'ailleurs reconnu, dans des expériences faites il y a quelques années, pour vérifier des résultats an-

(1) Payen, *Maison rustique*, t. I, p. 94.
(2) Schwertz, *Préceptes d'agriculture pratique*, p. 73.

noncés par un cultivateur qui attribuait l'effet utile des tourteaux aux matières grasses qui s'y rencontrent , que l'huile de navette n'exerce aucune action favorable sur la culture du froment.

Marc de colle. Après avoir traité par l'hydrate de chaux les rognures de peaux, les tendons, pour préparer la colle forte, il reste un résidu qui, lavé et pressé, renferme tout ce qui n'a pas été dissous par l'eau bouillante, comme les substances tendineuses et cutanées, les poils, les débris d'os, de corne, de muscles, un savon calcaire et des matières terreuses. Ce mélange se putréfie rapidement, mais une fois desséché, on peut le conserver pendant longtemps. Le marc de colle analysé à l'état sec, a donné à peu près 4 pour 100 d'azote. On met sur un hectare 500 à 600 kilog. de marc ; mais il faut fumer tous les ans.

Pain de creton. C'est le marc des graisses de bœufs, de moutons, de veaux, traitées par les fondeurs de suif. Ce résidu, formé en grande partie des membranes du tissu adipeux, de la graisse dont elles restent imprégnées, d'un peu de sang, de muscles, d'os, a été jusque dans ces derniers temps presqu'exclusivement employé à la nourriture des chiens. On a commencé depuis peu à utiliser le pain de creton comme engrais, et l'analyse indique que l'équivalent de cette matière doit s'approcher de 3 1/2, celui du fumier étant représenté par 100. C'est à peu près à la dose proportionnée à cet équivalent qu'on l'emploie avec un avantage marqué. Avant de mettre le pain de creton sur les terres, on le divise avec une hache; quelquefois on le détrempe dans l'eau chaude. Son action sur le sol se prolonge pendant trois ou quatre années.

Chiffons de laine. On les emploie dans plusieurs industries, et on en expédie aussi pour l'engrais des vignes et des oliviers. La décomposition très lente de la laine la fait agir pendant six à huit ans. C'est par la proportion d'azote qu'elle contient, par le peu d'eau qui entre dans sa constitution, un des engrais les plus riches et les plus favorables aux transports. Un cultivateur de Seine-et-Marne, M. Delonchamps, se sert avec un grand succès de ces chiffons. 3,000 kilog., dont le prix revient à 180 fr., suffisent pour fumer un hectare pendant trois ans. La laine remplace ainsi 45,000 kilog. de fumier qui, au prix de 70 cent. le quintal, coûteraient 315 fr. Au bout de trois années, M. Delonchamps donne à ses terres du fumier de ferme pour trois autres années, afin de les entretenir dans un état assez meuble; puis il revient à la laine. Avant de distribuer les chiffons, il convient de les diviser; on y parvient à l'aide d'une faux implantée sur un billot, sous un angle de 45°.

En Angleterre, on met sur un hectare 1,600 kil.

de chiffons de laine découpés en petits morceaux. Sinclair prétend qu'ils réussissent mieux sur les sols secs, sablonneux ou crayeux, par la raison qu'ils attirent l'humidité (1). Je n'ai pas remarqué qu'il en soit ainsi. Dans le sol très sec d'une vigne fumée par cette méthode, j'observe que les chiffons se décomposent très lentement, et jusqu'à présent l'effet en a été très peu sensible.

La râpure de corne agit avec une grande énergie. Elle convient à toute espèce de sols; en Angleterre on en donne 36 hectolitres par hectare.

Les tendons, *les rognures de peaux*, *les crins*, *les plumes*, *les résidus de colle d'os*, sont des engrais analogues au précédent, et dont la valeur fertilisante se déduit de la proportion d'azote contenue dans chacun d'eux. Cette valeur une fois fixée, chaque cultivateur connaît la dose de matière qu'il doit administrer à ses cultures, et cela d'une manière beaucoup plus rationnelle qu'en suivant les indications vagues qui ont été prescrites. Ainsi Sinclair veut que l'on enfouisse sur un hectare 8 hectolitres de débris de plume, et Schwertz en donne à la même surface quatre à cinq fois autant; rien n'est d'ailleurs aussi arbitraire que de doser au volume de semblables matières; on conçoit que le poids d'un hectolitre de rognures de peaux, de plumes, etc., doit

(1) Sinclair, *Agriculture pratique et raisonnée*, t. I, p. 411.

différer considérablement, selon l'état de division des substances mesurées ; en général, c'est toujours au poids qu'il convient de prescrire le dosage des engrais.

Coquilles, vases de mer et de rivière. Ces matières sont peu azotées, cependant elles ont un équivalent qui se rapproche de celui du fumier de ferme pris à l'état humide. Leur abondance, la facilité de s'en procurer de grandes masses, font qu'elles sont extrêmement utiles dans les localités peu distantes des sources qui les fournissent. Les sels alcalins et terreux que ces matières contiennent ajoutent d'ailleurs à leur propriété fertilisante.

Les sables de mer les plus employés en Bretagne sont désignés sous les noms de *merl* et de *trèz* ou *tangue.*

Le merl appelé aussi sable de mer, sable vermiculaire, fond de corail, est composé, pour la plus grande partie, de concrétions calcaires renfermant quelques centièmes d'un tissu organique très azoté. Il est mêlé de coquillages et de divers débris de madrépores. On le trouve en abondance dans la mer, à l'embouchure de la rivière de Morlaix, où il s'en fait une exploitation considérable. On assure qu'il s'y régénère, et de temps à autre on en découvre des bancs nouveaux.

On recueille le merl dans des gabares, à l'aide

de dragues. L'extraction se fait du 15 mai au 15 octobre ; les quais de Morlaix en sont couverts en cette saison, et on le transporte jusqu'à cinq lieues dans l'intérieur des terres. Une gabarée pesant 7,000 kilogrammes, se vend de 8 à 10 fr. On tire maintenant du *merl* sur la côte de Plancourtrez. Dans la rade de Brest, on l'a découvert près de l'embouchure de la rivière de Quimper. Enfin il paraît que le sable de mer employé par les agriculteurs du Devonshire et du Cornwall est de même nature. Dans l'arrondissement de Morlaix, on en emploie 14,000 kilog. par hectare de terres légères et sèches, et 28,000 kilog. sur les sols argileux. Cette dose serait probablement trop forte sur les sols poreux et humides, par la raison que le *merl* appartient aux engrais chauds, c'est à dire à décomposition très prompte. On ne saurait douter que le *merl* n'agisse encore par sa matière calcaire sur les sols argileux de la Bretagne, pour lesquels le sable seul est déjà un excellent amendement. C'est également au carbonate de chaux qu'il renferme, qu'il faut attribuer les bons effets qu'on a obtenus de son usage sur les terrains qui présentent des efflorescences de pyrite de fer. Il est convenable de le porter sur les terres, peu de temps après sa sortie de la mer; par une exposition prolongée à l'air, il se désagrège et perd une partie de ses qualités.

Le *trèz* est un sable de mer qui forme des plages dans diverses localités des environs de Morlaix ; c'est le même sable que l'on désigne sous les noms de *tangue* ou *tanque* sur nos côtes septentrionales. Ce sable favorise la végétation, surtout après que des lavages ont enlevé la plus grande partie du sel dont il est imprégné. On le répand sur les terres en quantité plus considérable que le *merl*. Le peu de matière animale qu'il contient se putréfie et se dissipe lorsqu'il reste exposé à l'air pendant un temps trop long : aussi a-t-on établi une distinction entre le *trèz* frais ou vif et le *trèz mort*.

M. Vitalis a donné l'analyse du *trèz* ou *tangue* à ces différents états :

Tangue.	Vive.	Morte.
Eau	6,	3,5
Oxyde de fer	0,6	1,0
Sable micacé	20,3	40,0
Argile	4,0	3,5
Carbonate de chaux	66,0	47,5
Matière organique, dosée par calcination	3,1	4,4
	100,0	100,0

J'ai fait voir précédemment que la méthode qui consiste à doser ainsi la matière organique d'une terre ou d'un engrais ne donne que des résultats fort incertains, et nous en avons ici une nouvelle preuve : la *tangue* morte doit probablement renfermer moins de matière organique que la *tangue* vive. Néanmoins, les analyses de M. Vitalis suffisent pour montrer comment le *trèz* allège les sols compactes et argileux. Les cultivateurs en donnent jusqu'à 40,000 kilogrammes par hectare, afin de *trèzer* le fond, qu'ils entretiennent ensuite avec un *trèzage* beaucoup moins abondant (1).

Les coquilles, les sables et les plantes ne sont pas les seules matières utiles fournies par la mer à l'agriculture; les poissons ou leurs débris sont très souvent destinés à l'engrais des terres. Cette pratique est fort ancienne, et paraît universellement répandue; j'ai déjà rappelé qu'à l'époque de la conquête de l'Amérique, les Espagnols la trouvèrent établie chez les Indiens des côtes de l'Océan Pacifique. Sur le littoral de la Grande-Bretagne et de l'Irlande, on fume aussi les terres avec des poissons; il en est de même dans le voisinage des marais de Lincoln, de Cambridge et de Norfolk; les résidus de la préparation des huiles de hareng, de chien de mer, de morue, sont excellents pour améliorer le sol; et dans le Cornwall, on recueille, dans le même but, les débris qui proviennent des pêcheries (2). On a conseillé de mêler ces débris à de la chaux vive; cette addition est surtout convenable pour les

(1) Payen et Boussingault, *Annales de chimie et de physique*, 3e série, t. III, p. 32.

(2) Sinclair, *Agriculture pratique et raisonnée*, t. I, p. 412.

huiles avariées de hareng : il se forme alors un savon de chaux qui s'oppose à l'action nuisible sur la végétation, que ne manquent jamais de produire les matières grasses (1).

L'analyse de la morue salée, que j'ai faite conjointement avec M. Payen, a donné une proportion d'azote d'environ 7 pour 100. On comprend dès lors pourquoi la chair des poissons, leurs cartilages, se comportent comme des engrais très actifs.

Les dépôts formés par les eaux des rivières donnent aussi un engrais dont on tire souvent un parti fort avantageux. Le Nil, qui inonde périodiquement les plaines de la Basse Egypte, doit son action fertilisante au limon qu'il dépose.

Sur les bords de la Durance, on recueille avec soin le limon charrié par cette rivière, pour améliorer les terres qu'elle parcourt. Les eaux des canaux d'irrigation qui dérivent de la Durance sont souvent troubles et impropres à l'arrosage: pour les débarrasser de ce limon, on les fait déposer dans une suite de trous ou *nay*, disposés de manière à recevoir le limon ou *nite* abandonné par l'eau dont on a ralenti le cours. On enlève la *nite* lorsque, quelques jours après l'évacuation des eaux du *nay*, elle offre une consistance convenable; alors on la coupe par tranches et on la jette sur les bords. On fait deux

(1) Thaer, *Principes raisonnés d'agriculture*, t. II, p. 215.

à trois récoltes de *nite* par an; il n'est guère possible d'en faire davantage, car le dimanche des Rameaux est le jour fixé pour l'ouverture de la prise d'eau dans le canal de la Durance, et la fermeture a lieu le jour de la Toussaint. Le dépôt du limon s'opère par couches successives : il est d'autant plus abondant que les orages ont été plus fréquents pendant l'été. Les cultivateurs apportent la plus grande attention à la couleur des eaux qui le charrient; ils connaissent à ce seul indice le lieu où l'orage a éclaté et le torrent qui a enflé la Durance. Ils sont d'autant plus intéressés à se livrer à ce genre d'observation, qu'ils savent par là apprécier la nature et la qualité du limon · ainsi les eaux rouges ne sont pas admises dans les *nays*, et on se garde même de les faire servir à l'irrigation des prairies, quelle que soit l'urgence qu'on puisse en avoir. La *nite* une fois extraite du nay, est exposée à l'air pour l'amener à l'état pulvérulent. On l'emploie lorsqu'il s'agit de niveler le sol cultivé; si on la destine à l'amélioration des vignobles ou des vergers, on en couvre toute la surface du champ, dans lequel elle est incorporée par des labours subséquents. La *nite* peut être appliquée à tous les genres de cultures : admise dans une terre à blé, M. de Belleval est parvenu à porter un rendement de 4 pour 1 à celui de 12 pour 1 (1).

(1) Stanislas de Belleval, *Annales de l'agriculture française*, 2e série, t. XIV, p. 261.

Suies de bois et de houille, cendres de Picardie. La suie est connue depuis fort longtemps comme un engrais utile. M. Braconnot a trouvé dans la suie d'une cheminée dans laquelle on avait brûlé du bois (1) :

Acide ulmique	30,0
Matière azotée soluble dans l'eau	20,0
Matière carbonatée insoluble	3,9
Silice	1,0
Carbonate de chaux	14,7
Carbonate de magnésie	trace.
Sulfate de chaux	5,0
Phosphate de chaux ferrugineux	1,5
Chlorure de potassium	0,4
Acétate de chaux	5,7
Acétate de potasse	4,1
Acétate de magnésie	0,5
Acétate de fer	trace.
Acétate d'ammoniaque	0,2
Principe âcre et amer	0,5
Eau	12,5
	100,0

L'examen que j'ai fait avec M. Payen des suies de houille et de bois confirme la présence des principes azotés indiqués par M. Braconnot. Dans les grandes villes, on fait un commerce assez considérable avec la suie destinée à l'agriculture. On la répand en couverture sur les trèfles et les jeunes froments, à la dose de 18 hectolitres par

(1) Braconnot, *Annales de chimie et de physique*, t. XXXI, p. 52, 2e série.

hectare (1). On a conseillé de la mêler à la chaux; mais puisqu'il s'y trouve des sels à base d'ammoniaque, c'est évidemment là une pratique vicieuse, qui trouve tout au plus son excuse dans la plus grande facilité que présente un semblable mélange pour être incorporé dans le sol. Le mieux est certainement d'appliquer la suie seule, par un temps calme et pluvieux, comme le recommande M. de Dombasle. En Flandre, c'est particulièrement sur les semis de colza destinés au repiquage qu'on applique cet engrais, et l'on croit qu'il possède la propriété de préserver les jeunes plants de l'attaque des insectes. Près de Lille, on en donne 50 hectolitres par hectare (2). Schwertz cite plusieurs faits qui établiraient que l'effet de la suie sur le trèfle est des plus avantageux; il admet en outre que la suie de houille est préférable à celle qui provient de la combustion du bois (3). Cet avantage de la suie de houille tient évidemment à deux causes : d'abord elle a plus de densité, et dans le dosage en volume un hectolitre de suie de houille contient réellement plus de matière; ensuite nous avons trouvé qu'à poids égaux, la suie de houille est la plus azotée des deux.

Les cendres de Picardie se préparent par la

(1) Sinclair, *Agriculture pratique et raisonnée*, t. I, p. 451.
(2) Cordier, *Agriculture de la Flandre française*, p. 263.
(3) Schwertz, *Préceptes d'agriculture pratique*, p. 125.

combustion lente et imparfaite des tourbes pyriteuses qu'on exploite dans le département de l'Aisne, pour la fabrication du sulfate de fer et de l'alun. Cette tourbe, disposée en tas, s'échauffe et s'enflamme ; la combustion continue pendant un mois environ ; il se dégage d'abondantes vapeurs sulfureuses : le résultat est une cendre grise, renfermant encore des matières charbonneuses et dont on fait un usage très profitable pour amender les prairies. On pourrait croire que l'utilité des cendres de Picardie dépend uniquement du sulfate de chaux qu'elles contiennent nécessairement, mais il est bien reconnu qu'elles sont beaucoup plus actives comme engrais ; et on peut en juger par la consommation qui en est fort étendue. L'analyse explique la vertu fertilisante de ces cendres, en montrant qu'elles renferment plus de 1/2 pour 100 d'azote. Il est très probable que pendant l'incinération lente de la tourbe, il se produit du sulfate d'ammoniaque.

Les cendres vitrioliques qui restent après le lessivage de lignites pyriteux et alumineux qu'on exploite pour la fabrication de la couperose, sont analogues aux cendres de Picardie et employées avec un égal succès en agriculture. A Forges-les-Eaux, les terres pyriteuses lessivées sont mêlées avec un quart de leur poids de cendres de tourbe. C'est ce mélange qu'on utilise comme un engrais actif dans une grande partie du pays de Bray ; il convient également aux prairies, aux herbages humides et aux terres arables. L'analyse faite par MM. Girardin et Bidard a donné pour la composition de ces cendres (1) :

Matière organique soluble.	2,7
Humus insoluble.	49,8
Sulfates de protoxyde et de peroxyde de fer.	1,8
Sable fin.	39,0
Sulfure de fer . . . . Peroxyde de fer	6,7
	100,0

Les cendres vitrioliques de Forges-les-Eaux sont plus azotées que celles de Picardie ; elles contiennent 2,72 pour 100 d'azote.

Ce qui se passe dans la combustion imparfaite de la tourbe pyriteuse, le produit qui en est le résultat, explique, jusqu'à un certain point, les effets de *l'écobuage*. C'est une pratique importante, très répandue, et dont il serait difficile de comprendre l'utilité si elle ne se rattachait en quelque sorte à la production des cendres vitrioliques.

Les effets utiles de l'écobuage résident vraisemblablement dans la destruction des matières organiques très pauvres en principes azotés, dans la transformation de la superficie du sol en une

(1) Girardin et Binard, *Journal d'agriculture pratique*, t. VI, p. 578.

terre poreuse, charbonneuse, et par conséquent apte à retenir, en les condensant, les vapeurs ammoniacales dégagées pendant la combustion ; enfin dans la production de sels alcalins et terreux, qui exercent, comme on sait, l'action la plus utile sur la végétation (1).

Ces conditions sont si bien celles qui semblent se réaliser dans l'écobuage, que pour que cette opération devienne favorable au sol qui la subit, il faut de toute nécessité que les végétaux soient transformés en cendres noires; et, comme l'a fort bien remarqué M. Robert Hoblyn, lorsque l'incinération est complète, que le résidu est véritablement de la cendre rougeâtre, le sol peut être frappé de stérilité pour l'avenir (2). Une combustion peu ménagée, une entière incinération, amènerait également, et par la même cause, un mauvais résultat dans la préparation des cendres de Picardie; elles pourraient agir comme le font les cendres de tourbes qui proviennent des foyers; mais privées de tous principes azotés, elles ne sauraient améliorer le terrain à la manière des engrais organiques.

J'ai vu souvent pratiquer l'écobuage dans les steppes de l'Amérique équinoxiale. On met le feu aux pâturages, lorsque l'herbe, parvenue à un

(1) Payen et Boussingault, *Annales de chimie et de physique*, 3e série, t. III, p. 99.

(2) Sinclair, *Agriculture pratique et raisonnée*, t. I, p. 485.

certain développement, devient sèche et ligneuse; la flamme se propage avec une vitesse incroyable en parcourant des espaces immenses. Le terrain devient noir, la combustion des parties les plus rapprochées du sol n'est jamais achevée. Quelques jours après le passage du feu, on voit poindre une végétation vigoureuse, et en quelques semaines le théâtre de l'incendie se change en une verte et riche prairie.

Déjections des animaux. Fumier de cheval. D'après leur composition, les déjections du cheval devraient agir plus activement que les déjections de la vache. Cependant les cultivateurs les considèrent comme étant de qualité inférieure. Cette opinion est fondée jusqu'à un certain point. Ainsi, bien qu'il soit admis que les déjections du cheval, enfouies dans la terre avant d'avoir fermenté, donnent un engrais très puissant, il est cependant reconnu qu'en général, les mêmes matières fournissent, par leur décomposition, un fumier moins utile que celui qui provient des étables. Cela tient uniquement à ce que les déjections de l'écurie, en raison du peu d'humidité qui entre dans leur constitution, offrent de plus grandes difficultés pour être traitées convenablement ; mêlées à la litière, mises en tas, elles s'échauffent rapidement et se dessèchent. Si on n'entretient pas dans la masse en fermentation une quantité d'eau suffisante pour modérer la température, si l'on ne prévient pas, par un tassement convenable, l'accès de l'air, on perd, à n'en pas douter, une proportion considérable des principes qu'il importerait de conserver. Je puis en donner un exemple frappant que je prendrai dans la conversion du fumier de cheval en engrais complètement consommé.

Le fumier frais du cheval contient, à l'état sec, azote 2,7 pour 100. Le même fumier, disposé en couche épaisse et abandonné à une décomposition complète, a donné un terreau dans lequel il n'entrait, au même état de siccité, que 1 pour 100 d'azote. J'ajouterai que par cette fermentation, le fumier avait perdu à peu près les 9/10 de son poids. On peut juger, d'après ces nombres, combien a été grande la perte en principes azotés. Dans la pratique, quelque peu de soins que l'on apporte dans la confection du fumier de cheval, on ne pousse jamais la fermentation à ce degré extrême; mais il n'en est pas moins vrai que l'on en approche plus ou moins, et que le résultat, pour n'être pas aussi défavorable que celui auquel je suis arrivé, est encore très désavantageux. Aussi, les praticiens éclairés ont-ils jugé depuis longtemps que le traitement des déjections du cheval demande des soins, des attentions dont on peut se dispenser lorsqu'il s'agit de convertir en fumier les déjections des bêtes à cornes, et M. Puvis a constaté que pour obtenir de bons résultats dans la confection du fumier des chevaux, il faut lui donner plus d'humidité qu'il n'en peut recevoir par les urines de ces animaux ; que si on ne l'arrose pas, il se dessèche, perd de son poids et de sa qualité, tandis qu'en l'entretenant convenablement humide, il produit une quantité de fumier à demi consommé, de qualité supérieure et au moins égale en poids à celui qui provient des vaches (1).

M. Schattenmann, qui dispose des produits d'une écurie de deux cents chevaux, suit, pour la confection du fumier, un procédé des plus rationnels et qui donne d'excellents résultats. Il a établi une fosse peu profonde, de 400 mètres carrés de surface, divisée en deux parties égales. Le fond de cet emplacement est disposé de manière à présenter deux plans inclinés qui permettent aux eaux de se réunir au milieu, où se trouve placé un réservoir muni d'une pompe pour ramener sur le fumier les liquides qui en découlent. En outre, l'eau qui est nécessaire pour maintenir les fumiers dans un degré convenable d'humidité, est fournie par une autre pompe qui communique avec un puits. Cette dernière disposition est indispensable, car la quantité d'eau nécessaire est si considérable quand on opère sur de semblables masses, qu'il ne faudrait pas songer à se la

(1) Puvis, *Journal d'agriculture pratique*, t. III, p. 99.

procurer par d'autres voies. Les deux parties de l'aire sont alternativement garnies de fumier sortant des écuries ; on le tasse jusqu'à la hauteur de trois à quatre mètres ; on le foule fortement, et il est abondamment arrosé par les pompes. Le tassement et l'humidité constante sont deux conditions indispensables au succès de la bonne confection du fumier de cheval. M. Schattenmann ajoute aux eaux saturées par les parties solubles du fumier, du sulfate de fer en dissolution ou du sulfate de chaux en poudre ; il répand les mêmes sels à la surface des tas, afin de transformer en sulfate le carbonate d'ammoniaque qui se développe pendant la fermentation, et s'opposer ainsi à sa volatilisation. A l'aide de cette précaution, on obtient, dans l'espace de deux ou trois mois, un engrais pâteux, aussi gras que le fumier de bêtes à cornes et d'une qualité qui se manifeste par les produits remarquables des prairies qui le reçoivent (1). Il est presque inutile d'ajouter qu'il faut apporter la plus grande attention à ne pas introduire dans la matière un excès de sulfate de fer qui pourrait nuire à la végétation. Dans l'emploi du sulfate de chaux, on n'a pas à craindre cet inconvénient ; ce sel en excès serait plutôt favorable que nuisible, et dans le cas le plus général,

(1) Schattenmann, *Annales de chimie et de physique*, 3e série, t. IV, p. 117.

c'est au plâtre qu'il convient de donner la préférence.

Les agriculteurs recommandent ordinairement de réserver le fumier de cheval pour les sols argileux, profonds, humides ; cette recommandation s'adresse uniquement au fumier qui a été obtenu par la voie suivie communément. Quant au fumier de cheval préparé avec l'attention que j'ai indiquée, il convient à tous les sols et il ne diffère du fumier de vache que par sa qualité supérieure. C'est ce qu'explique l'analyse élémentaire des excréments et de l'urine d'un cheval nourri au foin et à l'avoine.

100 d'urine ont donné 12,4 d'extrait sec.

J'ai trouvé pour la composition de cette urine :

	A l'état d'extrait.	A l'état liquide.
Carbone	36,0	4,46
Hydrogène	3,8	0,47
Oxygène	11,3	1,40
Azote	12,5	1,55
Sels	36,4	4,51
Eau	»	87,61
	100,0	100,00

Les excréments du même cheval ont donné par la dessiccation 24,7 pour 100 de matière fixe.

L'analyse a indiqué dans :

	Les excréments secs.	Les excréments humides.
Carbone	38,7	9,56
Hydrogène . . .	5,1	1,26
Oxygène	37,7	9,31
Azote.	2,2	0,54
Sels	16,3	4,02
Eau	»	75,31
	100,0	100,00

Le fumier des bêtes à cornes est souvent très aqueux, surtout lorsqu'il est fourni par des animaux mis au vert ; à cause de cette humidité, sa confection est facile à conduire. Son équivalent est plus élevé que celui du fumier de cheval ; il est en effet moins azoté, et partant moins actif.

Si la nourriture exerce beaucoup d'influence sur la qualité du fumier, les conditions dans lesquelles se trouve le bétail en exercent une qui n'est pas moins grande. Les vaches laitières ou saillies donnent un fumier moins azoté que celui des bœufs de travail ; cela se conçoit aisément : les principes azotés de la nourriture sont distraits des sécrétions pour concourir au développement du fœtus, à la production du lait ; par la même raison, les déjections des élèves, toutes circonstances égales d'ailleurs, procurent un engrais moins riche que celui qui dérive d'animaux adultes. J'aurai l'occasion de revenir sur ce sujet important et qui n'a pas été suffisamment approfondi.

L'urine et les excréments d'une vache laitière

qui rendait par jour 8$^{lit.}$,25 de lait, ont donné à l'analyse les résultats suivants:

100 d'urine contenaient 11,7 d'extrait sec. J'ai trouvé pour la composition de :

	L'urine sèche.	L'urine liquide.
Carbone.	27,2	3,18
Hydrogène.	2,6	0,30
Oxygène.	26,4	3,09
Azote.	3,8	0,44
Sels.	40,0	4,68
	Eau . .	88,31
	100,0	100,00

100 d'excréments frais ont laissé, à la dessiccation, 9,4 de matières sèches.

	Les excréments secs.	Les excréments humides.
Carbone.	42,8	4,02
Hydrogène. . . .	5,2	0,49
Oxygène.	37,7	3,54
Azote.	2,3	0,22
Sels	12,0	1,13
	Eau . .	90,60
	100,0	100,00

Fumier de porc. D'après ce que j'ai pu observer, les porcs bien nourris et à l'engraissement donnent des déjections fortement azotées, et qui doivent par conséquent produire du fumier de bonne qualité. Schwertz a constaté effectivement que cet engrais agit plus activement sur les terres que ne le fait celui qui provient des déjections de la vache.

Le fumier de mouton est des plus énergiques : c'est ce que confirme l'analyse; les excréments de mouton sont peu aqueux, et contiennent à l'état normal plus de 1 pour 100 d'azote. On les applique souvent directement, au moyen du parcage. Schwertz estime qu'un mouton, pendant une nuit, peut fumer une surface d'un mètre carré (1); nous avons trouvé à Bechelbronn 1 mètre 1/3. Voici le détail d'une observation :

Deux cents moutons ont parqué pendant quinze nuits sur un chaume de seigle, dont la superficie était de 3,973 mètres carrés, soit $1^{m},32$ pour la surface assignée à un mouton. Cette fumure a produit un maximum d'effet sur la récolte de navets qui a suivi la céréale.

La colombine est connue pour un engrais *chaud*, tellement actif, qu'il faut en user avec prudence. Le fumier de pigeon convient à toutes les cultures; Schwertz l'a appliqué pendant longtemps, et toujours avec le plus grand succès, sur le trèfle, en le mêlant avec de la cendre de houille (2).

Les cultivateurs flamands se procurent la colombine dans le département du Pas-de-Calais, où il existe de nombreux pigeonniers. On loue

(1) Schwertz, *Préceptes d'Agriculture pratique*, p. 161.
(2) Schwertz, *Préceptes d'Agriculture pratique*, p. 156.

un pigeonnier à raison de 100 fr. par an, pour la fiente de 600 à 650 pigeons : c'est ordinairement la charge d'une voiture. Dans les environs de Lille, on emploie particulièrement cet engrais sur le lin et le tabac. Selon M. Cordier, la fiente de 7 à 800 pigeons suffirait pour fumer un hectare de terrain (1). On peut juger de la valeur de la colombine par la forte proportion d'azote qu'elle renferme : celle de Bechelbronn en contient 8 1/3 pour 100 (2). Ce résultat ne doit pas surprendre, quand on sait que la matière blanche qui se trouve mêlée à la fiente des oiseaux est de l'acide urique presque pur.

Le guano est un engrais analogue à la colombine ; son usage est très répandu sur le littoral du Pérou. Le guano paraît être le résultat de l'accumulation séculaire des excréments d'oiseaux qui ont leur refuge dans les îlots et sur quelques points de la côte de la mer du Sud. Cette matière forme des dépôts qui ont souvent plus de 20 mètres d'épaisseur, et que l'on exploite à ciel ouvert. Les principales exploitations ont lieu dans les îles de Chinche, près de Pisco ; mais on en connaît des gisements plus au sud, dans les îles de Iza, de Ilo, à Arica, et dans le voisinage de Payta, comme j'ai pu m'en convaincre durant

(1) Cordier, *Agriculture de la Flandre française*, p. 256.

(2) Payen et Boussingault, *Annales de Chimie et de Physique*, 3ᵉ série, t. III, p. 103.

mon séjour dans ce port. Ce sont les habitants de Chancay qui se livrent au commerce du guano. De petits bâtiments nommés *guaneros* font constamment le transport de cet engrais (1).

Vauquelin et Fourcroy ont les premiers fixé l'attention sur la nature du guano : l'échantillon qu'ils ont examiné et qui avait été rapporté par M. de Humboldt renfermait :

1° de l'acide urique (0,25).
2° de l'oxalaté d'ammoniaque.
3° du chlorhydrate d'ammoniaque.
4° de l'oxalate de potasse.
5° des phosphates de potasse et de chaux.
6° du chlorure de potassium.
7° une matière grasse.
8° du sable.

Plus récemment, M. Fownes a analysé la même matière. Un échantillon en poudre, d'un brun clair et répandant une odeur extrêmement désagréable, a donné (2) :

Oxalate d'ammoniaque Acide urique Traces de carbonate d'ammoniaque, matière organique	66,2
Phosphates de chaux et magnésie	29,2
Phosphates et chlorures alcalins Traces de sulfates	4,6
	100,0

(1) De Humboldt, *Annales de Chimie*, t. LVI, p. 258.
(2) Fownes, *Bibliothèque universelle de Genève*, t. LXIII, p. 194, nouvelle série.

Un autre échantillon, plus foncé en couleur et sans odeur, contenait :

Oxalate d'ammoniaque pur	44,6
Phosphates terreux.	41,2
Phosphates, sulfates et chlorures alcalins .	14,2
	100,0

La composition du guano confirmerait, s'il en était besoin, l'opinion qu'on s'est faite sur son origine. Les îles qui le fournissent sont encore habitées pendant la nuit par une multitude d'oiseaux; toutefois, d'après les supputations de M. de Humboldt, en trois siècles leurs excréments ne pourraient former qu'une couche d'un centimètre d'épaisseur, et l'imagination recule devant l'âge qu'il faudrait assigner aux dépôts actuels avec cette lente progression.

Il ne faudrait pas déduire la composition moyenne du guano des analyses précédentes, faites sur des échantillons de choix : la matière terreuse y est ordinairement plus abondante. Du guano importé en Angleterre et en France a présenté une proportion d'azote qui est loin de faire supposer 25 pour 100 d'acide urique dans la matière examinée. Dans trois essais, l'azote trouvé a été : 0,14, 0,05 et 0,05; la moyenne serait 0,08, qui représente la quantité d'azote contenue dans la colombine.

La litière de vers à soie est utilisée comme engrais dans le Midi. L'analyse y a indiqué 3 p. 100 d'azote.

Les déjections de l'homme sont considérées comme un des fumiers les plus actifs dont puisse disposer le cultivateur. Dans les pays où l'industrie agricole est en progrès, ces déjections sont très recherchées, et on n'épargne aucune peine pour se procurer un engrais aussi puissant. En Flandre, les matières fécales sont l'objet d'un commerce très étendu, et dans la proximité des villes populeuses, elles sont d'une immense ressource pour l'amélioration du sol. Les Chinois les recueillent avec un soin minutieux, dans des vases disposés de distance en distance le long des chemins les plus fréquentés; des vieillards, des femmes et des enfants sont occupés à les délayer et à les déposer près des plantes (1). Souvent on pétrit les excréments frais avec de l'argile, on en forme des briques que l'on pulvérise quand elles sont sèches, puis l'on répand cet engrais en *couverture*. Il résulte de l'emploi presque exclusif de cette poudrette, qu'en Chine les champs ne présentent que la plante utile qu'on y cultive, et qu'il est difficile d'y rencontrer une herbe nuisible.

La qualité des matières fécales, comme engrais, dépend beaucoup de la nature et de l'abondance

(1) Stanislas Julien, *Annales de Chimie et de Physique*, 3ᵉ série, t. III, p. 65.

des aliments consommés par les individus qui les ont rendues. M. d'Arcet rapporte à ce sujet un fait curieux : un agriculteur avait acheté, pour les appliquer à ses cultures, les matières des latrines d'un des restaurateurs les plus en vogue du Palais-Royal ; encouragé par le succès qu'il obtint par l'emploi de cet engrais, il voulut en étendre l'application, et se rendit, dans ce but, adjudicataire des vidanges de plusieurs casernes de Paris. L'engrais qui en provint produisit sur les champs un effet infiniment moindre que celui qu'on en attendait, et il en résulta des pertes.

Les excréments et l'urine constituent, par leur réunion, les matières fécales. M. Berzélius a trouvé dans les excréments humains :

1° Débris des aliments	7,0
2° Bile	0,9
3° Albumine	0,9
4° Matière extractive particulière	2,7
5° Matière visqueuse, résine, résidu insoluble, matières animales indéterminées	14,0
6° Sels	1,2
7° Eau	73,3
	100,0

Les sels avaient la composition suivante :

Carbonate de soude	29,4
Chlorure de sodium (sel de cuisine)	23,5
Sulfate de soude	11,8
Phosphate ammoniaco-magnésien	11,8
Phosphate de chaux	23,5
	100,0 (1)

(1) Berzélius, *Annales de Chimie*, t. LXI, p. 321.

L'urine humaine a une couleur qui varie du jaune clair à l'orange foncé ; sa saveur est salée, légèrement âcre ; l'odeur qui lui est particulière se modifie par l'usage de certains aliments : on sait l'odeur désagréable que les asperges communiquent à l'urine des personnes qui en ont mangé ; l'huile de térébenthine, les résines prises à l'intérieur, développent au contraire une odeur prononcée de violette. Sa réaction est presque toujours acide. Sa pesanteur spécifique, un peu supérieure à celle de l'eau, varie de 1,005 à 1,03. L'urine rendue le matin est plus dense, plus colorée, plus salée et plus odorante que celle émise dans la journée ; elle laisse déposer un sédiment jaunâtre d'acide urique qui, étant plus soluble à chaud qu'à froid, se précipite par l'effet du refroidissement. Abandonnée à elle-même, l'urine se putréfie avec la plus grande facilité, et développe des sels ammoniacaux.

L'urine humaine contient, d'après M. Berzélius (1) :

Urée	3,01
Acide urique	0,10
Matières animales indéterminées Acide lactique et lactate d'ammoniaque	1,71
Mucus de la vessie	0,03
Sulfate de potasse	0,37
Sulfate de soude	0,32
Phosphate de soude	0,29

(1) Berzélius, *Annales de Chimie*, t. LXXXIX, p. 22.

Chlorure de sodium	0,45
Phosphate d'ammoniaque	0,17
Chlorhydrate d'ammoniaque.	0,15
Phosphates de chaux et de magnésie.	0,10
Silice.	traces.
Eau	93,30
	100,00

Les phosphates de chaux et de magnésie, le phosphate ammoniaco-magnésien, qui sont des sels insolubles, sont tenus en dissolution par l'acide lactique qui se trouve dans l'urine à l'état de liberté.

Il résulte des recherches intéressantes faites par M. Lecanu sur l'urine, que dans un jour un homme émet en moyenne, par les voies urinaires, 15 grammes d'azote.

L'urine recueillie dans un pissoir public de Paris a donné, à l'analyse, 7 pour 1000 d'azote. L'extrait sec de la même matière en a fourni près de 17 pour 100.

Les matières fécales peuvent s'appliquer immédiatement à la culture, à la sortie des latrines. Dans quelques parties de la Toscane, on les délaie dans trois fois leur volume d'eau. J'ai vu répandre les vidanges, sans être étendues, sur un champ de froment, sans qu'il en soit résulté aucun inconvénient; de sorte qu'il faut considérer cette préparation comme un simple moyen de distribuer plus également une quantité limitée d'engrais sur une grande surface.

C'est surtout dans la Flandre française que les déjections humaines sont recueillies avec le plus de soins. Le réservoir destiné à leur conservation est un des objets essentiels de tout domaine agricole. Chaque fermier établit dans son voisinage une cave en maçonnerie voûtée. Le sol est pavé en grès ; les quatre murs et la voûte cylindrique qu'ils supportent sont en briques. On ménage deux ouvertures ; l'une perce l'épaisseur de la voûte dans son milieu, elle est destinée à l'introduction des matières ; l'autre, plus petite, est pratiquée dans le mur du nord, et a pour objet de permettre l'accès de l'air jugé nécessaire à la fermentation. Un semblable réservoir peut avoir une capacité de 32 mètres cubes. Toutes les fois que les travaux de culture le permettent, les attelages vont à la ville acheter les vidanges qui sont ensuite déchargées dans les caves, où elles séjournent ordinairement pendant plusieurs mois avant d'être portées sur les terres.

L'engrais flamand, la *gadoue* ou *courte graisse*, car cette matière est désignée indistinctement sous ces différents noms, est répandu à l'état liquide avant ou après les semailles, ou bien encore à la suite du repiquage. Son action est prompte et énergique. Lorsque la semaille est achevée, et que le sol a reçu toutes les façons que les cultivateurs flamands prodiguent à la terre, on conduit dans des tonneaux, le soir, une charge d'engrais tirée de la fosse. A la limite du champ se trouve une cuve de la capacité d'un quart de mètre cube, dans laquelle on dépose la matière. A l'aide d'une cuillère de bois fixée au bout d'une perche de 4 mètres de longueur, un manœuvre puise le liquide dans la cuve, et le répand autour de lui. La cuve vidée, on la transporte sur un autre point; alors l'opération recommence et se continue jusqu'à ce que la totalité de l'engrais soit placée (1).

L'achat, le transport et l'application de l'engrais flamand ne laissent pas d'être dispendieux ; aussi voyons-nous qu'on l'administre particulièrement aux cultures industrielles, à celles qui donnent les produits marchands qui ont le plus de valeur, comme les plantes à huile, et surtout le tabac.

Cet engrais, du moins celui que nous avons examiné, M. Payen et moi, est d'un jaune verdâtre, et on ne saurait mieux le comparer, sous le rapport de l'odeur, qu'à une dissolution très étendue d'hydrosulfate d'ammoniaque. Ce sel s'y rencontre à n'en pas douter, mais par son exposition à l'air il passe très promptement à l'état de sulfate de la même base. Selon M. Kulhmann, on reconnait la qualité de l'engrais liquide à son odeur, à sa viscosité et à sa saveur salée et piquante. Par la fermentation dans les fosses que l'on ne

(1) Cordier, *Agriculture de la Flandre française* p. 230.

vide jamais complètement, les matières fécales qui y séjournent prennent en effet une légère viscosité. Lorsque les excréments solides dominent dans la matière fermentée, elle exerce sur la végétation une action de plus longue durée ; mais lorsqu'elle provient uniquement des urines, elle agit presque immédiatement après son application. Dans les deux cas, l'effet de l'engrais flamand est limité à la durée de la campagne ; c'est un *engrais annuel*, comme toutes les matières organiques qui ont subi complètement la fermentation putride.

Quelquefois on jette dans la citerne des *tourteaux* d'huile réduits en poudre ; c'est quand la gadoue est trop allongée d'eau, ou bien encore quand on en manque.

Voici, suivant M. le professeur Kulhmann, un exemple de l'emploi de l'engrais flamand sur une rotation adoptée dans les environs de Lille, durant laquelle on fait colza, blé, avoine.

Première année. En octobre ou novembre, on fume avec le fumier de ferme, en l'enterrant à la charrue. On répand alors 600 hectolitres d'engrais liquide par hectare, on donne un deuxième labour et l'on plante le colza.

Deuxième année. Le colza récolté, on laboure pour les semailles d'automne, et on répand 120 à 150 hectolitres d'engrais liquide par hectare. On sème le froment.

Troisième année. Labour sur éteules de blé ; on introduit 120 hectolitres d'engrais liquide, et l'on sème de l'avoine. Si, par quelques circonstances, on se trouve dans l'impossibilité de donner l'engrais liquide en automne, on le répand en mars, et alors on a observé qu'on peut en mettre un cinquième de moins. On évite autant que possible de l'appliquer à cette époque, à cause des dégâts qu'occasionnent presque toujours les charrois. C'est pour éviter ces dégâts que, sur les champs de colza, lorsqu'on est forcé de les fumer après la plantation, on leur donne du tourteau en poudre.

Pour les betteraves, on porte la dose d'engrais flamand à 1,500 hectolitres par hectare ; mais quand cette racine est destinée à la fabrication du sucre, on évite tout emploi de *gadoue*, l'expérience ayant démontré qu'elle exerce sur la production du sucre la plus fâcheuse influence.

A Lille, le prix d'achat de l'engrais flamand est de 25 centimes l'hectolitre. On estime en Flandre qu'un hectolitre, pesant environ 100 kilog., équivaut à 250 kilog. de fumier de ferme. L'engrais que nous avons analysé, M. Payen et moi, avait été envoyé par M. Kulhmann ; à l'état liquide, il a donné 2 pour 1000 d'azote. Le fumier de ferme en contient à l'état ordinaire 4 pour 1000. Il s'ensuit que l'équivalent réel de l'engrais flamand est 182, celui du fumier de ferme étant représenté par 100. En d'autres termes, il faudrait 182 kil. d'engrais flamand pour remplacer 100 kil. de fumier, résultat bien différent de celui indiqué par la pratique. Mais on doit remarquer que par sa nature, l'engrais flamand réalise son maximum d'action dans la saison où il est donné à la terre; l'année suivante, il n'agit plus. Le fumier d'étable au contraire, durant la même période de temps, n'exerce qu'une partie de l'effet total qu'il est capable de produire et qu'il produit réellement les années suivantes. Comparer l'engrais liquide au fumier sur une culture annuelle, c'est comparer cet engrais à la fraction *inconnue* du fumier de ferme qui réagit dans la première année, et d'une semblable comparaison il n'est pas possible de déduire les valeurs relatives des deux fumiers. J'ai insisté sur cette circonstance, parce qu'elle se reproduit souvent dans l'appréciation des engrais, et qu'en n'en tenant pas compte, on s'expose à porter un jugement défavorable sur certaines matières qui se décomposent avec lenteur, à la vérité, mais qui finissent cependant par communiquer au sol une amélioration plus durable. La célérité d'action dans un fumier est une qualité précieuse dans un grand nombre de cas, et l'engrais flamand la possède au plus haut degré. Toutefois c'est aussi un avantage que de posséder un engrais qui élabore au fur et à mesure des exigences des plantes les principes qui contribuent à leur développement, et qui suspend cette élaboration pendant l'hiver; qui reste dans la saison pluvieuse à l'état à peu près inerte, insoluble, lorsque la végétation est interrompue, et que les eaux pluviales dissoudraient en pure perte la matière fécondante. Ces avantages, auxquels il faut joindre celui de diviser, d'ameublir le sol, le fumier d'étable les présente; ils sont tels que cet engrais, même en Flandre, est une nécessité dans la culture, et que les engrais annuels ne sont réellement que ses auxiliaires.

La méthode pratiquée en Flandre pour utiliser les vidanges est certainement des plus rationnelles. C'est celle que l'on suit en Alsace, dans le voisinage des villes; j'y trouve cette seule différence que le cultivateur se dispense d'emmagasiner la matière, parce qu'il va la chercher au moment où il peut l'employer. On l'applique comme en Flandre, ou bien on l'incorpore à des substances absorbantes, comme de la paille, du fumier, etc. Les vidanges de Paris, qui cubent un volume immense, sont traitées d'une manière toute différente, qui semble être en opposition avec les plus simples notions de la science, de l'hygiène et de l'économie; je veux parler de la confection de la *poudrette*.

Poudrette. Il existe près de Paris des lieux de dépôts pour les vidanges, et qui consistent en bassins très peu profonds relativement à leur surface. Leur capacité totale est telle, qu'elle peut recevoir pendant six mois les produits de la vidange. Ces bassins sont disposés par étage. C'est dans celui qui occupe la partie la plus élevée qu'on décharge les matières extraites pendant la nuit. Lorsque ce bassin supérieur est rempli, on ouvre une vanne qui laisse couler dans le deuxième bassin, placé au dessous, la partie la plus liquide. On opère ainsi plusieurs décantations, et lorsque le deuxième bassin est plein, il s'y dépose, comme dans le premier, de la matière solide ; on procède également par décantation pour faire passer la partie liquide dans le troisième bassin où elle dépose encore. On continue la même manœuvre pour remplir les bassins inférieurs, et à l'issue du dernier réservoir, le liquide va se perdre dans un cours d'eau. Depuis peu on a réussi à se débarrasser de ces eaux infectes au moyen de puits artésiens absorbants.

Quand le dépôt formé dans le premier bassin est jugé suffisant, on le fait égoutter en abaissant la vanne de plus en plus ; on cesse le chargement, et les nouvelles vidanges sont déposées dans un autre système de bassins.

Le dépôt, après qu'il est égoutté, est à l'état pâteux ; on l'enlève et on l'étend sur un terrain battu, disposé en dos d'âne. On retourne la masse de temps à autre pour favoriser la dessiccation, que l'on continue jusqu'à ce que la matière fécale soit arrivée à l'état pulvérulent. Elle est alors emmagasinée sous des hangars, ou mise en tas de forme pyramidale et dont les côtés sont fortement battus, pour prévenir l'accès des eaux pluviales.

La poudrette est d'une couleur brune; elle pèse 67 kilog. l'hectolitre; mesuré comble, l'hectolitre contient 1/6 en plus. Par une distillation opérée à 200 ou 300°, elle donne 52,5 d'un liquide ammoniacal, et 47,3 de matière sèche dans laquelle se trouvent des sels ammoniacaux fixes, tels que des sulfates et des phosphates, des chlorhydrates, etc. Les recherches de M. Jacquemart établissent que dans cent parties de poudrette de Montfaucon il entre 1,26 d'ammoniaque, dont la plus grande partie est à l'état de carbonate; mais elle renferme, en outre, de la matière animale qui donne, par la distillation sèche, une quantité à peu près égale d'ammoniaque (1). D'où il suit que 100 de poudrette représente environ 2 1/2 pour 100 d'alcali volatil, ou 2 d'azote. Par une analyse directe de cette poudrette, nous avons obtenu 1,6 d'azote.

La poudrette est répandue sur le sol à l'époque des labours; on en donne de 20 à 30 hectolitres par hectare. Sur les prairies elle produit de bons

(1) Jacquemart, *Annales de Chimie et de physique*, t. VII, p. 378, 3e série.

effets à la dose de 21 hectolitres, pour la même surface (1).

L'odeur infecte qui émane des matières fécales est jusqu'à un certain point un obstacle à l'extension de leur emploi. Toutefois, cet obstacle ne se présente que dans les localités les moins avancées dans l'industrie agricole ; et une chose assez remarquable, c'est que le dégoût qui naît naturellement du maniement de ces matières a surtout été surmonté dans les pays justement renommés pour l'excessive propreté et l'aisance de leurs habitants ; je puis citer la Flandre et l'Alsace. On a dit que certains produits venus dans une terre fumée avec les déjections humaines, contractent une odeur et une saveur qui décèlent parfois la nature du fumier qui a favorisé leur culture. Dans le cercle très limité de mes observations à ce sujet, je n'ai rien remarqué qui confirme cette assertion. Quoi qu'il en soit, M. Salmon est parvenu à désinfecter complètement les matières fécales, en les mêlant avec une sorte de charbon animal, obtenu en calcinant en vases clos une terre poreuse imprégnée de substances organiques. C'est le noir animalisé. Dans mon opinion particulière, sa qualité doit dépendre surtout, je pourrais dire uniquement, de la quantité de matière organique azotée qui entre dans sa composition.

(1) Payen, *Maison rustique du* XIXe *siècle*, t. I, p. 98.

Composts. On a beaucoup écrit, beaucoup discuté sur les avantages des *composts* ou mélanges propres à l'amélioration du sol. Les recettes sont nombreuses; elles prouvent que la découverte d'un compost est une chose facile, qui demande peu d'efforts de la part de l'intelligence. Qu'il soit possible d'unir entre elles différentes matières, de manière à obtenir un composé qui agisse avantageusement, c'est ce qui arrivera indubitablement toutes les fois que ces matières seront elles-mêmes, prises isolément, de bons engrais. Mais qu'il soit possible de remédier à la rareté du fumier, de le créer en quelque sorte par des composts, c'est là un point sujet à contestation. Quand on discute avec attention les nombreux mélanges qui ont été indiqués comme conduisant à ce but, on s'aperçoit toujours que la méthode revient à étendre, à délayer un engrais puissant avec une substance inerte ou peu active. Ce mode de procéder peut avoir son côté avantageux; il permet une répartition plus égale; il régularise la fumure, mais il ne crée pas l'engrais.

Les substances terreuses figurent presque constamment dans les composts. On y introduit la cendre de tourbe, la cendre de bois, la marne et particulièrement la chaux. Les cendres seront, dans tous les cas, une utile addition. La marne peut convenir à certains sols. La chaux est une substance très active et qui, pour cette raison, doit être admise avec précaution. Cet alcali peut aider à la désagrégation des parties ligneuses, des herbes sèches, des feuilles ; il faut bien se garder toutefois de suivre le conseil de Schwertz, qui recommande de jeter de la chaux vive dans les fosses d'aisance, pour faire passer les matières à l'état pulvérulent. En agissant ainsi, on perdrait nécessairement la plus grande partie des principes utiles des déjections. Un cultivateur intelligent sait bien comment il convient de réunir les divers débris organiques dont il dispose ; mais ce qui s'oppose le plus souvent à l'adoption des composts dans la grande culture, c'est la manipulation toujours si dispendieuse quand il faut remuer des masses de matières.

On trouvera dans le tableau suivant la proportion d'azote contenue dans les engrais examinés, leurs titres et leurs équivalents rapportés au fumier de ferme.

TABLEAU DE LA VALEUR COMPARÉE DES ENGRAIS,

Déduite des analyses faites par MM. PAYEN et BOUSSINGAULT (1).

DESIGNATION.	EAU NORMALE.	AZOTE dans 100 DE MATIÈRE		TITRE à l'état		ÉQUIVALENT à l'état		REMARQUES.
		sèche.	humide.	sec.	humide.	sec.	humide	
Fumier de ferme . .	79,3	1,95	0,41	100	100	100	100	Moyenne de Bechelbronn.
Fumier d'aubergiste.	60,6	2,08	0,79	107	197	94	51	Du midi de la France.
Eau de fumier . . .	99,6	1,54	0,06	78	2	127	68	Du lavage par la pluie.
Paille de froment . .	19,3	0,30	0,24	15	60	650	167	Fraîche d'Alsace, 1838.
Id.	5,3	0,53	0,49	27	122,5	367	82	Ancienne des environs de Paris.
Id.	5,3	0,43	0,41	22	102,5	453	98	Id., partie inférieure.
Id.	9,4	1,42	1,33	73	332,5	137	30	Id., parties voisines de l'épi, l'épi compris.
Paille de seigle. . .	12,2	0,20	0,17	10	42,5	975	235	D'Alsace.
Id.	12,6	0,50	0,42	26	105	390	95	Environs de Paris, 1841.
Paille d'avoine . . .	21,0	0,36	0,28	18	70	542	143	D'Alsace.
d'orge. . . .	11,0	0,26	0,23	13	57,5	750	174	
Balles de froment. .	7,6	0,94	0,85	48	212,5	207	47	
Paille de pois. . . .	8,5	1,95	1,79	100	447,5	100	22	
de millet. . .	19,0	0,96	0,78	49	195	203	51	
de sarrasin . .	11,6	0,54	0,48	27	120	361	83	
de lentilles . .	9,2	1,12	1,01	57	250	174	40	
Tiges sèches de topinambours	12,9	0,43	0,37	22	92,5	453	108	
Fanes de madia. . .	14,3	0,66	0,57	33	142,5	295	70	Ayant donné graine.
Id. en engrais vert.	70,6	1,53	0,45	79	113	126	89	Avant la graine.
Genêt sec	10,4	1,37	1,22	70	305	142	33	Tige et feuilles.
Fanes de betteraves .	88,9	4,50	0.50	230	125	43	80	De betteraves champêtres.
de pomm. de terre	76,0	2,30	0,55	117	137,5	85	73	Fanes de la récolte.
de carottes . . .	70,9	2,94	0.85	150	212,5	66	47	
Feuilles de bruyère .	7,0	1,90	1,74	97	435	103	23	Séchées à l'air.
de poirier. .	14,5	1,59	1,36	81,5	340	127	29	
de chêne . .	25,0	1,57	1,18	80	293	125	34	Feuilles tombées en automne.
de peuplier .	51,1	1,17	0,54	66	134	167	74	
de hêtre . .	39,3	1,91	1,18	78	294	102	34	
d'acacia . .	53,6	1,56	0,72	80	180	125	56	
Buis	59,3	2,89	1,17	147	293	68	34	Rameaux et feuilles.
Racines de trèfle enfouies.	9,7	1,77	1,61	90	402,5	110	25	Desséchées à l'air.

(1) *Annales de Chimie et de Physique*, 3e série, t. III et VI.

DÉSIGNATION.	EAU NORMALE.	AZOTE dans 100 DE MATIÈRE		TITRE à l'état		ÉQUIVALENT à l'état		REMARQUES.
		sèche.	humide	sec	humide	sec.	humide	
Fucus digitatus. . .	39,2	1,41	0,86	72	215	139	46	
Id.	40,0	1,58	0,95	81	237,5	123	42	Séché à l'air.
Fucus saccharinus .	40,0	2,29	1,38	117	345	85	29	
Id.	75,5	»	0,54	»	135	»	74	Sortant de la mer.
Goemon dit brûlé . .	3,8	0,40	0,38	20	95	488	105	
Coquilles d'huitres. .	17,9	0,40	0,32	20	80	488	125	
Coquillages de mer .	»	0,05	0,05	3	13	3750	769	Desséchés, de Dunkerque.
Vase de la rivière de Morlaix.	3,7	0,42	0,40	21	100	464	100	
Trèz de la rade de Roscoff	0,5	0,14	0,13	7	32,5	1393	308	
Merl	1,0	0,52	0,51	26,5	128	377	78	Sable de mer.
Morue salée. . . .	38,0	10,86	6,70	557	1675	18	6	
Morue lavée, pressée.	10,0	18,74	16,86	961	4215	10	2 1/2	Séchée à l'air.
Sciure de bois de sapin	24,0	0,22	0,16	11	40	886	250	
Id.	24,0	0,31	0,23	15	57,5	629	174	Séchée à l'air.
Sciure de bois de chêne.	26,0	0,72	0,54	36	135	256	74	
Graines de lupin blanc	10,5	4,35	3,49	223	872,5	45	11 1/2	Bouillies et séchées, Toscane.
Touraillons d'orge. .	6,0	4,90	4,51	251	1127,5	40	9	
Marc de raisin. . . .	48,2	3,51	1,71	169	427,5	57	23	
Tourteau de lin . . .	13,4	6,00	5 20	307	1300	33	8	
de colza. . .	10,5	5,50	4,92	282	1230	35	8	
d'arachis . .	6,6	8,89	8,53	455	2082,5	21	4 1/2	
de madia .	11,2	5,70	5,06	292	1265	34	8	
de cameline.	6,5	5,93	5.52	304	1378	33	7 1/4	
de chènevis.	5,0	4.78	4,21	245	1052	41	9 1/2	
de pavot . .	6,0	5,70	5,36	292	1340	34	7 1/2	
de faînes. .	6,2	3,53	3,31	181	828	55	12	
de noix. .	6,0	5,59	5,24	287	1310	35	7 1/2	
de graines de coton . . .	11,0	4,52	4,02	232	1000	32	10	
d'épuration.	10,0	3,92	3,54	201	885	50	11 1/4	Des graisses vertes par la sciure de peuplier.
d'épuration.	7,7	0,58	0,54	50	135	332	75	De l'huile de poisson par la sciure de peuplier.
Marc de pomm. à cidre	6,4	0,63	0,59	32	147	309	68	Séché à l'air.
Marc de houblon . .	73,0	2,23	0,56	114	140	88	67	
Pulpe de betteraves .	9.3	1,26	1,14	64	285	155	35	Séchée à l'air.
Id	70,0	»	0,38	64	85	»	106	Sortant de la presse.
Tranches de betteraves épuisées. . . .	94,5	1,76	0,01	90	2	111	4137	Procédé de Dombasle.
Pulpe de pommes de terre	73,0	1,95	0,53	100	131,5	100	76	
Suc de pomm. de terre	95.4	8,28	0,58	425	94	23	106	Reposé et décanté.
Eaux de féculeries. .	99,2	8,28	0,07	425	17,5	»	571	De lavages à quatre volumes d'eau.
Dépôts des eaux de féculeries	80	1,81	0,36	92	90	108	111	Egouttés en tas.
Id	15	1,81	1,54	92	384,5	»	24	Séchés à l'air.
Excréments solides de vaches . . .	85,9	2,50	0,32	117	80	84	125	
Urine de vaches. . .	88,3	3,80	0,44	194	110	51	91	
Excréments mixtes de vaches.	84,3	2,59	0,41	132	102,5	75	98	
Excréments solides de cheval.	75,3	2,21	0,55	113	137,5	88	73	

DÉSIGNATION.	EAU NORMALE.	AZOTE dans 100 DE MATIÈRE		TITRE à l'état		EQUIVALENT à l'état		REMARQUES.
		sèche.	humide	sec.	humide	sec.	humid.	
Urine de cheval. . .	79,1	12,5 0	2,61	641	652,5	15 1/2	15 1/3	Le cheval buvait peu; urine épaisse.
Excréments mixtes de cheval.	75,4	3,02	0,74	154	185	64	54	
Excréments de porcs	81,4	3,37	0,63	172	157,5	58	63	
de moutons.	63,0	2,99	1,11	153	277,5	65	36	
de chèvres.	46,0	3,93	2,16	201	540	50	18 1/2	
Engrais flamand liquide	»	»	0,19	»	47,5	»	210	A l'état normal
Id	»	»	0,22	»	55	»	182	
Poudrette de Belloni.	12,5	4.40	3,85	225	962	44	10 1/3	Séchée à l'air.
de Montfaucon.	41,4	2,67	1,56	137	390	73	25 1/2	
Urine des pissoirs publics	9,6	17,56	16,85	900	4213	11	2 1/3	Séchée à l'étuve.
Id	96,9	23,11	0,72	1133	179	8 1/2	56	Liquide, ammoniacale.
Noir animalisé. . . .	44,6	1,96	1,09	100,5	272	98	37	Préparé depuis 11 mois.
Id. des camps près Paris.	42,0	2,96	1,24	151,6	310,5	66	32	Récemment fabriqué.
Id. engrais dit hollandais. . . .	44,1	2,48	1,36	127	340	79	29 1/2	Fabriqué à Lyon.
Herbes marines animalisées.	12,1	2,73	2,40	140	600	7	16 1/2	Séchées à l'étuve. (De Marseille.)
Colombine	9,6	9,02	8,30	462	2075	21 1/2	5	De Bechelbronn.
Guano importé en Angleterre.	19,6	6,20	5,00	323	1247	31 1/2	80	A l'état ordinaire.
Id	23,4	7,05	5,40	361	1349	28	74	Passé au tamis.
Guano imp. en France	11,3	15,73	13,95	807	3487	12 1/2	28 1/2	
Litière de vers à soie	14,3	3,48	3,29	178,7	827	56	12	Cinquième âge.
Id	11,4	3,71	3,29	190	822	53	12	Sixième âge.
Chrysalid. du ver à soie	78,5	8,99	1,94	461	485	21 1/2	20 1/2	
Hannetons	77,0	13,93	3,20	714	801	14	13	
Chair musculaire sèche	8,5	14,25	13,04	730	3260	13 1/2	3	Séchée à l'air.
Sang sec (soluble) . .	21,4	15,50	12,18	795	3045	12 1/2	3 1/4	Tel qu'on l'expédie.
Sang liquide.	81,0	»	2,95	795	736	»	13 1/3	Des abattoirs.
Id	82,5	»	2,71	795	580	»	15	Des chevaux épuisés.
Sang coagulé et pressé	73,5	17,00	4,51	871	1128	11 1/2	9	Sortant de la presse.
Sang sec (insoluble .	12,5	17,00	14,88	871	3719	11 1/2	2 3/4	Séché en fabrique.
Résidus de bleu de Pr	53,4	2,80	1,31	144	326	7	30 1/2	Animalisé de sang.
Os fondus.	7,5	7,58	7,02	388	1754	26	6	Séché à l'air
humides.	30,0	»	5,31	»	1326	»	7 1/2	Livrés par les fondeurs.
gras non fondus. .	8,0	»	6,22	»	1554	»	6 1/2	Renfermant 0,10 de graisse
Résidus de colle d'os	42,0	0,91	0,53	47	133	214	76	
Marcs de colle. . . .	33,6	5,63	3,73	288,4	933,5	35	11	Livrés par les fabricants.
Pain de creton . . .	8,2	12,93	11,88	663	2969	15	3 1/3	
Noir animal des raffineries.	47,7	2,04	1,06	104	265	96	38	Tel qu'on l'expédie.
Noir des raffineries .	27,7	19,01	13,75	974	3437	103	28	Expédié de Paris.
Écume de défécations	67,0	1,58	0,54	81	134	127	75	De la sucrerie de Vigneux.
Noir anglais.	13,5	8,02	6,95	411,4	1738	24	6	Sang, chaux, suie.
Plumes	12,9	17,61	15,34	903	3835	11	2 1/2	
Bourre de poils de bœufs.	8,9	15,12	13,78	775	3445	13	3	
Chiffons de laine. . .	11,3	20,26	17,98	1039	4495	9 1/2	2 1/4	
Râpure de corne . .	9,0	15,78	14,36	809	3590	12 1/3	3	
Suie de houille. . . .	15,6	1,59	1,35	81	337,5	122	30	
Suie de bois.	5,6	1,31	1,15	67	287,5	149	35	
Cendres de Picardie .	9,2	0,71	0,65	36	162,5	275	62	
Terreau de crottin. .	»	1,03	»	53	»	189	33	Desséché à l'étuve.

Il est à peine nécessaire d'expliquer l'usage que l'on peut faire du tableau précédent ; je me contenterai de rapporter quelques exemples pris dans notre pratique.

Les tourteaux d'huile sont à bon marché cette année (1842); il s'agit de savoir s'il y aurait avantage à les répandre sur le sol pour augmenter la production du blé. La supposition que l'on doit faire, et c'est d'ailleurs la moins favorable, est que le froment puise la totalité de son azote dans le sol, qu'il n'en prélève pas sur l'atmosphère ; en second lieu, j'admets que tout l'azote du tourteau sera utilisé pendant la culture. Dans des conditions convenables de chaleur et d'humidité, cette supposition pourrait se réaliser. Dans tous les cas, la matière active qui resterait dans le sol réagirait les années suivantes.

Voici maintenant quels sont les éléments de la question :

1° En moyenne, il y a 0,025 d'azote dans le froment cultivé à Bechelbronn ;

2° Dans la paille de 1841, je viens de trouver 0,003 d'azote ;

3° Le tourteau de caméline qu'on se propose d'employer en contient 0,055. Son prix actuel, mouture comprise, est de 8 fr. les 100 kilog. ;

4° Le rapport du poids du grain à celui de la paille est : : 47 : 100.

L'hectolitre de grain pèse 77 kilog. son prix moyen 18 fr.
Les 100 kil. de paille valent 3 fr.
Une gerbe de 100 kil. composée de :

Grain 32 kil. contenant azote	0 kil.,800	valeur	5 fr.,76
Paille 68 id.	0, 189		2, 04
Total de l'azote	0, 989		7, 80
0 kil. 989 d'azote se trouvent dans 18 kil. de tourteaux de caméline valant			1, 44
Différence . . .			6, 36

Ainsi, 18 kilog. de tourteau, devenant une gerbe de froment, augmenteraient leur valeur propre de 6 fr. 36 c. En supposant encore qu'on ne réalise que la moitié, que le tiers de ce qui est indiqué par la théorie, on voit que l'addition du tourteau doit être tentée, et qu'on ne doit rien négliger pour faire réussir son application, comme engrais.

En France, la production des marcs d'huile est considérable. Aux produits de notre sol vient s'ajouter celui qui résulte du traitement des graines importées ; cette importation augmente chaque jour : elle était de 25,574,700 kilog. en 1837; elle a atteint, en 1840, le chiffre de 49,559,500 kilogram. On sait qu'en moyenne les graines oléagineuses donnent en nombre rond 0,60 de marc. Il résulte de documents authentiques, discutés avec un rare talent par M. Leroy de Béthune, que non seulement on exporte la totalité des tourteaux issus de ces graines, mais que cette exportation s'accroît de ceux qui émanent de la culture française. En 1837, on en a exporté 5 millions de kilogrammes; en 1840, 10 millions. Comme l'observe M. Leroy de Béthune, c'est là un fait agricole déplorable (1). Par l'exemple que j'ai donné ci-dessus, on voit que 10 millions de kilog. de tourteaux représentent réellement une matière première qui, convenablement façonnée, peut se transformer en 56 millions de kil. de gerbes de blé, renfermant 231,115 hectol. de froment valant 4,160,000 fr.; et 38 millions de kilogrammes de paille ayant une valeur de 1,134,000 fr.

Tout en reconnaissant, avec M. Leroy de Béthune, qu'il est sage d'encourager l'exportation, j'admets également, avec l'habile rapporteur, qu'il est des matières pour lesquelles il est prudent de la ralentir; et le marc d'huile, cet élément puissant de fertilité, vient se placer en première ligne. En cette circonstance, je suis loin de partager les principes souvent trop absolus des économistes. Dans mon opinion, toute exportation dont la conséquence est l'appauvrissement du sol doit être entravée. Je m'opposerais à l'exportation de la terre arable; eh bien, laisser passer à l'étranger un engrais actif, c'est, à mes yeux, exporter la terre végétale de nos champs, c'est diminuer leur fécondité, c'est provoquer le

(1) Leroy de Béthune, *Rapport fait au Conseil général d'agriculture. Journal d'agriculture pratique*, t. V, p. 362.

renchérissement de la subsistance du pauvre : car il faut autant de travail, autant de soins et de capitaux pour produire peu sur une terre ingrate, que pour produire beaucoup sur un terrain fécond ; c'est empêcher le cultivateur de tirer parti de tous les avantages que la nature lui accorde ; c'est comme si l'on refroidissait le climat de la France.

J'ai montré l'utilité que peut offrir le tourteau de caméline appliqué comme engrais aux céréales. Je vais chercher maintenant si son application à la production du foin et des pommes de terre est possible, dans les conditions de bas prix et d'abondance qu'il présentait lorsque nous l'avons employé.

Nos prairies hautes, quand elles n'ont pas été *terrées*, donnent les plus tristes résultats ; leur situation les rend difficilement abordables aux charrois : le tourteau convient donc parfaitement.

Le foin a une valeur moyenne d'environ 6 fr. les 100 kilogr.

En tenant compte de la composition du regain, on peut porter à 0,015 l'azote dans le foin des prairies naturelles.

	fr.	c.
100 kil. de foin contenant $1^k,50$ d'azote vaudra .	6	»
Pour les produire, il faudrait $25^k,5$ de tourteau (azote $1^k,50$), valant	2	04
Différence . . .	3	96

Il y aurait donc utilité à améliorer les prairies par le tourteau.

D'après des observations que j'ai enregistrées à Bechelbronn en 1839, je trouve que le rapport du poids des pommes de terre (à l'état ordinaire) est à celui des fanes supposées sèches : : 100 : 6,4.

Les tubercules contiennent :				
Azote 0,0036.	100 kil. ont azote	$0^k,36$ et valent	2 fr.	» c.
Les fanes sèches :				
Azote 0,0230.	6,4	$0^k,15$	0	»
		$0^k,51$	2	»
$0^k,51$ d'azote se trouvent dans $9^k,3$, de tourteau valant			0	74
		Différence . . .	1	26

Le tourteau de caméline, au prix de 8 fr. les 100 kil., peut donc concourir à la production des pommes de terre. Il n'en serait plus ainsi au prix de 20 fr., qu'il atteint dans certaines années; car alors les $9^k,3$ reviendraient à près de 2 francs.

Les équivalents qui sont rapportés dans le tableau expriment la valeur relative des divers engrais; ils font connaître la proportion dans laquelle telle matière doit être substituée à telle autre; et quand on est obligé de faire des achats, c'est par leurs équivalents respectifs que l'on décide quelle est l'acquisition la plus favorable. Par exemple, l'équivalent du tourteau de caméline est 7,25, celui du fumier de ferme

100 ; c'est à dire que 100 kilog. de fumier peuvent être remplacés par 7^k,25 de tourteau.

Les 100 kil. de fumier sont évalués à 60 cent.
Les 7^k,25 de tourteau coûteraient.... 58 c.

On voit que, même au bas prix actuel du tourteau, il n'y aurait pas d'avantage à le substituer à l'engrais ordinaire ; mais, dans les localités éloignées des grandes villes, là où il est à peu près impossible de se procurer du fumier, la substitution pourrait encore être utile.

Les chiffons de laine, au prix de 7 fr. les 100 k., présentent de l'avantage sur le fumier de ferme à 60 c. ; et en 1840 nous n'avons pas balancé à les donner à des vignes éloignées du domaine. En effet, l'équivalent des chiffons est 2,22 ; 2^k,22 reviennent à 16 centimes. On réalisera donc, par cette substitution, un bénéfice de 42 centimes par quintal de fumier qu'on aurait employé. Au reste, en bonne culture, c'est moins au gain que peuvent apporter les substitutions d'engrais qu'il faut s'attacher, qu'à la possibilité de se les procurer à un prix convenable. Le *titre* qui est inscrit dans une des colonnes du tableau indique, à la première vue, les prix qu'on peut leur assigner : il suffit, pour cela, de connaître la valeur du fumier normal ; soit cette valeur 60 cent. le quintal. Si l'on voulait savoir ce qu'on peut payer pour les 100 kilog. d'os gras séchés à l'air, dont le titre est

1554, celui du fumier de ferme étant représenté par 100, on aurait :

$$100 : 0^{f},60^{c} :: 1554 : x = 9^{f},32^{c}.$$

Une discussion approfondie de la valeur relative des engrais faits avec les éléments analytiques que j'ai exposés, justifie la pratique de la préférence qu'elle accorde à certaine matière sur telle autre qui, au simple examen, semblerait offrir plus d'avantages. Ainsi, en délayant du tourteau dans l'eau et laissant putréfier, on obtient un engrais qui présente tous les caractères, qui possède toutes les propriétés des déjections humaines qui ont fermenté dans les fosses. C'est, comme je l'ai dit, à cette putréfaction du marc d'huile que recourent les cultivateurs du département du Nord, lorsque la gadoue vient à leur manquer. Quand le tourteau est à très bon marché, à 8 fr. les 100 kilogr., on pourrait croire qu'il y aurait intérêt à en fabriquer de l'engrais flamand; on s'affranchirait par là de transports coûteux, car l'engrais liquide que l'on va chercher dans les villes ne contient que 0,002 d'azote, et a par conséquent un équivalent fort élevé. Le tourteau de caméline contient 0,055 d'azote; pour faire de l'engrais flamand à 0,002 d'azote, il faudrait ajouter à 100 kil. de tourteau, 2,650 kil. d'eau : le quintal de cet engrais reviendrait encore à 30 cent., tandis que l'engrais flamand au même titre coûte au cultivateur 25 cent. J'ai donné au tourteau le prix minimum. En portant ce prix à 16 fr. les 100 kilog., qui est peut-être beaucoup plus rapproché de la valeur moyenne, l'engrais fabriqué coûterait 60 cent., c'est à dire plus du double du prix ordinaire des vidanges.

La proportion d'azote, le titre et les équivalents des engrais sont donnés, dans le tableau, pour les matières desséchées et pour les matières à l'état où elles sont utilisées. Cette distinction était fort importante à établir. L'eau qui se trouve indiquée dans la première colonne est un élément assez incertain; sa proportion dans un engrais doit nécessairement en faire baisser considérablement la valeur. Aussi tous les éléments rapportés aux substances sèches offrent beaucoup plus de garantie. Dans les transactions commerciales sur les engrais, il ne faut donc jamais négliger d'avoir recours à la dessiccation des matières qui en sont l'objet, particulièrement quand ces matières sont susceptibles par leur nature d'absorber des proportions d'eau très différentes.

CHAPITRE VI.

DES ENGRAIS MINÉRAUX OU AMENDEMENTS.

Les engrais d'origine organique laissent, quand on les brûle, des cendres composées de matières terreuses et de sels alcalins. L'action de ces diverses substances sur la végétation est de la dernière évidence, et il est certain qu'un engrais organique, fût-il le plus riche en principes azotés et le plus facilement assimilable, serait néanmoins incomplet s'il ne renfermait encore les matières minérales que les plantes exigent du sol pour se développer et atteindre leur maturité. Les engrais organiques réputés les plus actifs sont toujours abondamment pourvus de principes inorganiques. Le fumier de ferme en contient plus du quart de son poids, et les eaux d'irrigation renferment constamment des sels en dissolution.

Cependant, les cultures répétées peuvent finir par priver le sol des substances minérales utiles qui s'y trouvent. Les sels contenus dans les fumiers sont quelquefois insuffisants : il faut donc, dans certains cas, en pourvoir la terre, soit pour réparer les pertes, soit pour activer des cultures spéciales qui en exigent de fortes proportions.

C'est ainsi que le trèfle, la luzerne, le sainfoin, demandent du plâtre; les céréales, de la silice et certains sels calcaires; la vigne, de la potasse.

La pratique a devancé la science dans l'application des engrais ou amendements minéraux. Si leur effet utile ne peut être contesté, si les circonstances dans lesquelles il convient de les administrer, les conditions et les doses sous lesquelles il faut les donner à la terre, ont été de la part des cultivateurs l'objet d'observations longues et attentives, on doit convenir qu'on est encore loin de comprendre bien nettement comment ils agissent : c'est un motif de plus pour les étudier avec persévérance.

Engrais calcaires.

Dans l'ensemble de la constitution des terrains, nous avons remarqué qu'il en est dans lesquels le principe calcaire manque, ou ne se trouve que dans une proportion insignifiante; d'autres, au contraire, sont fortement calcaires, et l'observation semble prouver que la présence du carbonate de chaux dans les sols ajoute d'une manière non équivoque à leur qualité. La plupart des bonnes terres à froment examinées jusqu'à ce jour en contiennent en effet une certaine quantité.

On introduit la chaux dans le sol à l'état de chaux calcinée ou caustique : c'est le chaulage proprement dit. On l'applique aussi à l'état de carbonate plus ou moins argileux, de *marne:* cette application constitue le marnage.

La chaux s'obtient en calcinant la pierre calcaire. L'acide carbonique se dégage par l'action de la chaleur, et il reste de la chaux vive. En opérant avec précision sur du carbonate de chaux d'une pureté parfaite, en le chauffant, par exemple, dans un creuset de platine porté et maintenu au rouge blanc, on trouve que 100 parties de ce sel donnent :

56,3 de chaux caustique.
en laissant dégager
43,7 d'acide carbonique.

Mais les pierres à chaux sont loin d'avoir toujours cette composition simple ; elles renferment très souvent de l'argile, du sable quartzeux et des oxydes métalliques, quelquefois aussi des matières charbonneuses. Enfin, le carbonate de chaux se rencontre fréquemment associé au carbonate de magnésie, et constitue une espèce minérale désignée par le nom de *dolomie.*

Le carbonate de chaux est une des roches les plus communes : il constitue des chaînes de montagnes, et on le trouve dans toutes les formations de la série géologique. Le calcaire se présente en masse crystalline, grenue, à texture saccharoïde, comme dans les terrains les plus anciens. Dans son état le plus ordinaire, il est compacte, à cassure unie et mate; il abonde dans les roches secondaires, et remplit des bassins très étendus de l'époque la plus récente : tels sont les gisements de la craie et du calcaire coquiller des environs de Paris.

La substance minérale avec laquelle on peut confondre le calcaire est le sulfate de chaux; mais il est aisé de distinguer ces deux sels : le carbonate de chaux se dissout dans l'acide chlorhydrique, en produisant une effervescence qui se prolonge pendant toute la durée de la dissolution; le sulfate de chaux pur n'est pas effervescent, et si à la première impression de l'acide il se fait un dégagement gazeux dû à l'impureté de la matière, ce dégagement cesse bientôt. Le sulfate de chaux est très sensiblement soluble, et sa dissolution précipite par l'addition de quelques gouttes d'acide oxalique ou d'un oxalate. Le carbonate de chaux est insoluble. La dureté est très différente dans les deux sels, et une propriété fort simple qui repose sur ce caractère suffit pour les distinguer. On raye facilement avec l'ongle le sulfate de chaux, tandis que le carbonate de chaux ne se laisse pas entamer par le même moyen.

La calcination de la pierre à chaux s'exécute dans des fourneaux de diverses formes, selon la nature du combustible employé. L'intérieur de la chauffe consiste le plus communément en un vide conique, dont le sommet se trouve dans la partie inférieure. La pierre qui remplit cette chauffe est disposée en morceaux qui sont retenus par les barres de fer de la grille; au dessous, on entretient un feu de bois; la flamme, en traversant la masse à calciner, la porte à la chaleur rouge. Souvent aussi on stratifie la pierre à chaux avec le combustible : c'est de cette façon que l'on cuit avec la menue houille, avec le lignite.

La chaux pure est blanche, très caustique, infusible au feu de forge le plus intense. L'eau en dissout à froid environ 1/630 ; elle est moins soluble dans l'eau bouillante, qui n'en prend que 1/1270. Quand on arrose la chaux avec de l'eau, en l'éteignant, comme on dit vulgairement, elle absorbe le liquide, le solidifie, et la température du mélange s'élève à près de 300°; on obtient ainsi une combinaison d'eau et de chaux, un hydrate. La chaux hydratée est beaucoup moins caustique qu'avant son extraction; elle conserve cependant toutes ses propriétés alcalines.

Les usages de la chaux dans les arts dépendent en partie de la nature des pierres qui l'ont produite; on distingue :

La chaux grasse, dont le volume augmente considérablement quand on l'éteint. On s'en sert pour faire les mortiers destinés aux constructions ordinaires.

La chaux hydraulique, qui possède la précieuse propriété de se solidifier sous l'eau, après quelques jours d'immersion. Cette chaux *foisonne* moins que la précédente, et dégage aussi moins de chaleur pendant son extinction.

Les belles recherches de M. Vicat ont montré que la faculté de durcir par le contact de l'eau dépend de la présence d'une certaine proportion d'argile dans la pierre à chaux. Par la calcination, les éléments de l'argile, la silice et l'alumine, réagissent sur la chaux; il se forme des silicates de chaux et d'alumine avec excès de base. Par l'extinction, ces matières fixent de l'eau de constitution et se solidifient. Comme ces silicates sont insolubles, ils se conservent sans altération sensible, alors même qu'ils sont submergés. De nombreuses analyses ont prouvé que la chaux est déjà suffisamment hydraulique, quand la pierre qui sert à la préparer renferme 0,15 à 0,20 d'argile; une pierre calcaire contenant 0,30 d'argile donne une chaux qui est hydraulique au plus haut degré.

Les chaux maigres, comme les chaux hydrauliques, foisonnent très peu et ne dégagent presqu'aucune chaleur quand on les éteint; mais elles présentent cette différence essentielle, qu'elles ne se solidifient pas sous l'eau : par cette raison, elles ne sont d'aucune utilité. La chaux maigre provient des pierres calcaires dans lesquelles se trouve une forte proportion de carbonate de magnésie (1). On assure que cette chaux magnésienne, portée sur les terres, est nuisible à la végétation; ce fait mériterait toutefois d'être constaté par des expériences directes.

Il n'est pas sans intérêt de connaître la nature de la pierre calcaire, soit qu'on la destine à la fabrication de la chaux, soit qu'on doive la répandre directement sur le sol. M. Berthier indique un moyen d'analyse qui donne des résultats suffisamment exacts pour le but que peut se proposer un cultivateur, en entreprenant ce genre de recherche.

On délaie dans un peu d'eau 10 grammes de la pierre calcaire réduite en poudre et passée au tamis; on ajoute peu à peu, et en agitant continuellement, de l'acide acétique, qu'on peut remplacer, au besoin, par les acides nitrique ou chlorhydrique convenablement étendus. On cesse d'introduire de l'acide quand le magma ne fait plus effervescence. On évapore à une douce chaleur, jusqu'à consistance un peu épaisse, afin de se débarrasser de la plus grande partie de l'acide mis en excès. On délaie dans un demi-litre d'eau; on filtre, pour rassembler et laver l'argile, que l'on pèse quand elle s'est desséchée à l'air; on la calcine au rouge dans un creuset; puis on la pèse de nouveau : la perte qu'elle éprouve par la calci-

(1) Berthier, *Traité des Essais par la voie sèche*, t. I, p. 612.

nation représente l'eau qui s'y trouvait combinée. Dans la liqueur filtrée on verse de l'eau de chaux tant qu'il s'y forme un précipité ; on filtre de nouveau et aussi rapidement que possible, et on lave le dépôt qui reste sur le papier avec de l'eau distillée ou de l'eau de pluie (1). Ce précipité est de la magnésie, mêlée aux oxydes de fer et de manganèse, s'il s'en trouve dans la pierre examinée ; on calcine au rouge et l'on pèse. Maintenant on prend 5 grammes de la même matière qui a servi aux opérations précédentes, que l'on calcine à la chaleur blanche dans un creuset de platine, et l'on détermine le poids du résidu : ce qui manque répond à l'acide carbonique et à l'humidité qui ont été chassés par l'action du feu. Pour connaître le poids réel de la chaux contenue dans le résidu, il ne s'agira plus que de retrancher du double de ce poids celui de l'argile dosé directement.

Voici, d'après M. Berthier, la composition de diverses pierres calcaires produisant de la chaux grasse et de la chaux hydraulique (2).

(1) Dans le plus grand nombre des analyses de cette nature, on peut remplacer l'eau distillée par l'eau de pluie ou l'eau de neige.

(2) Berthier, *Traité des Essais par la voie sèche*, t. I, p. 613.

	DÉSIGNATION DU CALCAIRE.	CHAUX.	MAGNÉSIE.	OXYDE de fer.	ARGILE ET QUARTZ.	ACIDE carbonique.	CARBONATE de chaux.	MATIÈRES étrangères.
PIERRES CALCAIRES produisant de la chaux grasse.	Marbre blanc de Carrare. . . .	55,4	0,4	»	1,01	43,2	98,1	1,9
	Calcaire du Jura .	54,6	0,9	»	1,5	43,0	96,5	3,5
	Calcaire grossier de Paris.	55,6	»	»	1,5	42,9	98 5	1,5
	Calc^re d'eau douce de Nemours. . .	54,8	0,9	»	1,0	43,3	97,0	3,0
	Cal^re d'eau douce d'OEningen (1) .	50,4	1,8		6,9	40,9	89,3	10,7
PIERRES CALC^res donnant de la chaux hydraul.	Calcaire du Jura (Chaulnay) . . .	50,5	1,4	»	7,8	40,3	89,2	10,8
	Calcaire du Jura (Saint-Germain) .	52,4	0,2	»	7,6	39,8	85,8	14,2
	Calcaire de Nismes	46,7	1,9	»	13,4	38,0	82,5	17,5
	Calcaire de Metz .	43,2	1,6	2,7	15,9	36,8	76,5	23,5

On admet en général qu'un sol dans la composition duquel il n'entre pas une quantité suffisante de matière calcaire ne parvient jamais à acquérir un haut degré de fertilité. C'est surtout l'opinion des cultivateurs anglais, qui appliquent la chaux avec une sorte de prodigalité, et les grandes améliorations qui sont résultées de son usage à forte dose dans la culture des céréales ne permettent pas de la révoquer en doute. Toutefois, on convient que le chaulage cesse d'être aussi efficace dans les terrains suffisamment calcaires ou qui reposent sur un sous-sol de craie. C'est donc bien réellement en introduisant dans la terre l'élément calcaire qui lui manque que la

(1) Analysé par M. Gmelin. Ce calcaire renferme des débris d'oiseaux, de sauriens et de poissons.

chaux agit; c'est d'ailleurs la substance qui permet d'introduire cet élément à meilleur marché. Au reste, la chaux, comme tous les engrais minéraux, ne produit d'effet qu'avec le concours des engrais organiques, et ne saurait aucunement les remplacer.

La constitution géologique d'une contrée est peut-être l'induction la plus utile sur la convenance du chaulage. Les sols qui dérivent des roches plutoniques, dans lesquelles dominent le feldspath, le mica, le quartz, tireront probablement un bénéfice de l'introduction de la chaux. L'analyse directe éclairera sans doute avec plus de certitude encore. Enfin, le moyen recommandé par la prudence, est d'entreprendre quelques essais préalables : c'est toujours par la méthode expérimentale qu'il faut procéder en agriculture, quand il s'agit d'introduire dans la pratique des opérations nouvelles. En Angleterre, on donne de 200 à 270 hectolitres de chaux par hectare de terrain argileux. Dans les sols légers, la dose est de 130 à 170 hectolitres (1). En France, on en met beaucoup moins, 50 à 60 hectolitres pour la même surface, et un semblable chaulage dure sept à huit ans. Dans les environs de Lille, on fait peu usage de la chaux, bien qu'en général le sol y est peu calcaire; peut-être son exclusion

(1) Sinclair, *Agriculture pratique et raisonnée*, t. I, p. 420.

est-elle une conséquence de la nature de l'engrais flamand, qui, comme nous l'avons vu, renferme des sels ammoniacaux; mais la chaux est employée dans la proportion de 40 hectolitres par hectare dans les environs de Dunkerque, où l'on assure que ses effets persistent pendant dix à douze ans (1).

La dose de chaux introduite dans le sol, dans les différentes contrées, est d'ailleurs dans un certain rapport avec la durée que l'on attribue à l'action de cet alcali. La proportion adoptée est d'autant plus petite que le chaulage est plus fréquemment renouvelé. Ainsi, près de Dunkerque, on donne tous les dix à douze ans 40 hectolitres de chaux. Dans la Sarthe, suivant M. Puvis, on en met tous les trois ans 8 à 10 hectolitres; on pourrait conclure de là, qu'en moyenne, le sol doit recevoir annuellement 3 hectolitres de chaux par hectare; mais, comme l'observe cet habile agronome, les cultures n'en prélèvent pas chaque année une telle quantité : ce qui doit faire présumer qu'au bout d'un certain temps, la terre finira par contenir assez de principes calcaires pour rendre les chaulages moins fréquents.

De tous les avantages que présente la chaux vive sur les autres amendements calcaires, le plus saillant est sans contredit l'état de division

(1) Cordier, *Agriculture de la Flandre française*, p. 260.

extrême qu'elle est susceptible d'acquérir par son extinction. La mouture, opérée par les moyens mécaniques les plus parfaits, ne transformerait encore la chaux qu'en une poudre grossière, en comparaison de la ténuité que lui procure l'action chimique qui détermine sa combinaison avec l'eau; en outre, cet état de division chimique s'obtient sans aucune dépense de force, sans aucun frais. Si l'on expose à l'air libre de la chaux vive récemment calcinée, on observe qu'elle se réduit en une poudre blanche extrêmement fine, qui rappelle l'aspect et la ténuité de la farine; cette désagrégation est le résultat de son hydratation. La chaux, par son affinité pour l'eau, attire et se combine avec celle qui existe dans l'air à l'état de vapeurs. A cette première action de l'atmosphère sur la chaux en succède une autre : l'air contient toujours dans sa composition quelques dix millièmes de son volume de gaz acide carbonique. La chaux hydratée, en présence de ce gaz acide, forme un carbonate en abandonnant peu à peu de l'eau de constitution. Pour chaque proportion d'acide qui s'unit à l'alcali, il y a une proportion d'eau éliminée, et avec le temps la totalité de l'hydrate se transforme en carbonate de chaux, qui conserve le même degré de division. La transformation est lente. Dans le principe, l'échange de l'eau avec l'acide s'exécute assez rapidement; mais à mesure qu'il reste moins d'eau dans la masse, l'affinité qui la retient à la chaux semble s'accroître; aussi faut-il un temps assez prolongé pour que l'échange soit complètement réalisé. Il doit par conséquent arriver assez souvent qu'en incorporant au sol la chaux délitée et carbonatée, on y introduit aussi de la chaux hydratée qui a conservé sa causticité; mais il faut observer qu'une fois introduite et mêlée intimement à la terre, cette chaux doit se carbonater promptement en totalité, parce que le sol et l'eau dont il est imbibé renferment toujours une assez forte dose d'acide carbonique. En définitive, et bien qu'en agissant dans le principe sur de la chaux caustique, c'est réellement du carbonate de chaux extrêmement divisé que le chaulage porte dans le sol. Il était convenable de bien établir ce fait, parce qu'il simplifie l'explication du chaulage : c'est, comme l'a fort bien établi M. Puvis, une opération qui a pour unique objet de donner à la terre le carbonate de chaux qui peut lui manquer et qui lui est nécessaire, dans certaines limites, pour qu'elle puisse produire des récoltes avantageuses. La chaux, introduite dans le sol à l'état caustique, passerait, comme je l'ai fait remarquer, très rapidement à l'état de carbonate; mais, donnée sous cette forme, elle pourrait sans doute, avant qu'elle fût saturée, réagir sur les matières organisées qui se trouveraient en contact avec elle, les désorganiser, favoriser leur décomposition, en un mot, se comporter à leur égard comme elle le fait avantageusement dans les composts. D'un autre côté, elle agirait défavorablement sur les engrais déjà décomposés.

Le moyen le plus usité pour distribuer la chaux dans les terres consiste à la déposer en petits tas éloignés l'un de l'autre de 5 à 6 mètres, ayant chacun un volume de 20 à 30 litres. Lorsque la chaux est délitée, on l'étend aussi régulièrement que possible. On est quelquefois dans l'habitude de recouvrir les petits monceaux avec de la terre végétale, de manière que cette terre qui sert de couverture ait six ou huit fois le volume de la chaux vive. L'hydratation s'effectue également, et comme la chaux se gonfle en se délitant, il arrive que la terre qui la recouvre se soulève et se crevasse. On s'empresse de boucher les fissures qui se sont formées, et, quand la chaux est réduite en farine, on la mêle intimement avant de l'étendre avec la terre qui l'abritait. Ce moyen, qui exige plus de main-d'œuvre, permet une plus exacte répartition. Quelquefois on éteint la chaux directement par immersion, et l'on transporte l'hydrate sur les terres labourées ; là on l'épand à la pelle. D'après la connaissance que nous avons de la composition de l'hydrate de chaux, il est évident que cette méthode a l'inconvénient d'augmenter les frais de transport, d'abord parce que au moins un cinquième de la charge est de l'eau, et ensuite parce que le volume est presque doublé par l'extinction de la chaux. Enfin, dans quelques localités, on emploie la chaux vive, après l'avoir stratifiée avec de la terre, du terreau, du gazon; on forme alors un véritable compost, qui peut sans doute présenter des avantages : c'est un compte à établir.

L'application de la chaux a lieu de diverses manières. Il arrive que l'on chaule et qu'on fume alternativement, ou bien on exécute les deux opérations simultanément. Enfin, il est des sols assez riches naturellement pour produire par la seule influence de la chaux. Dans tous les cas, la terre doit être bien sèche, et la saison la plus convenable est la fin de l'été. Dans un sol humide ou par un temps pluvieux, la chaux se distribue moins également; elle se pelotte en grumeaux, et si elle a encore une certaine causticité, elle peut la conserver longtemps et devenir nuisible aux racines par son action corrosive. Le chaulage produit d'ailleurs très peu d'effet dans les terrains très humides, qui s'égouttent difficilement (1). Lorsqu'on donne de la chaux aux pommes de terre ou aux betteraves, on la conduit sur les champs au printemps, pour l'incorporer avant

(1) Schwertz, *Préceptes d'agriculture pratique*, p. 290.

le posage des tubercules, ou le repiquage des jeunes plants.

Le point principal auquel on doit s'attacher, c'est d'obtenir une diffusion parfaite dans le sol; après avoir étalé la chaux sur toute la surface du champ, on herse et l'on donne un double labour superficiel. Selon M. Puvis, qui a étudié dans le plus grand détail les chaulages du département de l'Ain, 3,000 hectolitres de chaux, donnés successivement à 32 hectares de terrain dans l'espace de neuf années, on apporté une amélioration assez prononcée pour doubler le rendement des céréales d'hiver.

Marne. La marne est composée principalement de carbonate de chaux et d'argile ; c'est un mélange dans des proportions extrêmement variables de ces deux substances. Quelquefois l'argile est remplacée par du sable ; de là le nom de marne argileuse, très argileuse, sablonneuse. La marne contient depuis 15 jusqu'à 90 pour 100 de carbonate calcaire. Sa couleur présente toutes les nuances imaginables. On la rencontre dans les terrains peu anciens. Les assises supérieures des calcaires jurassiques sont souvent formées d'argiles marneuses, et on en suit le gisement jusque dans les dépôts les plus récents.

La propriété qui caractérise un calcaire comme *marne*, quelles que soient d'ailleurs les matières qui s'y trouvent mélangées, est celle de se déliter, de se réduire en poudre par l'effet des influences atmosphériques. Toute pierre à chaux qui présente ce caractère est propre au marnage.

Le but principal qu'on se propose en donnant de la marne à un terrain est aussi d'y porter le principe calcaire. Sous ce rapport, le marnage revient à l'application de la chaux. Dans l'un et l'autre cas on se place dans la condition la seule favorable à une bonne incorporation, celle d'une extrême division. L'importance de cet engrais est d'ailleurs si bien appréciée, qu'on ne craint pas d'entreprendre des travaux souterrains assez étendus pour se le procurer. L'utilité de la marne était connue dans la plus haute antiquité, et depuis lors on n'a jamais cessé d'en faire usage (1).

Le délitement de la marne s'explique par ses propriétés physiques et par celles des éléments qui entrent dans sa constitution. Le calcaire très divisé forme avec l'eau une pâte peu cohérente, qui, après sa dessiccation, se prend à l'état pulvérulent ; c'est ce qui résulte des observations de Schübler, et on ne peut douter que dans la marne, la faculté liante de l'argile ne soit en grande partie détruite par les particules de calcaire interposées dans la masse. La gelée, qui est si ef-

(1) Thaer, *Principes raisonnés d'agriculture*, t. II, p. 239.

ficace pour pulvériser la marne, agit évidemment, en congelant l'eau dont elle s'est imbibée pendant l'automne, en raison de sa nature poreuse. L'eau, en se solidifiant, augmente notablement de volume, et sépare, écarte, par son expansion, les molécules terreuses : c'est un effet exactement semblable à celui qui résulte de l'action du gel sur les pierres gelives. C'est ainsi qu'on voit de la craie poreuse, ne renfermant presque rien autre chose que du carbonate de chaux, se désagréger entièrement par la gelée, après avoir reçu les pluies d'automne, et être employée très utilement pour marner.

La marne argileuse, on le comprend facilement, doit agir de deux manières sur les terrains qui la reçoivent : par le calcaire et par son argile. Une variété argileuse, indépendamment des avantages qu'elle produit au sol en y portant du carbonate de chaux, l'améliorera encore par son argile, si ce sol est léger, sablonneux ; par contre, son emploi pourra devenir désavantageux dans une terre déjà trop glaiseuse. Dans un semblable terrain le chaulage est préférable, et on ne doit employer de marne qu'autant qu'on peut s'en procurer de sablonneuse ou purement calcaire, comme la craie délitable.

Il convient donc de distinguer les deux effets qui peuvent résulter de l'emploi de la marne ; l'un mécanique, qui dépend de la présence de l'argile ou du sable; l'autre chimique, qui résulte du carbonate de chaux et qui équivaut au chaulage. C'est à ces deux effets que les cultivateurs rapportent toute l'utilité qu'ils retirent du marnage. Cependant, d'après quelques recherches qui me sont communes avec M. Payen, il est à présumer que la marne agit encore utilement sur le sol, en lui portant un troisième principe fertilisant, qui appartiendrait par sa nature aux engrais organiques. Du moins, des analyses faites sur plusieurs substances marneuses y ont indiqué la présence de matières azotées. Et cela n'a rien qui doive surprendre, quand on réfléchit sur les circonstances géologiques dans lesquelles les dépôts marneux se sont formés. J'ai dit que les calcaires argileux répondent par leur âge aux formations les plus récentes, souvent ils sont accompagnés de nombreux débris qui attestent de la présence des êtres organisés, et l'on connaît plusieurs de ces dépôts qui sont formés presque en totalité de détritus de coquilles; tel est le falun exploité en Touraine. Il n'y a donc rien que de très naturel à ce que des masses minérales d'une semblable origine renferment une partie des éléments qui constituaient la substance organisée des animaux et des plantes qui ont été enfouies à l'époque où elles se sont déposées. Une marne de Lenguy (Yonne), recueillie par M. de Gasparin, a donné à l'analyse près de 0,002 d'azote. Une autre variété du département du Bas-Rhin en contient plus de 0,001. La recherche des matières organiques azotées dans les marnes doit donc s'ajouter à celle qui a pour objet la détermination des substances minérales ; et il est possible que cette matière azotée contribue à l'action fertilisante vraiment extraordinaire produite par des marnes de certaines localités.

Comme la chaux, la marne doit être répandue très uniformément sur le sol. On la dépose aussi en petits monceaux, placés à égale distance : c'est une opinion générale qu'il est nuisible de l'enterrer quand elle est récemment tirée de son gîte ; on est dans l'usage de lui faire passer un été ou un hiver, ou mieux encore toute une année, en plein air, avant de l'incorporer. On croit encore qu'il ne faut pas l'enfouir très profondément. La marne qui doit rester l'hiver sur le champ est déposée sur le chaume ; lorsqu'elle est délitée par l'action du gel, on l'étend à la pelle. Quand on doit l'appliquer à l'époque des semailles des céréales d'automne, le dépôt se fait en été, et on la place dans les sillons au moment des labours ; Schwertz observe que cette méthode ne peut être suivie qu'avec une matière qui se délite aisément (1). En Angleterre, c'est un

(1) Schwertz, *Préceptes d'agriculture pratique*, p. 305, trad.

principe que la marne doit être exposée aussi longtemps que possible aux influences de l'atmosphère, et qu'elle doit recevoir la chaleur d'un été et la gelée d'un hiver pour devenir friable et pouvoir se répandre également (1). Celle qui n'a pas été exposée au froid se divise rarement assez pour pouvoir être mêlée convenablement au sol, malgré la répétition des labours, et elle ne produit que peu d'effets sur la première récolte de grains qui suit le marnage. Après que la marne est bien épandue, on herse fortement par un temps sec, et l'on donne plusieurs labours très peu profonds, suivis chaque fois d'un hersage, exactement comme lorsqu'il s'agit d'incorporer la chaux (2).

La dose de marne à donner à la terre varie considérablement selon les localités. On peut dire à ce sujet qu'on abuse souvent du marnage. M. Puvis, dans un excellent Mémoire, pose d'abord en principe que cette dose dépend entièrement de la quantité de principe calcaire qui existe dans le sol à marner. Il admet que toute terre qui renferme plus de 9 pour 100 de carbonate de chaux peut se passer de cet amendement, et que celles qui en contiennent moins doivent recevoir une proportion de marne de manière à porter à ce taux l'élément calcaire.

(1) Sinclair, *Agriculture pratique et raisonnée*, t. I, p. 432.
(2) Thaer, *Principes raisonnés d'agriculture*, t. II, p. 248.

La dose à employer dépend donc à la fois, et de la proportion de carbonate de chaux contenue dans le sol, et de celle qui se trouve dans la marne elle-même.

Du point de vue rationnel d'où M. Puvis l'a considéré, le marnage devient une opération très abordable. Les proportions exorbitantes que l'on emploie, sans autre motif que celui de l'habitude, sont jugées inutiles, sinon nuisibles; la quantité de marne à incorporer au sol se détermine alors par la richesse de celle dont on dispose, et par la profondeur de la couche de terre labourable. Pour en faciliter le dosage, M. Puvis a dressé un tableau qui peut être très utile dans la pratique. On y trouve le nombre de mètres cubes de marne nécessaire à un hectare de terrain privé de l'élément calcaire, suivant l'épaisseur de la couche labourée, en tenant compte du carbonate de chaux contenu dans la matière employée.

NOMBRE DE MÈTRES CUBES de marne nécessaire sur un hectare à une couche de terre labourée d'une épaisseur de :						Lorsque cent parties de marne contiennent en carbonate de chaux :
8 centimètres	11 centimètres	14 centimètres	16 centimètres	19 centimètres	22 centimètres	
244	324 3/4	405	487	568	650	10
122	162 1/2	202 1/2	243 1/2	284	325	20
81 1/3	108 1/4	135	129	189 1/3	217	30
61	81 1/4	101	122	142	162	40
49	65	81	97 1/2	113 6/10	130	50
40 7/10	54	67 1/2	81	94 6/10	108	60
35	46	58	69 1/2	81	93	70
30 1/2	40 1/2	51	61	71	81	80
27	36	45	54	63	72	90
24 4/10	32 1/2	40 1/2	49	57	65	100

M. Puvis ne donne pas les doses indiquées dans ce tableau, comme devant être adoptées invariablement; ce sont des moyennes déduites des résultats pratiques reconnus les plus avantageux, mais auxquelles il ne faudrait pas cependant s'astreindre absolument. C'est ainsi qu'avec une marne très argileuse, la dose pourra être augmentée sur les terrains sablonneux et légers; on devra la diminuer sur les terres fortes et argileuses de leur nature. Se conformant en cela à l'expérience, M. Puvis conseille de diminuer la dose de marne, riche en carbonate, dans les terrains secs et légers, surtout lorsqu'on agira sur un sol labouré profondément; dans les terres arides, à la suite de défrichements; dans les sols très froids, l'augmentation de la proportion de marne peut amener des avantages (1).

Le marnage produit dans la culture des améliorations incontestables. Selon M. Puvis, une marne sablonneuse renfermant de 0,30 à 0,60 de carbonate de chaux a doublé, dans le département de l'Isère, les rendements d'un sol aride. Avant son application on n'obtenait que de chétives récoltes de seigle, rapportant au plus trois pour un de semence; maintenant on obtient huit pour un de froment semé, et ces heureux effets se font sentir pendantdix à douze ans.

(1) Puvis, *Annales de l'Agriculture française*, t. XXVIII, p. 334; 2e série.

L'action de la marne, comme celle de la chaux, n'est pas illimitée ; les effets du principe calcaire cessent au bout d'un certain temps. A chaque récolte les plantes enlèvent de la chaux. La nature des végétaux cultivés exercent d'ailleurs l'influence la plus prononcée sur la quantité qui est prélevée sur le sol ; mais en faisant la part la plus large, il est facile de voir, d'après la composition des cendres des végétaux, que la proportion de trois hectolitres de marne par hectare, qu'on admet comme la dose moyenne annuelle à donner au terrain, est infiniment plus forte que celle qui serait rigoureusement nécessaire.

Cendres de bois. Les cendres des végétaux peuvent contribuer à l'amélioration du sol. Nous avons reconnu, en effet, qu'elles renferment, indépendamment de la silice, du phosphate et du carbonate de chaux, des sulfates, des phosphates et des carbonates alcalins. Au reste, on doit admettre que tous les principes qui dérivent des plantes sont aptes à favoriser la végétation. Bien que l'utilité de la cendre de bois soit généralement comprise, les usages nombreux auxquels on la destine dans les arts, le prix qui en est la conséquence, font que les agriculteurs l'emploient assez rarement ; elle est, comme on sait, traitée ordinairement pour en retirer du carbonate de potasse. Dans les pays abondants en forêts, on brûle même les végétaux uniquement pour cette fabrication. L'heureuse influence des cendres sur le développement des plantes est connue chez les peuples les moins avancés dans la culture : on voit les Indiens brûler les tiges et les feuilles de maïs pour bonifier le terrain ; on retrouve la même pratique chez les peuplades de l'Afrique ; sur les bords du Zaïre, selon l'infortuné capitaine Tuckey, on prépare les terres en plaçant de petits tas d'herbes sèches auxquelles on met le feu. Sur tous les points où les cendres se sont rassemblées, on plante des pois et du maïs : ces cendres sont le seul engrais dont on fasse usage (1). En Angleterre, on considère les cendres de bois comme convenant particulièrement aux sols graveleux ; au printemps, on en donne jusqu'à 35 hectolitres par hectare (2).

Les cendres lessivées qui sortent des savonneries renferment encore une petite quantité de sels solubles qui ont échappé à la lixiviation ; tous les sels insolubles s'y retrouvent, et en outre elles sont mêlées d'une forte proportion de chaux en partie carbonatée qu'on ajoute pour rendre caustique le carbonate de potasse. Ces cendres sont fort recherchées, et on les répand à la dose de 40 à 60 hectolitres par hectare : à cette dose, elles agissent pendant une dixaine

(1) Tuckey, *Expédition pour reconnaître le zaïre*, t. II, p. 59.
(2) Sinclair, *Agriculture pratique et raisonnée*, t. I, p. 446.

d'années. Dans les régions boisées où l'on fabrique la potasse, on obtient ce produit en très grande quantité : on le fait concourir alternativement avec les engrais organiques à l'amendement des terres. L'application des cendres se fait de la même manière que lorsqu'il s'agit d'épandre la chaux, avec cette seule différence que le labour qui doit les incorporer peu profondément ne se donne qu'après qu'elles ont reçu une petite pluie. Il y a des localités où un hectare reçoit jusqu'à 150 hectolitres de cendres lessivées (1).

Cendres de tourbes. La tourbe est le résultat de l'altération spontanée des végétaux. Elle se forme dans les eaux stagnantes; aussi rencontre-t-on des dépôts tourbeux sur le bord des rivières, dans les vallées, sur le fond des anciens lacs, à l'embouchure des fleuves. On trouve ce combustible depuis le niveau de la mer jusque sur les plateaux élevés des Vosges et des Alpes; il gîte en bancs horizontaux, divisés par des couches de graviers, d'argile ou de sable. Sa formation est très récente, comme l'indiquent les atterrissements peu épais qui la recouvrent, les débris d'animaux et les produits de l'industrie humaine qu'on y rencontre fréquemment.

L'état de décomposition auquel sont parvenus les végétaux qui constituent la tourbe est souvent

(1) Schwertz, *Préceptes d'Agriculture pratique*, p. 128.

très peu avancé; rarement l'altération est assez complète pour que les plantes soient méconnaissables. Selon son origine, la tourbe est distinguée en tourbe ligneuse et en tourbe herbacée. Celle qui est très compacte, noire, a l'aspect du terreau; en général elle est légère, spongieuse, d'une couleur brune. En raison de sa porosité, la tourbe, après qu'elle est desséchée, est fort légère; le mètre cube pèse de 250 à 690 kilog.

D'après les conditions dans lesquelles la tourbe a été formée, on comprend qu'elle doit renfermer les principes élémentaires qui existent dans les plantes. On y trouve, toutefois, une proportion d'azote un peu plus forte que celle que l'on admet en moyenne dans les plantes herbacées, supposées sèches; mais nous avons vu que dans l'altération lente du ligneux, cet élément se concentre, pour ainsi dire, dans le résidu, et qu'en somme le terreau contient plus d'azote que le bois dont il provient. Il paraît, en outre, d'après les recherches entreprises tout récemment par M. Hermann, que durant la putréfaction de la matière ligneuse, de l'azote est prélevé sur l'atmosphère pour concourir à la formation de certains produits bien définis. M. Hermann rapporte les expériences suivantes :

28 volumes de bois frais, pris dans un bloc déjà attaqué de la pourriture et sur lequel se trouvaient quelques points pourris, ont été

mouillés et renfermés dans de l'air atmosphérique confiné sur la cuve à mercure. L'atmosphère contenue dans la cloche cubait 262 vol. Le bois y est resté 10 jours à la température de 24°. Le volume apparent de l'air s'est maintenu le même jusqu'à la fin de l'expérience, mais il s'était formé beaucoup d'acide carbonique.

RÉSUMÉ DE L'OBSERVATION :

	Avant.		Après.
L'air contenait : Azote. . .	207 vol.		194 vol.
		Acide carbonique.	40
Oxygène .	55		28
	262		262

Le bois humide, en pourrissant, a donc fait disparaître 13 volumes d'azote et 27 volumes d'oxygène.

Le bois décomposé renferme, d'après M. Hermann, des principes analogues à ceux que l'on rencontre dans l'humus. L'un d'eux, le *nitrolin*, est fortement azoté, et par l'action ultérieure de l'air et de l'humidité il donne naissance à de l'ulmate d'ammoniaque.

En malaxant sur un linge du bois pourri, la matière pulvérulente qui passe à travers le tissu est le *nitrolin*. La fibre ligneuse non altérée reste sur la toile.

En traitant le bois pourri par l'éther, on dissout une matière extractive également azotée , et qui fait partie de l'humus. Cet extrait d'humus est d'autant plus abondant que le bois, par sa décomposition avancée, approche davantage de la nature du terreau. Voici quelle est la composition de ces substances :

	Nitrolin.	Extrait d'humus.
Carbone	57,2	57,8
Hydrogène . . .	6,3	4,5
Oxygène	24,3	33,2
Azote	12,2	4,5
	100,0	100,0

Dans le bois décomposé, M. Hermann a trouvé (1) :

	Bois pourri.	Altération plus avancée.
Nitrolin	61	18,9
Acide ulmique . . .	21	53,6
Extrait d'humus . .	17,5	25,5
Ammoniaque. . . .	0,5	1,0
	100,0	100,0

La tourbe paraît être le dernier état de la modification du ligneux par les agents atmosphériques et l'humidité; elle contient, en outre, également modifiés les principes qui entrent ordinairement dans la constitution des plantes herbacées. C'est ainsi que M. Payen a retiré de ce combustible des matières grasses, analogues à celles qui existent dans les feuilles, et que M. Reinsch y a constaté la présence du tannin.

(1) Hermann, *Journ. für prakt. Chemie*, t. XXIII, p. 379.

Une tourbe des environs de Moscou, examinée par M. Hermann, a donné à l'analyse :

Matière carbonatée, Nitrolin, Détritus de plantes	77,5
Acide ulmique	17,0
Extrait d'humus	4,0
Ammoniaque.	0,25
Cendres.	1,25
	100,0

La composition élémentaire de trois variétés de tourbe, analysées par M. Regnault, est (1) :

Localités.	Carbone.	Hydrogène.	Oxygène et azote.	Cendres.
Tourbe de Vulcaire.	57,0	5,6	31,8	5,6
— de Long.	58,1	5,9	31,4	4,6
— du Champ du Feu. .	57,8	6,1	30,8	5,3

La tourbe, comme on voit, a une certaine analogie avec le terreau; elle en diffère cependant par l'absence de matières solubles dans l'eau ; et l'on conçoit en effet, d'après son origine aqueuse, qu'un principe soluble ne puisse s'y rencontrer en quantité appréciable. Peut-être pourrai-ton assimiler la tourbe à la partie insoluble que laisse le terreau après sa lixiviation. Il y aurait même encore cette conformité que la tourbe, comme la substance insoluble du terreau, quand elle est exposée humide au contact de l'air, finit, avec le temps, par former une certaine quantité de prin-

(1) Regnault; *Annales de chim. et de phys.*, t. LXV), 2e série.

cipe soluble, dont les alcalis hâtent aussi le développement. L'usage que l'on fait de la tourbe comme engrais dans certaines contrées confirmerait cette manière de voir, car l'on sait que les fonds tourbeux bien égouttés et chaulés, ou traités par les cendres alcalines, finissent par se transformer en un sol assez fertile.

Les cendres que laisse la tourbe devraient contenir les substances que l'on retrouve ordinairement dans les cendres des plantes, plus les matières terreuses accidentelles. Il n'en est pas ainsi cependant. On y rencontre bien quelques sels alcalins en très faible proportion ; M. Berthier y a trouvé quelquefois des traces de carbonate de potasse; mais aucun analyste, que je sache, n'a signalé dans les cendres de tourbe la présence des phosphates, et on n'a pas réussi davantage à constater leur présence dans la recherche toute spéciale faite dans mon laboratoire, sur la cendre d'une tourbe de Haguenau. C'est un fait qui m'a beaucoup étonné; une cendre de houille et une autre cendre venant d'un lignite ont offert un résultat tout aussi négatif. Que les eaux qui sont intervenues dans la décomposition, la carbonisation des matières végétales, aient enlevé les sels solubles qui préexistaient, cela se conçoit; mais les phosphates terreux devraient se retrouver, et il est d'autant plus singulier de ne pas rencontrer d'acide phosphorique dans les cendres de houille, que le minerai de fer des houillères qui accompagne, qui touche, pour ainsi dire, les couches carbonifères, est toujours plus ou moins phosphoré. Au reste, malgré tout le soin que j'ai mis à rechercher l'acide phosphorique dans ces cendres, il n'est pas impossible que de légères traces de cet acide aient échappé; c'est un point qui demande un nouvel examen.

Les cendres de tourbe sont d'un emploi extrêmement avantageux, et les bons effets qui résultent de leur emploi dans presque toutes les cultures expliquent l'empressement que les cultivateurs intelligents mettent à se les procurer. L'analyse y indique des substances qui, considérées isolément, sont propres à améliorer le sol. Ainsi, on y rencontre de la chaux en partie carbonatée et dans un très grand état de division, quelquefois du sulfate de chaux; de l'argile calcinée, dont l'action sur les terres fortes et humides est toujours utile; de la silice en partie gélatineuse et rendue telle par la réaction des alcalis pendant l'incinération; enfin des sels alcalins : chlorures, sulfates, carbonates, et peut-être, malgré les résultats négatifs de l'analyse, des traces de phosphates.

La tourbe des marais de Sceaux, près Château-Landon (Seine-et-Marne), laisse 19 pour 100 de cendres, composées, suivant M. Berthier, de (1):

(1) Berthier, *Essais par la voie sèche*, t. I, p. 297.

Chaux caustique et carbonatée . .	63,0
Argile.	7,5
Silice gélatineuse.	15,0
Alumine.	7,0
Oxyde de fer.	9,0
Carbonate de potasse	0,5
	100,0

La tourbe de Voitsumra, exploitée sur les frontières de la Bavière et de la Bohème, renferme des débris d'arbres ; elle laisse 1,7 pour 100 de cendres calcinées, formées, selon M. Fikenscher (1), de :

Silice	36,5
Alumine.	17,3
Oxyde de fer.	33,0
Chaux.	2,0
Magnésie	3,5
Sulfate de chaux	4,5
Chlorure de calcium.	0,5
Charbon échappé à l'incinération .	2,7
	100,0

La tourbe des environs de Troyes, brune, herbacée, laisse 11 pour 100 de cendre non calcinée; elle contient (2) :

Acide carbonique et soufre .	23,0
Chaux	23,0
Magnésie.	14,0
Alumine, oxyde de fer . . .	14,0
Argile et silice.	26,0
	100,0

(1) Berthier, *Essais par la voie sèche*, t. I, p. 298.
(2) Berthier, *Essais par la voie sèche*, t. I, p. 299.

La tourbe de Vassy (Marne) est compacte, brune ; elle est mêlée de fragments de craie. A l'incinération, elle laisse 7,2 de résidu pour 100, contenant (1) :

Argile	11,0
Carbonate de chaux	51,5
Sulfate de chaux	26,0
Oxyde de fer	11,5
	100,0

La tourbe du Champ du Feu, près de Framont (Vosges), laisse 3 pour 100 de cendres calcinées dans lesquelles il entre (2) :

Silice	40,0
Alumine, oxyde de fer	30,0
Chaux	30,0
	100,0

La tourbe des environs de Haguenau (Bas-Rhin) produit 12,5 pour 100 de cendres calcinées qui renferment, d'après l'analyse que M. Letellier a faite dans mon laboratoire :

Silice et sable	65,5
Alumine	16,2
Chaux	6,0
Magnésie	0,6
Oxyde de fer	3,7
Potasse et soude	2,3
Acide sulfurique	5,4
Chlore	0,3
	100,0

(1) Berthier, *Essais par la voie sèche*, t. I, p. 299.
(2) Berthier, *Essais par la voie sèche*, t. I, p. 300.

Dans la supposition où toute la chaux serait unie à l'acide sulfurique, ce qui n'a certainement pas lieu, cette cendre renfermerait au plus 4,1 pour 100 de sulfate de chaux.

On peut conclure de ces analyses, que la composition de la cendre de tourbe est assez variable. C'est très probablement à ces variations qu'il faut attribuer la différence dans l'intensité des effets exercés sur le sol qu'on observe avec des cendres de diverses origines. Généralement les cendres de tourbes suppléent au plâtre avec avantage, mais c'est à la condition cependant qu'elles renferment de la chaux, soit à l'état de sulfate, soit à l'état caustique, ou carbonatée. La cendre de Vassy, par exemple, peut être employée au plâtrage des prairies, puisqu'elle renferme le quart de son poids de sulfate de chaux.

La cendre qui provient de tourbes pyriteuses ne doit être employée qu'avec la plus grande circonspection ; elle renferme ordinairement du sulfure de fer qui n'a pas été détruit entièrement par la combustion, et qui, par l'action de l'air, donne lieu à des efflorescences de sulfate de fer qui peuvent devenir nuisibles. Ces cendres sont ordinairement rouges et pesantes, parce qu'elles sont très chargées d'oxyde. Une bonne cendre doit être blanche et légère; l'hectolitre doit peser environ 50 kilogr. à l'état sec. Schwertz conseille de les conserver à l'abri de l'humidité. C'est là une précaution souvent difficile à réaliser, et à Bechelbronn, où nous en employons de très grandes quantités, nous ne trouvons aucun inconvénient à les laisser mouiller par la pluie ; souvent même nous les imprégnons d'eau de fumier, afin d'ajouter à leur qualité d'engrais minéral celle d'engrais organique. Cependant, dans l'intérêt des transports, lorsque la distance à parcourir est tant soit peu considérable, il est incontestable qu'il y a avantage à les avoir sèches. Il est aussi plus facile de les épandre en cet état, quoique par un vent un peu fort on puisse quelquefois désirer qu'elles soient humides.

Les cendres de tourbes de bonnes qualités, celles qui comprennent dans leur composition des proportions convenables de chaux et de sels alcalins, conviennent à toutes les plantes. C'est surtout sur le trèfle que leur effet est vraiment surprenant.

C'est là un fait bien établi en Flandre, mais il faut les avoir employees soi-même pour se former une idée de l'amélioration qu'elles procurent. On ne doit pas craindre d'en donner trop; en hiver, nous portons, quand nous le pouvons, jusqu'à 50 hectolitres de cendre de tourbe, par hectare, sur nos trèfles; on les épand même sur la neige, et on les étale au râteau dans les premiers jours du printemps. Les Hollandais les donnent à plus forte dose encore; à deux reprises, ils mettent par hectare de trèfle de 90 à 125 hectolitres (1). En Hollande, au rapport de Sinclair, on se sert aussi de cendres provenant d'une tourbe qui, pendant l'hiver, séjourne sous des eaux saumâtres; par cette circonstance, les cendres sont extrêmement riches en sels alcalins. On les répand à la main, au printemps, sur le trèfle, après lequel, l'année suivante, on obtient une récolte abondante de froment. On en tire également un bon parti dans la culture du houblon ; on assure que, placées en petite quantité à la base de chaque pied, elles préservent la plante de l'attaque des insectes destructeurs (2).

Cendres de houille. La houille, comme les deux combustibles précédents, provient des végétaux dont l'altération a été assez profonde pour faire disparaître à peu près toute trace d'organisation. La composition des principales variétés de houille est, d'après M. Regnault (3) :

	Carbone.	Hydrogène.	Oxygène et azote.	Cendres.
Houille grasse dure (Alais) . .	89,3	4,8	4,5	1,4
Houille grasse maréchale (Rive-de-Gier).	87,5	5,1	5,6	1,8
Houille grasse à longue flamme (Mons).	84,7	5,3	7,9	2,1
Houille sèche (Blanzy). . . .	76,5	5,2	16,0	2,3

La proportion d'azote dans les houilles analysées est d'environ 2 pour 100.

(1) Schwertz, *Principes raisonnés d'agriculture*, p. 137.

(2) Sinclair, *Agriculture pratique et raisonnée*, t I, p. 447.

(3) Regnault, *Annales de Chimie et de Physique*, t. LXVI, p. 353, 3e série.

Dans une cendre de houille de Saint-Etienne, de très bonne qualité, l'analyse a indiqué :

Argile inattaquable par les acides	62
Alumine.	5
Chaux.	6
Magnésie	8
Oxyde de manganèse	3
Oxyde et sulfure de fer.	16
	100

Les cendres de houille renferment aussi de très petites quantités de sels alcalins qui échappent ordinairement à l'analyse quand on n'en fait pas l'objet d'une recherche spéciale. Une cendre, examinée dans mon laboratoire, a donné près de 0,01 d'alcali. Ces cendres conviennent particulièrement aux terres argileuses; elles agissent en diminuant la tenacité du sol. En outre, elles y introduisent quelques principes utiles, comme la chaux et des sels alcalins.

Des sels alcalins.

On ne saurait douter que les sels à base de potasse ou de soude ne soient favorables à la végétation. L'efficacité des cendres végétales, l'écobuage, prouvent l'utilité incontestable de ces bases, que l'on retrouve constamment dans la constitution des plantes. Il est même certaines cultures qui demandent, pour prospérer, un alcali spécial ; la vigne, par exemple, dont le fruit renferme du tartrate acide de potasse ; l'oseille, dont la feuille contient du bi-oxalate de la même base, doivent nécessairement trouver de la potasse ; les plantes cultivées pour obtenir la soude artificielle exigent également que cet alcali se rencontre dans la terre.

Il paraît cependant que les sels de soude ou de potasse ne doivent entrer que pour une très faible proportion dans le sol. Du moins toutes les expériences entreprises pour constater l'action de différentes substances salines sur la végétation n'ont conduit à aucun résultat définitif. M. Lecoq a publié des recherches qui paraissent faites avec beaucoup de soins, et desquelles il résulterait que le sel marin, appliqué à une dose qui a varié de 150 à 300 kilog. par hectare, favorise la culture de l'orge, du froment, de la luzerne et du lin. Le chlorure de calcium, le sulfate de soude, agiraient dans le même sens. M. de Dombasle est arrivé, de son côté, à une conclusion différente, relativement à l'emploi du chlorure de sodium. Le sel marin, administré suivant les doses prescrites par M. Lecoq, n'a produit aucun effet appréciable sur les cultures. M. Puvis a obtenu des résultats tout aussi négatifs. Dans ses recherches, M. Lecoq aurait peut-être dû commencer par déterminer, en opérant sur une assez grande échelle, la proportion des sels alcalins existant dans les terres sur lesquelles ont porté ses expériences. Il a pu arriver qu'il ait opéré sur un sol manquant entièrement de principes salins, et, dans ce cas, on concevrait l'effet favorable des sels introduits, car il n'est pas impossible que, passé une certaine dose, l'action des sels cesse d'être perceptible.

Le nitrate de potasse a été recommandé à plusieurs reprises comme un agent utile de la végétation. Les résultats obtenus par son emploi sont loin d'être concordants. Dans les procédés suivis pour l'application de ce sel, on voit ajouter de *la suie*, de la terre végétale, ingrédients qui, de leur nature, sont déjà de fort bons engrais, et dont le concours peut faire naître des doutes sur les propriétés extrêmement avantageuses attribuées uniquement au nitre. Les avantages du nitrate de potasse fussent-ils même parfaitement établis, que le prix assez élevé de ce sel s'opposerait probablement à son usage. C'est peut-être pour ce motif que depuis plusieurs années l'attention des cultivateurs anglais s'est dirigée vers le nitrate de soude, que l'on importe de la côte du Pérou; rendu en Angleterre, ce nitrate revient actuellement (1842) à 50 francs les 100 kil.; à ce prix, et d'après l'effet utile qu'on croit lui avoir reconnu, il y aurait profit à l'employer. On a fait avec ce sel des expériences comparatives assez nombreuses, et en admettant leur exactitude, on demeurerait convaincu de son efficacité sur le sol convenablement pourvu d'engrais organique. La dose communément adoptée est de 125 kil. de nitrate par hectare.

M. Barclay, après avoir pris connaissance des essais tentés dans son voisinage, en a fait lui-même quelques uns dont voici le résumé (1).

CULTURE SUR UN HECTARE.

	Sans nitrate.	Avec nitrate.	Différence en faveur du nitrate.
Récolte : Froment.	27hect.,50	31hect.,25	4hect.,75
Paille. . .	2465 kilog.	2900 kilog.	435 kilog.

La récolte venue sur le sol qui avait reçu du nitrate de soude ne s'est pas vendue aussi bien que celle provenant du terrain qui ne contenait que du fumier, et, tout compte fait, l'usage du nitrate n'a procuré aucun avantage commercial. Il n'en resterait cependant pas moins établi, par cette expérience, que le nitrate de soude augmente la production de la matière organique végétale.

Plusieurs renseignements recueillis en Angleterre par M. de Gourcy tendent à confirmer l'influence de ce sel sur le développement des plantes. Par son usage, les cultures de froment, de trèfle, de rutabaga, seraient grandement améliorées; ces faits admis, on peut se demander comment agit le nitrate de soude. La constitution chimique des nitrates est telle, qu'on peut concevoir qu'ils se comportent à la fois comme les

(1) Ysabeau, *Journal d'Agriculture pratique*, t. IV, p. 489.

engrais minéraux et comme les engrais organiques. La question importante à résoudre serait celle de savoir si l'azote du nitrate contribue pour quelque chose à la formation des principes azotés des plantes. Davy, tout en acceptant avec une extrême défiance les résultats de sir Kenelm Digby sur l'efficacité du nitre dans la culture de l'orge, ne répugnait pas cependant à croire que l'azote du nitrate pût concourir à la production de l'albumine et du gluten (1). C'est là un point de physiologie abordable à l'expérience et digne, à tous égards, de devenir un sujet d'observation. Nous avons admis, comme très probable, que l'azote des principes azotés des plantes a sa source dans l'ammoniaque issue des engrais, ou dans l'atmosphère; mais l'opinion qui soutiendrait que l'ammoniaque, née des matières organiques du sol, passe à l'état d'acide nitrique ou de nitrate d'ammoniaque avant de pénétrer dans les organes d'un végétal, s'appuierait à peu près sur les mêmes faits que j'ai rapportés en faveur de la première opinion. On a vu, d'ailleurs, dans les considérations générales que j'ai exposées sur la nitrification, avec quelle facilité l'azote de l'ammoniaque s'acidifie dans certaines circonstances; ce serait là un argument des plus favorables. J'ajouterai une observation à laquelle j'ai peut-être

(1) Davy, *Chimie agricole*, t. II, p. 84.

jusqu'ici attaché trop peu d'importance. Lorsque nous examinions, M. de Rivero et moi, le lait végétal si vénéneux de *l'hura crepitans*, nous eûmes l'occasion d'abandonner à elle-même une assez grande quantité d'eau, provenant de la sève de cet arbre, après qu'on en eut séparé le caséum qui s'y trouve en si forte proportion. Par l'évaporation spontanée, nous recueillîmes une quantité réellement considérable de nitrate de potasse. J'ai depuis constaté plusieurs fois la présence de ce sel dans la sève de différents arbres des régions tropicales. Dans les feuilles et dans les fruits, je n'en ai trouvé, au contraire, que de faibles quantités.

Le gypse ou *sulfate de chaux* résulte de la combinaison de 41,5 de chaux et de 58,5 d'acide sulfurique. Il contient le plus ordinairement de l'eau de constitution ; sa composition est alors :

Sulfate de chaux .	79,2
Eau.	20,8
	100,0

Le sulfate de chaux hydraté se rencontre abondamment à la surface du globe ; on le trouve à l'état crystallin, en masse grenues ou fibreuses, dans des terrains de formation très récente. Ce sel n'a pas de saveur appréciable , cependant il est sensiblement soluble. L'eau en dissout 1/460 de son poids. A une température très élevée, comme l'est celle d'un feu de forge, le sulfate de chaux fond, et en se refroidissant il prend l'aspect d'un émail blanc. Bien au dessous de la chaleur rouge, le gypse abandonne son eau de constitution; mais exposé à l'air, il la reprend peu à peu à la vapeur aqueuse contenue dans l'atmosphère.

C'est sur cette faculté que possède le gypse *déshydraté* de se combiner avec l'eau et de se reconstituer à l'état d'hydrate qu'est fondé l'usage de ce sel dans les arts. Le plâtre est le gypse privé de son eau par la cuite. Après la calcination, on le bat et on le tamise. Pour l'employer, on le délaye dans un volume d'eau égal au sien, et on l'applique aussitôt après avoir été *gâché*. Bientôt le mélange se consolide, et, pendant la solidification, il se dégage de la chaleur. Il s'opère une véritable crystallisation confuse, les crystaux s'entrelacent et forment une masse douée d'une assez grande tenacité. Lorsque le gypse a été cuit à une chaleur trop intense, il devient indifférent pour l'eau; il ne peut plus se reconstituer à l'état d'hydrate, et on ne saurait dès lors l'utiliser comme plâtre.

On trouve dans la nature des amas considérables de chaux sulfatée anhydre qui présente cette même indifférence pour l'eau; c'est l'anhydrite des minéralogistes; sa position dans l'ordre géologique diffère de celle du gypse hydraté; sa formation date d'une époque beaucoup plus ancienne. L'anhydrite est contemporaine des gîtes métallifères, des masses de sel gemme, et elle fait partie d'un système de roches qui ont été formées ou modifiées par l'action du feu. L'absence de l'eau, dans ce sulfate, et surtout son incapacité pour s'y combiner, est peut-être la preuve de son origine ou de ses modifications plutoniques, puisqu'il est établi que le gypse devient impropre à s'unir à l'eau lorsqu'il a éprouvé une chaleur de 400 à 500 degrés.

Je me propose de discuter ici les faits les plus authentiques qui ont été recueillis sur l'emploi du gypse en agriculture ; j'examinerai en même temps si les théories admises pour expliquer l'action de ce sel sur les plantes se concilient avec les observations ; enfin, je rendrai compte des expériences entreprises à Bechelbronn, dans la vue d'éclairer plusieurs points encore douteux de son histoire.

Le plâtre est un des engrais minéraux les plus usités ; son efficacité dans les travaux agricoles n'était point inconnue des anciens, mais l'usage en était resté circonscrit dans un petit nombre de localités. Il paraît que ce fut vers le milieu du dix-huitième siècle qu'un ministre protestant de la principauté de Hohenlohe, le pasteur Mayer, étudia les effets du plâtre, d'après des renseignements qu'il reçut de Hehlen en Hanovre, où déjà on l'employait comme amendement (1).

(1) Thaer, *Principes raisonnés d'agriculture*, t. II, p. 253.

En propageant, par son exemple et par ses écrits, l'usage jusque là si borné du gypse, Mayer rendit un éminent service. De toutes parts on tenta des essais. Tschiffeli en Suisse, Schubart en Allemagne, firent connaître, sur l'amélioration des prairies, des expériences assez décisives pour porter la conviction dans les esprits les plus incrédules. Mais c'est le sort des découvertes utiles, des applications heureuses, de n'être adoptées qu'après avoir été vivement combattues. Une opposition formidable s'éleva bientôt contre l'usage qu'on voulait faire du gypse. La polémique excitée à ce sujet renferme même un épisode curieux et que je crois devoir rapporter. Au nombre des adversaires les plus décidés du gypse, combattaient, au premier rang, les inspecteurs des salines. Ils étaient mus par la crainte de voir se fermer le débouché par lequel s'écoulait le dépôt qui se forme dans les chaudières évaporatoires, le schlot, que l'on répandait alors sur les prairies pour augmenter leur fertilité. Le plâtre, dans l'opinion des officiers des salines, non seulement était inefficace à remplir le même objet, il était encore nuisible. Le schlot était, seul, la matière par excellence, à laquelle rien ne pouvait suppléer. On ignorait alors, on a su depuis, que le principe actif, la base du résidu des salines, n'est autre chose que du sulfate de chaux, que du plâtre.

L'emploi du gypse s'étendit rapidement en France, particulièrement dans les environs de Paris. De là, il passa l'Atlantique; et dans l'Amérique du Nord, l'on plâtra les champs avec de la pierre sortie des carrières de Montmartre. Les terres récemment défrichées des Etats-Unis, si riches en humus, la nature des plantes qui les recouvrent, secondèrent merveilleusement l'action du nouvel engrais. Les effets en furent prodigieux, et l'imposante autorité de Franklin, qui les constata, vint mettre fin à toute discussion. Dans les deux mondes, le plâtre fut reconnu comme un des auxiliaires les plus puissants de la végétation.

Toutefois les partisans du gypse ne furent point exempts d'exagération. Ils considéraient le plâtre comme un engrais universel, capable de remplacer tous les autres, convenant à toutes les cultures, à tous les sols. Cependant une pratique éclairée ne tarda pas à soumettre les effets du gypse à une juste et sévère appréciation. Elle reconnut qu'employé seul ce sel est insuffisant pour produire la fertilité, et qu'il exige toujours le concours d'engrais organiques, si le terrain n'en contient pas originairement. Enfin, il fut établi que le plâtre n'agit utilement que sur un nombre de plantes fort limité; qu'il convient surtout aux prairies artificielles formées par le trèfle, la luzerne et le sainfoin; que son action est à peine sensible sur les prairies naturelles, douteuse sur les récoltes sarclées, nulle sur les céréales.

Les résultats négatifs obtenus dans l'emploi du plâtre ne sauraient être légèrement révoqués en doute, par la raison qu'ils ont été constatés par ceux-là mêmes qui utilisent journellement le gypse sur leurs prairies artificielles; ce sont d'ailleurs, de tous les observateurs, les plus directement intéressés à augmenter, par les mêmes moyens, dans le même rapport, la récolte la plus productive de toutes, celle du froment.

L'observation a déterminé l'époque la plus convenable à laquelle il convient de donner le gypse aux prairies. Généralement on a trouvé qu'il faut le répandre en poudre, au printemps, lorsque les plantes ont déjà acquis un certain développement; qu'on doit choisir un temps calme et humide; qu'il convient de l'appliquer le matin, afin de le faire adhérer aux feuilles encore mouillées par la rosée. Les opinions ont été longtemps divisées, pour savoir si le plâtre doit être employé à l'état naturel, tel qu'il sort de la terre, ou s'il est préférable de le calciner.

Il est aujourd'hui parfaitement établi que la cuisson n'ajoute rien aux propriétés du plâtre. Bien que l'usage de saupoudrer les prairies soit le plus ordinairement suivi, on sait néanmoins qu'on obtient encore de très bons effets, en incorporant le plâtre dans le sol, à l'époque des labours d'automne. Cependant, il faut bien que l'usage qui a prévalu, de saupoudrer les feuilles, soit justifié par un avantage réel. J'entrevois la raison de cette pratique dans ce principe, que tout engrais pulvérulent doit être réparti aussi également que possible. Or, rien ne peut contribuer autant à cette égale répartition que le saupoudrage des feuilles humides. Le plâtre qui adhère après elles ne s'en détache que peu à peu, et elles le répandent dans tous les sens, à mesure que le vent les agite et les dessèche.

Dans certaines localités, dont le nombre est assez considérable, on n'a obtenu aucun effet utile de l'emploi du plâtre, bien qu'il ait été administré dans de bonnes conditions et appliqué à des plantes qui en profitent ordinairement. On a expliqué cette anomalie en admettant, sans toutefois le prouver par l'analyse, que ces terrains rebelles contiennent naturellement du gypse. On a prétendu aussi que l'action favorable du plâtrage ne se manifeste plus dans les terrains bas, constamment et fortement humides.

La proportion de plâtre que l'on donne à la terre est comprise dans des limites fort étendues; elle varie depuis 200 jusqu'à 2,000 kilogrammes par hectare. La qualité et surtout la valeur de la matière exerce la plus grande influence sur les doses adoptées ; souvent même son prix trop élevé est un motif suffisant d'exclusion.

Les opinions des praticiens sur l'opportunité du plâtrage, bien que concordantes dans des circonstances déterminées, sont cependant loin d'être unanimes sur tous les points. Elles se rapprochent sur quelques uns, divergent sur quelques autres ; et ce fut dans le but très louable de lever les doutes qui existaient encore sur les avantages de l'emploi du plâtre, sur l'opportunité de son application, que le ministère ouvrit une enquête sur la question considérée de la manière la plus générale.

Les réponses provoquées par cette enquête ont été rassemblées et résumées dans un rapport fait par M. Bosc à la Société royale et centrale d'agriculture. C'est une justice qu'il faut rendre à la sagacité de nos agronomes, les renseignements adressés au ministre ont été nets et précis ; ces renseignements émanent de tous les points de la France, et ils ont ce précieux avantage qu'une phrase de quelques lignes résume, dans certains cas, vingt à trente ans d'expérience. Cette enquête montre tout le parti qu'il est possible de tirer des lumières de nos praticiens. Mais il faut consentir à les consulter, car les agriculteurs qui cultivent beaucoup écrivent très peu, probablement par la raison qui fait que ceux qui ne cultivent jamais écrivent toujours (1).

Je vais me borner à dépouiller, en quelque sorte, le scrutin des juges appelés à se prononcer sur la valeur du plâtre, considéré dans ses applications à l'agriculture. Pour simplifier, on peut supposer les questions posées ainsi :

1° Le plâtre agit-il favorablement sur les prairies artificielles?

Sur quarante-trois opinions émises, il y en a eu quarante affirmatives, trois négatives.

2° Le plâtre agit-il favorablement sur les prairies artificielles, dont le sol est extrêmement humide?

(1) Je me plais à mentionner ici les agronomes qui ont répondu aux questions posées par l'administration; ce sont MM. Bons de Farges (Ain), Sarrazin (Aisne), Descombes des Morelles (Allier), Bermond de Vaux (Basses-Alpes), Farnand (Hautes-Alpes), de Bernardy, d'Ounous (Ardèche), de Neirac (Aveyron), de Brebisson (Calvados), Girard de Ville-Maison (Cher), Girod (Doubs), Degros (Drôme), de la Pasture, Assire (Eure), Lelong (Eure-et-Loir), de Lacour la Gardiole (Gard), Galy (Haute-Garonne), Grisony, de Colomé (Gers), Coste Fregeorgue, d'Hauteroche (Hérault), de Lorgeril (Ille-et-Vilaine), de Barbançois, Deschartres (Indre-et-Loire), Fuziers (Isère), Brune (Jura), Basquiot-Mugriet (Landes), de Guercheville (Loir-et-Cher), de Belzevrie (Loire), de Raignac (Lot-et-Garonne), Carbonet (Marne), Thomassin, Germain (Meurthe), Major (Meuse), Levasseur (Oise), de Maisons, de Beaujeu (Orne), Ducocq (Pas-de-Calais), de La Mothe (Basses-Pyrénées), Le Bel, de Bechelbronn (Bas-Rhin), Heilman, Beisser (Haut-Rhin), Febvre (Saône-et-Loire), Raoul de Germiny, Houdeville (Seine-Inférieure), de la Rochette (Seine-et-Marne), Hennin de Longuetoise (Seine-et-Oise), de Villeneuve (Tarn).

Non, à l'unanimité. Il y a eu dix opinions émises.

3° Le plâtre peut-il suppléer à l'engrais organique, à l'humus du sol ? En d'autres termes, un sol stérile peut-il porter une prairie artificielle par le seul fait du plâtrage?

Non, à l'unanimité. Il y a eu sept opinions émises.

4° Le plâtre augmente-t-il d'une manière perceptible la récolte des céréales?

Sur trente-deux opinions, il y en a eu trente négatives, et deux affirmatives.

Tout en faisant connaître leurs opinions, décidément favorables, lorsqu'il s'agit de prairies artificielles, les cultivateurs qui ont été consultés n'ont peut-être pas exprimé avec une exactitude suffisante le chiffre de la valeur de l'amélioration procurée par l'emploi du plâtre. Il manque aux résultats transmis à l'administration quelques unes de ces observations telles que la science agricole est en droit de les exiger. Heureusement cette lacune est comblée, en partie, par des expériences faites en France et en Angleterre, par M. de Villèle et M. Smith.

Le terrain sur lequel M. Smith a placé ses cultures était léger, avec un sous-sol de craie. L'épaisseur de la terre végétale avait un mètre à partir de la tête de la pièce; elle diminuait graduellement, et de telle manière qu'elle n'était plus que de huit centimètres à son extrémité. Toutes les dispositions furent prises pour que chaque couple de surface cultivée comparativement se trouvât dans des conditions aussi égales que possible. Voici le détail des observations :

Cultures comparées du sainfoin sur un sol plâtré et non plâtré, faites en 1792, 1793 *et* 1794 (1).

Numéros des expériences.	REMARQUES.	FANES sèches par hectare.	GRAINES par hectare	POIDS de la récolte totale.	RAPPORT des fanes au grain.
		kil.	kil.	kil.	
1	Récolte sur une terre végétale non plâtrée, un mètre de profondeur, sous-sol de craie.	3662	457	4119	100 : 12,5
	Récolte sur le sol contigu, ayant reçu 5h,38 de plâtre, en avril 1794.	5959	635	6594	100 : 10,7
	Différence en faveur de la récolte plâtrée.	2297	178	2475	
2	Récolte sur la même terre végétale non plâtrée, moins profonde	3018	268	3286	100 : 8,9
	Récolte sur le sol contigu, ayant reçu 5h,38 de plâtre, en avril 1792.	4780	414	5194	100 : 8,7
	Différence en faveur de la récolte plâtrée.	1762	146	1908	
3	Récolte sur la même terre végétale non plâtrée, huit centimètres de profondeur.	2256	72	2328	100 : 3,2
	Récolte sur le sol contigu, ayant reçu 5h,38 de plâtre, le 17 mai 1794.	5323	230	5553	100 : 4,3
	Différence en faveur de la récolte contiguë	3067	158	3225	
4	Récolte sur le sol contigu à l'expérience n°3, plâtré à la même dose, en mai 1792.	4702	224	4926	100 : 4,8
	Différence en faveur de la récolte plâtrée depuis deux ans.	2446	152	2598	

(1) Smith, *Annales de l'Agriculture française*, t. IV, p. 68, 1re série.

Les résultats obtenus démontrent combien le plâtre favorise la production du sainfoin. En moyenne, la récolte non plâtrée étant représentée par 100, la récolte par l'intervention du plâtre est devenue 231 ; elle a plus que doublé. L'influence du gypse s'est exercée également sur la production de la graine; si on représente par 100 le produit en semence de la récolte qui n'a pas reçu de plâtre, celui de la récolte plâtrée devient 192.

En comparant, dans les diverses expériences, le poids des fanes à celui de la graine, on observe des rapports très différents. M. Smith attribue cette différence à la profondeur de la terre végétale. Dans la première expérience, celle qui présente le rendement en graines le plus élevé, l'épaisseur du sol arable était de un mètre. Les autres cultures ont porté sur des parties où cette épaisseur était considérablement réduite.

Ainsi, on a :

1re expérience, produit en semences du sol plâtré .... 635 kl. par hectare, épaisseur 1m
2me........ 414........................ 0.5
3me....... 230......................... 0.1

En présence de ce fait curieux, M. Smith pense qu'il manque aux sols peu profonds quelque principe essentiel à la fructification, que le plâtre, malgré l'activité qu'il imprime à leur force productive, ne peut cependant leur procurer. Ces principes sont, suivant toute probabilité, les matières organiques naturellement plus abondantes dans la couche de terre arable qui est la plus profonde.

Les observations faites sur le trèfle blanc ont conduit M. Smith à des résultats tout aussi décisifs en faveur du gypse ; elles confirment d'ailleurs les assertions de la plupart des agriculteurs.

Le gypse fut appliqué, le 22 mai, à raison de 5,38 hectolitres par hectare. A cette époque, le trèfle se trouvait très pâle et semblait manquer de sève. Quinze jours après, les effets du gypse étaient évidents; bien qu'il n'eût pas tombé de pluie, le trèfle, en s'entrelaçant, forma bientôt un tissu assez épais pour se défendre de l'action du soleil qui brûla presque toutes les parties qui n'avaient pas été plâtrées.

Cultures comparées du trèfle blanc plâtré et non plâtré, par M. Smith.

EXPÉRIENCES.	FANES par hectare.	GRAINE par hectare.	POIDS total de la récolte	RAPPORT de la fane à la graine.
A. Plâtré . . .	2429 k.	347 k.	2776 k.	100 : 14,3
A. Non plâtré .	915	61	976	100 : 6,7
Différence .	1514	286	1800	
B. Plâtré . . .	2476	190	2686	100 : 7,6
B. Non plâtré .	545	67	1612	100 : 7,0
Différence .	951	123	1074	

La moyenne de ces deux expériences montre que la récolte de trèfle blanc non plâtré étant 100, celle de la sole gypsée est 225.

Les observations de M. de Villèle complètent en quelque sorte celles de M. Smith en les confirmant. Elles ont été recueillies dans le midi de la France, près de Caraman (Haute-Garonne), et M. de Villèle les a entreprises au point de vue de la pratique la plus généralement suivie, celle du fanage du trèfle et du sainfoin avant la grenaison. Les expériences ont été faites dans des sols assez différents par leur nature, et les doses de plâtre employé ont varié, pour une même surface de terrain, dans le rapport de 8 à 3.

Les résultats obtenus se trouvent réunis dans le tableau suivant (1).

Cultures comparées du sainfoin et du trèfle plâtré et non plâtré, faites par M. de Villèle.

NATURE de LA TERRE.	Numéros des expériences.	CULTURE.	Plâtre par hectare.	Récolte sèche sur prairie plâtrée, par hectare.]	Récolte sèche sur prairie non plâtrée, par hectare.	Excès de la récolte plâtrée sur la récolte non plâtrée.	Valeur en argent de l'excès de fourrage.	Valeur du plâtre employé.	Bénéfice résultant du plâtrage.
							f. c.	f. c.	f. c.
Légère, sèche, exposée au midi, 2 à 3 décim. de profondeur; sur craie.	1	Sainfoin.	800	3500	2200	1300	52 »	20 »	32 »
	2	Sainfoin.	300	4000	2000	2000	80 »	7 50	72 50
	3	Sainfoin.	600	3300	2100	1200	48 »	15 »	33 »
Forte, argileuse, humide; 5 d. de profondeur; sur glaise.	4	Trèfle .	500	5000	2500	2500	100 »	12 50	87 50
	5	Trèfle .	700	4000	2400	1600	64 »	17 50	46 50

(1) Villèle, *Feuille du Cultivateur*, t. VIII, p. 9, an VII.

C'est un fait si frappant que cette action d'un sel minéral excitant la végétation de certaines plantes au point de doubler ou de tripler le produit de leurs récoltes, qu'on a dû s'empresser d'en rechercher la cause. Aussi les explications n'ont pas manqué ; elles sont nombreuses, mais si peu satisfaisantes, que je ne me crois réellement pas obligé de les mentionner toutes. J'insisterai particulièrement sur les théories proposées successivement par H. Davy et par M. Liébig.

Davy admet tout simplement que les plantes des prairies artificielles absorbent le sulfate de chaux. Cet illustre chimiste dit positivement qu'il a trouvé de très fortes proportions de ce sel dans les cendres des végétaux qui se sont développés après avoir été plâtrés avec des cendres de tourbes riches en sulfate de chaux. Voici ses expressions : « Les cendres du sainfoin et du trèfle « m'ont fourni beaucoup de plâtre qui, probable- « ment, faisait partie de la fibre ligneuse de ces « plantes (1). »

Pour compléter la théorie de Davy, il est bon de faire remarquer que le gypse convient surtout aux plantes dont la croissance est extrêmement rapide, et qu'en son absence le tissu végétal trouverait difficilement dans le sol les matières salines qui sont indispensables à sa constitution. Ajoutons avec Chaptal que, s'il est vrai que

(1) Davy, *Chimie agricole*, t. II, p. 76.

les substances salines sont indispensables à l'organisation des plantes, il ne l'est pas moins, l'expérience le prouve, que ces substances ne peuvent être absorbées que dans certaines limites. Le sel le plus favorable par sa nature deviendra nuisible par sa proportion, si l'eau qui humecte la terre en contient une trop forte dose en dissolution. Ainsi la plante périra si le sel est en excès; elle languira si elle n'en reçoit pas assez. Considérons maintenant que les sels ne peuvent agir sur la végétation qu'autant qu'ils sont dissous, et l'on comprendra que ceux-là seuls qui sont peu solubles peuvent être d'une application avantageuse.

En effet, l'eau ne pouvant, quoi qu'il arrive, se charger que d'une quantité fort limitée de l'engrais salin, elle le portera dans la plante, dans une proportion constante, pour peu que le sol en contienne une dose suffisante. Tels sont, précisément, les avantages que paraît présenter le gypse. L'eau, pour s'en saturer, n'en prend que $\frac{1}{460}$. Si une partie de l'humidité du sol se dissipe par la sècheresse, il se précipitera du sulfate de chaux; mais l'eau restante, qui mouille encore la terre, qui abreuve les racines, n'en sera pas plus chargée; elle pénètrera dans la plante en portant constamment en dissolution ni plus ni moins que $\frac{1}{460}$ de plâtre (1). Si, à la place du sulfate de chaux,

(1) Chaptal, *Chimie appliquée à l'agriculture*, t. I, p. 165.

nous concevons un sel beaucoup plus soluble, du sulfate de soude par exemple, nous n'aurons plus la même sécurité. En supposant que l'eau, qui imbibe la terre, renferme $\frac{1}{460}$ de ce sel de soude, et que cette proportion produise un effet salutaire, il arriverait, dans le cas d'une sècheresse qui enlèverait au sol la moitié de son humidité, que la dissolution restante se trouverait amenée, par le fait de l'évaporation, à contenir $\frac{1}{230}$ de sulfate de soude, et il pourrait en résulter qu'à cette nouvelle dose le sel exerçât une action fâcheuse sur la culture.

Ainsi, dans l'hypothèse de Davy, corroborée des judicieuses remarques de Chaptal, le plâtre se comporterait à l'égard des plantes, comme se comportent, en général, les sels insolubles qui font ordinairement partie du sol ou des engrais, le phosphate et le carbonate de chaux ; sels qui sont portés dans les végétaux, à la faveur de l'acide carbonique qui se trouve dans l'eau qui humecte la terre et qui contribue à en faire entrer de faibles proportions en dissolution. Mais tandis que l'intensité de ces faibles dissolutions est exposée aux alternatives les plus variables par l'effet des vicissitudes atmosphériques, lorsque les traces de sels qu'elle renferme sont hors d'état de suffire aux besoins d'une végétation rapide et vigoureuse, comme l'est celle du trèfle et de la luzerne, la dissolution de sulfate de chaux, toujours concentrée au même degré, est, à toutes les époques, prête à fournir la substance minérale aux plantes, quelque prompte que soit leur croissance.

La théorie donnée par M. Liébig est des plus ingénieuses. M. Liébig admet avec M. de Saussure la présence du carbonate d'ammoniaque dans l'atmosphère, et, par suite, dans les eaux pluviales. Ce fait posé, et il semble bien établi, l'influence du plâtre résiderait dans la faculté qu'il possède de fixer l'infiniment petite quantité d'ammoniaque qui est introduite dans le sol par les eaux pluviales, s'opposant ainsi à la volatilisation qu'elle ne manquerait pas d'éprouver pendant la dessiccation du terrain. En effet, le carbonate d'ammoniaque dissous dans l'eau de pluie se trouvant en contact avec le sulfate de chaux, il doit s'opérer une double décomposition; dont le résultat est du carbonate de chaux et du sulfate d'ammoniaque qui est fixe. Ainsi, suivant M. Liébig, pour peu qu'il y ait d'ammoniaque dans la pluie, elle se fixera dans un terrain plâtré. J'examinerai plus loin si la réaction se passe rigoureusement de cette manière; mais en admettant même qu'il en soit ainsi, on peut se demander si la quantité d'ammoniaque condensée par ce moyen peut suffire pour procurer des effets de végétation aussi prononcés que ceux que l'on observe sur les cultures qui sont favorisées par le plâtre.

M. Liébig fait remarquer qu'un kilogramme de sulfate de chaux, une fois transformé en sulfate alcalin, introduira dans le sol une quantité d'ammoniaque équivalente à celle que pourraient y apporter 6,250 kilog. d'urine de cheval. En suivant ce raisonnement dans sa dernière conséquence, il est facile de prouver, en partant de la composition du foin, telle que je l'ai établie, que deux kilogrammes de plâtre, en fertilisant une prairie par cette voie, augmenteraient d'environ 100 kil. de fourrage sec le produit de la récolte.

Je crois d'abord qu'il est convenable de porter la question sur un autre terrain, parce qu'il est prouvé, comme nous l'avons vu, que le gypse n'améliore aucunement les prairies naturelles. Je puis affirmer de mon côté que sur les prés que nous cultivons, nous n'employons pas la moindre quantité de gypse, l'expérience ayant positivement démontré son inutilité dans cette circonstance. Mais on peut appliquer la supputation précédente aux prairies artificielles. Dans le cas le plus général, le trèfle éprouve de la part du plâtre une amélioration que personne ne conteste.

Nous récoltons en moyenne 5,000 kilogr. de trèfle sec par hectare fortement plâtré; ce produit s'accorde bien avec ceux qui sont donnés par les agriculteurs allemands. On admet communément que par le plâtrage la récolte est doublée. Il résulterait de cette supposition, qu'une surface d'un hectare qui n'aurait pas reçu de gypse ne rendrait plus que 2,500 kilog. de trèfle sec. Dans mon opinion, la réduction serait encore plus considérable. Le trèfle fané provenant de la plante fauchée en fleurs contient environ 2 pour 100 d'azote. Les 2,500 kilog. de fourrage gagnés par l'intervention du plâtre en renfermeront par conséquent 50 kil. équivalant à 61 kil. d'ammoniaque; on a 140 kil. de carbonate ammoniacal. Telle est, dans l'hypothèse que nous discutons, la quantité d'ammoniaque que le plâtre doit enlever aux eaux pluviales qui tombent sur un hectare pour devenir apte à fournir l'azote à la plus value de la récolte.

En Alsace, depuis le moment du plâtrage du trèfle, qui a lieu en avril, jusqu'à l'époque de la coupe, qui s'exécute en juillet, il tombe, d'après les observations de M. Herrenschneider, 24 centimètres d'eau, soit, sur la surface d'un hectare de trèfle, 2,400,000 kil. Si l'azote de la plus value de la récolte a réellement son origine dans la pluie, l'eau tombée doit contenir en poids environ 1/17000 de carbonate d'ammoniaque. Il est douteux qu'il existe dans les eaux pluviales une semblable proportion de sel ammoniacal, et cependant cette proportion devrait être bien plus forte encore, puisque nous avons supposé que la pluie pénétrait en totalité dans le sol. La vérité est qu'une grande partie de l'eau tombée n'imbibe pas la terre quand celle-ci est déjà suffisamment humide ; elle coule à la surface du terrain lorsqu'un temps pluvieux se maintient pendant plusieurs semaines. Au reste, il est impossible d'évaluer, même par une grossière approximation, la proportion de pluie qui pénètre dans le sol, et il est tout aussi difficile de se former une idée tant soit peu précise du rapport qui existe entre l'eau qui est absorbée par les plantes et celle qui s'évapore directement sans traverser leurs organes.

Mais en admettant même que ce soit réellement l'ammoniaque de la pluie qui, par l'intervention du plâtre, occasionne l'accroissement de récolte si considérable que l'on obtient alors sur les cultures de trèfle, de luzerne et de sainfoin, il resterait encore à expliquer pourquoi, les circonstances météorologiques restant égales, les mêmes effets, ou tout au moins des effets proportionnels, ne se produisent pas sur les prairies naturelles couvertes de graminées, sur les plantes sarclées ou sur le froment. Enfin, l'objection la plus grave qu'on puisse présenter à cette théorie, se fonde sur ce fait parfaitement constaté, que le plâtre n'exerce une action véritablement utile sur les prairies artificielles, qu'autant que le terrain sur lequel on l'applique contient une proportion convenable d'engrais organique azoté. Dans un sol médiocrement fumé, le gypse, tout le monde le sait, n'apporte aucune amélioration sensible, et comme l'a dit un des hommes que sa longue expérience place à la tête de la pratique agricole : c'est perdre ses peines et ses frais que de plâtrer des fonds maigres et appauvris (1). Il semble cependant que, si le plâtre fixe réellement du sulfate d'ammoniaque dans la terre par suite de son action sur les eaux pluviales, le sel ammoniacal une fois introduit dans le sol devrait agir indépendamment et sans le concours d'un autre engrais. Il agit réellement ainsi, isolément, pour son compte, quand il existe. C'est ainsi, par exemple, que M. Schattenmann a démontré, sur une culture de 30 hectares de prairies naturelles, l'effet utile du sulfate d'ammoniaque appliqué directement. On le voit, si la théorie que je discute est vraie, la plupart des observations pratiques sont nécessairement inexactes.

J'ai donné les raisons qui, dans mon opinion, ne permettent guère d'adopter cette dernière conclusion. Néanmoins, afin de mieux baser ma conviction, j'ai cru devoir ajouter quelques observations aux observations nombreuses que l'on possédait déjà. J'ai entrepris en conséquence une série d'expériences dans le but d'étudier, en

(1) Crud, *Economie théorique et pratique de l'Agriculture*, t. I, p. 318.

dehors de toute idée hypothétique, l'action du plâtre sur les plantes sarclées et sur les céréales.

Ces expériences ont été faites sur des terrains présentant pour chaque culture une surface d'environ 4 ares. Toutes les précautions ont été prises pour rendre les observations comparables. Ainsi le terrain, pour chaque culture séparée, était partagé en trois zones contiguës égales : la première zone A a toujours reçu du plâtre à raison de 4 hectolitres par hectare. La seconde zone B, et la troisième zone C, n'étaient pas plâtrées. Chaque zone a été ensemencée avec des quantités égales de grain, ou repiquées avec un même nombre de plantes sarclées. A et C étaient les surfaces dont je me proposais de comparer les produits, et la zone intermédiaire B se trouvait un terrain neutre, placé uniquement pour ne pas laisser en contact immédiat la surface plâtrée avec celle qui ne l'était pas. Dans les recherches que l'on entreprend pour examiner l'effet des engrais, on doit toujours adopter une semblable disposition.

En 1842, j'ai essayé l'action du plâtre sur le froment venu dans trois conditions différentes de soles : 1° sur une sole de trèfle retourné ; 2° sur une ancienne sole de betteraves ; 3° sur une ancienne sole de pommes de terre.

Le plâtre a été répandu le 19 mai ; à cette époque les champs de blé présentaient une assez belle apparence. La récolte a eu lieu du 21 au 26 juillet.

Voici les résultats obtenus, rapportés à une surface de 4 ares.

DÉSIGNATION DES SOLES.	POIDS DES GERBES récoltées sur la surface		
	A. Plâtrée.	C. Non plât.	B. Non plât.
	kil.	kil.	kil.
Froment sur sole de trèfle. . . .	145	147	149
Froment sur sole de betteraves. .	89	80	72
Froment sur pommes de terre . .	107	112	120
Moyenne des trois résultats . . .	113,7	113	113,7

L'année 1842 ayant été, à cause d'une longue sècheresse, défavorable au froment, ces observations demandaient à être répétées. Elles l'ont été en 1843, et il faut avouer qu'on trouvera rarement l'occasion d'expérimenter dans des conditions météorologiques aussi avantageuses à la culture des céréales.

Les résultats se rapportent à des surfaces de 3 ares. Les zones plâtrées avaient reçu 33 kilog. de sulfate de chaux.

ANNÉE 1843.	GERBES.	GRAINS.	PAILLE, BALLE ET DÉCHET.
	kilog.	kilog	kilog.
Seigle plâtré	235	62,6	172,4
Seigle non plâtré . .	215	57,8	157,2
Froment plâtré . . .	210,5	67,2	143,3
Froment non plâtré .	231,7	70,6	161,1
Froment non plâtré .	206,2	65,1	141,1
Avoine plâtrée. . . .	150	51	99
Avoine non plâtrée. .	167,6	51,5	116,1

Il ressort de ces expériences que le plâtre ne produit réellement aucun effet appréciable sur les cultures de froment, d'avoine et de seigle, résultats qui s'accordent avec ceux que j'ai déjà rapportés.

Plâtrage des betteraves champêtres en première sole fumée en 1842.

Les plants avaient été repiqués et arrosés. On a mis le plâtre à l'époque du buttage ; les pluies ont été fréquentes, et, peu de temps après avoir été déposé, le plâtre est entré dans le terrain. La récolte a eu lieu le 8 octobre, trois mois après le plâtrage.

Voici le produit obtenu sur des surfaces de 2 ares 44.

La sole plâtrée a donné . . .	690	kil. de racines.
La sole non plâtrée	650	

L'action du plâtre a donc été nulle, car la différence en faveur de la sole plâtrée est si minime, qu'on ne saurait raisonnablement l'assigner au plâtrage. En effet, rapportant à la surface d'un hectare, on aurait :

Pour la sole plâtrée, un rendement de	283	quintaux.
Pour la sole non plâtrée	268	

Or, sur des soles de la culture ordinaire qui n'avaient pas reçu de plâtre, nous avons obtenu, cette même année, 284 quintaux de betteraves par hectare.

Cette action du plâtre, limitée à certaines cultures, ne porte pas à admettre que ce sel agisse en condensant dans le sol l'ammoniaque des eaux pluviales; car il paraît tout naturel que si cette amélioration dépendait de l'intervention d'un sel ammoniacal, elle se manifesterait d'une manière générale. La théorie de Davy paraît donc plus plausible; il convient, par conséquent, de la discuter. Si réellement les cendres de trèfles qui ont crû sous l'influence du sulfate de chaux contiennent, comme l'affirmait l'illustre chimiste anglais, une forte proportion de ce sel, l'action du plâtre devient très facile à concevoir. La discussion doit donc reposer sur la composition des cendres.

J'ai analysé les cendres du trèfle récolté à Bechelbronn avant et après le plâtrage. Je présenterai ici les résultats obtenus en 1841, année remarquable par l'abondance de la récolte, et ceux de 1842, où les produits récoltés furent peu satisfaisants. Je donne d'abord les résultats analytiques tels qu'ils ont été enregistrés, et ensuite je les présente, abstraction faite de l'acide carbonique et du charbon qui étaient restés dans les cendres examinées. Il s'agit de connaître en définitive les substances inorganiques contenues dans la plante récoltée. Or, l'acide carbonique est évidemment un produit de l'incinération, dont la proportion dans la cendre varie d'ailleurs avec la température plus ou moins élevée à laquelle a eu lieu la combustion.

	RÉCOLTE EXTRAORDINAIRE DE 1841.		RÉCOLTE PEU FAVORABLE DE 1842.	
	CENDRES DE TRÈFLE		CENDRES DE TRÈFLE	
	Non plâtré.	Plâtré.	Non plâtré.	Plâtré.
Acide carbonique	14,2	22,1	21,5	26,8
Chlore.	3,4	2,9	2,5	2,2
Acide phosphorique . . .	8,0	6,9	5,4	5,8
Acide sulfurique.	3,2	2,6	2,4	2,3
Chaux	23,7	22,4	25,4	26,7
Magnésie.	6,3	5,1	5,6	7,4
Oxyde de fer, manganèse, alumine.	1,0	0,6	0,5	traces.
Potasse.	19,6	27,8	22,5	25,3
Soude.	1,0	0,7	2,2	0,2
Silice	16,8	7,9	10,0	2,7
Perte et charbon	2,8	1,0	2,0	0,6
	100,0	100,0	100,0	100,0
ABSTRACTION FAITE DE L'ACIDE CARBONIQUE ET DE LA PERTE :				
Chlore.	4,1	3,8	3,2	3,0
Acide phosphorique . . .	9,7	9,0	7,1	8,2
Acide sulfurique.	3,9	3,4	3,1	3,2
Chaux.	28,5	29,4	33,2	36,7
Magnésie.	7,6	6,7	7,3	10,2
Oxyde de fer, manganèse, alumine.	1,2	1,0	0,6	traces.
Potasse	23,6	35,4	29,4	34,7
Soude.	1,2	0,9	2,9	0,3
Silice	20,2	10,4	13,1	3,7
	100,0	100,0	100,0	100,0

L'analyse ne dit pas comment sont combinées dans la plante les substances qu'elle dose; mais en supposant, ce que rien ne prouve d'ailleurs, que la totalité de l'acide sulfurique s'y trouve à l'état de sulfate de chaux, les résultats précédents peuvent s'exprimer ainsi :

Les cendres de trèfle, avant le plâtrage, contiennent, pour 100 : 6,0 de sulfate de chaux ;

Après le plâtrage : 5,7 id.

Comme il est impossible de répondre d'une différence de 3 millièmes dans ce genre de recherches, on doit admettre, dans les deux cendres, la même proportion de sulfate calcaire.

Au reste, ici comme dans toutes les questions agricoles, les analyses isolées jettent très peu de lumière ; pour qu'elles puissent conduire à une solution, il faut introduire dans la discussion deux nouveaux éléments : 1° la proportion de cendre fournie par un poids donné du fourrage récolté ; 2° la quantité de fourrage donnée par une surface déterminée de terrain, avant et après le plâtrage. J'ai admis, d'après mes observations, que les deux coupes de trèfle plâtré donnent, année moyenne, 5,000 kil. de fourrage fané par hectare.

La même surface, fauchée avant le plâtrage et dans la même année où le trèfle a été intercalé à la céréale, en produirait 1,100 kilog.

100 de trèfle fané ont donné :

		Cendres.	Cendre privée d'acide carbonique, pour 100.	Par hectare.
Trèfle non plâtré,	1841	12,0	10,3	113 kil.
Id.	1842	11,2	8,8	97
Trèfle plâtré,	1841	7,0	5,4	270
Id.	1842	7,7	5,6	280

Substances minérales contenues dans le trèfle récolté sur un hectare.

	Chlore.	Acide phosphorique.	Acide sulfurique.	Chaux.	Magnésie.	Oxyde de fer, mangan., alum.	Potasse.	Soude.	Silice.	Cendres privées d'acide carbon.
Année 1841.	kil.	kil.	kil.	kil.	kil.	kil.	kil.	kil.	kil.	kil.
Sole non plâtrée.	4,6	11,0	4,4	32,2	8,6	1,4	26,7	1,4	22,7	113
Sole plâtrée. . .	10,3	24,2	9,2	79,4	18,1	2,7	95,6	2,4	28,1	270
Année 1842.										
Sole non plâtrée.	3,0	7.0	3,0	32,2	7,1	0,6	28,6	2,8	12,7	97
Sole plâtrée . . .	8,4	22,9	9,0	102,8	28,5 (1)	»	97,2	0,8	10,4 (2)	280

On voit que durant les trois mois qui ont suivi le plâtrage, le sol a dû fournir à la plante des doses considérables de substances minérales. Dans les récoltes plâtrées, ces substances sont doubles

(1) Avec la magnésie se trouvent les oxydes métalliques et l'alumine.

(2) Il y a eu probablement une erreur légère dans le dosage de la silice et de la soude. Il ne faut point oublier d'ailleurs qu'avec la silice combinée se trouve la silice *accidentelle* provenant du sable qui reste adhérent aux plantes brûlées.

ou triples de ce qu'elles étaient à l'époque du plâtrage. Représentant, par exemple, par l'unité la quantité de chaque base et de chaque acide de la récolte qui n'a pas reçu de gypse, on a, pour la quantité des mêmes principes dans les récoltes plâtrées, les nombres suivants :

	Chlore.	Acides phosphorique.	Acides sulfurique.	Chaux.	Magnésie et oxyde métall.	Potasse et soude.	Silice.
1841	2,2	2,2	2,1	2,5	2,1	3,5	1
1842	2,8	3,3	3,1	3,1	3,7	3,2	1

La silice paraît seule faire exception ; il semblerait que cette terre n'est absorbée que pendant la jeunesse de la plante. La potasse, la chaux, sont les bases qui entrent pour une très forte proportion dans la constitution minérale du trèfle, et un fait qui mérite toute notre attention, c'est que la chaux qui a été assimilée depuis le plâtrage ne répond aucunement à l'acide sulfurique qui a été fixé pendant le même espace de temps. L'excès d'acide et de chaux que présentent les cendres du trèfle non plâtré sur celles du trèfle qui ne l'a pas été est pour :

1841, acide sulfurique : 4,8 ; chaux : 47,2
1842, id. 6,0 ; id. 70,6

En supposant encore que l'acide sulfurique assimilé depuis le plâtrage soit intervenu à l'état de sulfate de chaux, on trouve que :

En 1841, la récolte plâtrée aurait absorbé 8 k,2 de ce sulfate.
1842 id. 10k,2 id.

Ces quantités sont si minimes qu'elles sont de nature à faire supposer que l'utilité du plâtrage consiste à fournir à la plante la forte proportion de chaux qu'elle paraît exiger. Le plâtrage équivaudrait alors au chaulage; et en effet, au rapport de Schwertz, en Flandre on remplace le plâtre par la chaux éteinte, par les cendres de bois lessivées, par les cendres de tourbe, et cela avec un avantage décidé (1). Il est des cendres de tourbe qui contiennent du sulfate de chaux; il en est aussi qui n'en renferment pas. Dans celles que nous employons dans notre culture avec un succès incontestable, l'acide sulfurique y est probablement engagé à l'état de sulfate alcalin.

La cendre de bois, qui est certainement l'amendement le plus favorable au développement des prairies artificielles, peut contenir en moyenne 1 pour 100 d'acide sulfurique, et quand elle a été lessivée, cette faible quantité doit être bien moindre encore; elle serait nulle si le lessivage était parfait, et dans tous les cas il n'y a pas là de sulfate de chaux pour retenir l'ammoniaque des eaux pluviales. Indépendamment des phosphates terreux qui sont utiles à toutes les plantes, les cendres lessivées renferment souvent plus de 80 pour 100 de carbonate de chaux. On voit donc qu'en

(1) Schwertz, *Culture des plantes fourragères*, p. 72.

général les amendements qui surexcitent la végétation du trèfle possèdent constamment l'élément calcaire, soit à l'état de sulfate, soit à l'état de carbonate, et c'est ce même élément qui se montre abondant dans les récoltes, uni à des acides organiques, et dépouillé par conséquent de la presque totalité de l'acide inorganique avec lequel il était engagé au moment où il a été incorporé dans le sol. Dans la supposition assez vraisemblable où le plâtre agit comme le carbonate calcaire, il faut concevoir qu'une fois en présence des engrais indispensables, le sulfate de chaux se décompose, et que le résultat de cette décomposition est du carbonate de chaux dans un grand état de division, et par cette raison même facilement absorbable. C'est ainsi seulement que je comprends l'élimination de l'acide sulfurique du plâtre, car si la chaux pénétrait réellement dans le végétal à l'état de sulfate, les cendres devraient être infiniment plus riches en acide sulfurique que ne l'indique l'analyse. Cette même difficulté se reproduit encore dans l'hypothèse de M. Liébig. Si les 61 kil. d'ammoniaque prélevés sur l'atmosphère pénétraient dans la plante sous forme de sulfate, il entrerait en même temps 142 kil. d'acide sulfurique qui devraient aussi se retrouver dans les cendres d'une récolte faite sur un hectare. Or, les cendres, l'acide carbonique déduit, que laissent 5,000 kilog.

de trèfle plâtré, pèsent 275 kil., contenant, sur 100, 3 1/3 d'acide sulfurique. Cette quantité de cendre, si l'acide du sulfate d'ammoniaque pouvait se fixer dans la récolte, s'élèverait à 417 kil., et la cendre renfermerait alors 70 d'acide sulfurique sur 100.

Avant de formuler cette dernière objection contre les théories admises, j'ai dû nécessairement examiner si les cendres contiennent, à l'état de sulfate, la totalité du soufre préexistant dans la plante incinérée. Car il n'était pas impossible qu'à la température à laquelle s'opère l'incinération, la silice réagît sur les sulfates de manière à expulser une partie de l'acide sulfurique. Bien qu'il fût présumable que cette expulsion n'avait point lieu en présence du grand excès de potasse que les cendres de trèfle contiennent toujours, j'ai cru devoir lever tous les doutes à cet égard.

Après avoir déterminé, aussi exactement que possible, la quantité de cendre laissée par la plante fanée, et en avoir dosé l'acide sulfurique, j'ai pris un poids connu du même foin que j'ai brûlé dans un vase de platine, à l'aide d'un mélange de chlorate et de carbonate de potasse. J'ai alors recherché l'acide sulfurique dans le produit de cette combustion.

1000 parties de plantes ont donné directement 3 d'acide sulfurique, et par l'analyse des cendres, 2,8.

Ainsi, des cendres alcalines retiennent tout le soufre qui préexistait dans la plante qui les a fournies.

Si j'ai insisté sur la faible proportion d'acide sulfurique contenue dans une récolte de trèfle, c'est que je dois encore examiner une troisième théorie du plâtrage que j'ai contribué à propager. Il me serait difficile, toutefois, d'en indiquer l'auteur avec certitude. Au reste, cette théorie se déduit naturellement d'une opinion très répandue, qui admet dans les légumineuses une proportion de soufre beaucoup plus forte que dans les céréales. Or, comme on croit avoir remarqué que le plâtre convient généralement aux cultures dans lesquelles il entre des légumineuses, on se trouvait en quelque sorte autorisé à voir l'origine du soufre dans le sulfate de chaux donné au terrain. Nous étions d'autant plus disposés, M. Dumas et moi, à adopter cette explication du plâtrage, qu'elle rentrait dans les idées qui attribuent aux plantes le rôle de réducteurs. Il est d'ailleurs très vraisemblable que le soufre qui entre dans la constitution des principes immédiats des végétaux dérive des sulfates ; mais les légumineuses renferment-elles réellement plus de soufre que les céréales ? Il est permis d'en douter, aujourd'hui qu'une étude attentive des principes azotés des plantes a montré presque une identité de composition pour le gluten, la caséine, la légumine, etc. Je trouve, en effet, en examinant les analyses de cendres que j'ai exécutées dernièrement, que le trèfle, les haricots, les fèves, ne contiennent pas sensiblement plus de soufre que le seigle, le froment, l'avoine et la pomme de terre. Il semble donc hors de doute que le soufre que les plantes exigent, elles le rencontrent surabondamment dans les terrains amendés avec les engrais ordinaires, comme cela a lieu dans la culture des céréales, des racines et des tubercules.

En résumé, on voit qu'il est à présumer que le plâtre agit utilement sur les prairies artificielles, en portant de la chaux dans le sol ; c'est là du moins l'opinion qui s'accorde le mieux avec les faits agricoles et les résultats de l'analyse des cendres des récoltes ; je puis même ajouter avec l'analyse des terres arables, car il ressort d'une suite de recherches faites par M. Rigaud de l'Isle, que le plâtre n'a d'action que sur les sols qui ne contiennent pas une dose suffisante de chaux à l'état de carbonate (1).

Des sels ammoniacaux.

Les derniers produits de la putréfaction des matières azotées étant des combinaisons ammo-

(1) Rigaud de l'Isle, *Mémoires de la Société d'agriculture*, année 1824.

niacales, il est de la dernière évidence que les sels à base d'ammoniaque agissent utilement dans la végétation. C'est ce que confirment d'ailleurs l'emploi du guano et toutes les expériences dans lesquelles les composés ammoniacaux ont été appliqués directement comme engrais. J'ai eu l'occasion de citer les observations de Davy, qui établissent l'action favorable exercée par le carbonate d'ammoniaque sur le développement des plantes ; je rapporterai maintenant les essais qui ont été faits tout récemment par M. Schattenmann, pour étudier les effets du sulfate et du chlorhydrate de la même base.

Ces sels ont été introduits dans le sol, en dissolution, marquant un degré à l'aréomètre de Baumé, et à la dose de 100 hectolitres par hectare. En 1843, les effets produits sur le froment par le chlorhydrate et le sulfate d'ammoniaque ont été des plus prononcés ; il en a été de même sur les prairies naturelles qui ont rendu, sous l'influence de cet engrais liquide, jusqu'à 10,000 kilog. de foin par hectare, précisément le double du rendement des mêmes prairies qui n'avaient pas reçu de sels ammoniacaux ; mais un fait bien digne de remarque et que M. Schattenmann annonce avec confiance, parce qu'il l'a constaté par des essais réitérés, c'est que la dissolution de sulfate d'ammoniaque, employée à la même dose, au même degré de concentration, n'a occasionné absolument aucune amélioration appréciable sur le trèfle et sur la luzerne. La dissolution de chlorhydrate a présenté un résultat tout aussi négatif.

Ces observations agricoles s'accordent sur plusieurs points avec celles qui ont été faites anciennement par Rigaud de l'Isle, et plus récemment par M. Lecoq. Mais elles sont en opposition formelle avec les expériences de plusieurs physiologistes qui ont étudié l'action des sels ammoniacaux offerts isolément aux végétaux ; circonstance bien différente de celle où les dissolutions ammoniacales sont incorporées dans la terre arable. Ainsi, M. Bouchardat (1) a reconnu que des jeunes plants de *mentha aquatica* et *sylvestris*, de *mimosa pudica*, meurent très promptement quand ils végètent, les racines plongées dans de très faibles solutions de chlorhydrate, de nitrate et de sulfate d'ammoniaque. En présentant, il y a déjà quelques années, diverses considérations sur le guano, j'ai émis l'opinion que les sels ammoniacaux, pour agir comme engrais azotés, doivent toujours renfermer des acides organiques ou de l'acide carbonique. Peut-être convient-il aujourd'hui de réduire la catégorie des sels utiles au seul carbonate. Du moins, ayant arrosé des jeunes plants de trèfle, venus dans du sable siliceux, avec une dis-

(1) Bouchardat, *Comptes rendus de l'Académie des Sciences*, t. XVI.

solution d'oxalate d'ammoniaque à 1/600, je les ai vus mourir dans les huit à dix jours qui ont suivi la première irrigation. Des plants du même âge, semés dans les mêmes conditions et qui étaient arrosés avec de l'eau distillée, continuèrent à croître et donnèrent des fleurs.

En traitant du plâtrage, j'ai exposé les raisons qui, selon moi, s'opposent à admettre que l'azote fixé pendant la culture du trèfle provient du sulfate, du chlorhydrate d'ammoniaque, qui auraient été absorbés en nature. Je dois insister de nouveau sur l'objection que j'ai soulevée à cette occasion, afin de mieux faire comprendre qu'il est matériellement impossible que les sels ammoniacaux à acides inorganiques autres que l'acide carbonique soient utiles aux plantes comme engrais, quand ils sont donnés isolément, et que leur emploi n'est réellement avantageux qu'alors qu'ils ont modifié leur composition.

100 kil. de gerbes de blé (paille et grain), renferment ordinairement 800 grammes d'azote, et laissent, quand on les brûle:

4225 grammes de cendres.

dans lesquelles il entre:

42 grammes d'acide sulfurique.
22 grammes de chlore.

On sait que dans les sels ammoniacaux:

100 d'azote répondent à 283 d'acide sulfurique.
— 257 de chlore.

Considérons maintenant le sulfate d'ammoniaque qui, dans les expériences de M. Schattenmann, s'est comporté, dans la culture du blé, comme un excellent engrais. Si les 800 grammes d'azote contenus dans les 100 kilogrammes de gerbes dérivent du sulfate absorbé par la céréale, on doit retrouver dans leurs cendres l'acide sulfurique de ce sulfate ; et par les rapports établis ci-dessus, ces cendres devront contenir 2,264 grammes d'acide sulfurique. L'analyse a indiqué qu'elles en contiennent seulement 42 grammes.

Appliquant le même raisonnement au chlorhydrate d'ammoniaque, on trouve que, dans le cas où l'azote de 100 kil. de gerbes proviendrait de ce sel, les cendres devraient renfermer 2,056 gram. de chlore. Elles en renferment réellement 22 gram.

Sans doute, les principes azotés de la céréale n'ont pas eu, dans les cultures de M. Schattenmann, uniquement les sels ammoniacaux pour origine. Les engrais dont le sol était pourvu, l'atmosphère ont dû fournir leur contingent; aussi l'appréciation de l'influence utile des sels à base d'ammoniaque devient-elle plus rigoureuse quand on discute les résultats obtenus sur les prairies. Là le produit a été doublé, et sur 100 kil. de foin récolté, 50 kil. peuvent être attribués à l'action du sel employé.

100 kilog. de foin, dans lesquels il entre 1500 grammes d'azote, laissent 6500 grammes de cendres.

Si la moitié (750 grammes) de l'azote du fourrage est arrivée avec les sels ammoniacaux, les cendres contiendront.

2122 gram. d'acide sulfurique, si on a fait usage du sulfate.
1928 gram., si la terre a reçu du chlorhydrate.

Or, par l'analyse, on trouve dans les cendres de foin :

169 grammes d'acide sulfurique.
162 grammes de chlore.

Il est donc très vraisemblable que si les sels ammoniacaux portent de l'azote dans les plantes, ils n'y pénètrent pas à l'état de chlorhydrate, de sulfate ou de phosphate, car on n'a absolument aucune raison de supposer que les acides unis à l'alcali sont éliminés presque en totalité pendant l'acte de la végétation. Il faut donc de toute nécessité que l'ammoniaque de ces sels, pour céder aux végétaux l'azote qui entre dans sa constitution, arrive dans leurs organes sous la forme de carbonate, d'autant plus que ce carbonate est le seul sel ammoniacal qui paraît agir directement et favorablement sur les plantes.

Cependant, s'il en est réellement ainsi, comment se fait-il que des sels d'ammoniaque, comme le chlorhydrate, le phosphate et le sulfate, passent à l'état de carbonate une fois qu'ils sont incorporés dans le sol ? La bonne terre arable renferme presque toujours, il est vrai, du carbonate calcaire, mais nous n'avons pas de motifs pour admettre que ce calcaire échange son acide avec les sels ammoniacaux. On sait, au contraire, que le carbonate d'ammoniaque réagit instantanément sur le chlorhydrate et le sulfate de chaux, et que les produits de cette réaction sont, d'une part, du chlorhydrate et du sulfate d'ammoniaque, et, de l'autre, du carbonate calcaire. La théorie du plâtrage imaginée par M. Liébig repose même sur le fait de cette double décomposition, par laquelle le carbonate ammoniacal des eaux de pluie se trouve fixé à l'état de sulfate, aux dépens du sulfate de chaux qui a *été donné* au sol comme amendement.

Cette réaction du sulfate de chaux sur le carbonate d'ammoniaque est incontestable, c'est bien là ce qui se passe dans nos laboratoires; mais dans les champs, quand la terre bien ameublie contient juste la dose d'humidité nécessaire à toute bonne culture, la réaction entre les deux sels a encore lieu, mais elle a lieu en sens inverse. Alors c'est le carbonate de chaux qui réagit sur le sulfate d'ammoniaque, pour former du carbonate d'ammoniaque et du sulfate de chaux.

Ce résultat, tout singulier qu'il paraisse au

premier énoncé, aurait cependant pu être prévu si l'on se fût rappelé les principes que Bertholet a posés dans sa statique chimique.

Quand on mêle deux dissolutions salines, et que de ce mélange il peut en résulter un sel insoluble, le composé insoluble se forme et se précipite. C'est ce qui arrive en versant une dissolution de carbonate d'ammoniaque dans une dissolution de sulfate de chaux. Maintenant si, au lieu de mettre en présence les deux sels dissous, on les mêle à l'état pulvérulent, en ajoutant la quantité d'eau strictement nécessaire pour favoriser la réaction sans en dissoudre les produits; comme, au sein d'un semblable mélange, il peut se former un composé volatil, ce composé se forme et se dégage : c'est le carbonate d'ammoniaque.

L'expérience probante est facile à faire et n'est pas sans intérêt : que l'on mêle intimement ensemble de la craie préalablement lavée et du sulfate d'ammoniaque crystallisé; si les deux poudres sont bien sèches, on n'apercevra aucune réaction. Que l'on introduise alors du sable mouillé, de manière à donner au mélange la consistance d'une terre arable meuble et suffisamment humide; à l'instant même il se développera des vapeurs de carbonate d'ammoniaque, reconnaissables à leur action sur les couleurs végétales et à leur odeur. Si l'on ajoute de l'eau en excès, si, par exemple, on délaye la matière, les vapeurs ammoniacales cessent aussitôt. Le carbonate d'ammoniaque, qui n'était pas encore volatilisé, se dissout et agit sur le sulfate de chaux déjà formé pour reconstituer du sulfate d'ammoniaque et du carbonate de chaux. Tout rentre alors dans la réaction ordinaire. Enfin, ce mélange trop aqueux étant exposé à l'air donne, de nouveau, des vapeurs ammoniacales au fur et à mesure que l'eau se vaporise, et le dégagement du sel volatil continue jusqu'à ce que la masse soit complètement desséchée. En entretenant un semblable mélange dans un état convenable et constant d'humidité, on peut en deux ou trois jours, sous l'influence d'une température de 20 à 26°, faire dissiper la plus grande partie de l'ammoniaque du sulfate, et l'on obtient une quantité de sulfate de chaux qui donne la mesure du progrès de la réaction.

Il est presque inutile d'ajouter que le sulfate de chaux, placé dans des conditions d'humidité égales à celles où nous avons placé la craie, n'éprouve aucune action de la part du carbonate d'ammoniaque. Ainsi, dans les circonstances ordinaires d'humidité où se trouvent les sols cultivés, il est au moins douteux que le plâtre qu'ils reçoivent retienne définitivement l'ammoniaque des eaux pluviales à l'état de sulfate.

Pour doser le sulfate de chaux produit dans la

réaction qui se passe entre le sulfate d'ammoniaque et le carbonate de chaux, on traite par l'eau froide le mélange après qu'il a été entièrement desséché à l'air. La chaux du sulfate dissous est ensuite précipitée par l'oxalate d'ammoniaque et dosée à l'état de carbonate.

Pour constater la présence du sulfate d'ammoniaque, on peut faire digérer le mélange dans de l'alcool faible qui dissout ce sel sans prendre de sulfate de chaux.

Le chlorhydrate, le phosphate et l'oxalate d'ammoniaque se comportent comme le sulfate. Le carbonate calcaire les décompose dans les mêmes circonstances et en donnant lieu à des produits équivalents (1).

(1) 1° Un gramme de sulfate d'ammoniaque crystallisé, incorporé à cinq ou six fois son poids de craie, a donné, après deux jours d'exposition du mélange humide à l'air libre, 0gr,80 de sulfate de chaux. Dans une autre expérience, on a obtenu, de 1,015 de sulfate d'ammoniaque, 0gr,85 de sulfate calcaire. Or, d'après les proportions du sel ammoniacal, on aurait dû obtenir 0gr,91 et 0gr,93 de sulfate de chaux. Ainsi, les 9/10 environ de l'ammoniaque contenue dans le sulfate soumis à l'expérience avaient été transformés en carbonate.

2° 1gr,5 de sulfate d'ammoniaque a été mélangé avec 8 gram. de craie et 60 à 70 gram. de sable siliceux. Le mélange a été entretenu humide et exposé à l'air pendant quatre jours, la température étant de 20 à 26°. La matière, après avoir été desséchée par l'action de l'air, a été mise à digérer dans de l'alcool faible; la liqueur alcoolique, évaporée, n'a donné qu'une trace insignifiante de sulfate ammoniacal. On a eu environ 1gr,2 de sulfate de chaux.

3° Un moyen très simple de constater la réaction qui nous occupe, consiste à plonger un morceau de craie dans une dissolution de sulfate d'ammoniaque; ce morceau de craie ainsi imbibé étant

Les faits qui viennent d'être exposés permettent peut-être de concilier les résultats contradictoires obtenus dans l'application des sels ammoniacaux comme engrais. Quand on présente aux plantes du chlorohydrate, du phosphate ou du sulfate d'ammoniaque, ces sels ne produisent aucun effet utile: ils sont absorbés en quantité limitée, comme la plupart des substances solubles. Mais si, au lieu de les administrer isolément, dissous dans l'eau, comme on le fait dans les expériences de physiologie, on les incorpore dans un sol meuble et

exposé à l'air, émet pendant plusieurs jours des vapeurs de carbonate d'ammoniaque. Plusieurs fragments de craie mouillés avec la dissolution de sulfate et exposés, au moyen d'un aspirateur, à un courant d'air continu qui se lavait ensuite dans de l'acide chlorhydrique, ont laissé dégager assez de vapeurs ammoniacales pour former dans la liqueur acide près d'un gramme de sel ammoniac.

4° Dans du sable siliceux légèrement humecté, on a incorporé 2 grammes de plâtre, puis le mélange, arrosé avec une dissolution renfermant 2 grammes de carbonate d'ammoniaque, est resté à l'air pendant huit jours, ayant toujours la consistance et l'humidité propres à une terre arable. Au bout de ce temps, on a laissé dessécher, puis on a traité le mélange par l'alcool faible : la liqueur alcoolique, évaporée, n'a pas laissé de sulfate d'ammoniaque.

5° Du phosphate d'ammoniaque, mêlé à de la craie, et le mélange entretenu humide pendant quelques jours, s'est comporté comme le sulfate placé dans les mêmes circonstances; les 9/10 du phosphate ammoniacal ont été transformés en phosphate de chaux.

6° La réaction de l'oxalate d'ammoniaque sur la craie se manifeste alors même que le mélange est très aqueux; ce qui s'explique, au reste, par l'affinité puissante de l'acide oxalique pour la chaux. La totalité de l'oxalate alcalin est promptement changée en oxalate calcaire et en carbonate d'ammoniaque.

humide, ces mêmes sels réagissent sur le calcaire que contient presque toujours la terre arable, et se transforment en carbonate d'ammoniaque, dont il serait difficile de nier l'heureuse influence sur la végétation. Ces mêmes faits font présumer que le chaulage, le marnage, n'ont pas uniquement pour objet de fournir aux cultures l'élément calcaire qui leur manque, mais qu'ils agissent encore en apportant un principe, le carbonate de chaux, qui exerce une action toute particulière sur les engrais, en changeant, par voie de double décomposition, les sels ammoniacaux qui y sont contenus, et qui ne s'assimilent pas, en carbonate assimilable, qui porte dans la plante l'azote de la matière organique des fumiers et le carbone tenu en réserve dans les roches calcaires.

Ces réactions entre des sels solubles et un sel insoluble, s'effectuant dans les conditions toutes spéciales que présente la terre arable, montrent en outre qu'il ne faut pas toujours conclure des phénomènes qui se passent dans les laboratoires, aux phénomènes qui se réalisent dans la grande culture; et il est vraisemblable qu'en étendant aux sels alcalins l'étude de ces réactions singulières, on comprendrait mieux l'action et le genre d'utilité des substances salines en agriculture. Ainsi, le rôle du sel marin comme amendement est encore fort obscur. Des agronomes très habiles doutent de son efficacité, bien cependant que, donné au sol à une dose modérée, il y ait plusieurs motifs pour croire que ce sel agit favorablement. Dans les plantes qui croissent aux bords de la mer, la soude se trouve en grande partie combinée à des acides organiques, et le chlore que l'analyse indique dans leurs cendres, n'est nullement en rapport avec la forte proportion d'alcali qu'elles contiennent. La totalité du sodium n'entre donc pas dans le végétal sous forme de chlorure, mais très probablement à l'état de carbonate de soude, et cela par suite d'une réaction analogue à celle que fait éprouver le calcaire aux sels ammoniacaux.

Il est vrai que le chlorure de sodium en dissolution ne subit aucune modification de la part du carbonate de chaux ; mais on sait, depuis longtemps, car l'expérience est, je crois, due à Clouet, que si dans du sable humecté avec cette même dissolution on introduit de la craie en poudre, et qu'on abandonne le mélange au contact de l'air, on voit apparaître une efflorescence de soude sesquicarbonatée. Ainsi, par les effets réunis de la capillarité et de l'acide carbonique de l'atmosphère, le sel marin, dans les conditions que je viens de signaler, éprouve au contact de la craie une décomposition partielle dont le résultat est du carbonate de soude, sel qui, comme le carbonate de potasse, favorise activement le développement des plantes. On voit, par conséquent, qu'en donnant du sel marin à un sol suffisamment calcaire, on l'amende réellement avec du carbonate de soude. On comprend aussi maintenant comment le même sel, introduit dans une terre privée de carbonate de chaux, peut ne produire aucun effet appréciable sur les cultures.

De l'eau.

L'eau n'est pas seulement indispensable à l'existence des plantes, elle favorise encore la végétation à la manière des engrais, à cause des substances salines ou des matières organiques qu'elle renferme le plus souvent en dissolution. La pluie est l'origine des eaux douces qui coulent dans les fleuves, qui surgissent du sol ou qui reposent dans les lacs. L'eau pluviale approche de l'état de pureté; cependant, on ne doit pas la considérer comme absolument exempte de corps étrangers. L'air, surtout après une sècheresse prolongée, tient toujours des poussières en suspension; ces poussières cèdent à la pluie qui les précipite les principes solubles qu'elles peuvent renfermer. On sait aussi, par les expériences de Cavendish et de Séguin, que toutes les fois que l'étincelle électrique traverse un mélange humide d'oxygène et d'azote, il y a production d'acide nitrique et de nitrate d'ammoniaque. Or, c'est là une circonstance qui se présente fréquemment dans l'atmosphère : aussi arrive-t-il, comme l'a constaté M. Liébig, que la pluie d'orage contient constamment de l'acide nitrique uni à la chaux ou à l'ammoniaque. La pluie ordinaire ne renferme que fort rarement des nitrates; on y trouve seulement de légères traces de sel marin (1).

Dans l'eau des rivières et dans celle des sources, il existe nécessairement une plus forte proportion de matières dissoutes qui proviennent des terrains qu'elle traverse, et dont la nature varie avec la constitution géologique des localités. Sur des roches crystallines anciennes, comme le granit, coulent quelquefois des eaux si peu chargées de sels, qu'on peut, pour ainsi dire, les considérer comme de l'eau distillée; celles, au contraire, qui roulent sur un lit calcaire, ou qui surgissent de formations gypseuses, sont toujours souillées par des sels de chaux. Néanmoins, malgré la faible quantité de substances salines ou terreuses que les eaux de sources et de rivières renferment presque constamment, elles sont potables, et on les considère comme bonnes quand elles sont limpides, sans odeur, quand elles dissolvent le savon et qu'elles permettent la cuisson des légumes. Ces deux derniers caractères sont essentiels : ils prouvent d'ailleurs que

(1) *Annales de Chimie*, t. XXXV, 2e série.

les eaux ne contiennent que d'infiniment petites quantités de sels solubles à base de chaux.

L'action des réactifs indique facilement quelle est la constitution des sels dissous.

Une eau contiendra : *des sulfates* ou *des carbonates*, si elle précipite par le nitrate de baryte; ce sera un sulfate, si le précipité ne se redissout pas par l'addition de l'acide nitrique;

Des chlorures, si elle donne par le nitrate d'argent un précipité caillebotė, insoluble par une addition d'acide nitrique;

De la chaux, si elle est troublée par l'oxalate d'ammoniaque;

De la magnésie, si, mêlée à de l'ammoniaque pure et conservée dans un flacon bien bouché, il se forme un dépôt blanc floconneux. Toutefois, ce réactif ne donne une indication sûre qu'autant qu'on l'applique à une eau qui a subi une ébullition assez prolongée pour chasser tout l'acide carbonique qui s'y trouvait dissous, et qui aurait pu favoriser la dissolution du carbonate de chaux. En effet, quand une eau contient du carbonate calcaire, l'ammoniaque précipite ce sel au bout de quelques heures sous forme de crystaux grenus qui s'attachent aux parois du vase.

On peut, pour rendre plus sensible l'action des réactifs, opérer sur de l'eau réduite à la moitié ou au quart par l'évaporation.

Outre des sels fixes, l'eau de rivière renferme toujours des sels ammoniacaux, notamment du carbonate ; ce fait a été constaté pour la première fois par M. Chevreul, sur l'eau de la Seine (1). Depuis, M. Liébig a trouvé le même sel ammoniacal dans la pluie, et M. Huenfeld a prouvé que l'eau de source en contient également (2). Enfin, M. Hermann a pu doser du carbonate d'ammoniaque dans les eaux ferrugineuses d'une tourbière. L'eau du Nil n'est point exempte de ce sel, si on en juge du moins par l'analyse du limon qu'elle dépose. Selon Regnault, 100 parties de ce limon desséché à l'air contiennent (3) :

Chlorure de sodium, sulfate de soude et *carbonate d'ammoniaque*	1
Matières organiques	9
Eau	10
Oxyde de fer	6
Silice	4
Alumine	48
Carbonate de chaux	18
Carbonate de magnésie	4
	100

Les belles expériences synthétiques de M. Dumas établissent que l'eau est formée de :

Oxygène	88,89
Hydrogène	11,11

(1) Chevreul, *Annales de Chimie*, t. LXXXII, p. 56.
(2) Liébig, *Traité de Chimie*, introduction, p. cij.
(3) *Description de l'Egypte*, t. II, p. 406.

Quand elle est pure, elle bout à la température de 100° sous la pression barométrique de $0^m,76$. Elle se congèle à 0°.

Tous les corps de la nature se dilatent, augmentent de volume par l'action de la chaleur, et se contractent par suite d'un abaissement de température. L'eau est assujettie à cette loi, entre des limites assez étendues; elle s'en écarte cependant et présente une anomalie quand elle approche de la congélation. Ainsi, comme pour tous les liquides, la densité de l'eau s'accroît graduellement à mesure qu'elle se refroidit, jusqu'à ce qu'elle ait atteint la température de + 4°,1. A partir de ce point, la densité diminue, le liquide va toujours en se dilatant de plus en plus, de manière que, à 0°, il occupe à très peu près le même volume qu'il occupait à + 9°. De cette propriété singulière, il résulte que, pendant les froids les plus intenses, l'eau dormante qui recouvre les prairies atteint bien rarement une température inférieure à + 4°,1, température qui ne porte aucun préjudice aux organes des plantes. Supposons, en effet, qu'au commencement de l'hiver une nappe d'eau stagnante soit à + 12°; à mesure que le liquide placé à la surface se refroidit, il devient plus dense, descend et est aussitôt remplacé par les couches inférieures qui s'élèvent en raison de leur moindre densité; mais ces nouvelles couches supérieures se trouvant soumises à la cause refroidissante, se contractent et descendent à leur tour. Il s'établit alors dans les molécules du liquide des mouvements ascendants et descendants dont le résultat est le refroidissement de la masse totale. Admettons maintenant que, par suite de ce mélange continuel des couches supérieures refroidies avec les couches inférieures, la température de la nappe d'eau soit descendue à + 4°,1 ; arrivée à ce point de l'échelle thermométrique, l'eau a atteint son maximum de densité ; en perdant de la chaleur, non seulement elle ne se contracte plus, mais elle devient plus légère. Si donc une masse d'eau tranquille ayant une température de +4°,1, est exposée à l'action refroidissante de l'atmosphère, la couche supérieure, bien que plus froide que les couches inférieures, ne sera plus sollicitée à descendre, puisqu'en fait elle deviendra de plus en plus légère à mesure que sa température s'abaissera. C'est ainsi que l'eau d'une mare, d'un lac, gèle à la surface, tandis que dans la profondeur elle conserve une température de quelques degrés au dessus de 0. Dans une circonstance où la température de l'air était de 2°,5 au dessous de 0°, Davy a vu le thermomètre indiquer + 6° dans l'herbe d'une prairie inondée, entièrement couverte de glace (1).

(1) Davy, *Chimie agricole*, t. II, p. 100.

L'eau est toujours imprégnée d'air atmosphérique et d'une faible quantité d'acide carbonique. Privée d'air, elle est peu agréable à boire; on assure même qu'à la longue elle peut causer des accidents assez graves; par l'ébullition, elle laisse dégager les gaz qu'elle tient en dissolution. L'eau de rivière renferme le plus ordinairement le 1/30 de son volume en air, et le 1/50 en gaz acide carbonique. Dans les eaux de source, la proportion de ce dernier gaz est souvent beaucoup plus forte.

La quantité et la nature des substances salines contenues dans l'eau potable sont assez variables, et, sous le rapport agricole, une étude approfondie des eaux, considérées par rapport aux sels qu'elles renferment, aurait certainement son utilité. Celles qui servent à abreuver le bétail d'une ferme introduisent dans la masse des engrais toutes les matières qui y sont dissoutes ou tenues en suspension. A Bechelbronn, par exemple, je trouve que par cette voie il arrive annuellement aux fumiers plus de 100 kilog. de sels alcalins. Quand un cultivateur aura le choix entre plusieurs eaux, pour abreuver ses animaux ou pour irriguer ses prés, il fera bien de donner la préférence à celle qui sera la plus riche en sels alcalins, sans cesser d'être potable. Dans les steppes de l'Amérique, on est étonné du discernement avec lequel le bétail distingue, pour se désaltérer, les eaux dans lesquelles il entre de faibles doses de sulfate de soude ou de sel marin.

Je terminerai les considérations que je viens d'exposer, en rapportant les analyses qui sont parvenues à ma connaissance. Les quantités de sels rapportées dans le tableau ont été trouvées dans 100,000 parties d'eau potable.

DÉSIGNATION DES EAUX	Carbonate de chaux.	Carbonate de magnésie.	Silice.	Sulfate de chaux.	Sulfate de magnésie.	Sulf. de soude.	Chlorure de calcium.	Chlorure de magnésium.	Chlorure de sodium (sel marin).	Nitrates.	Matières organiques.	Poids total des matières.	AUTEURS DES ANALYSES.
De la Seine, au dessus de Paris . . .	11,3	0,4	0,5	3,6	0,6	»	1,0	0,8	»	traces.	traces.	18,2	Bouchardat.
De la Marne.	10,5	0,9	0,6	3,1	1,2	»	»	1,7	»	»	id.	18,0	Bouchardat.
De l'Ourcq, à Saint-Denis.	17,5	2,0	2,0	18,3	7,0	»	»	4,0	traces.	»	id.	47,8	Bouchardat.
De l'Yonne, à Avallon	4,5	»	1,9	traces	»	»	1,5	»	id.	»	id.	7,7	Bouchardat.
De la Beuvronne	25,7	»	»	20,8	»	»	8,5		»	»	»	54,8	Colin.
De la Thérouenne	26,2	»	»	2,0	»	»	3,6		»	»		31,8	Colin.
De la Gergogne	18,0	»	»	1,5	»	»	1,5		0,9	»	»	21,9	Colin.
De la Bièvre (sur Paris).	13,6	»	»	25,1	»	»	10,9		1,2	»	»	50,8	Colin.
D'Arcueil	16,9	»	»	16,9	»	»	11,0		1,9	»	»	46,7	Colin.
De source de Roye (Lyon)	23,8	»	traces	1,4	»	»	»	»	1,2	traces.	traces	26,4	Boussingault.
De source de fontaine (Lyon)	23,4	»	id.	1,7	»	»	1,3	traces	0,2	»	id.	26,6	Dupasquier.
Du Rhône, à Lyon (juillet)	10,0	»	id.	0,6	traces	»	traces	id.	traces.	»	id.	10,6	Boussingault.
Du Rhône, à Lyon (février).	15,0	»	»	2,0	0,7	»	0,7			de chaux	id.	18,4	Dupasquier.
Source du jardin des plantes de Lyon.	27,0	»	»	25,2	»	»	16,8	1,6	12,6	7,6	forte tr.	90,8	Dupasquier.
Du lac Léman	7,2	0,7	0,1	2,6	3,1	»	»	0,9	»	»	0,6	15,2	Tingry.
De l'Arve (août)	5,2	0,4	0,1	3,2	2,9	»	»	0,7	»	»	0,3	12,8	Tingry.
De l'Arve (février).	8,3	1,2	0,2	6,5	6,2	»	»	1,5	»	»	0,4	24,3	Tingry.
De la Loire, près Orléans.	1,7	»	»	»	»	»	5,1		traces	»	»	6,8	Guindant.
Du Loiret	11,9	»	»	3,8	»	»	10,2		2,5	»	»	28,4	Guindant.

L'eau du puits artésien de l'abattoir de Grenelle, à Paris, d'après l'analyse de M. Payen, contient, sur 100,000 parties :

Carbonate de chaux.	6,80
Carbonate de magnésie. . . .	1,42
Bi-carbonate de potasse . . .	2,96
Sulfate de potasse.	1,20
Chlorure de potassium	1,09
Silice	0,57
Matière jaune non définie. . .	0,02
Matière organique azotée . . .	0,24
	14,30

CHAPITRE VII.

DES ASSOLEMENTS.

§ 1. *De la matière organique des engrais et des récoltes.*

On sait que l'atmosphère et les matières organisées qui se trouvent répandues dans la terre concourent simultanément à entretenir la vie des plantes, mais on ignore encore le rapport suivant lequel chacune de ces deux sources contribue à l'accroissement d'un végétal. Ce rapport permettrait cependant d'approfondir les deux questions vitales de la science agricole : la théorie de l'épuisement du sol par la culture, et l'étude des assolements.

Si dans un terrain fertile on fait une suite de récoltes sans renouveler les engrais, on remarque que les produits récoltés diminuent graduellement; et à certaine époque, si c'est une céréale que l'on cultive, le produit, qui dans le principe était de huit à neuf fois la semence, se réduira à trois et même à deux. Ainsi les récoltes diminuent la fertilité du sol, elles l'épuisent.

Depuis longtemps on a reconnu que les diverses espèces de plantes qui entrent dans la culture exercent une action épuisante très différente. Dans la pratique, on admet même que, loin d'épuiser le sol, certaines espèces, comme le trèfle, la luzerne, etc., lui communiquent au contraire une nouvelle vigueur. On peut cependant poser en principe que toute plante, sans exception aucune, appauvrit le sol dans lequel elle croît. Cet appauvrissement est toujours manifeste lorsque la plante, après sa maturité, est enlevée en totalité; l'épuisement est d'autant moins sensible que la plante récoltée laisse dans le sol une plus grande quantité de débris. Ainsi, pour citer un exemple, le trèfle, après avoir donné les deux coupes qui sont généralement récoltées comme fourrage, pourrait encore en fournir une troisième; c'est cette dernière pousse que l'on enterre ordinairement comme engrais, et avec elle se trouve enfouie une masse considérable de racines. L'amélioration que l'on procure à la fertilité du sol, par la culture du trèfle, rentre donc tout à fait dans ce que les agriculteurs désignent sous le nom de fumure par *enfouissage* en vert; méthode très anciennement pratiquée dans le midi de l'Europe, et qui peut présenter un avantage décidé là où, en raison de l'abondance des terres à pâturages, on n'a pas un grand intérêt à transformer en chair les produits de la culture. L'amélioration du sol par le trèfle rentre tellement dans cette méthode, qu'il n'y aurait plus qu'épuisement si la dernière pousse était récoltée, et si on enlevait encore les racines. On voit donc que, par la culture du trèfle, on améliore le sol, en lui sacrifiant comme engrais une quantité considérable de matière nutritive.

Thaer, qui a toujours fait marcher de front la pratique et la théorie de l'art agricole, et qui, mieux que personne, était à même de comprendre toute la portée de la question de l'épuisement du sol, chercha à la résoudre pour les cultures principales. Je n'ai pas à exposer ici la méthode qu'il a adoptée, puisqu'elle est tracée dans son admirable ouvrage. J'observerai seulement que cette méthode se fonde sur un principe très contestable, savoir : que l'épuisement occasionné par la culture est proportionnel à la quantité de substance nutritive contenue dans les récoltes. Thaer admet, pour la valeur nutritive des plantes qu'il considère, celle déterminée par Einhof à l'aide d'un procédé fort imparfait; mais cette détermination, fût-elle exacte, ne fournirait encore qu'une base erronnée.

En effet, en adoptant le principe posé par cet illustre agriculteur, on admet tacitement que toute la matière organique des plantes est originaire du sol. Le sol, sans doute, contribue pour une certaine portion au développement des végétaux; mais nous avons vu aussi que l'air et l'eau contribuent également à ce développement. D'un autre côté, et en opposition aux idées de l'école de Thaer, les physiologistes ont peut-être exagéré la proportion des principes que les plantes soutirent à l'air atmosphérique. Ainsi, M. de Saussure estime que, pendant sa croissance, un tournesol ne prend au terrain qu'environ la vingtième partie de son poids, la plante supposée sèche. Le raisonnement qui a conduit ce célèbre physiologiste à cette conclusion, repose, d'un côté, sur la connaissance de la matière extractive du terreau, et, de l'autre, sur la quantité d'eau qu'une plante comme le tournesol peut absorber dans un temps donné pour la déverser ensuite dans l'air par la transpiration (1).

(1) Saussure, *Recherches chimiques sur la végétation*, p. 268.

On aurait peu d'objections à élever contre cette conclusion, si les expériences de M. Gazzeri ne tendaient à prouver que les racines exercent réellement, par leur contact sur la matière organique solide, une action absorbante, incontestable, en les rendant solubles (1). Je puis encore rappeler une observation de M. de Saussure lui-même, dans laquelle il a vu que des plantes cultivées dans un terreau privé de son principe soluble par de nombreux lavages, sont néanmoins parvenues à une parfaite maturité, bien que dans cette condition de culture le produit en graines ait été moins abondant que si les plantes eussent vécu dans du terreau non lavé (2). Au reste, il est vraisemblable que de part et d'autre on s'est formé des opinions extrêmes. Les plantes soutirent probablement de l'atmosphère beaucoup plus que ne le supposent généralement les agriculteurs, et le sol fournit certainement à la végétation, indépendamment des substances salines et terreuses, une proportion de matière organique supérieure à ce qu'on pourrait imaginer d'après les supputations de certains physiologistes. Il est même à peu près certain, d'après les observations que j'ai recueillies sur l'emploi du *guano*, pendant mon séjour sur la côte du Pérou, que la majeure partie des principes azotés

(1) *Annales de l'agriculture française*, n° 3, p. 57.
(2) Saussure, *Recherches chimiques*, page 171.

des plantes a pour origine les sels ammoniacaux qui existent ou se forment dans les engrais (1).

Quand on arrive à discuter l'avantage que peut présenter telle rotation de culture sur telle autre, on trouve presque toujours que la discussion roule sur une question d'épuisement. Pour faire comprendre comment la théorie peut aborder cette étude, j'exposerai, aussi brièvement que possible, le but et l'état actuel de l'art des assolements.

Là où l'on peut se procurer en quantité illimitée les engrais et la main-d'œuvre, il n'y a pas nécessité absolue de suivre un système régulier de rotation. Quand on se trouve placé dans des conditions aussi favorables, on se borne à examiner quelle est, sous le rapport commercial, la culture la plus avantageuse que peuvent permettre le climat et la nature du sol. On a même peu à redouter que, par une culture continue, les champs viennent à s'infecter de plantes nuisibles, parce que, avec du travail, on peut remédier à ce grave inconvénient. On n'a pas à craindre davantage l'appauvrissement du sol, puisqu'on peut avoir recours à des achats d'engrais. Tout l'art de l'agriculteur se réduit alors à comparer la valeur probable de la récolte à la dépense en fumier, main-d'œuvre, etc. Une semblable cul-

(1) *Annales de chimie et de physique*, t. LXV, année 1837.

ture peut se passer à la rigueur de l'entretien et de la propagation du bétail ; aussi doit-on la considérer moins comme de l'agriculture que comme une sorte de jardinage.

Mais dans la plupart des exploitations agricoles, et l'on doit nommer ainsi les établissements qui ne peuvent tirer les engrais du dehors, tout se passe différemment. Ici, on est assujetti à suivre un système ; et la quantité de produits qu'il est possible d'exporter chaque année se trouve comprise dans certaines limites qu'on ne dépasse jamais impunément.

Lorsque, par une culture rationnelle, on est arrivé à posséder des terres fertiles, il faut, pour entretenir cette fertilité, leur rendre périodiquement, après chaque succession de récoltes, des quantités égales d'engrais. En envisageant cette condition sous un point de vue purement chimique, on peut dire que le produit que l'on peut exporter, sans nuire à la fertilité du terrain, est la matière organique contenue dans les récoltes, déduction faite de la matière organique qui se trouvait dans les engrais. En effet, cette dernière matière, sous une forme ou sous une autre, doit retourner dans le sol pour le féconder de nouveau. C'est un capital que l'on confie à la terre, et dont l'intérêt est représenté par le produit marchand de l'exploitation.

Là où les terres sont étendues, les populations

éparses, les moyens de communication difficiles, il est moins nécessaire de s'astreindre à une culture régulière. La terre donne toujours assez lorsqu'il s'agit de nourrir de chétives populations. Un champ produira des céréales, et, après la récolte, il sera rendu à la prairie pour une longue suite d'années; c'est là le système pastoral dans toute sa pureté. C'est encore à cet état primitif de l'art agricole qu'il faut rattacher les plantations sur défrichements qui ont lieu dans les contrées couvertes de forêts. Lorsque les arbres abattus ont été brûlés sur place, le sol donne pendant longtemps, et sans qu'il soit nécessaire de l'amender, des récoltes de maïs, de froment, d'une richesse surprenante, aux dépens d'une fécondité acquise par des siècles de repos.

Mais quand l'accroissement de la population eut donné aux terres une plus grande valeur, on demanda au sol une plus grande quantité de produits. Les cultures imparfaites dont j'ai parlé devinrent insuffisantes. On chercha à faire revenir fréquemment sur les mêmes sols les céréales; en un mot, la culture des grains fut régularisée, l'art fit ses premiers pas dans la voie du perfectionnement. C'est de cette époque que date l'assolement triennal, système très anciennement adopté dans le nord de l'Europe, et qui consiste, comme on sait, en une jachère morte avec plusieurs labours pendant l'été, suivie de deux années de céréales. La jachère reçoit une certaine quantité d'engrais pour réparer l'épuisement occasionné par les deux récoltes de grains; aussi faut-il toujours avoir, lorsque l'on adopte cet assolement, une surface suffisante de prairies destinées à fournir le supplément d'engrais.

On a toujours considéré comme un grave inconvénient de l'assolement triennal la condition de laisser inculte une surface aussi considérable, comme le tiers du sol. Aussi chercha-t-on, à diverses reprises, à supprimer la jachère. On était encouragé dans cette tentative par l'exemple de la culture des jardins, dont la terre est rendue continuellement productive (1). On savait aussi que, dans certaines contrées, la culture n'est interrompue que par les saisons rigoureuses.

D'un autre côté, on avait depuis longtemps fait la remarque qu'il n'est pas toujours avantageux de cultiver, pendant plusieurs années consécutives, des céréales sur le même terrain, même quand la fertilité ou une abondance d'engrais permettent cette culture continue, à cause de la difficulté, souvent insurmontable, de détruire les plantes nuisibles. La jachère était reconnue, avec raison, comme le moyen le plus efficace et le plus économique à opposer à leur envahissement.

(1) Thaer, *Agriculture raisonnée.*

Aussi, dans tous les essais qui furent tentés dans l'objet de rendre la terre plus productive, on eut pour but principal d'utiliser l'année de jachère, en introduisant dans la rotation une culture qui permît d'extirper les mauvaises herbes. On nomma récoltes-jachères les produits récoltés sur la sole qui serait restée improductive. Les pois, les fèves, les vesces, furent d'abord les seules plantes dont la culture remplaçât la jachère.

Cependant, on ne tarda pas à s'apercevoir que les récoltes-jachères occasionnaient une très sensible diminution sur le produit des grains; pour remédier à cet inconvénient, il fallut avoir recours à un surcroît d'engrais; mais comme l'engrais est presque toujours en quantité limitée dans un établissement, il s'ensuivit, ou qu'il fallut réduire la surface cultivée, ou bien lui affecter une certaine surface de prairies. Néanmoins, les récoltes-jachères produisirent un résultat très avantageux, en ce qu'elles permirent de tirer du terrain une plus grande quantité de produits dans un temps donné, sans qu'il en résultât d'inconvénients graves pour la culture des grains. Aussi la méthode d'utiliser la jachère se propagea de jour en jour, et fut bientôt presque généralement adoptée.

L'introduction du trèfle dans la culture ordinaire vint apporter de grandes modifications au système des récoltes-jachères; on crut même pendant un instant être arrivé à un point de perfection tel, qu'on l'envisageait comme la limite de l'art agricole (1). Ce fut lorsqu'on eut reconnu que le trèfle, que l'on cultivait seulement dans quelques enclos, pouvait être semé au printemps dans une céréale et occuper l'année suivante la sole de la jachère de l'assolement triennal. Le trèfle, loin d'épuiser la terre, lui procurait une nouvelle dose de fertilité, et la céréale qui lui succédait donnait une récolte abondante. On conçoit aisément tous les avantages que l'on était en droit d'espérer, en substituant à la jachère improductive la culture d'une plante qui, sans appauvrir le terrain, donnait une quantité considérable de fourrage excellent, et permettait ainsi d'entretenir un plus grand nombre d'animaux. On allait même jusqu'à assurer que cette plante purgeait les champs des herbes nuisibles.

Il ne fallut que quelques années d'expérience pour se convaincre que le trèfle ne présente pas exactement les avantages exagérés qu'on lui attribuait. On reconnut qu'en faisant revenir ce fourrage tous les trois ans sur la même sole, on s'exposait à le voir manquer. Schubart lui-même, le défenseur le plus zélé et le plus éclairé du trèfle, modifia ses idées en présence des faits, et limita le retour de la prairie artificielle, d'abord

(1) Thaer, *Agriculture raisonnée.*

à la sixième, puis à la neuvième année. Schubart finit également par reconnaître que le trèfle ne suffit pas pour détruire complètement les herbes qui infectent les céréales ; il fut conduit, en conséquence, à cultiver également sur la sole de jachère des plantes sarclées.

Nous voyons que les différents essais qui ont été faits depuis l'époque mémorable de l'introduction du trèfle dans la grande culture ont conduit naturellement au système d'assolements alternes généralement adopté aujourd'hui dans les contrées qui sont au niveau des progrès de l'agriculture moderne. On est même arrivé à ce résultat, beaucoup plus avantageux que ne l'espérait en dernier lieu le comte de Schubart, que le trèfle peut revenir tous les quatre ou cinq ans sur la même sole.

L'impossibilité de remplacer la jachère de l'assolement triennal par le trèfle fut présentée comme une nouvelle preuve du principe admis depuis un temps immémorial par les agriculteurs, de cultiver successivement sur la même sole des plantes d'espèces différentes, et de ne ramener les mêmes espèces qu'à des intervalles plus ou moins grands ; la terre donnant, dans l'opinion commune, des fruits incomparablement plus beaux, lorsque les mêmes récoltes ne se succèdent pas immédiatement (1).

(1) Thaer, *Agriculture raisonnée.*

On a cherché, à diverses époques, à expliquer la cause qui oblige à ne pas cultiver continuellement la même plante sur le même terrain. On se demanda d'abord si les diverses espèces végétales ont besoin d'une nourriture particulière; mais on vit bientôt qu'il n'en est pas ainsi, et que les organes de chaque plante tirent les sucs qui lui sont nécessaires des substances qui concourent à la nutrition des végétaux en général. En effet, les plantes les plus opposées par leurs caractères botaniques et par leurs propriétés, celles qui sont alimentaires comme celles qui sont vénéneuses au plus haut degré, peuvent vivre et prospérer sur la même motte de terre; aux dépens d'un engrais commun. De plus, ces plantes s'enlèvent réciproquement leur nourriture, ce qui n'arriverait certainement pas, si chacune de ces espèces exigeait des éléments de nutrition différents (1).

Une fois qu'on eut admis que les organes des plantes élaborent une nourriture commune des sucs nourriciers qui dérivent des engrais, on imagina que les végétaux d'organisations diverses ont, en raison de l'extension et du développement plus ou moins considérable de leurs racines, la faculté d'aller chercher, à différentes profondeurs, la matière nutritive contenue dans le sol.

(1) Thaer, *Agriculture raisonnée.*

On expliquait ainsi comment un végétal, à racines longues et pivotantes, peut, en succédant à une céréale, utiliser l'engrais situé dans les parties inférieures de la couche de terre arable. Il est possible que, dans certaines circonstances, il se passe une action de ce genre, mais cette explication ne saurait être généralisée.

Une autre explication de la nécessité de l'alternance des récoltes est fondée sur le rôle que l'on fait jouer à l'excrétion des racines, excrétion que l'on compare à la matière excrémentielle des animaux.

L'excrétion des racines, observée d'abord par Brugman sur le *viola arvensis* (1), a été confirmée par les observations récentes de M. Macaire. Ce physiologiste obtint la matière exsudée de certaines plantes en tenant leurs racines dans l'eau; et ce qu'il y a de surprenant, c'est qu'il lui a été impossible de reconnaître la même matière dans du sable siliceux, au milieu duquel on avait fait croître certains végétaux (2). Ce dernier fait est entièrement conforme à ce que j'ai reconnu dans une suite de recherches sur la végétation; il ne m'a pas été possible de trouver des traces sensibles de matière organique dans du sable qui avait servi de sol, pendant plusieurs mois, à du froment et à du trèfle; résultats qui peuvent faire

(1) De Candolle, t. I, p. 248.
(2) De Candolle, t. II, p. 1497.

douter encore du fait même de l'excrétion des racines. L'excrétion que l'on a constatée, en tenant les racines plongées dans l'eau, est peut-être due à un état morbide de la plante.

Quoi qu'il en soit, c'est en admettant l'excrétion des racines que MM. de Humboldt et Plenck ont expliqué la cause des attractions et des répulsions de certaines plantes (1). Plus récemment, de Candolle a reproduit cette idée, en la présentant comme la base d'une théorie des assolements. En supposant, en effet, que l'excrétion des racines représente les excréments des végétaux, on conçoit assez bien que ces excrétions, une fois déposées dans le sol, peuvent être tout aussi nuisibles à la plante qui les a produites que le seraient à un animal ses excréments, si on les lui présentait comme aliments. Par contre, en changeant d'espèces dans la culture, la plante nouvellement admise dans le sol profitera des excrétions de la récolte précédente, en les absorbant comme nourriture. Cette ingénieuse hypothèse ne me paraît pas reposer sur des observations assez nettes. Elle pèche par sa base, en ce que le fait de l'excrétion des racines ne semble pas suffisamment établi. D'un autre côté, et en admettant même cette excrétion comme parfaitement démontrée, il est bon nombre de faits qui

(1) De Candolle, t. III, p. 1474.

viennent établir que beaucoup de plantes peuvent continuer à végéter dans un sol chargé de leurs matières excrémentielles. La culture des céréales, par exemple, peut, à la rigueur, se suivre sans interruption : c'est, au reste, ce qui a lieu dans l'assolement triennal. J'ai vu, sur les plateaux des Andes, des terres à blé qui donnent annuellement, depuis plus de deux siècles, de bonnes récoltes de grains. Le maïs peut également se reproduire continuellement sur le même terrain, sans le moindre inconvénient; c'est un fait bien connu dans le midi de l'Europe; et sur une grande partie de la côte du Pérou, la terre ne produit pas autre chose depuis une époque bien antérieure à la découverte de l'Amérique. La pomme de terre peut encore revenir toujours sur la même sole. A Santa-Fé, à Quito, les cultures de ce tubercule se suivent souvent sans interruption, et nulle part on n'obtient des produits de meilleure qualité. L'indigo, la canne à sucre, doivent se ranger dans la même catégorie. En Europe, le topinambour revient constamment à la même place (1). Il faut bien admettre que, si toutes ces plantes produisent réellement des ex-

(1) A cette liste, je puis ajouter, d'après les recherches récentes de M. Braconnot, le laurier rose à fleurs doubles et le *papaver somniferum*. Ce célèbre chimiste termine son Mémoire par les réflexions suivantes : « Les expériences que je viens de présenter ne sont pas favorables, comme on le voit, à la théorie des assolements, fondée sur les excrétions des racines. Ces excrétions, s

crétions radiculaires, ces excrétions ne sont pas de nature à entraver la marche de la végétation des espèces qui les ont produites.

Mais l'objection capitale que l'on doit faire à l'hypothèse de De Candolle, c'est qu'il est très étonnant qu'une matière organique soluble, comme l'est celle des excrétions, ne se putréfie pas lorsqu'elle est déposée dans un sol humide ; il est, en un mot, fort difficile de supposer qu'une semblable matière puisse résister, comme on le prétend, pendant plusieurs années, à la décomposition que subissent toutes les substances organiques, soumises à l'influence réunie de la chaleur et de l'humidité.

Que la nécessité d'alterner les cultures ne soit pas aussi absolue que beaucoup d'observateurs le prétendent, lorsque surtout on a de l'engrais et de la main-d'œuvre à sa disposition, c'est ce qu'on admettra volontiers. Cependant, il est hors de doute qu'il est certaines plantes qui ne peuvent se reproduire avantageusement sur le même terrain qu'à des époques plus ou moins éloignées. La cause de cette exigence de la part de certaines espèces végétales est encore envelop-

réellement elles ont lieu à l'état normal, sont d'ailleurs si obscures et si mal connues, qu'il y a lieu de présumer que c'est à d'autres causes qu'il faut avoir recours pour parvenir à expliquer le système général des rotations. » (Recherches sur l'influence des plantes sur le sol, *Annales de Chimie et de Physique*, t. LXXII, p. 27.)

pée d'une profonde obscurité, et les hypothèses proposées pour l'expliquer sont tout au moins incomplètes.

Un des avantages marqués de la culture alterne, c'est de cultiver périodiquement des plantes améliorantes. C'est en faisant alterner, autant que possible, ces plantes avec les cultures qui épuisent le sol, que le cultivateur répare, en partie du moins, les pertes éprouvées par le terrain. Ce qu'il convient de chercher dans un assolement, c'est un système de culture qui permette de produire le plus de matière végétale avec le moins d'engrais et dans le plus court espace de temps possible. Or, on ne peut réaliser un tel système qu'en cultivant, dans le cours de la rotation, des plantes qui puisent considérablement dans l'atmosphère.

En théorie, l'assolement le plus avantageux est celui dont la quantité de matière organique produite dans le cours de la rotation excède le plus la quantité de matière organique introduite dans le sol à l'état d'engrais. Ce qui revient à dire que le meilleur assolement est celui qui prélève le plus sur l'air. C'est du moins ce que l'analyse formule ; mais dans la pratique il n'en est pas absolument ainsi. C'est moins la quantité de matière organique produite en sus de celle contenue dans les engrais, que la valeur de cette même matière, qui intéresse la spéculation agricole. La matière organique en excès qu'il importe de produire, et la forme sous laquelle elle doit être produite, doivent nécessairement varier à l'infini, selon les localités, les exigences du commerce et les habitudes des populations : considérations qui toutes demeurent en dehors des prévisions théoriques. Mais un point sur lequel la théorie ne saurait transiger avec la pratique, est celui par lequel elle établit que, dans aucun cas, il n'est possible d'exporter plus de matière organique, et particulièrement plus de matière organique azotée, que l'excès en sus de la même matière contenue dans les engrais consommés dans le cours de l'assolement. En agissant autrement, on diminuerait infailliblement la fertilité normale du sol.

Cette condition, qui se pose comme limite infranchissable de l'exportation d'un établissement rural, autorise à critiquer les idées qui surgissent presque toujours lorsqu'il s'agit de méthodes nouvelles à introduire dans la pratique. La fabrication du sucre de betteraves en offre un exemple. L'agriculture européenne retirera probablement certains avantages de cette nouvelle industrie; mais on exagère souvent ces avantages, en établissant, comme ne craignent pas de le faire quelques personnes, que chaque exploitation agricole pourra retirer le sucre des betteraves cultivées actuellement dans les rotations adoptées, sans nuire au rendement du domaine; de sorte que le sucre, déduction faite des frais d'extraction, sera une nouvelle rente qui viendra s'ajouter à la rente ordinaire. Là me paraît être l'erreur.

Si dans un domaine on récolte annuellement 100,000 kilogrammes de betteraves pour l'entretien du bétail, on se trouvera dans la nécessité de diminuer le nombre des animaux, si les racines sont destinées à la fabrication du sucre. La matière organique du sucre extrait de la betterave est autant de nourriture enlevée au bétail. Soutenir le contraire, serait soutenir également que les pommes de terre récoltées sur un hectare de terrain, et qui passent par l'alambic avant d'être fourragées, peuvent nourrir autant d'animaux que lorsqu'elles sont consommées directement. C'est aussi ce qui a été soutenu par plusieurs cultivateurs; mais aujourd'hui le contraire n'est contesté par personne. Les principes organiques de la pomme de terre qui sont transformés en alcool sont évidemment perdus pour la nutrition.

Ceci ne veut pas dire que la fabrication du sucre indigène, la distillation des tubercules, soient des opérations moins avantageuses que la propagation et l'engrais du bétail. Cette discussion est uniquement pour rappeler qu'il n'y a qu'une quantité limitée de matière organique qui puisse avantageusement être exportée d'un établissement agricole. C'est à la localité, à la position commerciale à décider si cette matière doit s'exporter à l'état de sucre, de céréales, d'alcool, ou de viande.

Ce que je viens de dire paraît être en contradiction manifeste avec les idées généralement reçues. On pense en effet que l'industrie sucrière, loin de nuire, favorise au contraire la propagation du bétail. Il résulte même de l'enquête parlementaire ouverte à ce sujet, en 1836, que dans certains domaines où l'on a introduit l'extraction du sucre, on a vu augmenter le nombre des animaux : les chiffres rapportés dans les réponses provoquées par l'enquête sont, je n'en doute pas, exacts, mais il convient de remarquer que cette augmentation du bétail est due bien plus à un perfectionnement dans la culture qu'à la fabrication du sucre proprement dite. Dans des établissements où l'on suivait encore l'assolement triennal avec jachère, on a introduit un assolement de quatre ou cinq ans, avec trèfle et récolte sarclée ; il n'est pas surprenant qu'on ait obtenu, indépendamment de la betterave, une augmentation considérable dans les produits. L'introduction d'une sole de cette racine, là où elle n'était pas admise, est déjà une importante amélioration. Mais dans les pays qui sont au niveau des progrès agricoles, là où les assolements les plus productifs sont suivis depuis longtemps, l'extraction du sucre ne saurait apporter les changements si extraordinairement avantageux, signalés dans l'enquête. Si à Bechelbronn on trouvait un jour, et ce jour paraît fort éloigné, qu'il fût convenable d'extraire le sucre des betteraves que l'on y récolte, il faudrait certainement diminuer le nombre du bétail, ou bien annexer à l'exploitation de nouvelles prairies. Ainsi, dans mon opinion, c'est indirectement, et en répandant les bonnes méthodes de culture, que la fabrication du sucre indigène favorise la propagation du bétail; et il faut convenir que ce n'est pas le moindre des services que cette belle industrie est appelée à rendre à l'agriculture.

Dans la définition que j'ai donnée du cours de récolte le plus avantageux, considéré sous le rapport théorique, on a pu comprendre comment l'étude des assolements est liée à la question de l'épuisement du sol. Pour discuter la valeur respective de divers assolements, il faut, d'après la théorie, comparer la quantité de matière organique contenue dans une suite de récoltes à celle qui entrait dans l'engrais consommé pour les obtenir.

Dans un domaine bien dirigé, et dans lequel on suit depuis de longues années un système invariable de culture, on est à même, sans aucun doute, de recueillir des données suffisamment exactes pour jeter du jour sur cette discussion, et décider quelle est, pour un cas particulier de climat et de terrain, la rotation qui produit la plus forte proportion de matière organique en sus de celle qui est contenue dans les engrais employés.

C'est ce que j'ai fait pour le domaine de Bechelbronn, en déterminant par l'analyse la composition des engrais et des récoltes. J'avoue qu'avant de me livrer à ces recherches, j'ai été arrêté un instant par le travail matériel assez rebutant que j'avais à exécuter ; mais je n'ai pas hésité, lorsque j'ai compris qu'indépendamment de la question importante que j'avais en vue, mes analyses présenteraient encore la composition élémentaire des aliments végétaux les plus usités.

Depuis fort longtemps on a adopté à Bechelbronn l'assolement de cinq ans. La rotation est la suivante :

1re année. Pommes de terre ou betteraves fumées.
2e Froment semé en automne de la première année ; trèfl intercalé au printemps.
3e Trèfle, deux coupes ; enfouissage de la dernière coupe.
4e Froment sur trèfle rompu ; récolte dérobée de navets.
5e Avoine.

La récolte d'avoine qui termine la rotation est généralement assez faible. Le sol est alors revenu à peu près au point de fécondité où il se trouvait avant la fumure, et on sait par expérience qu'il n'y aurait plus possibilité d'en tirer une récolte de quelque valeur.

Je procèderai maintenant à l'analyse des différentes substances qui entrent dans la rotation, en indiquant en même temps le produit moyen par hectare..

Pommes de terre.

Dans les terres un peu fortes de Bechelbronn, un hectare produit en moyenne 12,800 kilogr. de tubercules. Ce résultat est inférieur à ce qui est généralement donné pour l'Alsace, où l'on porte, comme nous l'avons vu, la récolte de 19 à 20,000 kilogrammes. Les fanes de pommes de terre sont laissées sur le terrain.

Une pomme de terre a été coupée en deux, afin de soumettre à l'analyse une partie proportionnelle de la pelure qui recouvre ce tubercule. Cette moitié pesait $21^{gr},710$. Desséchée à l'étuve de manière à pouvoir se réduire en farine, elle a pesé $18^{gr},745$. Par une dessiccation absolue faite dans le vide sec à la température de 110°, on trouva que 1 de tubercule devient sec 0,241; $1^{gr},0$ de tubercule a laissé cendres 0,039 (1).

(1) I. 0,298 de matière sèche ont donné acide carbon. 0,471, eau 0,162
II. 0,322 0,516, 0,165
0,633 azote $6^{c.c.},0$, th. 8°, bar. $0^{m},744$ = azote 1,12
0,554 $6^{c.c.},0$, th. 7°, bar. $0^{m},731$ = azote 1,27

Le résultat moyen pour l'azote est 1,2. En 1836, j'ai trouvé azote 1,8. Cette différence assez considérable provient peut-être de ce que les analyses que je viens de rapporter n'ont pas été faites immédiatement après la récolte. Il se peut aussi que cette différence soit due en partie aux influences météorologiques. Pour me convaincre qu'elle ne provenait pas d'une erreur d'analyse, j'ai examiné de nouveau la pomme de terre de 1836 conservée à l'état de farine : elle a donné 1,8 d'azote. J'admettrai donc dans la pomme de terre desséchée 1,5 d'azote.

	I.	II.
Carbone	43,72	43,40
Hydrogène . . .	6,00	5,60
Oxygène	44,88	45;60
Azote	1,50	1,50
Cendres.	3,90	3,90
	100,00	100,00

Froment.

J'ai analysé le grain récolté en 1837.

1 de froment, desséché à 110° dans le vide sec, s'est réduit à 0,855; 1 de froment sec a laissé cendres 0,0243 (1).

(1) 0,452 ont donné acide carbonique 0,753, eau.
0,533 ont donné azote 10c.c.,5, th. 12,5, barom. 0m,744.

Carbone	46,10
Hydrogène	5,80
Oxygène	43,40
Azote	2,29
Cendres	2,43
	100,00

Le produit moyen en froment, à Bechelbronn, varie de 18 à 19 hectolitres par hectare; cette variation dépend de la plante sarclée qui ouvre la rotation. Après les pommes de terre, on récolte en moyenne 17 hectolitres; après les betteraves, 15 hectolitres; sur trèfle rompu, 21 hectolitres. Le poids moyen de l'hectolitre adopté est de 79 kilogrammes.

Paille de froment.

J'admets que le rapport du produit en grain au produit en paille est :: 44 : 100.

1 de paille, en se desséchant complètement dans le vide à 111°, devient 0,740; 1 de paille sèche a laissé cendres 0,0697 (1).

	I.	II.
Carbone	48,48	48,38
Hydrogène	5,41	5,21
Oxygène	38,79	39,09
Azote	0,35	0,35
Cendres	6,97	6,97
	100,00	100,00

(1) I. 0,303 ont donné acide carbonique 0,531, eau 0,149
II. 0,293 0,5195 0,140
0,551 ont donné azote 1c.c.,7, th. 14°, barom. 0m,748.

Trèfle rouge.

Le trèfle se plaît dans les sols argileux; il réussit généralement dans les bonnes terres à froment; dans les terrains légers et sablonneux, il se déchausse et gèle fréquemment. Pour se développer, le trèfle exige toujours la protection d'une autre plante qui lui serve d'abri pendant sa jeunesse. C'est pour cette raison qu'on l'intercale ordinairement au printemps dans une céréale qui a été semée précédemment en automne. On répand communément 12 à 15 kilog. de semence par hectare. On commence à couper le trèfle de deuxième année lorsqu'il entre en fleur; quand on est décidé à le faner, on peut choisir une époque déterminée pour le faucher; mais, dans le cas le plus fréquent, où ce fourrage doit être consommé en vert, la fauchaison commence bien avant la floraison de la plante : c'est une nécessité qui naît surtout de la difficulté que présente le fanage. En effet, pendant la dessiccation du trèfle, on est exposé à perdre une partie des feuilles et de la fleur; en outre, cette dessiccation exige toujours un temps assez considérable, et par cette raison on court la chance de voir le produit avarié par l'arrivée de la pluie; le fanage devient alors à peu près impraticable. Schwertz a proposé de sécher le trèfle sur des espèces de bâtons de perroquets implantés dans le sol. Ces supports ont environ 2 mètres 1/2 de hauteur, et peuvent être chargés de 100 kilog. de fourrage vert, coupé depuis vingt-quatre heures et déjà flétri. Cette méthode, que j'ai vu pratiquer dans le grand duché de Bade, m'a paru bonne; mais je l'ai trouvée trop dispendieuse par la main-d'œuvre qu'elle exige et par la dépense première des perches. Schwertz estime que 100 kilog. de trèfle vert donnent 22 kilog. de trèfle fané. Le rapport du fourrage vert au fourrage sec varie d'ailleurs avec l'âge de la plante et les circonstances météorologiques sous lesquelles elle s'est développée. Voici le résultat de quelques expériences que j'ai faites sur le fanage du trèfle :

1000 k. de trèfle en fleur 2e année (1841) ont donné fané		357 k.
1000 kil. de trèfle de 1re année (1842),	id.	240

Le produit moyen de ce fourrage réduit en foin est, à Bechelbronn, de 5,100 kilogrammes par hectare.

1 de foin de trèfle, après dessiccation complète, a pesé 0,790; 1 de foin sec a laissé cendres 0,078 (1).

(1) I. 0,288 ont donné acide carbonique 0,495, eau 0,122
II. 0,285 0,4865 0,138
0,532 ont donné azote 8$^{c.c.}$,7, th. 8°, barom. 0^m,727.

	I.	II.
Carbone	47,53	47,19
Hydrogène . . .	4,69	5,33
Oxygène	37,96	37,66
Azote.	2,06	2,06
Cendres.	7,76	7,76
	100,00	100,00

Navets.

On cultive le navet en récolte dérobée, aussi ce produit est-il fort chanceux. On tente la culture sur la sole de froment qui a remplacé le trèfle.

Lorsqu'on cultive le navet en première sole fumée, le produit est considérable; dans quelques localités, il s'élève à 7 à 800 quintaux métriques. En récolte dérobée, nous n'obtenons en moyenne que 180 quintaux métriques par hectare; cette récolte est casuelle : on ne la compte que pour une demi-récolte dans les produits de l'assolement; soit : 9,550 kilogr.

Le navet est la plus aqueuse des racines que j'aie encore examinées. Un segment de navet pesant $88^{gr},610$, desséché à l'étuve, s'est réduit à $7^{gr},130$. Par une dessiccation complète, 1 de navet a pesé 0,075; cette racine contenait par conséquent 92,5 d'eau; 1 de racine desséchée a laissé 0,0758 de cendres (1).

(1) I. 0,321 ont donné acide carbon. 0,407, eau 0,181
II. 0,355 0,520 0,190
0,942 azote $13^{c.c.},0$, th. 10°, bar. $0^{m},747$ = azote 1,61
0,595 $8^{c.c.},7$, th. 5,5, bar. $0^{m},744$ = azote 1,74

	I.	II.
Carbone	42,80	42,93
Hydrogène. . .	5,54	5,61
Oxygène	42,40	42,20
Azote	1,68	1,68
Cendres	7,58	7,58
	100,00	100,00

Avoine.

Comme cette céréale ferme la rotation, le produit est peu important. Nous récoltons en moyenne 32 hectolitres par hectare, au poids de 42 kilogrammes. 1 d'avoine desséchée complètement pèse 0,792 ; 1 d'avoine sèche a laissé cendres 0,0398 (1).

	I.	II.
Carbone. . . .	50,32	51,09
Hydrogène. . .	6,32	6,44
Oxygène. . . .	37,14	36,25
Azote.	2,24	2,24
Cendres	3,98	3,98
	100,00	100,00

Paille d'avoine.

La paille d'avoine est évaluée à 1800 kilogr. par hectare. 1 de paille devient, dans le vide sec,

(1) I. 0,345 ont donné acide carbon. 0,628, eau 0,198
II. 0,366 0,676 0,213
0,569 azote $10^{c.c.}$,7, th. 7°, barom. 0_m,743 = azote 2,24
En 1836, l'avoine desséchée m'a fourni azote 2,22.

0,713 ; 1 de paille sèche a laissé 0,0509 de cendres (1).

	I.	II.
Carbone.	49,93	50,25
Hydrogène. . . .	5,32	5,48
Oxygène.	39,28	38,80
Azote.	0,38	0,38
Cendres.	5,09	5,09
	100,00	100,00

Betteraves champêtres.

En première sole fumée, le produit moyen, en betteraves, est à Bechelbronn de 263 quintaux métriques par hectare. Les récoltes les plus mauvaises ne descendent pas au dessous de 125 quintaux, et les meilleures ne dépassent pas 400 quintaux. Ces résultats, comme j'ai eu l'occasion de le faire remarquer, diffèrent sensiblement de ceux qui ont été obtenus dans diverses localités. Nous avons vu que Schwertz et Thaer portent cette moyenne à 360 quintaux métriques. Mœlinger, d'après une moyenne de dix ans, adopte 271 quintaux. A Roville, M. de Dombasle donne 175 quintaux comme moyenne de sept années.

A Bechelbronn, les feuilles de betteraves ne

(1) I. 0,293 ont donné acide carbon. 0,529, eau 0,141
II. 0 279 0,507 0,139
0,542 azote 1c.c.,8, th. 13°, barom. 0m,744 = azote 0,38

sont pas données au bétail ; on les laisse sur le terrain. Un morceau de betterave pesant 56^{gr},240 s'est réduit à 7^{gr},320 après une dessiccation faite à l'étuve. Par une dessiccation complète à 110°, 1 de racine est devenu 0,122 ; 1 de racine a laissé cendres 0,0624 (1).

	I.	II.
Carbone . . .	42,75	42,93
Hydrogène . .	5,77	5,94
Oxygène . . .	43,58	43,33
Azote.	1,66	1,66
Cendres. . . .	6,24	6,24
	100,00	100,00

Seigle.

Le seigle est rarement introduit dans la rotation suivie à Bechelbronn. On y estime son produit à 23 hectolitres quand il a reçu un supplément d'engrais. L'hectolitre pèse 73 kilogram. J'ai adopté, pour le seigle, le rapport du grain à la paille : : 45 : 100. 1 de seigle desséché à 110° a pesé 0,834 ; 1 de seigle sec a laissé 0,0237 de cendres (2).

(1) I. 0,3275 ont donné acide carb. 0,506, eau 0,171
II. 0,293 0,455, 0,158
0,9385 azote 13$^{c.c.}$,3, th. 9,5, bar. 0^{m},748 = azote 1,68
0,563 8$^{c.c.}$,0, th. 9,5, bar. 0^{m},728 = azote 1,63

(2) I. 0,342 ont donné acide carbon. 0,573, eau 0,167
II. 0,381 0,630, 0,197
III. 0,406 0,681, 0,210
0,458 azote 6$^{c.c.}$,7, th. 7°, barom. 0^{m},735 = azote 1,72
0,834 11$^{c.c.}$,7, th. 8°, barom. 0^{m},735 = azote 1,65

	I.	II.	III.
Carbone . . .	46,35	45,72	46,38
Hydrogène. .	5,38	5,70	5,74
Oxygène. . .	44,21	44,52	43,82
Azote	1,69	1,69	1,69
Cendres . . .	2,37	2,37	2,37
	100,00	100,00	100,00

Paille de seigle.

1 de paille desséchée complètement a pesé 0,813 ; 1 de paille sèche a donné 0,0368 de cendres (1).

Carbone.	49,88
Hydrogène	5,58
Oxygène	40,56
Azote.	0,30
Cendres.	3,68
	100,00

Pois jaunes.

Récoltés sur sole fumée, ils ont produit 14,2 hectolitres par hectare, au poids de 78 kilogram. l'hectolitre. 1 de pois a pesé, après complète dessiccation, 0,914 ; 1 de pois secs a laissé cendres 0,0314 (2).

(1) I. 0,293 ont donné acide carbon. 0,520, eau perdue.
II. 0,310 0,559, 0,158
0,445 azote $1^{c.c.}$,2, th. 13°, barom. 0^m,747 = azote 0,30

(2) I. 0,284 ont donné acide carbon. 0,473, eau 0,157
II. 0,314 0,534, 0,178
0,548 azote $19^{c.c.}$,3, th. 8°,5, barom. 0^m,735 = azote 4,12
0,548 $19^{c.c.}$,8, th. 8°,7, barom. 0^m,735 = azote 4,23

	I.	II.
Carbone . . .	46,06	46,94
Hydrogène . .	6,09	6,24
Oxygène. . .	40,53	39,50
Azote	4,18	4,18
Cendres . . .	3,14	3,14
	100,00	100,00

Paille de pois.

Un hectare cultivé en pois produit environ 2,790 kilogrammes de paille; 1 de paille de pois, après dessiccation, a pesé 0,882. 1 de paille a laissé cendres 0,1132 (1).

Carbone . . .	45,80
Hydrogène . .	5,00
Oxygène . . .	35,57
Azote	2,31
Cendres . . .	11,32
	100,00

Topinambours.

En Alsace, les topinambours sont toujours cultivés sur la même sole. On fume tous les deux ans. A Bechelbronn, sur un terrain peu profond, on récolte par hectare :

Tubercules	26,440 kilog.
Tiges sèches. . . .	1,410

(1) I. 0,288 ont donné acide carbonique 0,477, eau 0,130
0,529 azote 11c.c.,0, th. 8°,,5 barom. 0m,731
0,529 10c.c.,0, th. 10°,5, barom. 0m,744

Un tubercule qui pesait au sortir de terre 55gr,450, a pesé 11gr,550 après une dessiccation à l'étuve. Par une dessiccation absolue, 1 de tubercule devient 0,208. 1 de topinambour sec a laissé 0,0594 de cendres (1).

	I.	II.
Carbone.	43,02	43,62
Hydrogène . . .	5,91	5,80
Oxygène	43,56	43,07
Azote.	1,57	1,57
Cendres.	5,94	5,94
	100,00	100,00

Tiges sèches de topinambours.

Ces tiges avaient passé l'hiver sur place; elles étaient presque entièrement formées de moelle. 1 de tige après dessiccation a pesé 0,871. 1 de tige sèche a laissé cendres 0,0276 (2).

Carbone. . . .	45,66
Hydrogène. . .	5,43
Oxygène. . . .	45,72
Azote	0,43
Cendres. . . .	2,76
	100,00

Je crains que dans cette analyse le carbone et l'azote ne soient dosés trop bas.

(1) I. 0,391 ont donné acide carbon. 0,6085, eau 0,209
II. 0,336 0,530, 0,177
0,629 azote 8c.c.,3, th. 8°,5, barom. 0m,743 = az. 1,56
0,676 9c.c.,0, th. 7°,5, barom. 0m,735 = az. 1,57

(2) 0,348 ont donné acide carbonique 0,5745, eau 0,171
0,354 azote 1c.c.,3, th. 13°, barom. 0m,746

J'ai réuni dans deux tableaux les résultats des analyses dont je viens de donner les détails. Dans l'un sont indiquées la quantité de matière sèche et l'humidité contenues dans chacune des substances analysées; dans l'autre se trouve la composition élémentaire. En examinant avec attention les nombres inscrits dans le second tableau, on remarque entre certaines substances une grande analogie de composition. Si l'on fait abstraction des cendres, l'analogie est alors complète, et l'on reconnaît que plusieurs substances, ayant d'ailleurs des caractères et des propriétés assez différentes, possèdent néanmoins la même composition; résultat singulier, que je n'entreprends pas d'expliquer.

I.

SUBSTANCES.	MATIÈRE SÈCHE.	EAU.
Froment.	0,855	0,145
Seigle.	0,834	0,166
Avoine.	0,792	0,208
Paille de froment	0,740	0,260
Paille de seigle	0,813	0,187
Paille d'avoine	0,713	0,287
Pommes de terre	0,241	0,759
Betteraves	0,122	0,878
Navets.	0,075	0,925
Topinambours	0,208	0,792
Pois.	0,914	0,086
Paille de pois	0,882	0,118
Foin de trèfle	0,790	0,210
Tiges de topinambours .	0,871	0,129

Composition des matières récoltées, desséchées dans le vide, à la température de 110° cent.

SUBSTANCES.	CENDRES COMPRISES.					CENDRES DÉDUITES.			
	Carbone.	Hydrogène.	Oxygène.	Azote.	Cendres.	Carbone.	Hydrogène.	Oxygène.	Azote.
Froment	46,1	05,8	43,4	02,3	02,4	47,2	06,0	44,4	02,4
Seigle.	46,2	05,6	44,2	01,7	02,3	47,3	05,7	45,3	01,7
Avoine	50,7	06,4	36,7	02,2	04,0	52,9	06,6	38,2	02,3
Paille de froment. . .	48,4	05,3	38,9	00,4	07,0	52,1	05,7	41,8	00,4
Paille de seigle. . . .	49,9	05,6	40,6	00,3	03,6	51,8	05,8	42.1	00,3
Paille d'avoine. . . .	50,1	05,4	39,0	00,4	05,1	52,8	05,7	41,1	00,4
Pommes de terre. . .	44,0	05,8	44,7	01,5	04,0	45,9	06.1	46,4	01,6
Betteraves champêtres	42,8	05,8	43,4	01,7	06,3	45,7	06,2	46,3	01,8
Navets.	42.9	05,5	42,3	01,7	07,6	46,3	06,0	45,9	01,8
Topinambours. . . .	43,3	05,8	43,3	01,6	06,0	46.0	06,2	46,1	01,7
Pois jaunes	46,5	06,2	40,0	04,2	03,1	48,0	06,4	41,3	04,3
Paille de pois	45,8	05,0	35 6	02,3	11,3	51,5	05,6	40,3	02,6
Trèfle rouge, foin. . .	47,4	05,0	37 8	02,1	07,7	51,3	05,4	41,1	02,2
Tiges de topinambours	45,7	05,4	45 7	00,4	02,8	47,0	05,6	47,0	00,4

L'engrais employé à Bechelbronn est celui que l'on désigne communément sous le nom de fumier de ferme; engrais qui se compose des excréments des chevaux, du bétail, et de la paille de litière imprégnée d'urine. La fiente de poules, la colombine, les balayures de cours, ont quelquefois des destinations spéciales. Les animaux qui concourent à la production du fumier examiné sont, comme je l'ai dit, des chevaux, des bêtes à cornes et des porcs.

Le fumier est porté sur les terres lorsqu'il a subi la fermentation en tas; c'est de l'engrais à demi consommé; la paille de litière n'est pas entièrement décomposée; elle est encore molle, filamenteuse; à cet état le fumier retient une quantité considérable d'humidité.

Dessiccation des fumiers à demi consommés.
Expérience première.

Engrais préparé pendant l'hiver 1837-1838. 117 kilogrammes de fumier pris au moment où on le transportait sur les terres, pesèrent 26 kilogrammes $\frac{1}{2}$ lorsqu'il eut été desséché de manière à pouvoir être réduit en poudre. La perte en eau a été de 77,3 pour 100. Ce nombre approche beaucoup de celui donné par plusieurs agriculteurs allemands pour exprimer l'humidité du fumier de ferme, humidité qu'ils évaluent à 75 pour 100. Néanmoins cette perte ne représente pas la totalité de l'eau; car, après une dessiccation à 100°, les 26 kilogrammes $\frac{1}{2}$ ont pesé $24^{kil},84$. Enfin, par une dessiccation faite dans le vide sec à 110°, on a reconnu que 1 de fumier desséché à l'étuve perdait encore 0,039. On trouve ainsi qu'en totalité le fumier a perdu 79,62 pour 100 d'eau : il renfermait en conséquence 20,4 de matière sèche.

Expérience deuxième.

Engrais préparé dans l'hiver 1838-1839. 100 k. de fumier, après avoir été hachés et séchés, ont pesé 25^{kil},5. 1 de ce fumier sec s'est réduit, dans le vide sec, à la température de 110° à 0,872. Les 100 kilogrammes eussent pesé secs 22^{kil},2.

Expérience troisième.

Engrais préparé durant l'été de 1839. 300 kil. de fumier ont pesé, après dessiccation, 69 kil. Ce fumier sec a été réduit en poudre. 1 partie a perdu, par une dessiccation à 110° dans le vide sec, 0,1461.

Les 69 kilogrammes eussent perdu 10^{kil},08; par conséquent, les 300 kilogrammes de fumier contenaient 58^{kil},92 de matière sèche. Soit 19,64 pour 100.

En résumé, la matière sèche du fumier à demi consommé a été, pour 100 :

Première expérience . . .	20,4
Deuxième expérience. . .	22,2
Troisième expérience. . .	19,6
En moyenne.	20,7
Humidité.	79,3

Analyses des fumiers à demi consommés.

I. Engrais préparé dans l'hiver 1837-1838.

Matière 0,5595, acide carbon. 0,528, eau 0,157, C. 32,4, H. 3,8
0,5795, azote 7$^{c.c.}$,7, th. 10°, barom. 0^{m},7435 = azote 1,7
1,0 cendres 0,462

II. Engrais préparé dans l'hiver 1837-1838.

Matière 0,575, acide carbon. 0,676, eau 0,212, C. 32,5 H. 4,1
0,575, azote 8c.c.,3, th. 11°, barom. 0m,744 = azote 1,69
0,575, 8c.c.,8, th. 13,5 0m,745 = azote 1,73
1,000, cendres 0,357

III. Engrais préparé dans l'hiver 1837-1838.

Matière 0,567, acide carbon. 0,791, eau 0,232 = C. 38,7, H. 4,5
0,562, azote 8c.c.,3, th. 11°,5 barom. 0m,744 = azote 1,73
1,000, cendres 0,264

IV. Engrais préparé durant le printemps de 1838.

Matière 0,586, acide carbonique 0,759 eau 0,208, C. 36,4, H. 4,0
0,576, azote 11c.c.,7, th. 9°,5, barom. 0m,741 = azote 2,4
1,000, cendre 0,381

V. Engrais préparé pendant le printemps de 1839.

Matière 0,445, acide carbonique, 0,643, eau 0,171, C. 40,0, H. 4,3
0,523, azote 10c.c.,3, th. 4°,8, barom. 0m,747 = azote 2,4
1,000, cendres 0,257

VI.

Matière 0,427, acide carbonique 0,543, eau 0,150, C. 34,7, H. 3,9
0,427, 0,530, 0,127, C. 34,3, H. 4,8
0,685, azote 11c.c.,0, th. 4°,5, barom. 0m,750 = azote 2,0
1,000, cendres 0,315

Composition des fumiers analysés.

	Carbone.	Hydrogène.	Oxygène.	Azote.	Sels et terre.
I.	32,4	3,8	25,8	1,7	36,3
II.	32,5	4,1	26,0	1,7	35,7
III.	38,7	4,5	28,7	1,7	26,4
IV.	36,4	4,0	19,1	2,4	38,1
V.	40,0	4,3	27,6	2,4	25,7
VI.	34,5	4,3	27,7	2,0	31,5
Moyenne.	35,8	4,2	25,8	2,0	32,2

Dans toutes ces analyses, la combustion a été aidée par l'addition du chlorate de potasse ; on a toujours ajouté de l'oxyde antimonique. L'acide carbonique des cendres a été déterminé et défalqué.

La mesure de fumier en usage à Bechelbronn est le chariot attelé de quatre chevaux. Par de nombreuses pesées, on a trouvé que cette mesure contient 1818 kilogrammes de matière humide, ou 376^{kil},33, si on suppose l'engrais entièrement sec. La sole qui ouvre la rotation reçoit vingt-sept voitures de cet engrais, pesant 49,086 kil., représentant 10,161 kilogrammes d'engrais sec. Les analyses précédentes montrent que cette dose d'engrais, qui doit fertiliser le sol pendant le cours de la rotation (cinq ans), contient :

	kilog.
Carbone . . .	3637,6
Hydrogène . .	426,8
Oxygène . . .	2621,5
Azote	203,2
Sels et terre .	3271,9
	10161,0

Tels sont les principes qui, par leur réunion, constituent la matière organique qui doit être consommée, en s'assimilant en partie aux produits végétaux récoltés. Je dis en partie, parce que je suis bien loin de penser que la totalité de cette matière organique doit nécessairement entrer dans la constitution des plantes qui naîtront pendant la durée de l'assolement. Nul doute qu'une partie notable de cet engrais ne soit perdue pour la végétation, en se décomposant spontanément, ou en se laissant entraîner par les eaux pluviales. Il est encore certain qu'une autre partie demeurera longtemps dans le sol dans un état d'inertie, pour n'exercer son action fertilisante qu'à une époque plus ou moins éloignée, de même qu'il arrive que, dans la rotation actuelle, l'engrais antérieurement introduit agit de concert avec le nouvel amendement. Mais ce qui est bien établi, c'est que la proportion d'engrais que j'ai indiquée est indispensable pour atteindre nos récoltes moyennes, et qu'en la diminuant, on diminuerait également les produits de l'exploitation. Enfin, il est prouvé qu'après la rotation, les récoltes ont consommé cet engrais, et que la terre ne présenterait plus une culture productive, si on négligeait de lui restituer une dose égale de fumier.

Je comparerai maintenant, à l'aide des données que nous possédons, le rapport qui existe, pour divers assolements, entre la quantité de matière organique enfouie dans le sol comme engrais, et la quantité de la même matière qui se retrouve dans les produits récoltés.

Cette comparaison nous permettra de déterminer, d'une manière approximative, les proportions respectives de matière élémentaire que les diverses sortes de récoltes prennent à l'air et au sol : en procédant ainsi, nous arriverons à reconnaître quels sont les assolements qui épuisent le moins la terre, c'est à dire quelles sont les successions de cultures qui prélèvent sur l'atmosphère la plus forte proportion de matière organique.

Les assolements inscrits dans les tableaux 1 et 2 sont ceux qui ont été définitivement adoptés à Bechelbronn et dans la plus grande partie de l'Alsace. Ces deux rotations, qui ne diffèrent que par la plante sarclée, qui est la pomme de terre dans l'une et la betterave dans l'autre, ne présentent pas de différences essentielles ; c'est à peu près la même quantité de matière sèche produite par hectare, à peu près la même quantité de matière organique prélevée sur l'atmosphère.

L'assolement n° 3 a été introduit par Schwertz à Hoheinheim ; la théorie indique que c'est une des rotations les plus avantageuses ; on a essayé cet assolement à Bechelbronn, mais on y a renoncé, parce qu'en raison des circonstances météorologiques, les pois et les fèveroles manquent assez souvent.

Le tableau n° 4 montre l'assolement triennal avec jachère fumée. On peut voir que, sous le rapport théorique, cette culture offre un résultat désavantageux. La matière organique des récoltes n'excède que de très peu la matière organique des engrais. En supposant même que la totalité de la paille soit transformée en fumier, on doit se trouver, comme on se trouve en effet, dans la nécessité de tirer des engrais du dehors, pour compenser l'épuisement que doit occasionner l'exportation du froment. On voit pourquoi l'assolement triennal exige toujours qu'une fraction très forte du domaine soit en prairies.

Dans le tableau n° 5, je donne le résultat de la culture continue du topinambour. A Bechelbronn, on fume les topinambours tous les deux ans avec vingt-cinq voitures de fumier par hectare, ou 45,450 kilogrammes. En moyenne, on retire dans les deux années 52,880 kilogrammes de tubercules, et 2,820 kilogrammes de tiges ligneuses. On peut remarquer, en examinant les éléments de ce tableau, que la culture du topinambour présente théoriquement des avantages considérables. La matière organique de la récolte excède de beaucoup la matière organique de l'engrais. Au reste, cette culture, déjà fort répandue en Alsace, y est considérée comme une des plus productives qu'il soit possible d'adopter. Toutefois, dans les résultats théoriques, il faut tenir compte et déduire même la matière organique des tiges qui, dans la pratique, n'ont presque aucune utilité.

J'ai rassemblé dans le tableau n° 6 les données

relatives à un assolement *quatriennal* adopté par M. Crud, et dans lequel on récolte successivement : 1° pommes de terre ou betteraves, 2° froment, 3° trèfle rouge, 4° froment. La première sole est amendée avec 44,000 kilogr. de fumier de ferme à demi consommé. J'ai appliqué à ce fumier, comme aux produits de la rotation, les compositions que l'analyse a indiquées dans l'engrais et les récoltes de l'Alsace. Le gain en matière organique obtenu dans cet assolement est supérieur à celui des rotations précédentes ; mais comme les récoltes de trèfle ne sont plus assez assurées quand elles reviennent tous les quatre ans, M. Crud, par des raisons qui ne sont peut-être pas à l'abri de la critique, fait suivre cette rotation par l'établissement d'une luzernière à laquelle il donne dans le principe un supplément d'engrais. Il est incontestable que la luzerne apporte au domaine une masse considérable de fourrage, et, sous ce rapport, la fertilité des terres doit s'améliorer grandement, si cette nourriture est consommée sur place ; mais j'avoue que je ne comprends pas bien ce qui s'opposerait à ce qu'on laissât revenir le trèfle, si la luzerne réussit aussi bien que l'affirme M. Crud. Au reste, après avoir voulu, dans l'assolement triennal, faire revenir le trèfle avec trop de fréquence, on est peut-être tombé dans un excès opposé, en ne le cultivant que tous les cinq ou six ans. Il y a sur ce sujet des expériences importantes à tenter. Il n'est pas impossible que le mauvais succès des soles de trèfle dépende souvent des coupes prématurées que l'on fait la première année, alors que les racines de la plante n'ont point acquis une vigueur suffisante. Depuis quelques années nous renonçons à cette première coupe, et tout semble annoncer que l'existence de la sole de trèfle qui doit produire durant la seconde année est beaucoup plus assurée.

ASSOLEMENT N° 1.

ANNÉES.	SUBSTANCES.	RÉCOLTES par HECTARE.	RÉCOLTES SÈCHES.	CARBONE.	HYDROGÈNE.	OXYGÈNE.	AZOTE.	SELS et TERRES.
		kilog.	kilog.	kilog.	kilog.	kilog.	kilog.	kilog.
1re	Pommes de terre.	12800	3085	1357,4	178,9	1379,0	46,8	123,4
2e	Froment	1343	1148	529,3	66,6	498,2	26,4	27,5
	Paille de froment.	3052	2258	1093,0	119,7	878,2	9,0	158,1
3e	Trèfle (en foin).	5100	4029	1909,7	201,5	1523,0	84,6	310,2
4e	Froment.	1659	1418	653,8	82,2	615,4	32,6	34,0
	Paille de froment.	3770	2790	1350,4	147,8	1085,3	11,2	195,3
	Navets dérobés.	9550	716	307,2	39,3	302,9	12,2	54,4
5e	Avoine	1344	1064	539,5	68,0	390,5	23,3	42,6
	Paille d'avoine.	1800	1283	642,8	69,3	500,4	5,1	65,4
	Somme.	40418	17791	8383,1	973,3	7172,9	250,7	1010,9
	Engrais employé.	49086	10161	3737,6	426,8	2621,5	203,2	3271,9
	Différence.	. . . .	+ 7630	+ 4745,5	+ 546,5	+ 5551,4	+ 47,5	—2261,0

ASSOLEMENT N° 2.

ANNÉES.	SUBSTANCES.	RÉCOLTES par HECTARE.	RÉCOLTES SÈCHES.	CARBONE.	HYDROGÈNE.	OXYGÈNE.	AZOTE.	SELS et TERRES.
		kilog.	kilog.	kilog.	kilog.	kilog.	kilog.	kilog.
1re	Betteraves	26000	3172	1357,7	184,0	1376,7	53,9	199,8
2e	Froment	1185	1013	467,0	58,8	439,6	23,3	24,3
	Paille de froment	2693	1993	964,0	105,6	775,3	8,0	139,5
3e	Trèfle (en foin)	5100	4029	1909.7	201,5	1523,0	84,6	310,2
4e	Froment	1659	1418	653,8	82,2	615,4	32,6	84,0
	Paille de froment	3770	2790	1350,4	147,8	1085,3	11,2	195,3
	Navets dérobés	9550	716	307,2	39,3	302,9	12,2	54,4
5e	Avoine	1344	1064	539,5	68,0	390,5	23,3	42,6
	Paille d'avoine	1800	1283	642,8	69,3	500,4	5,1	65,4
	Somme	53101	17478	8192,7	956,5	7009,0	254,2	1065,5
	Engrais employé	49086	10161	3637,6	426,8	2621,5	203,2	3271,9
	Différence	. . . .	+7317	+4555,1	+529,7	+4387,5	+51,0	−2206,4

ASSOLEMENT N° 3.

ANNÉES.	SUBSTANCES.	RÉCOLTES par HECTARE.	RÉCOLTES SÈCHES.	CARBONE.	HYDROGÈNE.	OXYGÈNE.	AZOTE.	SELS et TERRES.
		kilog.	kilog.	kilog.	kilog.	kilog.	kilog.	kilog.
1re	Pommes de terre	128000	3085	1357,4	178,9	1379,0	46,3	123,4
2e	Froment.	1343	1148	529,3	66,6	498,2	26,4	27,5
	Paille de froment	3052	2258	1093,0	119,7	878,2	9,0	158,1
3e	Trèfle (en foin)	5100	4029	1909,7	201,5	1523,0	84.6	310,2
4e	Froment.	1659	1418	653,8	82,2	615,4	32,6	34,0
	Paille de froment	3770	2790	1350,4	147,8	1085,3	11,2	195,3
	Navets dérobés	9550	716	307,2	39,3	302,9	12,2	54,4
5e	Pois (fumés)	1092	998	464,1	61,9	399,2	41,9	30,9
	Paille de pois.	2790	2461	1127,3	123,0	876,1	56,6	278,1
6e	Seigle.	1679	1394	644,0	78,1	616,1	23,7	32,1
	Paille de seigle	3731	3033	1513,5	169,8	1231,4	9,1	109,2
	Somme.	46566	23330	10949,7	1268,8	9404,8	353,6	1353,2
	Engrais employé.	161766	12192	4364,2	512,2	3145,5	243,8	3925,8
	Différence	. . . .	+ 11138	+ 6585,5	+ 756,6	+ 6259,3	+ 109,8	—2572,6

ASSOLEMENT N° 4.

ANNÉES.	SUBSTANCES.	RÉCOLTES par HECTARE.	RÉCOLTES SÈCHES.	CARBONE.	HYDROGÈNE.	OXYGÈNE.	AZOTE.	SELS et TERRES.
		kilog.	kilog.	kilog.	kilog.	kilog.	kilog.	kilog.
1re	Jachère fumée	»	»	»	»	»	»	»
2e et 3^e	Froment.	3318	2836	1037,4	164,5	1230,8	65,2	68,1
	Paille	7500	5550	2686,2	294,2	2159,0	22,2	388,5
	Somme.	10818	8386	3993,6	458,7	3389,8	87,4	456,6
	Engrais employé.	20000	4140	1482,1	173,9	1068,1	82,8	1333,1
	Différence	. . . .	+ 4246	+ 2511,5	+ 284,8	+ 2321,7	+ 4,6	— 876,5

N° 5. — CULTURE CONTINUE DU TOPINAMBOUR.

ANNÉES.	SUBSTANCES.	RÉCOLTES par HECTARE.	RÉCOLTES SÈCHES.	CARBONE.	HYDROGÈNE.	OXYGÈNE.	AZOTE.	SELS et TERRES.
		kilog.	kilog.	kilog.	kilog.	kilog.	kilog.	kilog.
1re et 2e	Topinambours	52880	11000	4763,0	638,0	4763,0	176,0	660,0
	Tiges ligneuses.	28200	24542	11224,7	1326,3	11224,7	98,2	687,2
	Somme.	81080	35562	15987,7	1964,3	15987,7	274,2	1347,2
	Engrais employé	45450	9408	3368,1	395,1	2427,3	188,2	3029,3
	Différence	. . . .	+ 26154	+ 12619,6	+ 1569,2	+ 13560,4	+ 86,0	—1682,1

N° 6. Assolement quatriennal suivi par M. Crud.

Années.	Cultures.	Récoltes par hectare.	Récoltes sèches.	Matières élémentaires de la récolte. Carbone.	Hydrogène.	Oxygène.	Azote.	Sels et terres.
		kilog.	kilog.	kilog.	kilog.	kilog.	kilog.	kilog.
1re	Pommes de terre, demi hectare	10000	2410	1060,4	139,8	1077,3	36,1	96,4
	Betteraves, demi hectare. . .	20000	2440	1044,3	141,5	1059,0	41,5	153,7
2e et 4e	Froment, 46 hectolitres . . .	3634	3106	1431,8	180,2	1348,0	71,4	74,6
	Paille de froment.	8000	5720	2768,6	303,2	2225,0	22,8	400,4
3e	Trèfle, trois coupes.	8000	6320	2995,7	316,0	2389,0	132,7	486,6
	Somme.	49634	19996	9300,8	1080,7	8098,3	304,5	1211,7
	Engrais consommé.	44000	9108	3260,7	382,5	2349,9	182,1	2932,8
	Différence	. . . .	+ 10888	+ 6040,1	+ 698,2	+ 5748,4	+ 122,4	+ 1721,1

RÉSUMÉ.

ASSOLEMENTS.	ENGRAIS SEC consommé sur un hectare, en une année.	AZOTE contenu dans l'engrais.	RÉCOLTE SÈCHE obtenue en un an, sur un hectare.	AZOTE contenu dans la récolte.	GAIN en matière organique, en un an, sur un hectare.	GAIN EN AZOTE en un an, sur un hectare.
	kilog.	kilog.	kilog.	kilog.	kilog.	kilog.
N° 1.	2032	40,6	3558	50,1	2178	9,5
N° 2.	2032	40,6	3495	50,8	1905	10,2
N° 3.	2032	40,6	3888	58,9	2742	18,4
N° 4.	1360	25,8	2790	29,1	1707	3,3
N° 5.	4047	94,1	17781	137,1	13918	43,0
N° 6.	2277	45,5	4999	76,1	3152	30,6

Dans ce qui précède, on voit que ce sont précisément les assolements qui comprennent les soles de trèfle qui rendent la plus forte proportion de matière organique. C'est là un fait connu depuis longtemps dans la pratique qui admet dans ses rotations des plantes fourragères. Les luzernières, quand elles sont bien établies, rendent aussi une quantité de fourrage extraordinaire. C'est ce dont on peut se convaincre en examinant le produit de la sole de luzerne qui, dans l'assolement de M. Crud, succède à la rotation *quatriennale*. A la fin de la rotation, M. Crud donne à la terre, toujours sur un hectare, 44,000 kilog. de fumier. On fait ensuite pendant six ans, et aux dépens de cet engrais, les récoltes inscrites dans le tableau ci-joint (1) :

(1) Crud, *Economie de l'Agriculture*, t. I, p. 255.

CULTURES.	PRODUIT PAR HECTARE.	CONTENU EN AZOTE (1).
Luzerne sèche, 1re année .	3360 kil.	79 kil.
Id. 2e année .	10080	237
Id. 3e année .	12500	294
Id. 4e année .	10080	237
Id. 5e année .	8000	188
Froment, 6e année	1580	31
Paille	3976	12
		1078
Fumier employé	44000	224 (2)
Gain en azote		854
Gain par an et par hectare .		142

En parcourant ces différents tableaux, on reconnaît que constamment l'azote des récoltes excède l'azote des engrais. J'admets d'une manière générale que cet azote en excès provient de l'atmosphère. Quant au mode particulier par lequel ce principe est assimilé aux plantes, je ne

(1) Une luzerne fanée, à Bechelbronn, a donné pour 100, azote 1,7
Une jeune luzerne en fleur a donné à M. Payen azote 3,1
Luzerne fanée en fleur, 1841, Bechelbronn, azote 2,25

Moyenne, azote 2,35

(2) J'ai pris la composition du fumier d'écurie à 0,0051 d'azote.

saurais le préciser. Je ne puis que reproduire ici les conclusions qui terminent un Mémoire que j'ai publié en 1837 (1) : « L'azote peut entrer directement dans l'organisme des plantes, si leurs « parties vertes sont aptes à le fixer; cet élément « peut encore être porté dans les végétaux par « l'eau toujours aérée qui est aspirée par leurs « racines. Enfin, il est possible, comme le pensent quelques physiciens (2), qu'il existe dans « l'air une infiniment petite quantité de vapeurs « ammoniacales. »

§ II. *Des résidus des récoltes.*

La substance végétale produite dans le cours d'une rotation ne se retrouve pas tout entière dans les récoltes. La terre en garde toujours une certaine partie. Il devient donc intéressant de rechercher la quantité de matière élémentaire laissée dans le sol par les différentes cultures. C'est un point qu'il est utile d'éclaircir dans l'intérêt de l'étude des assolements. En effet, les débris de la récolte actuelle influeront nécessairement sur les produits de la récolte prochaine, et, dans le cours d'une rotation, la somme des résidus des récoltes qui se succè-

(1) *Annales de Chimie et de Physique*, t. LXIX, p. 366, année 1837.

(2) Saussure, *Recherches chimiques sur la végétation*.

dent doit être envisagée comme un supplément à l'engrais qui a été primitivement donné au terrain.

Dans l'assolement le plus généralement adopté aujourd'hui, cette influence est manifeste, et c'est en partie par elle que l'on peut expliquer comment une quantité d'engrais, d'ailleurs assez limitée, peut suffire à la durée d'une rotation productive. Pour le trèfle, cette influence a frappé tous les yeux. Le froment qui le précède, en venant immédiatement après la plante sarclée, donne dans nos cultures 15 à 17 hectolitres par hectare; le froment qui succède à cette plante produit alors 20 à 21 hectolitres.

L'amélioration si évidente du sol par le trèfle a probablement lieu par les résidus des autres récoltes, mais comme dans certains cas les débris abandonnés se bornent à compenser ou à atténuer l'épuisement éprouvé par le sol, leur effet utile est moins visible, moins prononcé. Que les résidus des plantes cultivées dans une rotation compensent en tout ou en partie l'appauvrissement du terrain, qu'ils ajoutent dans quelques circonstances à sa fécondité, c'est ce que tout le monde admet sans difficulté; car il est bien clair qu'en adoptant des cultures qui laissent beaucoup de débris, c'est précisément comme si l'on récoltait moins de produits sur une surface donnée. Mais quelle est la quantité de débris végétaux restitués directement à la terre par telle ou telle culture ? Quelle est, en un mot, la valeur de ces résidus considérés comme engrais ? C'est un point sur lequel on n'a que des idées peu arrêtées. C'est dans le but de préciser ces idées, en substituant aux aperçus vagues que l'on possède sur ce sujet des faits qui permettent d'ouvrir une discussion utile, que je me suis décidé à peser et à analyser les débris végétaux laissés dans la terre par les différentes cultures qui constituent la rotation communément suivie dans l'est de la France.

Mes expériences ont été faites sur des surfaces de terrain qui ont varié de 1 à 4[ares],24. Les racines de trèfles et les chaumes ont été enlevés à la bèche ; avant de les faire sécher, on les a débarrassés de la terre adhérente par un lavage.

Les feuilles de betterave et les fanes de pommes de terre ont été desséchées au four ; c'est sur ce produit sec, susceptible de se réduire en poudre, que l'on a pris les échantillons qui ont servi aux analyses, après toutefois avoir été complètement desséchées à la température de 110° dans le vide.

Dans le cours d'une seule année, on ne peut espérer d'avoir obtenu un résultat moyen. Les résidus des récoltes doivent varier d'une année à l'autre. J'ajouterai même que l'année dans laquelle ces recherches ont été entreprises a été peu favorable, parce que les récoltes ont été généralement mauvaises; mais les pesées de 1839 pourront être répétées pendant plusieurs années consécutives, afin d'atteindre un chiffre moyen; quant aux résultats analytiques, je crois qu'on peut, sans crainte d'erreur bien grave, les considérer comme définitifs.

Fanes de pommes de terre.

Une surface d'un are, mesurée sur une pièce qui avait souffert de la sècheresse, a donné 21,4 kil. de fanes vertes. Après une dessiccation à l'air, ces fanes ont pesé 8,4 kil. Une égale surface, prise sur une pièce offrant une belle apparence, a donné : fanes vertes 36 kil.; séchées à l'air, 7,4 kil. On aurait ainsi pour un hectare de fanes vertes 2,870 kil.; sèches, 790 kil.; en 1839, la récolte en pommes de terre a été de 12,400 kil. par hectare. 100 gr. de fanes séchées à l'air ont perdu, par une dessiccation à 110°, 12 gr. d'humidité.

Le poids des fanes complètement sèches se réduit, par conséquent, à 687,5 kil. par hectare.

Composition des fanes (1).

Carbone.	44,8
Hydrogène.	5,1
Oxygène.	30,5
Azote	2,3
Sels et terre	17,8
	100,0

Feuilles de betteraves champêtres.

Sur une surface de 4^{ares},24, on a recueilli, deux jours après l'arrachement des racines, 444 kilog. de feuilles.

25 kilog. de feuilles, desséchées au four de manière à pouvoir être pulvérisées, se sont réduits à 3 kilog.

100 grammes de feuilles sèches et pulvérisées ont perdu, par une dessiccation à 110°, 7$^{gr.}$,1 d'humidité. Les 3 kilog., ramenés à cet état de siccité, eussent pesé 2$^{kil.}$,787. Avec ces données, on trouve que les 444 kilog. de feuilles vertes recueillies sur 4^{ares},24 devaient peser, sèches, 49$^{kil.}$,50.

L'hectare a fourni :

Feuilles vertes.	10,472 kilog.
Feuilles sèches	1,167

(1) 1,0 a laissé 0,178 de cendres.
0,297 ont donné acide carboniq. 0,481, eau 0,137.
0,476 azote 9$^{c.c}$,5 temp. 10° bar. 0,745.

La récolte en racine qui répond à cette quantité de feuilles a été, pour 1839, de 14,921 kilog., c'est à dire à peu près une demi-récolte; car, en moyenne, nous obtenons 26,000 kilog.

Composition des feuilles sèches (1).

Carbone	38,1
Hydrogène	5,1
Oxygène	30,8
Azote	4,5
Sels et terre	21,5
	100,0

Chaume de froment.

D'un are de terrain on a retiré 6 kilog. de chaume séché à l'air.

Sur un autre champ, une même surface a produit 8 kilog.

On a ainsi 700 kilog. de chaume par hectare; mais comme le froment revient deux fois dans la rotation, il faut doubler les résidus : soit 1,400 kilog.

Le chaume perd 0,26 d'humidité quand on le dessèche complètement à 110°.

En 1839, la récolte en froment venue sur

(1) 1 gr. a laissé cendres 0,215.
0,463 ont donné acide carbonique 0,638, eau 0,215.
0,500 azote 19c.c.,0 th. 7°,5 barom. 0,745.

plante sarclée et sur trèfle n'a été que de 14,84 hectolitres par hectare.

J'ai appliqué au chaume la composition de la paille.

Racines de trèfle.

Une surface de 1 are a donné 20 kilog. de racines pesées après une forte dessiccation au soleil; desséchées à l'étuve pour être pulvérisées, le poids s'est réduit à $16^{kil.}$,98.

100 grammes de racines en poudre ont perdu, par la dessiccation à 110°, $8^{gr.}$,9 d'humidité. Ainsi les 20 kilog. de racines desséchées au soleil eussent pesé $15^{kil.}$,47. Un hectare aurait fourni 1,547 kilog. de résidus de trèfle parfaitement secs.

En 1839, la récolte de trèfle, réduit en foin, a été bien au dessous de la récolte moyenne.

Composition des racines (1).

Carbone	43,4
Hydrogène.	5,3
Oxygène.	36,9
Azote	1,8
Sels et terre.	12,6
	100,0

(1) 3^{gr},045 ont laissé cendres . . 0^{gr},391
Acide carboniq. des cendres. . 0 ,008

Cendres . . . . . . 0^{gr},383 = 12,6.

0,405 ont donné acide carbonique 0,636, eau 0,196
0,638 azote $9^{c.c.}$,5 temp. 9°,9 barom. 0,746

Chaume d'avoine.

L'avoine termine l'assolement ; ses résidus n'agissent donc pas sur la rotation actuelle, leur action s'exercera sur la rotation prochaine; de même que les débris organiques laissés dans la terre par l'avoine qui terminait l'assolement antérieur ont influé sur la culture présente.

En 1839, la récolte d'avoine s'est élevée au dessus de la moyenne : elle a été de 2,031 kilog. par hectare.

Un are d'une sole d'avoine a fourni $9^{kil.}$,12 de chaume séché à l'air : pour 1 hectare 972 kilog.

J'adopte encore pour le chaume la composition de la paille telle qu'elle a été donnée précédemment.

Je résume dans le tableau suivant les résultats qui viennent d'être exposés, en y joignant la quantité et la composition de l'engrais consommé dans la rotation.

NATURE des RÉCOLTES.	PRODUIT par hectare, en 1839.	PRODUIT desséché à 100°	NATURE DES RÉSIDUS DES RÉCOLTES enfouies dans le sol.	RÉSIDUS obtenus sur un hectare.	RÉSIDUS desséchés à 100°	MATIÈRE ÉLÉMENTAIRE DES RÉSIDUS.				
						Carbone.	Hydrog.	Oxygène.	Azote.	Sels et terres.
	kil.	kil.		kil.	kil.	kil.	kil.	kil.	kil.	kil.
Pommes de terre .	12400	2988	Fanes de pommes de terre .	2870	687	307,9	35,1	206,2	15,8	122,3
Betteraves	14921	1820	Feuilles de betteraves	10472	1167	444,6	59,5	359,5	52,5	250,9
Froment	2344	2004	Chaume	1400	1036	501,4	55,0	402,8	4,2	72,6
Trèfle (en foin). . .	2500	1975	Racines séchées au soleil. . .	2000	1547	671,4	82,0	570,8	27,9	194,9
Avoine	2031	1608	Chaume	912	650	325,7	33,1	253,5	2,6	33,1
Sommes	32196	10395		17654	5087	2251,0	266,7	1792,8	103,0	673,8
Engrais employé. .	49086	. . . . .		. . . . .	10161	3637,6	426,8	2621,5	203,2	3271,9

On voit que les résidus des récoltes enfouis successivement pendant le cours de la rotation, représentent en quantité et même en nature un peu moins de la moitié de l'engrais primitivement donné au terrain ; je dis un peu moins, parce qu'il faut se rappeler que dans la somme des résidus, les feuilles de betteraves et les fanes de pommes de terre ne doivent pas figurer ensemble ; l'un des résidus exclut l'autre, par la raison que les deux plantes sarclées n'entrent pas à la fois, dans cette proportion, dans le même assolement.

La forte proportion de matières organiques cédée à la terre par les différentes cultures, explique donc comment on peut atteindre la clôture de la rotation, sans qu'il soit indispensable d'ajouter un *supplément* d'engrais en nature. Il est hors de doute que sans cette addition de matière élémentaire, la fertilité du sol s'affaiblirait beaucoup plus rapidement; car le résidu de chaque culture n'est autre chose qu'une partie de la récolte elle-même, destinée, comme je l'ai dit, à *l'enfouissage* en vert. C'est donc un véritable supplément d'engrais dont on doit tenir compte.

On peut remarquer que dans l'assolement de cinq ans, sur cinq récoltes il y en a deux, celle de la plante sarclée et celle du trèfle, qui cèdent au sol des résidus abondants et riches en matière azotée ; il est évident que ces récoltes agissent favorablement sur les céréales qui les suivent immédiatement. Mais les données manquent pour apprécier leur utilité spécifique dans la rotation générale. Nous voyons, par exemple, que malgré la forte proportion des résidus laissés par la betterave, cette plante affaiblit considérablement le produit du froment que l'on récolte après elle. La pomme de terre, bien que laissant beaucoup moins de débris, paraît agir moins défavorablement. Le trèfle abandonne plus de résidus que la pomme de terre; par cela même on conçoit qu'il favorise davantage la céréale qui vient sur la terre qui l'a porté; mais il faut bien le reconnaître, l'effet favorable des résidus de trèfle est tellement prononcé, qu'il est hors de proportion avec ce que l'on pouvait en attendre, en les comparant aux débris des deux plantes sarclées. C'est que l'effet visible, appréciable, des résidus sur les récoltes immédiates, ne résulte pas uniquement de leur masse, même en leur supposant des qualités égales ; cet effet apparent dépend surtout de l'action exercée sur le fond par les cultures qui les ont laissés. Si ces cultures ont été fortement épuisantes, on comprend que leurs débris enfouis, quelque considérables qu'ils soient, se borneront à compenser, à atténuer l'épuisement ; et, dans ce cas, l'effet utile des résidus, bien que réel, pourra passer inaperçu si on le mesure par le produit de la récolte prochaine. Si, au contraire, une culture a été peu épuisante, soit par le peu d'abondance des matières récoltées, soit parce que cette culture aura puisé dans l'air la majeure partie de ses principes élémentaires, l'effet utile des résidus sera toujours visible. Quand on discute, comme nous l'avons fait, la valeur relative de divers systèmes d'assolements, on évalue la quantité de matière élémentaire prise sur l'atmosphère par un ensemble de cultures, mais la méthode générale qui a été suivie est muette lorsqu'il s'agit d'assigner à chaque culture en particulier la part qu'elle a eue au gain total. Pour répondre à cette question, dont la connaissance des résidus est un des éléments, il reste encore à déterminer pour chacune des plantes qui font partie d'une rotation, les quantités respectives de matière élémentaire fournies par le sol et par l'atmosphère ; en d'autres termes, il reste à faire sur chaque plante, considérée isolément, ce qui a été essayé sur leur culture collective ; il y a là matière à un travail important.

§ 3. *De la matière inorganique contenue dans les engrais et dans les récoltes.*

Nous venons de considérer la matière organisée qui se développe durant une série de récoltes successives. Pour compléter l'étude des assolements, autant du moins que le permet l'état de la science, il nous reste à examiner la relation qui peut exister entre les substances minérales qui entrent dans les produits récoltés, et celles qui font partie des engrais donnés au sol.

Nous avons déjà établi d'une manière générale que certains sels minéraux, certaines bases salifiables sont essentielles à la constitution des plantes. On n'a pas encore, que je sache, rencontré une semence exempte de phosphate, et il est admis aujourd'hui que les sels alcalins favorisent puissamment la végétation; telle est leur efficacité, d'après les curieuses expériences de MM. Wiegmann et Polstorf, que des graines de tabac, d'orge et de sarrazin, semées dans un sable absolument privé de matière organique, mais pourvu de substances salines, ont produit des plantes complètes qui ont donné des semences, bien qu'elles n'aient reçu comme engrais que de l'eau parfaitement pure (1). D'où il résulte évidemment, que la présence des sels favorise singulièrement l'assimilation de l'azote atsmosphérique pendant l'acte de la végétation.

L'importance de la discussion des assolements, considérés sous le point de vue de la matière inorganique, a été parfaitement comprise par

(1) Liebig, *Journal de pharmacie*, t. IV, p. 94, 3e série.

Davy. « L'exportation des grains d'un pays qui ne « reçoit pas en échange des substances capables « de donner des engrais, a dit ce chimiste illus- « tre, doit à la longue épuiser le sol. » Davy attribuait à une semblable exportation la stérilité de quelques unes des parties de l'Afrique septentrionale et de l'asie mineure; l'aridité actuelle de la Sicile, qui fut pendant si longtemps le grenier de l'Italie, lui paraissait due à la même cause. Rome renferme certainement dans ses catacombes, du phosphore venu de toutes les contrées du monde.

M. Liebig, en insistant avec beaucoup de raison sur le rôle utile que jouent les bases alcalines et les sels dans la culture, a fait voir que la matière organique doit être prise en sérieuse considération dans l'étude des assolements depuis longtemps je partage cette conviction. Mais une semblable discussion, pour être fructueuse, devait nécessairement s'appuyer sur l'analyse des cendres de plantes venues dans le même sol, fumées avec un même engrais dont on connaissait le contenu en substances minérales. C'est pour la matière inorganique une sorte de compte courant à établir entre les récoltes et le fumier. Bien que j'accorde la plus grande confiance aux analyses de cendres qui ont été publiées jusqu'à ce jour, je n'ai pas cru devoir en faire usage pour le but que je me proposais. Il ne m'a pas semblé qu'il fût bien rationnel de comparer des matériaux aussi hétérogènes par leur origine, que peuvent l'être des analyses de la cendre de végétaux qui avaient cru à Genève, à Paris, en Allemagne, lorsqu'il s'agissait d'expliquer, avec le résultat de cette comparaison, des phénomènes agricoles qui se réalisent dans une ferme de l'Alsace. Enfin, dans ma situation, ce n'était pas seulement une recherche scientifique que j'avais à exécuter, il s'agissait d'une question industrielle, dont la solution, en admettant qu'elle fût favorable comme elle l'a été, était de nature à me rassurer sur l'avenir de notre exploitation rurale. Par ces divers motifs, je me suis décidé à analyser les cendres des végétaux admis dans les rotations suivies à Bechelbronn, en bornant toutefois ces analyses aux parties de la plante que l'on récolte. Je n'avais qu'un intérêt très secondaire à connaître la composition des cendres de celles de ces parties qui restent sur le terrain, car il est évident que les substances minérales qu'elles contiennent ne sont pas distraites du sol. Ainsi, j'ai seulement examiné les cendres des tubercules de la pomme de terre, les racines de la betterave, sans faire porter un semblable examen sur les feuilles de ces deux plantes.

Les cendres analysées provenaient presque toutes des produits récoltés en 1841. Dans le plus grand nombre de cas, on a fait deux analyses de la même substance. Dans ce long et fastidieux travail, auquel j'ai du consacrer près d'une année, j'ai été habilement secondé par M. Letellier.

On remarquera dans les résultats de plusieurs de ces analyses, des pertes qui dépassent celles que l'on tolère ordinairement dans des recherches faites avec soin. Je me suis assuré à plusieurs reprises que ce déficit, qui m'a d'abord beaucoup étonné, provient en grande partie de la difficulté qu'on éprouve à incinérer certaines matières végétales. Lorsqu'elles sont riches en sels alcalins, ces matières laissent des cendres qui fondent si facilement qu'il devient fort difficile de s'opposer à leur agglutination; le charbon qui n'est pas encore brûlé se trouve emprisonné dans une espèce de fritte qui devient un obstacle à l'action de l'air. La nécessité où l'on est alors d'incinérer à la température la plus basse possible, afin d'éviter ou plutôt d'amoindrir cet inconvénient, fait qu'on laisse quelquefois dans la cendre un peu d'humidité; mais c'est bien réellement le charbon qui occasionne la perte la plus importante. Ainsi le déficit subi dans l'analyse de la cendre de froment s'élève à 2,4 pour 100. Or, par une recherche directe, le charbon a été trouvé égal à 2. La perte réelle se réduirait par conséquent à 0,4. Quoi qu'il en soit, j'ai présenté les résultats tels qu'ils ont été obtenus, sans introduire aucune correction. Au nombre des produits de l'analyse, l'alumine figure avec l'oxyde de fer. Cette terre, que j'ai presque toujours rencontrée en quantité minime dans les cendres, est peut-être accidentelle, car elle peut provenir de la terre adhérente dont il est bien difficile de débarrasser complètement les plantes que l'on incinère.

Composition des cendres provenant des plantes récoltées à Bechelbronn.

SUBSTANCES QUI ONT DONNÉ DES CENDRES.	ACIDES			CHLORE.	CHAUX.	MAGNÉSIE.	POTASSE.	SOUDE.	SILICE.	OXYDE DE FER, ALUMINE, etc.	CHARBON, HUMIDITÉ, PERTE.
	carbonique	sulfur iue.	phosphoriq.								
Pommes de terre . .	13,4	7,1	11,3	2,7	1,8	5,4	51,5	traces.	5,6	0,5	0,7
Betteraves champêtres	16,1	1,6	6,0	5,2	7,0	4,4	39,0	6,0	8,0	2,5	4,2
Navets.	14,0	10,9	6,1	2,9	10,9	4,3	33,7	4,1	6,4	1,2	5,5
Topinambours . . .	11,0	2,2	10,8	1,6	2,3	1,8	44.5	traces.	13,0	5,2	7,6
Froment.	0,0	1,0	47,0	trace.	2,9	15,9	29,5	traces.	1,3	0,0	2,4
Paille de froment . .	0,0	1,0	3,1	0,6	8,5	5,0	9,2	0,3	67,6	1,0	3,7
Avoine.	1,7	1,0	14,9	0,5	3,7	7,7	12,9	0,0	53,3	1,3	3,0
Paille d'avoine (1) . .	3,2	4,1	3,0	4,7	8,3	2,8	24,5	4,4	40,0	2,1	2,9
Trèfle	25,0	2,5	6,3	2,6	24,6	6,3	26,6	0,5	5,3	0,3	0,0
Pois.	0,5	4,7	30,1	1,1	10,1	11,9	35,3	2,5	1,5	traces.	2,3
Haricots	3,3	1,3	26,8	0,1	5,8	11,5	49,1	0,0	1.0	id.	1,1
Fèves	1,0	1,6	34,2	0,7	5,1	8,6	45,2	0,0	0,5	id.	3,1

(1) La faible portion de silice trouvée m'a surpris ; les deux analyses ont donné le même nombre.

Si maintenant on applique ces résultats analytiques aux produits récoltés sur un hectare, on a pour chacune des cultures comprises dans les assolements, la quantité des matières inorganiques enlevées au terrain.

Substances minérales enlevées au sol par les diverses cultures faites à Bechelbronn sur un hectare.

NATURE DE LA RÉCOLTE.	RÉCOLTE sèche.	CENDRES dans 100 part. de la récolte.	QUANTITÉ de cendres par hectare.	ACIDES		CHLORE.	CHAUX.	MAGNÉSIE.	POTASSE et SOUDE.	SILICE.	OXYDE DE FER, ALUMINE, ETC.
				phosphorique.	sulfurique.						
	kil.	kil.	kil.	kil.	kil.	kil.	kil.	kil.	kil.	kil.	kil.
Pommes de terre	3085	4,0	123,4	13,9	8,8	3,3	2,2	6,7	63,5	6,9	18,6
Betteraves	3172	6,3	199,8	12,0	3,2	10,4	14,0	8 8	89,9	16,0	5.0
Navets dérobés, demi-récolte .	716	7,6	54,4	3,3	5,9	1,6	5,9	2,3	20,6	3,5	0,7
Topinambours.	5500	6,0	330,0	35,6	7,3	5,3	7,6	5,9	146,8	42,9	17,2
Froment.	1148	2,4	27,5	12,9	0,3	0,0	0,8	4,4	8,1	0,4	»
Paille de froment	2790	7,0	195,3	6,0	2,0	1,2	16,6	9,8	18,6	132,0	2,0
Avoine.	1064	4,0	42,6	6,4	0,4	0,2	1,6	3,3	5,5	22,7	0,6
Paille d'avoine	1283	5,1	65,4	1,9	2,7	3,1	5,4	1,8	18,9	26,2	1,4
Trèfle	4029	7,7	310,2	19,5	7,7	8,1	76,3	19,5	84,1	16,4	0,9
Pois fumés	998	3,1	30,9	9,3	1,5	0,3	3,1	3,7	11,7	0,5	traces.
Haricots à l'état normal. . . .	1580	3,5	55,3	14,8	0,7	0,1	3,2	6,4	27,1	0,6	id.
Fèves à l'état normal.	2121	3,0	63,6	21,8	1,0	0,5	3,2	5,5	28,7	0,3	id.

On voit, en consultant les chiffres inscrits dans ce tableau, qu'une récolte moyenne de blé faite sur un hectare prive le sol d'environ 19 kil. d'acide phosphorique. Une récolte de fèves enlève 22 kil. du même acide. La betterave prend 12 kilog. d'acide phosphorique, et de plus une forte proportion de potasse et de soude qui approche d'un quintal. Il est bien évident que de semblables résultats tendent continuellement à appauvrir la terre arable des substances minérales utiles qui peuvent s'y rencontrer; il pourra réellement arriver une époque où un terrain sera rendu improductif par suite de cet épuisement. Dans les fonds d'une richesse extrême, comme ceux qui proviennent d'un défrichement analogue à ceux qui s'opèrent de nos jours dans les forêts vierges du nouveau Monde, on conçoit que l'épuisement des matières salines pourra rester inaperçu pendant une longue suite d'années, pendant des siècles même. En effet, en Amérique, où les grands défrichements se font presque toujours en incendiant les forêts, des millions de stères de bois laissent, après leur combustion, une quantité de sels véritablement prodigieuse qui s'ajoute à celle que la terre contient naturellement. Aussi, on ne connaît pas la limite de la fertilité des terres arables qui ont une telle origine, et j'ai déjà eu occasion de citer l'abondance de ces récoltes qui payent si largement les peines du planteur. Dans des circonstances moins extraordinaires, dans le voisinage des grands centres de population, là précisément où, en raison du prix élevé des denrées, le cultivateur a l'intérêt le plus direct de porter au marché la plus forte proportion possible de ses récoltes, réduisant ainsi au minimum la consommation sur place, le manque des principes salins indispensables à la fécondité ne tarderait pas à se faire sentir, si, en retour des produits exportés, on n'importait pas sur l'établissement des débris organiques destinés à réparer les pertes. Au reste, tout ce que j'ai dit sur ce genre de culture, à l'occasion de la matière organique, est exactement appliquable à la matière inorganique.

Le cas le plus intéressant à considérer dans la question qui nous occupe est celui d'un *domaine rural* isolé, obligé de tirer toutes ses ressources de lui-même; un domaine, en un mot, qui exporte continuellement une fraction déterminée de ses produits, et dans lequel on n'importe jamais de fumier. Je crois avoir établi précédemment par quelle voie les terres en culture empruntent à l'atmosphère les substances azotées qui doivent remplacer les produits azotés de l'exploitation qui sont continuellement exportés. Il me reste maintenant à montrer comment sont remplacés à leur tour les principes salins, les alcalis, les phosphates qui accompagnent indubitablement les céréales, le bétail, le laitage, qui sont conduits au marché. J'arriverai ainsi, j'en ai la conviction, à éclaircir un point des plus intéressants de l'histoire des assolements par les résultats de l'analyse chimique. Je raisonnerai toujours, dans ce qui va suivre, sur les données pratiques que j'ai rassemblées à Bechelbronn et dont j'ai déjà fait usage. Notre domaine est un établissement ordinaire ; les terres, arrivées à un état de fertilité très satisfaisant par suite d'une culture raisonnée, ne sont pas foncièrement riches, et leur qualité décroîtrait rapidement si l'on cessait de leur rendre périodiquement la dose d'engrais qui cause leur fécondité.

J'ai dû d'abord déterminer la nature et la quantité des substances minérales du fumier. Dans le but d'arriver à une connaissance suffisamment précise de la composition de ces matières minérales, j'ai brûlé à diverses époques de l'année des quantités assez considérables de fumier. Les cendres ont été intimement mêlées, et c'est sur ce mélange que les analyses ont été faites, après qu'on eut achevé l'incinération dans un vase de platine. Le résultat moyen de ces analyses se représente par :

Acides	carbonique	2,0
	phosphorique	3,0
	sulfurique	1,9
Chlore		0,6
Silice, sable, argile		66,4
Chaux		8,6
Magnésie		3,6
Oxyde de fer, alumine		6,1
Potasse et soude		7,8
		100,0

Le fumier de ferme n'est pas l'unique amendement que nous donnons à la terre; elle reçoit en outre une forte dose de cendres de tourbe et de plâtre. Je rappellerai ici que ces cendres contiennent :

Silice	65,5
Alumine	16,2
Chaux	6,0
Magnésie	0,6
Oxyde de fer	3,7
Potasse et soude	2,3
Acide sulfurique	5,4
Chlore	0,3
	100,0

Dans l'assolement adopté à Bechelbronn, le fumier de ferme introduit dans la culture d'un hectare renferme 3,272 kil. de cendres.

Nous répandons sur la sole de trèfle de première année 5 mètres cubes de cendre de tourbe, et autant au commencement du printemps sur la sole de deuxième année, soit 10 mètres cubes pesant 5,000 kil. Je ne ferai pas figurer les 1000 kil.

de plâtre que le trèfle de deuxième année reçoit ordinairement, parce que je considère cette addition comme parfaitement inutile à la suite de la dose de cendre de tourbe que nous employons.

La totalité des substances minérales données à la terre par hectare et pour cinq ans est :

	Poids total des matières minérales.	ACIDES		CHLORE.	CHAUX.	MAGNÉSIE.	POTASSE et SOUDE.	SILICE et SABLE.	OXYDE DE FER, etc.
		phosphoriq.	sulfurique.						
	kil.	kil.	l ·	kil.	kil.	kil.	kil.	kil.	kil.
Par le fumier . .	3272	98	62	20	281	118	255	2233	200
Par les cendres de tourbe.	5000	»	270	15	300	30	115	3275	185
Somme.	8272	98	332	5	581	148	370	5508	385

Il est facile de voir, à l'aide des précédentes données, que par l'engrais et les amendements qu'il reçoit, le sol est surabondamment pourvu de tous les principes minéraux que peuvent exiger les récoltes. Considérons en effet les rotations suivies à Bechelbronn, sous le rapport des substances inorganiques, comme nous les avons déjà considérées sous le rapport des matières organiques; comparons, en un mot, la quantité et la nature des substances minérales prélevées durant les cultures successives avec les mêmes substances qui sont introduites dans le sol à l'ouverture de l'assolement, et nous trouverons que les quantités d'acide phosphorique, d'acide sulfurique, de chlore, de silice, de bases alcalines et terreuses, que l'analyse indique dans les produits récoltés, sont toujours inférieures aux quantités des mêmes corps qui existent dans la terre arable.

Je ferai porter la comparaison sur l'assolement n° 1 qui commence par la pomme de terre, et sur la culture continue des topinambours. Je n'ai pas cru devoir discuter l'assolement n° 2 dans lequel la betterave remplace la pomme de terre, parce que la constitution des cendres de ces deux récoltes offre assez d'analogie pour qu'il soit à peu près indifférent d'introduire l'une ou l'autre sole dans la discussion. Relativement à la culture du topinambour, je rappellerai qu'on fume tous les deux ans avec 45,450 kil. d'engrais par hectare, cet engrais contenant 3,029 de matières minérales. Nous ajoutons en sus, chaque année pendant l'hiver, 2,500 kil. de cendres de tourbe. Le plus généralement les tiges ligneuses du topinambour sont incinérées sur place, de sorte que les cendres qu'elles laissent sont directement rendues à la terre.

RÉCOLTE MOYENNE SUR UN HECTARE.	SUBSTANCES minérales dans la récolte.	ACIDES phosphorique.	ACIDES sulfurique.	CHLORE.	CHAUX.	MAGNÉSIE.	POTASSE et SOUDE.	SILICE.
	kil.	kil.	kil.	kil.	kil.	kil.	kil.	kil.
Assolement n° 1 : Pommes de terre . .	123,4	13,9	8,8	3,3	2,2	6,7	63,5	6,9
2e et 4e années : froment	55,0	25,8	0,6	»	1,6	8,8	16,2	0,8
Id. paille de froment. . . .	390.6	12,0	4,0	2,4	33.2	19,6	37,2	264,0
3e année : trèfle	310,2	19,5	7,7	8,1	76,3	19,5	84,1	16.4
5e année : avoine.	42,6	6,4	0,4	0,2	1,6	3,3	5,5	22,7
Id. paille d'avoine.	65,4	1,9	2,7	3,0	5,4	1,8	18,9	26,2
Navets dérobés, demi-récolte.	54,4	3,3	5,9	1,6	5,9	2,3	20,6	3,5
	1010,9	82,8	30,1	18,6	126,2	62,0	246,0	340,5
Substances minérales des engrais. . .	8272,0	98,0	332,0	35,0	581,0	148,0	370,0	5508,0
Excès sur les substances minérales des récoltes.	»	15,2	301,9	16,4	454,8	86,0	124,0	5167,5
Culture du topinambour.								
1re et 2e année : tubercules	660,0	71,2	14,6	10,6	15,2	11,8	293,6	85,8
Matière minérale du fumier.	3029,0	91,0	57,6	18.2	260,5	109,0	236,3	2011,0
Des cendres de tourbe.	5000,0	»	270,0	15,0	300,0	30,0	115,0	3275,0
Matière minérale des engrais	»	91,0	327,6	33,2	560,5	139,0	351,3	5286,0
Différence en faveur des engrais. . . .	»	19,8	313,0	22,6	545,3	127,2	57,7	5200,2

On a prétendu, à une certaine époque, que c'était pour assurer à la récolte de froment la quantité considérable de phosphates qu'elle exige, qu'on faisait précéder sa culture par celle de racines ou de tubercules, par des légumineux, plantes que l'on supposait renfermer une bien moins forte proportion de ces sels. On peut se convaincre, en consultant le tableau des substances minérales enlevées au sol par les différentes récoltes, que cette raison n'était aucunement fondée. Par exemple, les fèves et les haricots demandent 22 et 15 kil. d'acide phosphorique à un hectare de terre; la pomme de terre et la betterave prennent à la même surface environ 12 à 14 kil. du même acide, précisément ce qui se trouve dans une récolte de froment. Le trèfle est tout aussi riche en phosphates que les gerbes de la céréale qui le précède, et cette dose élevée d'acide phosphorique, emprunté au sol, ne diminue en rien la dose non moins forte qui entrera dans le froment qui suivra la prairie artificielle. Au reste, on comprend très bien que si la terre renferme au delà de la quantité de substances minérales qui est nécessaire à la totalité des cultures qui constituent la rotation, il devient indifférent que les récoltes puisent dans le sol, dans tel ou tel ordre, et c'est évidemment par des raisons toutes différentes que ces cultures se succèdent d'après les règles généralement adoptées. Il convient par exemple d'ouvrir une rotation par une plante sarclée que l'on sème au printemps, et qui succède par conséquent, dans notre assolement, à l'avoine qui a terminé la rotation précédente ; c'est déjà un avantage que de pouvoir accumuler et transporter les fumiers durant l'hiver. D'ailleurs l'ordre est tout à fait à la convenance du cultivateur, et il y a des localités où, pour des raisons particulières, les récoltes se succèdent d'un tout autre mode. Une partie des produits récoltés retourne, comme nous l'avons vu, au fumier, après avoir servi à l'alimentation des animaux annexés à la ferme. Les matières inorganiques de cette réserve de la récolte seront donc restituées à la terre d'où elles sont sorties, déduction faite de la fraction qui aura été assimilée dans l'organisme du bétail. Enfin la totalité du froment et une certaine quantité de chair seront exportées, et avec ces produits marchands une dose assez forte de matières inorganiques sortira de l'établissement. Ainsi, dans l'assolement de cinq ans que j'ai décrit, le minimum d'exportation des substances salines qui doivent être enlevées à un hectare de terrain, peut être représenté par 30 kil. d'acide phosphorique et par 40 à 50 kil. d'alcali; c'est autant de perdu pour les fumiers, et comme, en définitive, on retrouve à la fin de la rotation une quantité d'engrais égale et à peu près semblable à celle dont on disposait au commencement, il faut bien que les pertes en substances minérales soient comblées par une provenance du dehors, si le sol n'est pas fourni naturellement de ces matières.

Dès mes premières recherches sur les assolements (1), j'ai rappelé que dans les cultures qui donnent des produits exportables, il devient indispensable de tenir en prairies une forte fraction du domaine, et j'ai cité comme un cas extrême l'assolement triennal avec jachère fumée. C'est effectivement la prairie qui restitue aux terres arables les principes qui en sont distraits par l'exportation. Ce point, que j'ai admis alors en raisonnant par analogie, trouve une complète démonstration dans les résultats de l'analyse.

J'ai examiné, dans l'intérêt de cette question, les cendres du foin de nos prairies de *Durrenbach*, qui sont irriguées par la *Sauer*. Les analyses ont été faites sur des cendres fournies par les récoltes de 1841 et 1842 :

	I.	II.	III.	Moyenne.
Acides carbonique	9,0	5,5	»	7,3
Acides phosphorique	5,3	5,8	5,5	5,4
Acides sulfurique	2,4	2,9	»	2,7
Chlore	2,3	2,8	»	2,6
Chaux	20,4	15,4	»	17,9
Magnésie	6,0	8,3	»	7,2
Potasse	16,1	27,3	»	21,7
Soude	1,2	2,3	»	1,8
Silice	33,7	29,2	»	31,5
Oxyde de fer, etc.	1,5	0,6	0,5	0,9
Perte	2,1	0,4	»	1,0
	100,0	100,0		100,0

(1) Mémoire communiqué à l'Académie en 1838.

Le n° 1 a donné 6,0 pour cent de cendres.
Le n° 2 6,2 id.

En admettant, pour le rendement moyen annuel de nos prairies irriguées, 4,000 kil. de foin et regain par hectare, on trouve que d'une semblable surface de terrain il sort 244 kil. de cendres contenant :

Acides	carbonique.	17,8 kilog.
	phosphorique. . . .	13,2
	sulfurique	6,6
Chlore.		6,3
Chaux.		43,7
Magnésie		17,6
Potasse et soude		57,3
Silice..		76,9
Oxyde de fer et perte		4,6
		244,0 kilog.

En portant, comme je l'ai fait, l'exportation minima annuelle de la matière minérale d'un hectare de terre arable à 6 kil. d'acide phosphorique et à 9 kil. d'alcali (potasse et soude), on voit que, pour compenser ces pertes, il faut de toute nécessité qu'il arrive à la ferme, chaque année, une quantité de foin correspondante à environ 1,970 kil. pour un hectare de terre labourée, ce qui établirait entre les terres arables et les prairies un rapport un peu inférieur à :: 1 : 1/2.

Dans la pratique, le rapport admis est sensiblement moindre que celui qui se déduit de l'analyse; on voit des fermes où la prairie n'occupe que le quart, le cinquième de la surface totale.

Lorsque le seigle remplace le froment, l'étendue en prairie peut être plus limitée encore. Au reste, j'ai supposé que la terre arable ne contenait aucun élément inorganique qui lui fût propre, que tout lui venait des engrais et des amendements, ce qui n'est pas rigoureux. Il est des fonds qui renferment des traces de phosphates, et il est difficile de rencontrer une argile et un calcaire marneux exempts de potasse. Néanmoins, des praticiens très éclairés commencent à s'apercevoir qu'on a probablement trop sacrifié la prairie à la terre arable. Dans des localités situées dans des conditions analogues à celles dans lesquelles nous nous trouvons, en dehors de toute source d'engrais organiques qui sont, comme je l'ai établi avec M. Payen, toujours pourvus de principes salins, on a voulu imiter ce qui se fait dans des contrées plus favorisées, où il est possible, par exemple, d'ajouter au fumier des débris d'animaux. La récolte des céréales s'est ressentie de cette innovation. Il n'en pouvait être autrement, et aujourd'hui on peut s'apercevoir d'une réaction en sens contraire; je pourrais nommer des établissements en pleine prospérité où la moitié du domaine est en prés. La demande toujours croissante de la viande favorisera ce mouvement, au plus grand avantage de l'amélioration du sol. Par suite de la position toute particulière dans laquelle nous sommes placés à Bechelbronn, près de la moitié de nos terres sont en prairie, ce qui permet une forte exportation des produits de la terre arable. En appliquant les résultats des analyses précédentes, je trouve que, s'il n'y avait aucune déperdition, chaque année, les foins devraient faire entrer dans notre établissement au moins (1) :

570 kilog.	d'acide phosphorique.
285	d'acide sulfurique.
274	de chlore.
1889	de chaux.
760	de magnésie.
2480	de potasse et de soude.
3324	de silice.

Cette somme considérable de substances minérales est fournie par des prairies qui n'ont d'autre engrais que les eaux et le limon qu'elles déposent après avoir coulé sur le grès des Vosges ; elles ne reçoivent aucun fumier de la ferme ; on se borne à les *terrer* avec les détritus, la vase, charriés par la rivière. Ce sont de véritables sources d'éléments salins. Les prairies qui manquent d'eaux courantes ne doivent pas être rangées dans la même catégorie ; elles ne donnent que les principes qui se trouvent dans leurs fonds ; aussi est-on presque toujours obligé de les fumer tous les trois ou quatre ans, et en

(1) J'ai pris la récolte de 1840-41, qui est au dessous de la moyenne.

définitive, si elles ne sont pas placées sur un sol d'une grande richesse naturelle, leur culture, si j'en juge d'après mon expérience, est bien loin d'être avantageuse.

L'excès des matières minérales introduites dans les terres sur celles qui en sortent avec les récoltes, excès qui doit constamment se présenter quand on agit prudemment, fait qu'au bout d'un certain laps d'années, ces matières se trouvent accumulées dans le sol qui s'est enrichi en principes salins et alcalins, comme il s'est amélioré en détritus végétaux, en principes organiques azotés, par suite d'un bon système d'assolement. C'est alors que, même dans les localités les plus désavantageusement situées pour l'achat des engrais, on peut se livrer temporairement à la culture des plantes industrielles qui, étant exportées presque en totalité, laissent peu de résidus organiques dans la terre, en même temps qu'elles emportent avec elles une quantité considérable de substances minérales; circonstances qui déterminent, on le conçoit aisément, le maximum d'épuisement, et, par cela même, tendent à ramener un sol enrichi à son état normal de fertilité.

En résumant les principaux points qui viennent d'être examinés, on voit que, sous le rapport de la matière organique, les systèmes de culture qui, après avoir emprunté le plus à l'atmosphère, laissent d'abondants résidus dans la terre, sont ceux qui constituent les assolements les plus productifs. Sous le point de vue de la matière inorganique, l'assolement, pour être avantageux, pour avoir un succès durable, doit être tel que les récoltes exportées ne privent pas les fumiers de la quantité constante de substances minérales qu'ils doivent contenir. Une récolte qui enlève à la terre une proportion considérable d'un des éléments minéraux, ne saurait être reproduite plusieurs fois dans le cours d'une rotation, roulant sur une dose déterminée d'engrais, à moins que par l'effet du temps cet élément minéral ait été accumulé dans le terrain. Une sole de trèfle perd, par exemple, 84 kil. d'alcali par hectare. Si le fourrage récolté est consommé sur place, la plus grande partie de la potasse et de la soude retournera aux fumiers en passant par le bétail, et en définitive les terres du domaine récupèreront ces alcalis presque en totalité. Il en sera tout autrement si ce fourrage est porté au marché, et c'est sans aucun doute à ces trop fréquentes exportations des produits de la prairie artificielle qu'il faut attribuer la non réussite du trèfle qui se fait remarquer aujourd'hui dans des sols qui, pendant longtemps, en ont donné en abondance. Aussi a-t-on reconnu qu'un moyen de rendre à ces terres leur faculté reproductive, c'est de leur appliquer des amendements alcalins (1). Si, dans cette circonstance, le carbonate de soude agissait aussi favorablement que le carbonate de potasse, ou les cendres de bois, ce sel de soude, malgré sa valeur commerciale, recevrait peut-être une utile application; c'est un essai qui mérite d'être tenté.

Les amendements calcaires favorisent naturellement le développement des plantes dans la constitution desquelles il entre des sels de chaux, mais à ce sujet il y a une distinction capitale à établir. Un sol pourrait renfermer dans sa composition 15 à 20 pour 100 de chaux, sans que pour cela il pût se passer d'un amendement calçaire; il suffirait que cette chaux s'y trouvât sous tout autre état que sous celui de carbonate, comme elle peut exister, par exemple, dans les débris de pyroxène, de mica, de serpentine, etc. Un semblable terrain, bien que contenant une proportion de chaux très élevée, exigerait néanmoins du plâtre pour la prairie artificielle, du calcaire pour les froments et les avoines. Ainsi, ce n'est pas assez qu'une terre compte la chaux au nombre de ses éléments pour qu'on soit dispensé de la plâtrer ou de la chauler, il faut de plus que cette chaux s'y trouve à l'état de carbonate. C'est de ce sel que les plantes dont la croissance est très rapide tirent la

(1) Renseignement communiqué par M. Schattenmann.

chaux qui leur convient. C'est ce qu'établissent, comme je l'ai fait observer, les recherches analytiques de Rigaud de Lille, recherches qui ont été critiquées par des agronomes qui ne les ont pas comprises. J'ai dû me ranger d'autant plus facilement à l'opinion de Rigaud que, dans les Andes de Riobamba, j'ai vu des luzernes placées sur des terrains de débris pyroxéniques, très riches en chaux, être néanmoins grandement favorisées par un chaulage.

Le rôle du gypse paraît se borner à porter l'élément calcaire dans les plantes. C'est là du moins ce que j'ai cherché à démontrer en m'appuyant, d'une part, sur l'analyse des cendres, et de l'autresur cet te considération, que le carbonate de chaux très divisé, tel que celui qui fait partie des cendres de bois, agit d'un mode tout aussi efficace sur la prairie artificielle. Comment le plâtre, s'il ne pénètre pas dans le végétal, en conservant sa constitution de sulfate, abandonne-t-il son acide sulfurique? A ce sujet je n'ai pu présenter que des conjectures. Le but principal de la discussion dans laquelle je suis entré était d'ailleurs de montrer l'insuffisance des hypothèses proposées jusqu'ici pour expliquer l'action du gypse sur la végétation. Enfin je crois avoir rendu extrêmement vraisemblable que, dans nombre de circonstances, le calcaire introduit dans le sol est moins utile par la chaux qu'il peut apporter à la récolte, que par l'action particulière qu'il exerce sur les selsammoniacaux fixes des engrais, en les transformant successivement, lentement, et pour ainsi dire à proportion des besoins, en carbonate d'ammoniaque. Dans les conditions les plus favorables aux plantes, la terre est seulement humectée; elle n'est pas complètement imbibée d'eau, elle est poreuse et reste perméable à l'air. Des observations nouvelles enseigneront probablement l'utilité de ces vapeurs ammoniacales que le calcaire développe daus l'atmosphère confinée où fonctionnent les racines. Au reste, on attribuerait difficilement un autre rôle au carbonate de chaux, dans le marnage ou le chaulage des terres destinées à porter des céréales, quand on connaît combien est minime la quantité de chaux absorbée par ces cultures. J'ajouterai que si réellement le plâtre favorise la végétation du trèfle, de la luzerne, du sainfoin, en leur fournissant l'élément calcaire qui leur est essentiel, il ne manquerait pas d'exercer une action tout aussi favorable sur le froment et sur l'avoine, si ces plantes avaient les mêmes exigences. Les expériences que j'ai rapportées prouvent qu'il n'en est rien, et les résultats de ces expériences se trouvent en quelque sorte corroborés par les données de l'analyse. Comparons, en effet, les diverses quantités de chaux empruntées au sol par le trèfle et les céréales, et nous trouvons que :

		kil.
Sur un hectare, la récolte de trèfle enlève. . .		76,3 de chaux.
La récolte de froment : par le grain..	0,8	17,4
par la paille..	16,7	
La récolte d'avoine : par le grain..	1,6	7,0
par la paille..	5,4	

En présence de cette comparaison, il me semble évident que si le marnage et le chaulage des soles à céréales n'avaient d'autre but que celui d'apporter les faibles quantités de chaux qui entrent dans ces cultures, la pratique justifierait difficilement l'emploi des doses énormes de carbonate calcaire qu'elle prodigue à la terre par ces opérations

De ce qui précède, il paraît résulter que dans les cas les plus fréquents, lorsqu'il s'agit de terres arables qui ne possèdent pas une richesse propre suffisante pour dispenser de l'emploi des engrais, il ne peut pas y avoir de culture durable sans un annexe de prairie; en un mot, et en raisonnant toujours dans la supposition où le sol ne renferme pas une suffisante dose d'éléments inorganiques, il faut qu'une partie du domaine donne des récoltes sans consommer de fumier, afin de remplacer dans les engrais les sels alcalins et terreux qui sont constamment éliminés par les cultures successives. Les terres arrosées et enrichies par les rivières sont les seules qui permettent, sans s'épuiser jamais, une exportation totale et continue des récoltes qu'elles produisent. Tels sont les champs fertilisés par les eaux du Nil, et l'on se ferait difficilement une idée des prodigieuses quantités d'acide phosphorique, de magnésie, de potasse, qui sont sorties avec le blé exporté de l'Egypte.

L'irrigation est sans aucun doute le moyen le plus économique, le plus efficace, pour augmenter la fertilité du sol d'un pays, par les fourrages abondants qu'elle permet de récolter et les engrais qui sont la conséquence de cette production. Les plantes trouvent et concentrent dans leur organisme des éléments minéraux et organiques que les eaux contiennent quelquefois en proportions si minimes qu'elles échappent à l'analyse, de même qu'elles absorbent et condensent, en les modifiant, des principes aériformes qui n'entrent que pour quelques dix-millièmes dans la constitution de l'atmosphère. C'est ainsi que les végétaux rassemblent et organisent les éléments qui sont dissous dans les eaux, disséminés dans la terre et dans l'air, afin d'en faciliter l'assimilation aux animaux.

CHAPITRE VIII.

DE L'ALIMENTATION DES ANIMAUX ANNEXÉS A LA FERME. DES PRINCIPES IMMÉDIATS D'ORIGINE ANIMALE.

§ I. *Matière organique azotée des aliments.*

On reconnaît généralement aujourd'hui que le régime alimentaire des animaux doit toujours être azoté, et cette circonstance a fait supposer que les herbivores puisent dans leur nourriture l'azote qui entre dans leur constitution.

Dans un des cas les plus ordinaires, l'individu qui consomme les aliments n'augmente pas son poids moyen. C'est ce qui arrive toutes les fois qu'un animal adulte est soumis à la ration d'entretien. On a constaté, par exemple, qu'un homme nourri avec une grande régularité revient à un poids normal à certaines époques de chaque jour. Les agriculteurs savent très bien qu'à l'aide d'une proportion de nourriture justement calculée, on donne à un cheval les forces nécessaires pour accomplir le travail que l'on exige, en évitant ainsi que l'animal augmente en chair.

Dans de semblables conditions, la matière élémentaire contenue dans les aliments consommés doit se retrouver en totalité dans les déjections, les sécrétions et les produits des organes respiratoires. Ainsi, dans cette conjoncture, aucun des éléments n'est assimilé, si l'on entend par assimilation l'addition des principes introduits par la nourriture aux principes déjà existants dans le système. Mais il y a évidemment assimilation, en ce sens que la matière élémentaire des aliments se fixe dans l'organisme, en s'y modifiant, pour remplacer, pour se substituer à celle qui est journellement expulsée par les forces vitales.

Durant l'alimentation d'un animal jeune, ou bien encore lors de l'engrais du bétail, les choses se passent différemment; ici il y a, à n'en pas douter, fixation définitive d'une partie de la matière comprise dans la nourriture, puisque les individus qui la prennent augmentent rapidement en poids et en volume.

En envisageant la question de l'alimentation dans sa plus grande généralité, j'admets donc qu'un animal adulte soumis à la ration d'entretien rend dans les différents produits résultant de l'action vitale une quantité de matière précisément égale et semblable à celle qu'il perçoit par les aliments (1). Ainsi, dans les déjections, les sécrétions, dans les gaz et les vapeurs émis journellement par un être vivant, il y a du car-

(1) Boussingault, *Annales de Chimie et de Physique*, 2e série, t. LXXI, p. 113.

bone, de l'azote, de l'hydrogène, de l'oxygène, du phosphore, du soufre, du chlore, du calcium, du magnésium, du sodium, du potassium, du fer, etc., principes qui, sans exception aucune, se rencontrent également dans la nourriture. Un individu qui recevrait pendant un temps suffisamment prolongé un régime alimentaire dans lequel un ou plusieurs de ces principes seraient exclus, finirait par éprouver de graves désordres dans son organisation. Le fer, par exemple, est un élément constant de la matière colorante du sang; on le retronve en proportion très forte dans le système pileux; il est donc à peu près certain qu'un homme qui prendrait une nourriture totalement privée de ce métal ne tarderait pas à éprouver une altération manifeste dans sa santé.

Dans ce qui précède, j'ai supposé que pendant leur existence les animaux n'absorbent aucunement l'azote qui fait partie de l'air qu'ils respirent. Toutes les recherches des physiologistes s'accordent sur ce point. Non seulement les animaux ne prélèvent pas d'azote sur l'atmosphère pendant leur respiration, mais ils en exhalent constamment, comme M. Despretz l'a prouvé par des expériences nombreuses, comme je l'ai conclu également d'observations que j'avais entreprises pour décider si les herbivores empruntent de l'azote à l'air atmosphérique. Cet azote exhalé provient tout entier des aliments consommés par l'animal, et ce fait, déjà très important sous le rapport de la physiologie et de la physique du monde, est en même temps d'une application si directe à une des questions les plus graves de l'agriculture, que je me crois obligé d'indiquer une des méthodes qui ont conduit à le constater.

Les observations ont porté sur une vache laitière et sur un cheval adulte ; ces animaux furent placés dans des stalles dont le sol était disposé de manière à permettre de recueillir sans perte les excréments et les urines. Avant d'être soumis aux expériences, la vache et le cheval avaient été nourris pendant un mois au moins avec la même ration qui leur a été administrée durant les trois jours et les trois nuits passés dans la stalle. Pendant ce mois qui a précédé les observations, le poids des animaux n'a pas varié d'une quantité appréciable, circonstance qui a permis de supposer que ce poids est resté également invariable pendant les soixante et douze heures que le dosage a duré.

La vache laitière a été nourrie avec du regain de foin et des pommes de terre ; le cheval avec du regain et de l'avoine. Les fourrages étaient pesés avec exactitude, et l'on déterminait sur des échantillons leur humidité et leur composition. L'eau bue était mesurée, et par un examen préliminaire on avait recherché la quantité de matière saline et terreuse qu'elle contenait. Les produits rendus ont été recueillis avec le plus grand soin; les excréments, l'urine, le lait, étaient pesés, et chaque jour on prélevait sur les matières dosées des échantillons proportionnels aux poids de ces mêmes matières. C'est sur ces échantillons réunis durant le dosage qu'on a pris les quantités soumises à la dessiccation et à l'analyse élémentaire. Voici le résultat des deux expériences.

ALIMENTS CONSOMMÉS PAR LE CHEVAL EN 24 HEURES.

ALIMENTS.	POIDS à l'état humide	POIDS à l'état sec.	MATIÈRE ÉLÉMENTAIRE dans les aliments.				
			Carbone.	Hydrogène.	Oxygène.	Azote.	Sels et terres.
	gr.	gr.	gr.	gr.	gr.	gr.	gr.
Foin	7500	6465	2961	323	2502	97	582
Avoine	2270	1927	977	123	707	42	77
Eau.	16000	»	»	»	»	»	13
Somme	25770	8392	3938	446	3209	139	672

PRODUITS RENDUS PAR LE CHEVAL EN 24 HEURES.

PRODUITS.	POIDS à l'état humide	POIDS à l'état sec.	MATIÈRE ÉLÉMENTAIRE dans les produits.				
			Carbone.	Hydrogène.	Oxygène.	Azote.	Sels et terres.
	gr.	gr.	gr.	gr.	gr.	gr.	gr.
Urine.	1330	302	109	11	34	38	110
Excréments	14250	3525	1364	180	1329	78	575
Somme	15580	3827	1473	191	1363	116	685
Somme de la matière des aliments	25770	8392	3938	446	3209	139	672
Différence	10190	4565	2465	255	1846	23	13
Sens de la différence. .	—	—	—	—	—	—	—

EAU REÇUE PAR LE CHEVAL en 24 heures.	kil.	EAU RENDUE PAR LE CHEVAL en 24 heures.	kil.
Avec le foin	1,035	Avec l'urine	1,028
Avec l'avoine.	0,448	Avec les excréments . .	10,725
Bue directement. . . .	16,000		
Eau entrée.	17,483	Eau sortie	11,753
		Eau entrée	17,483
		Eau sortie par la transpiration pulmonaire et cutanée.	5,730

ALIMENTS CONSOMMÉS PAR LA VACHE EN 24 HEURES.

ALIMENTS.	POIDS à l'état humide	POIDS à l'état sec.	MATIÈRE ÉLÉMENTAIRE dans les aliments.				
			Carbone.	Hydrogène.	Oxygène.	Azote.	Sels et terres.
	gr.	gr.	gr.	gr.	gr.	gr.	gr.
Pommes de terre. . .	15000	4170	1839	242	1831	50	208
Regain de foin . . .	7500	6315	2974	354	2204	152	632
Eau	60000	»	»	»	»	»	50
Somme	82500	10485	4813	596	4035	202	890

PRODUITS RENDUS PAR LA VACHE EN 24 HEURES.

PRODUITS.	POIDS à l'état humide	POIDS à l'état sec.	MATIÈRE ÉLÉMENTAIRE dans les produits.				
			Carbone.	Hydrogène.	Oxygène.	Azote.	Sels et terres.
	gr.	gr.	gr.	gr.	gr.	gr.	gr.
Excréments.	28413	4000	1712	208	1508	92	480
Urine.	8200	961	261	25	254	37	384
Lait	8539	1151	628	99	321	46	56
Somme.	45152	6111	2602	332	2083	175	920
Somme de la matière des aliments . . .	82500	10485	4813	596	4035	202	890
Différence	37348	4374	2211	264	1952	27	30
Sens de la différence. .	—	—	—	—	—	—	+

EAU REÇUE PAR LA VACHE en 24 heures.		EAU RENDUE PAR LA VACHE en 24 heures.	
	kil.		kil.
Avec les pommes de terre.	10,830	Avec les excréments . .	24,413
Avec le regain	1,185	Avec l'urine	7,239
Bue directement. . . .	60,000	Avec le lait.	7,388
Eau entrée	72,015	Eau sortie.	39,040
		Eau entrée	72,015
		Eau sortie par la transpiration pulmonaire et cutanée.	32,975

On voit par le résumé de ces deux expériences que l'azote des produits diffère de 23 à 27 gr. en moins de l'azote des aliments. On reconnaît, en outre, que la quantité de matière élémentaire contenue dans les excréments et les sécrétions est moindre que celle qui a été introduite par les aliments; la différence est due à la portion de cette matière qui s'est échappée par la respiration et la transpiration.

L'oxygène et l'hydrogène qui manquent dans la somme des produits n'ont pas disparu exactement dans les proportions voulues pour former de l'eau; l'hydrogène en excès pèse de 20 à 23 grammes. Il est vraisemblable que cet hydrogène des aliments s'est transformé en eau en se brûlant, pendant la respiration, aux dépens de l'oxygène de l'air.

La perte en carbone qui est très considérable dans les deux expériences, puisqu'elle s'élève à plus de deux kilogrammes, doit être attribuée à l'acide carbonique qui se forme dans l'acte de la respiration et de la transpiration. En négligeant la quantité de ce principe qui a dû s'échapper par la transpiration cutanée, à l'état de combinaison organique, on trouve qu'en 24 heures, chacun des deux animaux mis en observation a produit environ 4 mètres cubes de gaz acide carbonique supposé à 0° et sous la pression de 0 m, 76 (1).

Ainsi, pendant la respiration, le carbone et l'hydrogène des aliments ont disparu en donnant naissance, par le concours de l'oxygène de l'air, à de l'acide carbonique et à de l'eau, précisément comme s'ils eussent été brûlés.

C'est qu'un animal peut réellement être considéré comme un appareil dans lequel s'opère une combustion ; il s'en dégage constamment du gaz acide carbonique et de la vapeur d'eau, comme il en sort d'un fourneau où l'on brûle de la matière organique, du bois par exemple ; dans les deux cas, il se produit de la chaleur, la comparaison n'a rien de trop exagéré. Tout animal élève la température de sa masse au dessus de celle du milieu où il vit, et l'excès de cette température sur celle du fluide ambiant est en

(1) La vache aurait fourni 4,040 litres de gaz acide carbonique, le cheval 4,502 ; c'est une donnée qu'il faut se rappeler lorsqu'il s'agit de construire des écuries et des étables, et qui montre qu'il faut assurer un bon renouvellement de l'air. Il résulte en effet de cette donnée qu'une vache peut vicier dans un jour environ 20 mètres cubes d'air atmosphérique.

Dans les tableaux qui résument les deux expériences, on peut observer que, dans les deux cas, les matières salines des produits excèdent celles des aliments. C'est une erreur d'observation. Le dosage exact des matières salines et terreuses est beaucoup plus difficile qu'on ne le pense communément. Dans l'expérience sur le cheval, j'ai évité en partie la cause d'erreur qui avait influé d'une manière si prononcée sur le résultat précédent ; mais je n'ai pu m'y soustraire entièrement.

quelque sorte proportionnel à l'activité de sa respiration, ou, si l'on veut, à l'intensité de la combustion.

Sous l'influence de l'oxygène absorbé, les principes solubles du sang passent par une suite de modifications dont la dernière est l'acide carbonique qui s'exhale dans l'air, et c'est par cette voie qu'une partie du carbone originairement contenu dans les aliments est versée dans l'atmosphère, après avoir rempli une fonction importante, celle d'entretenir dans l'être vivant la chaleur nécessaire à son existence. Ainsi, loin de prélever aucun principe dans l'air qu'ils respirent, les animaux lui fournissent continuellement du carbone. La nourriture est donc la source unique où les êtres vivants puisent la matière qui entre dans leur organisation, et comme l'aliment primitif des animaux réside dans les végétaux, les herbivores doivent nécessairement trouver dans les plantes qu'ils consomment les éléments qu'ils assimilent. La constitution matérielle des êtres animés doit donc se rapprocher et même se confondre quelquefois avec celle des végétaux. En effet, bon nombre des composés organiques ternaires ou quaternaires des deux règnes offrent la plus grande analogie, assez souvent leur identité est parfaite. Certains corps gras d'origine animale ne diffèrent aucunement des graisses végétales ; l'acide margarique qu'on retire de la graisse de porc a exactement la composition de l'acide margarique fourni par l'huile d'olive.

Cette analogie se maintient pour les principes azotés quaternaires. Il paraît y avoir, en effet, identité, comme on peut s'en convaincre en examinant les résultats analytiques obtenus par MM. Dumas et Cahours (1).

	FIBRINE		ALBUMINE		CASÉINE	
	animale.	végétale.	animale.	végétale.	animale.	végétale.
Carbone. . .	52,8	53,2	53,5	53,7	53,5	53,5
Hydrogène. .	7,0	7,0	7,1	7,1	7,0	7,1
Oxygène. . .	23,7	23,4	23,6	23,5	23,7	23,4
Azote	16,5	16,4	15,8	15,7	15,8	16,0
	100,0	100,0	100,0	100,0	100,0	100,0

Ces principes, auxquels il faut joindre la gélatine, les graisses, quelques sels terreux et alcalins, constituent la trame des tissus des animaux ou les fluides qui les pénètrent; il convient par conséquent de les examiner succinctement.

La *gélatine* se rencontre dans presque toutes les parties solides ; on la trouve dans les os, les tendons, les cartilages, la peau, la chair musculaire. Elle se dissout facilement dans l'eau

(1) Dumas et Cahours, *Annales de chimie et de physique*, t. VI, 3e série.

bouillante, l'eau froide n'en prend qu'une très petite quantité. Aussi, en dissolvant 2 à 3 parties de gélatine dans 100 parties d'eau chaude, la liqueur se prend en gelée lorsqu'elle refroidit. Le tannin ou l'infusion de noix de galle la précipite en totalité; le précipité est très volumineux et complètement insoluble.

La gélatine dissoute ou seulement humectée ne tarde pas à se putréfier, mais une fois unie au tannin, elle est imputrescible. Dans le tannage des peaux, il se fait un composé analogue; la gélatine qui se trouve dans la peau s'unit au tannin contenu dans l'écorce qui est employée dans cette opération.

La gélatine est utilisée dans les arts comme colle forte. La colle de poisson en est presque entièrement formée; suivant M. Mulder, cette substance contient :

Carbone.	50,8 (1)
Hydrogène	6,6
Azote.	18,3
Oxygène	24,3
	100,0

Fibrine. On trouve la fibrine dans le sang; elle forme la plus grande partie de la chair musculaire. On se la procure facilement en battant le sang récemment sorti de la veine; on l'obtient

(1) Mulder, Poggendorff, *Annalen*, band XXX.

sous forme de longs filaments que l'on malaxe sous un filet d'eau froide pour les décolorer. Elle contient ordinairement un peu de graisse dont on peut la débarrasser à l'aide de l'éther. La fibrine ainsi obtenue est blanche et flexible; soumise à la dessiccation, à la chaleur du bain-marie, elle perd environ 30 pour 100 d'eau; alors elle devient cassante, cornée, demi-transparente. En la plongeant dans l'eau, elle absorbe peu à peu celle qu'elle avait perdue en se desséchant et reprend toutes ses propriétés premières. Après la combustion, la fibrine sèche laisse une cendre formée en grande partie de phosphate de chaux, dans lequel se trouve une faible dose de phosphate de magnésie et d'oxyde de fer.

Albumine. L'albumine existe dissoute dans le sérum du sang; elle forme la presque totalité du blanc d'œuf. On la retrouve dans la plupart des fluides répandus dans l'économie animale.

L'albumine liquide, à l'état où elle constitue le blanc d'œuf, est sans saveur, sans odeur; elle communique à l'eau une certaine viscosité. Par la chaleur, elle se solidifie; sa coagulation a lieu vers 70°. Déjà elle commence à perdre sa transparence vers 60°. La plupart des acides la coagulent en formant avec elle un composé insoluble.

Caséum ou *caséine*. La matière que les chimistes distinguent sous le nom de caséum existe dans le lait. Cette substance, en s'unissant aux acides, donne un composé insoluble. En coagulant le lait écrémé par l'acide sulfurique très faible, lavant le caillot, le délayant ensuite dans de l'eau qui tient en suspension du carbonate de chaux, ou mieux encore du carbonate de baryte, on obtient une solution de caséum. En évaporant cette dissolution, il reste une masse d'un jaune clair, offrant l'apparence de la gomme arabique ; c'est le caséum soluble. Toutefois à cet état le caséum est loin d'être exempt de matières terreuses et salines, car en le brûlant j'en ai retiré plus de 6 pour cent de cendres. L'infusion de noix de galle (tannin) le précipite de sa dissolution.

Le caséum insoluble des chimistes s'obtient en laissant infuser un morceau de la membrane muqueuse de l'estomac des jeunes veaux dans du lait chauffé à environ 50°. Le caséum insoluble, lavé à l'eau et à l'éther, est blanc ; il laisse, quand on le brûle, une proportion de cendre considérable. Il se dissout dans les alcalis, et même dans les carbonates alcalins.

Les physiologistes distinguent dans les animaux trois principaux tissus : le musculaire, le nerveux et le cellulaire.

Le tissu musculaire est formé par un assemblage de fibres contractiles, tantôt disséminées dans la masse des organes, tantôt rassemblées, accolées entre elles comme dans les muscles. La fibre musculaire est l'intermédiaire par lequel les animaux exécutent leurs mouvements. La chair appartient à ce tissu. Elle renferme de la fibrine, de l'albumine, des graisses, de la gélatine, une matière extractive odorante, de l'acide lactique, différents sels, et de plus de la matière colorante du sang.

Pour cuire la viande, on la met d'abord dans de l'eau froide, dont on élève graduellement la température. D'après la nature des principes contenus dans la chair, nous pouvons prévoir ce qui doit se passer dans cette opération.

L'eau, tant qu'elle est froide, tiède, jusqu'à ce qu'elle ait atteint une température de 50 à 60°, dissout les sels, l'acide libre, la matière extractive, l'albumine. Vers 80 à 100°, l'albumine dissoute se coagule, elle forme des *écumes* qu'on enlève facilement; la graisse se fond et surnage. La vapeur qui se dégage pendant l'ébullition entraîne continuellement du principe odorant qui fait partie de la matière extractive. Par l'action continuée de la chaleur, la gélatine des tissus cellulaires, des tendons, se dissout; c'est à cette substance que le bouillon suffisamment concentré par l'évaporation doit la propriété de se prendre en gelée. La fibrine, après la cuisson de la viande, conserve à peu près ses caractères; elle est plus blanche, débarrassée qu'elle est de la matière colorante du sang. Lorsque la coction de la viande a été continuée pendant longtemps, lorsqu'elle a eu lieu dans une grande quantité d'eau, la fibrine a perdu presque toute sa consistance; elle est insipide, et convient peu comme aliment. Dans les cas ordinaires, on ne pousse jamais la cuisson à cette extrémité, et la viande destinée à l'alimentation contient encore une partie des substances que l'eau finirait par lui enlever entièrement.

En faisant cuire 500 grammes de viande privée autant que possible d'os, de graisse et de tendons dans 1,500 grammes d'eau distillée, M. Chevreul a obtenu un bouillon qui contenait :

Eau.	988,6
Matière organique fixe desséchée dans le vide sec à la température ordinaire (gélatine, albumine cuite, matière extractive, lactates)	12,7
Phosphates et sulfates de potasse et de soude, chlorures alcalins.	2,9
Phosphates de magnésie et de chaux, oxyde de fer.	0,3
	1004,5

Le tissu nerveux. La matière renfermée dans la boîte osseuse du crâne est à l'état d'une pulpe blanche, mêlée de nuances grises. On sait que cette matière est l'origine de la moelle épinière, et qu'on la retrouve dans les nerfs. Selon Vauquelin, qui a examiné la matière qui remplit le cerveau de l'homme, elle contient (1) :

Eau	80,0
Matières grasses	5,2
Osmazôme (analogue à la matière extractive du bouillon)	1,1
Albumine	7,0
Phosphore combiné à la matière grasse	1,5
Soufre, phosphates de potasse, de chaux et de magnésie	5,2
	100,0

Les recherches de Vauquelin ont été confirmées et étendues par M. Fremy à qui nous devons un travail très intéressant sur la matière cérébrale (2). Cet habile chimiste a constaté que le cerveau du chien, du mouton, du bœuf, présentent la plus grande analogie de composition avec celui de l'homme. M. Fremy a particulièrement dirigé ses recherches sur le corps gras de la matière cérébrale que Vauquelin avait dosé en masse. Il a étudié plusieurs substances dans lesquelles le phosphore entre comme un élément. Dans le cerveau de l'homme on trouve : 1° de l'acide cérébrique, libre ou combiné à la soude; 2° de l'acide oléophosphorique; 3° de l'oléine et de la margarine, des acides margarique et oléi-

(1) Vauquelin, *Annales de chimie*, t. LXXXI, p. 65.

(2) Fremy, *Annales de chimie et de physique*, 3ᵉ série, t. III, p. 463.

que ; 4° de la cholestérine ; 5° de l'eau et de l'albumine.

L'acide cérébrique découvert par M. Fremy contient :

Carbone	66,7
Hydrogène	10,6
Oxygène.	19,5
Azote.	2,3
Phosphore	0,9
	100,0

Tissu cellulaire. C'est le tissu le plus universellement répandu dans l'organisation. Sa structure est spongieuse, caverneuse. Chez les mammifères il s'étend en couches de diverses épaisseurs entre tous les organes ; il réunit leurs parties isolées, dont il est en quelque sorte la gangue (1).

Le tissu cellulaire est doué d'une grande élasticité; il est formé par la réunion de filaments ou de petites lamelles assemblées confusément. Les cellules qui résultent de cet assemblage sont séparées l'une de l'autre par une espèce de feutre qui, par sa nature poreuse, permet aux fluides de les pénétrer et de les parcourir. Les membranes muqueuses, les cartilages , le tissu osseux des anatomistes, ne sont que des modifications

(1) Milne Edwards , *Cours élémentaire d'histoire naturelle*, p. 12.

particulières du tissu cellulaire, imprégné à différents degrés de substances minérales.

Les tendons, quand on les dessèche dans le vide sec, abandonnent une quantité d'eau égale à environ la moitié de leur poids, et diminuent beaucoup de volume. Par cette dessiccation, ils perdent leur souplesse et acquièrent la demi-transparence de la corne. Plongés dans l'eau, ils reprennent, avec la totalité de l'eau qu'ils avaient abandonnée, toutes leurs propriétés primitives (1). Par une ébullition soutenue dans l'eau, les tendons se dissolvent entièrement en passant à l'état de gélatine.

Tissu osseux. Les os, débarrassés du périoste et de la moelle, sont formés de gélatine et d'une très forte proportion de sels calcaires consistant principalement en phosphate de chaux. La présence des phosphates n'a rien qui doive nous surprendre, puisque nous avons reconnu que ces sels se trouvent toujours dans les plantes dont se nourrissent les animaux.

On peut enlever la matière animale des os en les traitant dans le digesteur de Papin. En faisant simplement bouillir dans l'eau les os réduits en poudre sous la pression ordinaire de l'atmosphère, on n'en retire qu'une faible partie de

(1) Chevreul, *Annales de Chimie et de Physique*, t. XIX, p. 33, 2e série.

la substance gélatineuse. On extrait aussi la gélatine au moyen des acides qui ont la propriété de dissoudre les sels calcaires. Dans ce but, on fait digérer pendant quelques jours les os, préalablement dégraissés, dans de l'acide chlorhydrique faible; ils se ramollissent, deviennent flexibles et demi-transparents. Au sortir de l'acide, ils sont plongés un instant dans l'eau bouillante, essuyés et placés dans un courant d'eau froide; bien desséchée, la gélatine se conserve sans subir aucune altération.

Le rapport entre la matière terreuse et la substance organique des os varie avec l'espèce et l'âge des animaux. Dans la jeunesse, la substance cellulaire domine; chez les adultes, les sels sont prépondérants. Nous possédons trois analyses d'os.

	Os d'homme (1).	Os de bœuf.	Os de bœuf (2).
Cartilage susceptible de se transformer en gélatine, ...	33,3	33,3	50,0
Sous-phosphate de chaux. . . .	53.0	57,4	37,0
Carbonate de chaux.	11,3	3,9	10,0
Phosphate de magnésie	1,2	2,0	1,3
Soude, avec trace de sel marin.	1,2	3,4	»
	100.0	100,0	98,3

Les *cheveux*, dont l'examen chimique a été fait par Vauquelin, présentent une composition très compliquée; on n'y rencontre pas moins de

(1) Berzélius.

(2) Fourcroy et Vauquelin, *Annales du Muséum d'histoire naturelle*, t. XIII, p. 267.

neuf matières distinctes, au nombre desquelles se trouvent du *mucus*, différentes matières huileuses, du soufre, du fer.

Les poils, la laine, la corne, ont une constitution analogue à celle des cheveux. La composition de la matière organique renfermée dans ces diverses substances peut être représentée, suivant M. Scherer, par :

Carbone	54,8
Hydrogène	7,0
Azote	15,8
Oxygène	22,6
	100,0

Les fluides animaux dont il nous importe de connaître les principales propriétés et la composition, sont le sang et le lait.

Le sang. Dans les animaux d'un ordre élevé, comme l'homme, les mammifères, les oiseaux, le sang est épais et d'un rouge intense; chez les animaux inférieurs, comme les insectes, les crustacés, c'est un liquide très aqueux et souvent incolore.

Sous le microscope, le sang rouge offre à l'œil deux parties distinctes; on aperçoit un liquide jaunâtre, transparent : c'est le *sérum,* dans lequel nagent une multitude de petits corpuscules solides, opaques, que les physiologistes ont nommés *globules du sang*. Ces globules sont sphéroïdaux dans le sang des mammifères, elliptiques chez les oiseaux et les animaux à sang froid. Leur diamètre réel varie, selon MM. Prévost et Dumas, depuis $\frac{1}{30}$ jusqu'à $\frac{1}{288}$ de millimètre.

Le sang rouge extrait des veines, le seul dont nous nous occuperons, se compose d'eau qui tient en suspension ou en dissolution de l'albumine, de la fibrine, une substance colorante rouge, l'*hématosine*, des matières grasses et différents sels.

Le sang abandonné à lui-même se coagule en partie; au milieu d'un liquide jaunâtre, le sérum, on voit apparaître une masse molle, d'un brun rouge : c'est le *caillot* formé par l'agglomération des particules de fibrine qui se trouvent suspendues dans le sang. Le sérum contient l'albumine en dissolution. M. Lecanu, dans un travail remarquable sur le sang, porte à vingt-cinq le nombre des matières qui entrent dans la constitution de ce fluide provenant de l'homme.

Eau	790,4
Oxygène, azote, acide carbonique libre	
Fer	
Chlorhydrates de soude, de potasse et d'ammoniaque	
Sulfate de potasse, de soude	
Sous-carbonate de chaux et de magnésie	
Phosphate de soude, de chaux et de magnésie	11,0
Lactate de soude	
Savon à base de soude et acides gras fixes	
Sel à acide gras volatil odorant	
Matière grasse contenant du phosphore	
Cholestérine	
Sérotine	
Albumine dissoute dans le sérum	67,8
Globules ou fibrine	130,8
	1000,0

La composition des globules peut se représenter, suivant M. Lecanu, par :

Fibrine.	3,0
Hématosine (matière colorante rouge) .	2,3
Albumine.	125,5
	130,8

Les différences que présente le sang dans sa constitution portent principalement et presque exclusivement sur les proportions relatives de la partie liquide (sérum) et de la partie solide en suspension (globules). La matière solide est plus abondante chez l'homme que chez la femme, chez les adultes que chez les enfants et les vieillards, chez les individus bien nourris que chez ceux qui sont soumis à un régime peu substantiel (1). Le sang artériel diffère du sang veineux en ce qu'il est d'un rouge vermeil. L'analyse a été impuissante jusqu'à ce jour pour apprécier la cause de cette différence; cependant l'on sait que c'est par le concours de l'oxygène de l'atmosphère que le sang artériel acquiert les caractères qui le distinguent, et que dans cette circonstance il se produit de l'acide carbonique qui, d'après M. Magnus, se trouve toujours dans le sang à sa sortie de la veine.

Le sang de bœuf privé d'eau est composé,

(1) Lecanu, *Annales de Chimie et de Physique*, t. LXVII, p. 57, 2e série.

d'après les analyses de MM. Playfier et Bœckmann, de :

Carbone	52,0
Hydrogène	7,2
Azote	15,1
Oxygène	21,3
Cendres	4,4
	100,0

Lait. Le lait est un fluide blanc plus ou moins opaque sécrété par les glandes mammaires des femelles des mammifères. Il est destiné à la nutrition des jeunes animaux; c'est l'aliment normal, celui dont l'assimilation est la plus prompte et la plus facile. Le lait réunit tous les principes organiques, toutes les substances minérales qui entrent dans l'organisme des êtres vivants, c'est à dire qu'il renferme du caséum, du sucre de lait , des matières grasses et différents sels, au nombre desquels figurent les phosphates.

Le caséum, le sucre de lait, un partie des sels, se trouvent en dissolution; les matières grasses sont suspendues dans le lait sous forme de globules. M. Lassaigne admet de l'albumine coagulable dans le lait des vaches qui ont nouvellement vêlé. J'ai eu occasion de vérifier ce fait, et il est également probable que le lait recueilli longtemps après le *vêlage* en contient également, bien qu'en moindre proportion.

M. Péligot a donné pour l'analyse du lait une

méthode suffisamment exacte pour en évaluer les différents principes (1). On évapore le lait au bain-marie, et on continue la dessiccation jusqu'à ce que l'extrait ne diminue plus de poids. On traite cet extrait par un mélange d'alcool et d'éther; à l'aide de l'ébullition, toutes les matières grasses sont dissoutes. On recueille le résidu, que l'on sèche avec les mêmes précautions et au même point de siccité auquel on est arrivé dans le dosage de l'extrait du lait. Ce résidu renferme le caséum, l'albumine et le sucre de lait. Par différence, on a le poids des matières grasses dissoutes par l'alcool et l'éther. Le résidu composé des matières azotées et du sucre de lait est traité par l'eau. On les laisse d'abord s'imbiber des liquides, on porte à l'ébullition et on laisse refroidir complètement avant de filtrer. L'eau dissout le sucre et une matière extractive azotée qu'on a signalée dans le lait. C'est là un inconvénient de la méthode, mais cette matière extractive n'existe que pour une très faible proportion. Le caséum et l'albumine coagulée sont recueillis sur un filtre, lavés, puis desséchés et pesés. On obtient encore par différence le sucre qui a été dissous. La principale difficulté qui se présente dans cette analyse est la dessiccation

(1) Péligot, *Annales de chimie et de physique*, tome LXII, 2e série.

uniforme à laquelle il faut ramener les résidus que l'on obtient successivement. En desséchant au bain-marie, ces dessiccations sont fort longues. Pour éviter cette lenteur, je préfère dessécher dans une étuve à huile chauffée à 110 ou 115°. A l'aide de procédés, qui se rapprochent plus ou moins de la méthode qui vient d'être décrite, on a examiné diverses espèces de lait dont la composition est indiquée dans le tableau qui suit :

Composition du lait.

LAIT.	CASÉUM, albumine et sels insolubles	MATIÈRES grasses.	SUCRE de lait et sels solubles.	EAU.	MATIÈRE sèche dans 100 de lait.	REMARQUES.	AUTEURS DES ANALYSES.
De vache . .	3,6	4,0	5,0	87,4	12,6	Moyenne de 12 analyses, à Bechelbronn.	Le Bel et Boussingault.
De vache . .	3,8	3,5	6,1	86.6	13,4	Moyenne de 6 analyses, des environs de Paris.	Quevenne.
De vache . .	4,5	3,1	5,4	87,0	13,0	Id.	Henri et Chevallier.
De vache . .	5,6	3,6	4,0	86,8	13,2	Id.	Lecanu.
De vache . .	5,1	3,0	4,6	87,3	12,7	Une analyse (Giesen).	Haidlen.
D'ânesse. . .	1,7	1,4	6,4	90,5	9,5	Moyenne de 5 analyses.	Péligot.
De femme . .	3,1	3,4	4,3	89,2	10,8	De bonne qualité.	Haidlen.
De femme . .	2,7	1,3	3,2	92,8	7,2	Reconnu de qualité médiocre.	Haidlen.

Le lait de vache présente toujours une réaction faiblement alcaline : sa densité est d'environ 1,03. Suivant M. Haidlen, il ne contiendrait aucun sel à acide organique, pas de lactates, et l'alcali se trouverait combiné au caséum, dont il faciliterait la dissolution. Le lait laisse, après sa dessiccation et la combustion de son extrait, à peu près un demi-centième de cendres composées de sels solubles et insolubles; la nature de ces sels paraît être constante, mais leur proportion semble variable. M. Haidlen a trouvé dans 100 parties de lait provenant de deux vaches les sels suivants (1) :

	I.	II.
Phosphate de chaux. . .	0,231	0,344
Phosphate de magnésie .	0,042	0,064
Phosphate de fer. . . .	1,007	0,007
Chlorure de potassium .	0,144	0,183
Chlorure de sodium. . .	0,024	0,034
Soude	0,042	0,045
	0,490	0,677

Le lait de vache est celui qui intéresse le plus directement l'agriculture. Je crois donc devoir consigner ici plusieurs faits qui se rattachent à son histoire.

Des substances qui entrent dans la constitution du lait, nous connaissons déjà le caséum et

(1) Haidlen, *Annalen der chem. und pharmac.*, band. XLV.

l'albumine; il reste à examiner les propriétés du sucre de lait et du beurre.

Le sucre de lait est préparé pour les besoins du commerce, dans les localités où, par suite de la fabrication du fromage, on dispose d'une grande quantité de petit lait. Dans certains cantons de la Suisse, on se procure cette substance en évaporant convenablement le petit lait, après en avoir retiré la matière albumineuse et caséeuse qui se coagule à la première impression de la chaleur. Par le refroidissement, le sucre crystallise au fond des vases. Ce premier produit, qui est brun, demande à être purifié par de nouvelles crystallisations; on l'obtient alors en une masse formée de crystaux incolores et transparents. Le sucre de lait exige pour se dissoudre 8 à 9 parties d'eau froide; il est plus soluble dans l'eau chaude. Les alcalis favorisent sa dissolution. L'alcool ne le dissout pas sensiblement.

Proust a trouvé dans le sucre de lait :

Carbone.	40,0
Hydrogène.	6,7
Oxygène.	53,3
	100,0

Beurre. **Pour bien comprendre ce qui est relatif à la préparation du beurre, nous devons d'abord nous former une idée de la constitution physique du lait.**

Les observations microscopiques établissent de la manière la plus évidente, que le lait tient en suspension des globules de dimensions diverses qui, en raison de leur densité inférieure à celle de l'eau, tendent à s'élever à la surface du fluide. Ainsi, le lait abandonné dans un vase ne tarde pas à se partager en deux couches distinctes. La plus légère, la *crème,* se rassemble à la partie supérieure, et la couche la plus aqueuse, le lait écrémé, occupe le fond.

Cette sorte de départ se fait le mieux à une basse température; la plus favorable pour faire monter la crème paraît être de 12 à 15°. Quand il se développe une acidité suffisante, le lait se partage alors en trois parties, la crème, le sérum et le caséum coagulé. Cette manière de faire *crémer* le lait, en le laissant aigrir, a paru assez avantageuse pour être suivie dans quelques laiteries, où l'on s'est imaginé obtenir plus de crême. Le volume est en effet plus grand; mais dans les contrées où on a le mieux approfondi la préparation du beurre, on s'applique à écrémer avant qu'un signe acide se soit manifesté. On reconnaît qu'il est convenable de lever la crème quand on peut y enfoncer un couteau sans qu'il remonte du lait à la surface (1).

Pour extraire le beurre de la crème, on la

(1) Thaer, *Principes raisonnés d'agriculture*, t. IV, p. 341.

met dans une *baratte*, où elle est battue pendant un temps suffisant ; par l'agitation, les parties grasses se séparent du sérum ; elles se réunissent en grumeaux, d'abord très petits, qui s'agglomèrent ensuite entre eux, jusqu'à former une masse qui contient la majeure partie du beurre.

Le liquide restant est opalin, légèrement verdâtre, d'une acidité faible; c'est le lait de beurre qui, indépendamment du sucre de lait, contient encore une certaine quantité de substance grasse, du caséum, de l'albumine.

Suivant M. de Romanet (1), les globules du lait sont essentiellement formés de matière grasse, qui se trouve enveloppée d'une pellicule blanche, translucide, mince, élastique et résistante. C'est à leur pesanteur spécifique que ces globules doivent de s'élever. La présence du beurre dans ces petits corps globuliformes se manifeste toutes les fois que l'on triture la crème ; la matière grasse, débarrassée de son enveloppe, apparaît aussitôt avec la couleur jaune qui lui est propre. La membrane vésiculaire qui entoure les globules gras les empêche de se réunir, de se souder, comme cela devrait arriver si le beurre était simplement en suspension dans le lait; mais cette réunion n'a pas lieu, même sous l'influence de

(1) Romanet, *De la Substance grasse du lait.* Manuscrit.

la chaleur. Tout le monde sait que l'on peut chauffer du lait jusqu'au point de l'ébullition sans en séparer pour cela la matière grasse qu'il contient. Le départ ne manquerait certainement pas d'avoir lieu, suivant M. de Romanet, si le beurre se trouvait en émulsion dans le liquide. M. de Romanet reconnaît à la pellicule qui, selon lui, recouvrirait les globules, la propriété de s'étendre, sans se rompre, à mesure que le corps gras se dilate par la chaleur, et c'est à cette propriété qu'il attribue la permanence de l'isolement des molécules de beurre dans une condition aussi favorable à leur union, l'adhésion des particules butyreuses, l'apparition du beurre, ne pouvant s'effectuer qu'alors que, par une action mécanique, la pellicule a été brisée, déchirée. Le barattage n'aurait par conséquent d'autre but que celui de déchirer les enveloppes. Tout est calculé, en effet, pour favoriser la destruction des pellicules. Cette explication du barattage est ingénieuse, et si M. de Romanet parvient à mettre en évidence les pellicules qu'il suppose adhérer aux particules grasses du lait, cette explication gagnera beaucoup en vraisemblance.

La facilité avec laquelle les globules gras se réunissent, s'agglomèrent, se soudent pour former la pelotte de beurre, pendant le barattage, varie avec la qualité du lait et la température. L'opération réussit le mieux à 12 ou 15°; c'est pour cette raison qu'en hiver on bat le lait dans des endroits convenablement échauffés. Depuis longtemps on a renoncé à l'idée d'une action chimique exercée par l'oxygène de l'air dans la séparation de la crème et la préparation du beurre. Par des expériences délicates, exécutées par une commission de l'Académie des sciences, on a constaté que le beurre se sépare du lait, soit qu'on opère dans le vide, dans l'hydrogène, ou dans le gaz acide carbonique.

A sa sortie de la baratte, le beurre est malaxé dans de l'eau, afin de le débarrasser autant que possible du petit lait et du caséum interposés. Quoi qu'on fasse cependant, le beurre retient toujours une certaine quantité de ces matières, et c'est à leur présence qu'il faut attribuer la promptitude avec laquelle il s'altère pendant la saison chaude. L'eau que retient le beurre frais préparé avec le plus de soins concourt aussi à favoriser cette altération; aussi, quand il s'agit de le conserver, on le fond pour lui enlever son humidité et en séparer en même temps la matière caséeuse.

La fusion s'opère dans une chaudière de fonte; on élève graduellement la température. Bientôt il se forme une ébullition tumultueuse due à la vapeur d'eau. On agite continuellement pour en favoriser le dégagement, et on modère le feu. Lorsque toute l'eau est évaporée, les écumes cessent de se former. On retire du feu et on filtre le beurre en fusion au travers d'une passette qui reçoit les impuretés. Clouet a proposé de fondre au bain-marie à une chaleur de 50 à 60° et de tenir en fusion assez longtemps pour que le caséum et le sérum puissent se déposer; enfin de décanter. Par ce procédé, on purifierait certainement le beurre du caséum, mais on ne réussirait pas, je pense, à le priver de toute humidité, et c'est certainement là une des conditions qu'il faut réaliser pour en assurer la conservation.

L'humidité et le caséum que renferme le beurre frais à l'état commercial approchent de 18 p. 100; du moins, dans une fonte de 100 kilog. opérée à Bechelbronn, on éprouve ordinairement un déchet de 18 kilog. Dans les analyses du lait de vaches rapportées plus haut, le caséum et le beurre ont été dosés à un état complet de siccité. Les mêmes produits obtenus dans les laiteries retiennent toujours de l'eau; ensuite on ne retire certainement pas toute la matière grasse contenue dans le lait; il en reste dans le petit lait et dans le lait de beurre.

Les renseignements parvenus à ma connaissance sur le rendement du lait en beurre et en fromage sont assez vagues, aussi je préfère ne citer qu'une seule donnée obtenue sous mes yeux; de 100 kil. de lait on a retiré:

	kil.
Crème.	15,60
Fromage blanc pressé . .	8,93
Petit lait.	75,47
	100,00 (1)

Les 15 kilog. 60 de crème ont donné dans la baratte :

	kil.	
Beurre	3,33,	pour 100 21,2
Lait de beurre .	12,27	

Rapportant ces divers produits au lait, on a, dans 100 kil. :

	kil.
Fromage blanc pressé. . .	8,93
Beurre.	3,33
Lait de beurre.	12,27
Petit lait.	75,47
	100,00

En prenant le lait recueilli et traité à différentes époques de l'année, je trouve que 16,391 kilog. de lait ont produit 491 kilog. de beurre frais, ou 3 pour 100.

Près de Genève, il paraît, d'après M. Baude, qu'on ne retire pas du lait une proportion de

	kil.
(1) Le petit lait obtenu directement a pesé .	74,35
Il y a eu une perte de	1,12
	75,47

Cette perte a été attribuée au petit lait dont les linges employés en passoir et à la presse étaient imbibés.

beurre aussi forte, probablement parce que dans la manipulation suivie dans cette localité le fromage retient plus de matières grasses. Dans la fruitière de Cartigny, 10,000 litres de lait donnent :

Beurre	165 kilog. environ	1,6 pour 100
Fromage de Gruyère	689	6,9
Serai.	518	5,2

Près de là, chez M. Lullin de Châteauvieux, la même quantité de lait fournit :

Beurre . . .	190 kilog. environ	1,9 pour 100 de lait.
Fromage. . .	675	6,75
Serai (1). . .	440	4,4 (2)

L'identité de composition et de propriétés qui semble exister entre certaines matières tirées des deux règnes conduit naturellement à penser que les animaux ne créent point les substances qui entrent dans leur organisation, mais qu'ils les trouvent toutes formées dans les aliments. D'où il faut conclure que les herbivores assimilent directement plusieurs des principes immédiats des végétaux, en ne leur faisant subir que de légères modifications, et que les éléments des tissus, des fluides animaux, préexistent dans les plantes qui contiennent en outre

(1) Albumine et caséum coagulés par l'ébullition du petit lait.
(2) Baude, *Journal d'agriculture pratique*, t. I, p. 21.

les phosphates terreux qui forment la base des os (1).

La nourriture des herbivores doit donc toujours renfermer, et renferme en effet constamment quatre principes essentiels qui, par leur réunion, constituent l'aliment normal, à savoir : 1° Une matière azotée comme l'albumine, la caséine, le gluten; c'est là très probablement l'origine de la viande; 2° une matière huileuse ou se rapprochant tout au moins de la nature des corps gras; 3° une matière à composition ternaire, du sucre, de la gomme, de la fécule; 4° des sels, particulièrement des phosphates de chaux, de magnésie, de fer. Cette composition mixte, que doit nécessairement offrir une plante fourragère, justifie les idées générales émises par le docteur Proust sur l'alimentation. Cet habile chimiste établit que le lait est l'aliment normal, et que tout régime alimentaire doit participer plus ou moins de sa constitution, c'est à dire qu'indépendamment des phosphates, l'aliment doit réunir une substance azotée, un principe non azoté, un corps gras, pour équivaloir au caséum, au sucre, au beurre.

Ce principe fondamental, *que les animaux trouvent leur propre substance dans les aliments qui les nourrissent,* peut éclairer le pra-

(1) Dumas et Boussingault, *Statique des êtres organisés.*

ticien dans l'alimentation des herbivores; car si la viande, la graisse, les os, existent à peu près tout formés dans les fourrages, il est bien évident que les plus convenables sont précisément ceux qui, sous le même poids, contiennent le plus de ces divers matériaux de l'organisation.

Le dosage exact des matières azotées, telles que le gluten et l'albumine dans les plantes, n'est pas exempt de difficultés; il exige beaucoup de temps et de soins. Mais une fois admis que la valeur nutritive des fourrages croît avec la proportion de ces matières, il est clair que cela revient à dire que cette valeur est proportionnelle à la quantité d'azote contenue dans les aliments. La détermination de l'azote s'exécute d'un mode assez expéditif, et j'ai la conviction que tout chimiste exercé à ce genre de recherche préfèrera doser directement ce principe dans un fourrage, à entreprendre la suite de manipulations fastidieuses qui le conduiraient à évaluer l'albumine et le gluten.

La proportion d'azote une fois connue, il devient facile de calculer la quantité d'albumine, *de viande*, renfermée dans l'aliment examiné; car, dans le cas le plus général, la nourriture végétale ne contient pas d'autre principe azoté. Il est très vrai que toutes les matières azotées d'orgine végétale ne peuvent pas être considérées comme nutritives; il en est même que la chimie nous fait connaître, qui sont des poisons violents ou des médicaments énergiques; mais ces substances vénéneuses ne se rencontrent pas en quantité appréciable dans les plantes alimentaires, et dès qu'une matière végétale *est acceptée* comme nourriture par les animaux, on peut en conclure qu'elle ne renferme aucun principe nuisible.

Toutes les substances végétales examinées jusqu'à présent, et qui servent de nourriture aux herbivores, présentent effectivement dans leur composition une certaine quantité de principes azotés. On sait, par les recherches de M. Magendie, que les aliments exempts d'azote sont insuffisants pour entretenir la vie. L'expérience montre que les animaux soumis à un régime non azoté perdent leur embonpoint et finissent par mourir. D'un autre côté, il est reconnu que la qualité d'une farine augmente avec le gluten qui y est contenu. C'est parce que les légumineux, comme les haricots, les pois, les fèves, sont plus riches en principes azotés, en *viande*, que les céréales, qu'ils sont aussi bien autrement nourrissants.

Par toutes ces considérations, j'ai admis que la propriété alimentaire des végétaux réside surtout dans leurs matières azotées, et que par conséquent *leur faculté nutritive est proportionnelle à la quantité d'azote qui entre dans leur composition*. Par ce qui précède, on a pu remarquer que néanmoins je suis loin de croire que les matières azotées sont suffisantes pour réaliser l'alimentation; mais il est de fait qu'un aliment végétal fortement azoté est généralement accompagné des autres éléments organiques et inorganiques qui concourent à la nutrition.

En dosant l'azote d'un assez grand nombre de fourrages, j'ai eu particulièrement en vue de rechercher une base qui pût servir de point fixe pour apprécier comparativement leur faculté nutritive. Depuis longtemps les agronomes les plus distingués de l'Allemagne et de l'Angleterre ont essayé de résoudre cette importante question d'économie rurale. C'est dans ce but que Thaer et plusieurs observateurs ont donné, comme résultat de leur expérience, des nombres qui expriment les rapports en poids, suivant lesquels les différentes espèces de fourrages peuvent être substituées l'une à l'autre. Ces nombres sont de véritables équivalents; ils indiquent, par exemple, que telle quantité de foin ou de racines peut être remplacée par telle autre de feuilles ou de grains pour nourrir également un bœuf à l'engrais, ou un cheval de labour. Toutefois, en examinant les équivalents nutritifs donnés par divers cultivateurs, on remarque pour la même substance des différences assez fortes. Il n'en pouvait guère être autrement;

d'abord, il est à peu près impossible que les observations qui ont servi à établir ces équivalents aient été faites dans des conditions exactement semblables, et ces divergences ne surprendront que les personnes qui ne connaissent pas la difficulté du sujet. Il est vraisemblable qu'il faut attribuer les différences que l'on remarque souvent dans l'équivalent d'une même substance à son état plus ou moins aqueux. La nature du sol, une saison humide, le climat, doivent être considérés comme autant de causes qui influent sur la quantité d'eau contenue dans les végétaux, et partant sur leur propriété nutritive. On obtiendrait certainement des résultats beaucoup plus comparables si l'on déterminait préalablement l'humidité renfermée dans les substances alimentaires que l'on examine sous le rapport de leur vertu nutritive, en un mot, si l'équivalent était rapporté à la nourriture sèche. Les équivalents nutritifs qui se déduisent de la vue théorique que j'ai exposée sont souvent fort approchés de ceux qui sont fournis par l'observation directe. J'ajouterai que déjà, dans des cas assez fréquents, les données de la théorie ont été sanctionnées par d'utiles applications.

Le foin est le fourrage le plus généralement employé, c'est en quelque sorte l'aliment normal des animaux attachés à une exploitation rurale; c'est pour cette raison qu'on lui compare, sous le rapport nutritif, les autres nourritures végétales. On doit cependant remarquer que la qualité du foin est sujette à de grandes variations; mais quand on choisit ce fourrage pour base d'une table d'équivalents, on prend du foin de prairie de bonne qualité. Les analyses que j'en ai faites à différentes époques établissent qu'il renferme de 1,0 à 1,5 pour 100 d'azote à l'état où il est consommé. Au reste, comme la détermination de la valeur nutritive est un point très important, j'indiquerai la manière de procéder pour obtenir des échantillons qui représentent autant que possible les masses d'où on les a pris. Ce que je vais dire sur les précautions à prendre pour *lotir* le foin destiné aux essais, s'appliquerait d'ailleurs à tous les fourrages. Le foin se compose de quatre parties distinctes, qui ont chacune un pouvoir nutritif extrêmement différent; il importe donc que dans l'échantillon qui doit servir à la détermination de l'azote, chaque partie soit représentée et s'y trouve dans le même rapport où elle existe dans la masse. Je distingue dans le foin 1° les tiges ligneuses; 2° les brins ou tiges auxquelles adhèrent ou adhéraient les feuilles; 3° les feuilles, les fleurs et les graines.

On prend environ 1 kilog. du foin à examiner; on fait le triage des parties que je viens de signaler, et on les pèse séparément. Exemple : d'un fort échantillon de foin de prairie récolté en 1841, j'ai retiré :

	kil.		gram.
Tiges ligneuses.	1,090	pris pour l'analyse	0,384
Brins ou tiges très fines . .	0,385		0,135
Fleurs, feuilles et quelques grains.	0,800		0,281
		Mélange analysé . . .	0,800

L'analyse a indiqué :

Azote pour 100	1,19
Foin de 1840 des fournitures militaires de Paris .	1,21
Foin récolté en Alsace en 1835	1,04
Foin récolté en Alsace en 1837	1,15
Azote, moyenne . . .	0,15

dans le foin à l'état où il est consommé. Dans cette condition, ce fourrage renferme 11 à 12 pour 100 d'eau qui se dissipe par la dessiccation.

Puisque l'albumine, le caséum, le gluten végétal, contiennent 16 pour 100 d'azote, on trouve que la matière animalisée, la *viande* du foin, peut être représentée par 7,2 pour 100.

Le foin ne présente pas toujours ce contenu en azote : il en est qui en contient notablement moins, comme celui qui provient de prés marécageux. Il en est d'autres qui sont, au contraire, plus riches en principe animalisé. Un choix fait dans les produits d'une même prairie peut déjà procurer un aliment plus substantiel ; il suffit, par exemple, d'éliminer les tiges ligneuses. Le regain est généralement plus nutritif que le foin qui l'a précédé, c'est ce que nous avons maintes fois constaté à Bechelbronn; mais on croit, je ne sais pour quel motif, qu'il convient moins à la nourriture des chevaux. La cause en est peut-être dans ce que, rentré le plus souvent dans un temps humide, il s'altère facilement dans le fenil.

Un regain de foin a donné à l'analyse .	2,0	p. 100 d'azote.
Un foin choisi, première qualité. . . .	1,29	
Fleur de foin renfermant peu de tiges ligneuses	2,1	

Ces exemples suffisent pour montrer que, lorsqu'il s'agit de substituer un aliment au foin, il faut tenir compte de la qualité de ce dernier fourrage. Dans le tableau que je présente ici, j'ai pris pour base des équivalents le foin ordinaire de prairie, contenant 1,15 d'azote et 11 pour 100 d'eau.

L'importance d'une table des équivalents des fourrages est sentie par tous les agriculteurs, et l'on doit savoir gré aux praticiens des efforts qu'ils ont faits pour arriver à la connaissance de la valeur relative des aliments végétaux. L'usage des tables d'équivalents est très simple : les nombres placés au dessous de la valeur du foin indiquent les quantités pondérables des fourrages désignés dans la première colonne, qui peuvent remplacer 100 parties de foin en poids. Ainsi :

Selon Block, 366 kil. de carottes peuvent être substitués à 100 kil. de foin de prairie. D'après Pabst, 60 kil. d'avoine équivalent comme nourriture à 100 kil. de foin. S'agit-il de remplacer 3^k,30 d'avoine qui entre dans la ration d'un cheval par le topinambour, on trouve dans le tableau que 60 d'avoine=274 de topinambours, d'où l'on tire 16 kil. pour le poids de la racine qu'il faut substituer à 3^k,3 d'avoine.

Une connaissance certaine de la valeur nutritive des aliments consommés par le bétail peut offrir des avantages réels à la spéculation agricole; c'est elle qui doit guider l'éleveur dans ses acquisitions, sur la préférence qu'il doit donner à tel ou tel fourrage. Supposons, par exemple, que l'hectolitre (75 kil.) de pomme de terre coûte sur le marché 1 fr., et le foin 6 fr. les 100 kil. Admettons, avec les données théoriques, que 100 k. de foin = 315 kil. de tubercules. Il est clair qu'en comparant les prix à ces équivalents, il y a intérêt à acheter des pommes de terre, car les 315 kil. de tubercules pouvant remplacer 100 kil. de foin, ne coûteraient que 4 fr. 19 c. A ce prix, il y aurait même bénéfice réel à vendre du foin pour amener en retour des pommes de terre.

Les équivalents que j'ai déduits des analyses des fourrages s'accordent dans plusieurs cas avec les nombres donnés par les praticiens; dans d'autres ils en diffèrent très notablement. Mais il faut observer que les équivalents pratiques présentent entre eux des différences du même ordre. Ainsi, nous voyons que pour nourrir comme 100 kil. de foin, il faut en paille de froment 666 kil. suivant Schnee et Thaer, et 175 kil. selon Flottow. D'après Meyer, 290 kil. de navets équivalent à 100 kil. de foin, tandis que Middleton prescrit 800 kil. pour l'équivalent de cette racine, nombre qui coïncide avec celui déduit de la théorie. Block donne 30 pour l'équivalent des pois, et Thaer, qui est une autorité tout aussi respectable, indique 66. Le même agronome assigne à la betterave champêtre l'équivalent de 460, lorsque Meyer et Pabst le portent à 250, et M. de Dombasle à 261. Quelque large que soit la part que l'on fasse aux difficultés que présentent les recherches sur l'alimentation, on se rend difficilement raison de différences aussi fortes. Quant à l'accord surprenant qu'offrent dans plusieurs cas les résultats pratiques, on peut être convaincu que cet accord n'est qu'apparent, car il est certain que la plupart des auteurs se sont copiés en silence. Il est souvent impossible de décider dans les écrits des agronomes si la valeur nutritive qu'ils donnent à une substance a été fixée par leurs propres observations, ou simplement adoptée sous la responsabilité d'un autre observateur. Toute personne qui n'est pas complètement étrangère à l'art de faire des expériences, ne se persuadera jamais que onze expérimentateurs soient arrivés isolément à trouver pour l'équivalent du foin de luzerne le nombre exact de 90, ou bien que cinq observateurs distincts aient été conduits au chiffre de 600 pour l'équivalent du chou.

La fixation de la valeur nutritive des fourrages, par la détermination de l'azote, est loin d'être à l'abri d'objections : cette méthode tend à donner des équivalents trop bas, parce qu'elle est sujette à porter un peu trop haut la quantité de *viande* contenue dans les fourrages. L'azote recueilli dans l'analyse peut provenir, pour une très faible partie, des nitrates qui se rencontrent dans les plantes, et qui ne sont d'aucune utilité à la nutrition. Généralement cette cause d'erreur ne peut exercer qu'une influence à peine appréciable ; mais il est des feuilles, des racines qui, venues dans certains terrains, même très peu salpêtrés, sont assez riches de nitrates. C'est à cette circonstance que j'attribue l'anomalie offerte par les feuilles de betteraves champêtres.

Par la détermination de l'azote, on se borne uniquement à évaluer la quantité de *viande* renfermée dans un fourrage; c'est bien certainement là la matière qu'il importe de doser, c'est celle qui existe en proportion moindre, et son abondance ou sa rareté dans un aliment décide, à n'en pas douter, du plus ou moins de valeur nutritive que l'on doit lui reconnaître. Les autres substances non azotées, comme le sucre, l'amidon, la gomme, forment la masse du végétal alimentaire, et se trouvent presque toujours en grand excès par rapport à la substance azotée. Ces matières sont les auxiliaires indispensables de l'aliment végétal. Dans l'acte de la digestion, la fécule amylacée se transforme en gomme et en sucre, qui sont alors absorbés directement. Les substances grasses se divisent à l'infini, et, en s'émulsionnant, donnent naissance au tissu adipeux; mais la fibre ligneuse, à l'état où elle se rencontre dans les plantes, ne paraît pas concourir d'une manière bien efficace à la nutrition : on la retrouve presque intacte dans les déjections des animaux.

Ces principes admis, on conçoit qu'il n'est pas indifférent qu'à proportion égale de matière animalisée, un fourrage contienne en plus de l'amidon, du sucre ou du ligneux. Les propriétés nourrissantes de l'amidon et de ses congénères concourent évidemment à l'alimentation, tandis que le ligneux se comportera comme un corps inerte, exerçant tout au plus une action mécanique, en contribuant à la division du bol alimentaire, ou en servant en quelque sorte de lest.

Le foin et la pomme de terre, amenés au même état de dessiccation, contiennent, à peu de chose près, les mêmes proportions d'azote, 1,3 et 1,5 pour 100, c'est à dire environ 8 1/2 pour 100 de viande. Dans la pomme de terre sèche, les 91 1/2 restant sont formés presque en totalité par de l'amidon. Dans le foin, il existe au contraire dans le résidu une forte proportion de ligneux. Ces faits sont de nature à expliquer pourquoi, malgré le même contenu en matière animalisée, la pomme de terre peut réellement être un peu plus nutritive que le foin, dans la supposition vraisemblable où le ligneux ne serait d'aucune utilité dans la nutrition. Pour donner aux équivalents théoriques toute la précision désirable, il conviendrait donc de déterminer, pour chaque espèce d'aliment, la quantité de matière organique qui échappe à la digestion. C'est un travail que j'aborderai dans une prochaine occasion. A l'aide de cette nouvelle donnée, on aurait pour chaque fourrage trois éléments qui permettraient de comparer leur valeur nourrissante, à savoir, la proportion de la substance azotée; celle de la matière non azotée, sucre, gomme, amidon, pectine; enfin, le contenu en principe inerte, qu'il faudrait nécessairement défalquer du poids des rations alimentaires.

La détermination de l'azote ne permet pas d'apprécier les diverses substances non azotées nutritives qui entrent dans la constitution d'un fourrage, ou plutôt elle admet, ce qui est loin d'être rigoureux, que ces substances sont le complément de la *viande* qui s'y trouve.

C'est là, il faut le reconnaître, un inconvénient de la méthode que j'ai proposée. Mais cet inconvénient n'a pas la gravité qu'on pourrait lui supposer au premier abord, par la raison que la faculté nutritive de la substance azotée qu'il importe surtout de doser exactement est incomparablement plus grande que celle de l'amidon, du sucre ou des graisses qui existent sans exception dans les aliments. J'ai choisi pour exemple le foin et les pommes de terre, parce que ce sont deux substances alimentaires qui diffèrent autant que possible l'une de l'autre par leur composition, leur nature, et cependant les équivalents relatifs de ces fourrages, déduits de leur proportion respective d'azote, s'accordent aussi bien que l'on peut le désirer. En effet, la théorie indique 300 pour l'équivalent de la pomme de terre, celui du foin étant représenté par 100; or, d'après des observations longtemps continuées sur l'alimentation du cheval, je ne crois pas qu'il soit prudent de substituer moins de 280 kilog. de tubercules à 100 kilog. de foin de prairie.

L'état de dessiccation de certains fourrages peut exercer de l'influence sur la nutrition. Une partie pourra même y échapper complètement, et la valeur nutritive de la ration consommée se trouvera par conséquent amoindrie. L'analyse ne saurait prévoir ces circonstances accidentelles, et par le fait elle peut exagérer la faculté nourrissante des aliments secs.

Les éleveurs soupçonnent depuis longtemps que les fourrages sont plus nourrissants quand ils sont consommés en vert, et que par le fanage ils perdent de leur faculté nutritive. Ces soupçons semblent être changés en certitude par les observations que MM. Perrault de Jotemps ont faites dans leur domaine de la Feuillasse. Ces agronomes habiles, qui comprennent si bien la méthode expérimentale, ont reconnu que dans la nourriture des béliers, 4 kil. de luzerne en vert équivalent à 1 kil. 50 du même fourrage fané (1).

Par des expériences très intéressantes sur le fanage, MM. Perrault de Jotemps ont trouvé en moyenne que :

	Après le fanage de pratique.	Après le fanage extrême.	Après fermentation dans le fenil.
	kil.	kil.	kil.
100 kil. de luzerne ou de trèfle coupés à la première fleur se réduisent à.	27,90	25,66	23,42
100 kil. de trèfle plus avancé en fleur, commençant à perdre des feuilles vers le bas des tiges, se réduisent à	35,27	32,44	29,69
100 kil. de trèfle plus avancé encore se réduisent à . . .	41,95	38,59	35,31

(1) Perrault de Jotemps, *Journal d'agriculture pratique*, t. III, p. 97.

Pendant le fanage du trèfle et de la luzerne, on éprouve une perte considérable par les feuilles et les fleurs qui se détachent et qui n'entrent pas dans les bottes. Cette perte est d'autant plus fâcheuse qu'elle porte précisément sur les parties les plus nutritives du fourrage récolté. En tenant compte des déchets subis par le fanage, le bottelage et la fermentation dans le fenil, M. Perrault de Jotemps admet que 100 kil. de luzerne ou de trèfle en vert donnent 23 kil. de foin. Selon ce rapport, 4 kil. de luzerne en vert représenteraient $0^k,92$ de luzerne sèche après qu'elle aurait supporté tous les déchets ci-dessus mentionnés, et comme il a fallu $1^k,50$ de foin de luzerne pour remplacer convenablement 4 kil. de luzerne verte dans l'alimentation d'un bélier, il s'ensuit qu'en donnant $1^k,50$ de plante fanée et fermentée au fenil, c'est réellement comme si l'on eût administré $6^k,52$ de fourrage sec.

Ces données pratiques sont importantes, elles prouvent ce dont tous les cultivateurs sont parfaitement convaincus, qu'il est infiniment avantageux de faire fourrager le trèfle et la luzerne en vert. A ces avantages on peut ajouter l'économie de la fenaison, et par dessus tout l'absence des chances d'un fanage désastreux. Mais de ce que dans les deux modes de consommer le fourrage, 100 de trèfle ou de luzerne verte représentent comme nourriture 23 de trèfle ou de luzerne sèche, il n'en résulte pas que les valeurs nutritives du fourrage, sous les deux états, soient dans le rapport de ces deux nombres. MM. Perrault de Jotemps trouvent, d'après leurs expériences, que le rapport est : : 8 : 3. En prenant pour le produit du fanage de 100 kil. de fourrage vert 32^{k}, 5, nombre qui se déduit des résultats obtenus sur la des siccation du trèfle et de la luzerne en fleur, ce rapport devient : : 8 : 2,6 et se rapproche beaucoup de celui adopté par ces habiles observateurs. Quant à la différence qui existe en faveur du fourrage vert, il est assez naturel de l'attribuer à cette circonstance, que durant le fanage et le transport, le trèfle et la luzerne perdent une quantité considérable de leurs parties les plus substantielles; c'est aussi l'opinion de M. Crud (1). J'ai d'ailleurs trouvé par l'analyse une valeur nutritive moindre, au trèfle fané et bottelé, qu'au même fourrage desséché soigneusement dans le laboratoire.

L'importance de la question des fourrages verts m'engage à reproduire à la suite des précieuses observations de MM. Perrault, le résultat moyen des expériences faites à Bechelbronn sur le fanage du trèfle. Les trèfles de 1841 ont donné des produits magnifiques, la plante de deuxième année atteignait une hauteur de près de 1 mètre,

(1) Thaer, *Principes raisonnés d'Agriculture*, t. IV, p. 332.

et l'on a vu précédemment que le trèfle vert peut être considéré comme formé de :

Trèfle fané	29,85
Eau	70,15
	100,00

Pour les extrêmes on a eu ·

Trèfle fané. . . .	35,7	25,0
Eau.	64,3	76,0
	100,0	100,0

L'analyse a indiqué pour le trèfle fané l'équivalent nutritif de 75. Prenant 76 pour l'humidité dissipée pendant le fanage, cet équivalent devient 311 pour le même fourrage à l'état vert, l'équivalent du foin étant représenté par 100.

Les résultats acceptés par la pratique sont bien loin de s'accorder avec les données de la théorie. On attribue généralement au foin de trèfle une valeur nutritive peu différente de celle du foin de prairie, et l'on place l'équivalent du même fourrage vert entre 425 et 500.

Ce qui se passe dans nos étables tend aussi à faire croire que l'équivalent théorique du trèfle est exagéré. D'après quatre pesées, je trouve que 17 vaches recevant du trèfle vert en ont consommé par jour 1136 kil., c'est à dire 66^{k},8 par tête. La ration ordinaire d'une de nos vaches est de 15 kil. de foin de bonne qualité. Il en résulterait que l'équivalent du trèfle vert serait 445. Mais le bétail qui reçoit la ration en vert engraisse notablement, et tout annonce qu'il est bien autrement nourri qu'avec 15 kil. de foin de prairie. Suivant les chiffres admis de la théorie, avec 66^{k},8 de trèfle en vert, les vaches recevraient par jour et par tête l'équivalent de 21^{k},5 de foin, et si l'on réfléchit qu'elles ont du fourrage vert à peu près à discrétion, on admettra volontiers que pendant la durée du *vert* elles prennent une ration alimentaire réellement supérieure à la ration normale.

De nouvelles expériences sont donc nécessaires pour décider si les fourrages consommés en vert nourrissent plus que les mêmes fourrages fanés. En les exécutant avec soin, je ne serais pas étonné qu'on fût conduit à ce résultat, que les aliments secs, bien administrés, humectés préalablement, sont plus nutritifs qu'alors qu'ils sont consommés avant le fanage. Les fourrages très aqueux ont souvent une vertu purgative qui doit nuire à l'alimentation; d'un autre côté, il me paraît évident qu'en entretenant des animaux avec des fourrages secs, il faut apporter pour les abreuver convenablement, plus d'attention qu'on n'en apporte ordinairement. La nécessité d'une humectation suffisante comme moyen de faciliter la digestion, justifie pleinement l'usage qui commence à s'introduire de faire infuser les foins avant de les donner au bétail. Cette nécessité explique encore comment il est si avantageux dans l'alimentation d'allier aux fourrages fanés des matières très aqueuses, comme les racines et les tubercules.

Les graines oléagineuses renferment une proportion considérable de matière animale semblable par sa composition et ses propriétés au caséum du lait. Le tourteau ou marc qui sort du pressoir retient en entier cette matière azotée; son contenu en azote, qui se maintient généralement à 0,05 et 0,06, y indique environ 42 p. 100 de viande. La théorie assigne au résidu de la fabrication de l'huile une valeur nutritive assez élevée pour qu'il soit possible de remplacer 100 kil. de foin par 22 à 27 kil. de tourteau.

L'usage si répandu de faire concourir les résidus d'huile à l'entretien et à l'engraissement des animaux prouve à l'évidence leur vertu nutritive. Un de nos plus habiles agronomes du midi, M. Bouscaren a même réussi à nourrir le bétail et les bêtes à laine presque exclusivement avec cet aliment. C'est un résultat bien important, un progrès réel dans l'art de l'alimentation. M. Bouscaren, qui est à la tête d'une fabrique d'huile de graine dans le département de l'Hérault, trouvait difficilement à placer ses tourteaux; il se décida à annexer à la fabrication d'huile une production de chair, et il entretient aujourd'hui des vaches laitières et des bœufs à l'engrais qui sont nourris avec des tourteaux de lin et des marcs de raisin. Les vaches soumises à ce régime, donnent en moyenne 7 litres de lait par jour. La ration se compose de 7 kil. de tourteaux par tête, pris en trois repas, immédiatement après que les vaches ont bu. Dans l'intervalle, on donne à chaque vache 6 kil. de paille ou balles. Le tourteau brisé en morceaux est détrempé et pétri avec de l'eau, de manière à prendre la consistance de la pâte employée à faire le pain. Les vaches refusent quelquefois cette nourriture; alors il faut en former des boules de la grosseur du poing et les leur enfoncer dans la bouche aussi avant que possible; cette opération, renouvelée deux ou trois fois, suffit ordinairement pour les mettre en goût (1).

En supposant que les vaches nourries par M. Bouscaren pussent être convenablement alimentées avec 15 kil. de foin, et que 6 kil. de paille équivalent à $1^k,4$ du même fourrage, on trouve que dans la ration adoptée 7 kil. de tourteau de lin tiennent lieu de $13^k,6$ de foin; l'équivalent du tourteau devient alors 51,5, nombre bien différent de 22 qui est déduit de l'analyse. Les équivalents des divers praticiens qui ont cherché à apprécier la valeur nutritive du marc

(1) Isabeau, *Journal d'Agriculture pratique*, t. IV, p. 205.

d'huile de lin sont d'ailleurs très peu concordants. On trouve en effet, dans les résultats consignés dans le tableau, les nombres 42, 57 et 108.

M. Perrault de Jotemps a constaté, sur quatre vaches laitières soumises à l'observation, que 500 grammes de tourteau de colza, administré en soupes, nourrissent comme 1370 grammes de foin (1). L'équivalent qui ressort de cette donnée est 36. L'analyse du tourteau de colza indique 23.

En résumé, on voit que les résultats obtenus dans la pratique, bien qu'assez divergents, s'accordent cependant pour attribuer aux marcs des oléagineuses une valeur nutritive inférieure à celle qui est indiquée par la théorie.

J'ai cru devoir insister sur le désaccord qui se manifeste entre les résultats de l'analyse chimique et ceux recueillis par l'observation, parce qu'il me paraît dépendre d'une circonstance particulière qui se présente fréquemment dans l'alimentation du bétail, et dont il est très important de tenir compte. Je veux parler de l'influence du *volume* de la ration alimentaire.

Les aliments végétaux ont à peu près la même pesanteur spécifique, elle est un peu supérieure à celle de l'eau; le volume de la ration dépend donc de son poids. On conçoit qu'une ration

(1) Perrault de Jotemps, *Journal d'Agriculture pratique*, t. III, p. 102.

formée par un fourrage extrêmement nutritif, et qui par cette raison aurait très peu de volume, présenterait de graves inconvénients. Un cheval de labour de taille ordinaire exige, d'après ce que j'ai observé dans plusieurs occasions, environ 12 à 15 kilog. d'aliments solides, et 12 à 14 kilog. d'eau tous les vingt-quatre heures. Le volume de cette ration réduit par la mastication à l'état de bol alimentaire, est à peu près de 27 décimètres cubes. Si au fourrage ordinaire on substitue un aliment cinq fois plus nutritif, comme le tourteau par exemple, la ration sèche, d'après la règle des équivalents, serait réduite à 3 kil. et son volume total deviendrait 16 décimètres cubes. L'animal ne serait pas rempli, il éprouverait, sans aucun doute, le sentiment de la faim. Si, au contraire, on substitue un fourrage peu nourrissant, de la paille de froment, ayant pour équivalent 500, les 15 kilog. d'aliment sec deviendraient 75 kilog., et la ration est alors beaucoup trop volumineuse pour être consommée dans un jour. Dans la nutrition d'un animal, on doit donc prendre en sérieuse considération le volume des aliments. Il faut, de toute nécessité, que l'estomac soit suffisamment chargé, *lesté*, comme on dit ordinairement. En donnant seul un fourrage très substantiel, il convient, quel que soit son pouvoir nutritif, de l'administrer en quantité telle que le volume soit suffisant, et alors, comme il arrive avec le tourteau donné dans cette condition, la consommation n'est plus en rapport avec l'équivalent nutritif.

L'appréciation exacte de la limite passé laquelle une substance alimentaire cesse d'être nutritive, est fort difficile. Lorsqu'on ajoute à un ordinaire reconnu suffisant pour l'entretien d'un animal, une nouvelle dose d'aliment, l'effet de cette addition est à peine sensible, de sorte que dans les observations pratiques, on est exposé à évaluer défavorablement la faculté nutritive des aliments administrés en proportion trop forte. Nous en avons eu la preuve dans une série d'expériences sur la nourriture des vaches laitières. A une vache qui recevait en topinambours et en fourrage secs l'équivalent de 15 kilog. de foin, on a donné en sus de cette nourriture 3 kilog. de tourteau de colza, de manière à doubler la ration. La vache n'a accepté que la moitié, 1^{k},5 de tourteau; et malgré ce supplément, le produit en lait n'a pas été amélioré. Ainsi, d'après l'observation, le tourteau aurait un équivalent égal à 0, et cependant, il est parfaitement constaté que cet aliment est des plus substantiels.

Les grains durs et cornés que l'on donne aux chevaux et au bétail échappent souvent à la digestion; cette circonstance contribue à leur faire accorder une valeur nourrissante inférieure à celle qu'ils possèdent. Pour obvier à cet inconvénient, on égruge le grain; cette pratique est surtout suivie pour la vesce, les pois, les féverolles. Pour les céréales, il suffit de les détremper dans de l'eau chaude. L'avoine et l'orge sont peut-être les seuls grains pour lesquels cette opération ne soit pas indispensable. Des expériences faites avec soin, par ordre de la commission d'hygiène vétérinaire, instituée par le ministre de la guerre, ont prouvé que la quantité d'avoine échappée à la digestion est tout à fait négligeable.

Les tubercules et les racines sont des fourrages précieux pour les bêtes à cornes, et qui suppléent en partie au foin. D'après des expériences longtemps continuées à Bechelbronn, les chevaux s'accommodent aussi d'un semblable régime mixte qui, par un emploi bien entendu, peut amener une grande économie dans l'entretien de ces animaux. Les racines se donnent après qu'elles ont été divisées par le coupe-racines. C'est un usage dont la bonté est sanctionnée par la pratique, que celui de mêler les tranches de racines avec de la paille hachée ou des balles de céréales. Il est toujours avantageux d'unir un aliment très aqueux avec une substance sèche, et ensuite la paille hachée absorbe et conserve les sucs qui tendent à s'échapper.

La betterave, les navets, les carottes, le rutabaga, les topinambours, sont toujours consommés crus. La pomme de terre est souvent donnée après avoir subi la cuisson. Cependant je puis affirmer que les ruminants se trouvent très bien de l'usage des pommes de terre crues. A Bechelbronn, nos vaches ne les consomment jamais autrement; on ne les fait cuire qu'alors qu'on les destine à la nourriture des chevaux et des porcs. La manière la plus convenable est de les cuire à la vapeur; il n'est pas nécessaire de pousser la coction, au point qu'elle doit atteindre, lorsqu'il s'agit de l'alimentation de l'homme. Les pommes de terre cuites sont écrasées entre deux cylindres, ou simplement à la pelle, et mêlées à la paille hachée; par la cuisson à la vapeur, elles ne changent pas visiblement de poids, d'où il faut conclure que l'équivalent reste à peu près le même dans les deux cas. Cependant il est possible que, par la cuisson, la matière amylacée s'assimile plus facilement, et que sous ce rapport les tubercules paraissent plus nourrissants. Quelques éleveurs font cuire les pommes de terre au four; cuites de cette façon, elles doivent être plus nutritives à poids égaux, par la raison qu'elles renferment beaucoup moins d'eau. Nul doute que ce mode de cuisson ne soit préférable, lorsque l'on a en vue l'engraissement des porcs ou du bétail. La pomme de terre cuite au four ou rôtie peut certainement être amenée à un état tel, qu'elle remplacerait avantageusement les grains et les farines dans l'alimentation des animaux. C'est un simple devis à faire sur les frais de cuisson.

C'est en pesant un animal que l'on peut déterminer l'influence favorable ou désavantageuse du régime alimentaire auquel il est soumis. Chez les animaux adultes qui accomplissent un travail régulier, comme les chevaux de labour; chez les vaches laitières, la ration doit être telle que le poids normal reste à peu près le même. Une nourriture insuffisante tend à diminuer l'embonpoint, la vigueur et la vivacité de l'animal; les vaches rendront moins de lait. La ration demeurant la même, la perte de poids, l'amaigrissement, la diminution du lait, pourront néanmoins se manifester si on augmente le travail, si on exige de la part de ces animaux une plus grande dépense de force. Une condition indispensable dans les recherches sur l'alimentation, est donc de demander aux individus qui en font le sujet, un travail aussi égal que possible. Les jeunes animaux qui reçoivent une nourriture saine et suffisante augmentent journellement d'une quantité que nous chercherons bientôt à évaluer; le changement de nourriture apportera des variations notables dans leur accroissement, si le régime substitué est moins nutritif que celui qui le précédait; la balance indique à l'instant ces variations.

Le bétail mis à l'engrais reçoit toujours de la nourriture en excès, et cet excès est un supplément ajouté à la ration d'entretien. L'augmentation de poids d'un animal, dans un temps donné, est souvent assez considérable pour être appréciée par des pesées même très rapprochées; elle varie d'ailleurs aux différentes époques de l'engraissement. L'engraissement du bétail n'est pas une circonstance favorable pour évaluer la valeur nutritive des aliments; mais il est néanmoins utile, sous le point de vue pratique, de constater l'influence de la nourriture sur la production de la graisse. Un équivalent nutritif mal appliqué exercerait bientôt une action contraire à celle que l'on veut obtenir, l'animal perdrait en poids au lieu d'augmenter, si la ration n'était pas convenable.

Lorsqu'on a reconnu la quantité de fourrage qu'un animal doit recevoir en vingt-quatre heures pour être convenablement entretenu en force, ou pour permettre un rendement avantageux en lait, ou un accroissement favorable en chair ou en graisse, on le pèse et on introduit dans la ration, en totalité ou en partie, la nourriture qu'il s'agit d'essayer. Au bout d'un certain temps, on pèse de nouveau; le poids fait connaître si la valeur nutritive du fourrage substitué est supérieure, égale ou inférieure à celle de l'aliment remplacé. Telle est la méthode généralement suivie ; mais en la pratiquant, j'ai remarqué qu'elle est sujette à des causes d'erreurs assez graves que je me suis efforcé d'atténuer dans les expériences que j'ai entreprises sur l'alimentation des chevaux, expériences que je crois devoir rapporter.

Dans un bon nombre des observations parvenues à ma connaissance, j'ai reconnu que la durée des différents régimes auxquels les animaux ont été soumis, n'a certainement pas été suffisamment prolongée, de sorte qu'on a dû être conduit à attribuer les changements survenus dans le poids des animaux aux effets du régime, lorsque les variations observées peuvent n'être qu'un simple fait accidentel. On admet qu'un animal adulte, soumis à la ration d'entretien, revient tous les jours, à la même heure, au poids qu'il avait eu la veille ; mais cela n'est rigoureusement vrai qu'autant qu'on suppose une série de pesées continuées pendant un nombre de jours suffisants pour faire disparaître les irrégularités qui se présentent d'une pesée à l'autre. Pour reconnaître l'amplitude des variations qu'un animal éprouve dans son poids, alors même qu'il est nourri d'une manière uniforme, qu'il prend ses repas exactement aux mêmes heures, j'ai pesé pendant plusieurs jours un cheval et une jument soumis à un régime des plus réguliers et qui exécutaient un travail parfaitement réglé, puisqu'ils étaient attelés à un manège faisant mouvoir une machine d'épuisement. Les pesées ont été faites à midi, avant que les animaux aient été conduits à l'abreuvoir, quatre ou cinq heures après leur premier repas. Voici les résultats obtenus :

DATE DES PESÉES.	POIDS DU CHEVAL.	POIDS DE LA JUMENT.	
16 décembre 1841	453,0	494,0	
17.	455,0	497,0	
18.	456,0	497,0	
19.	454,0	497,5	
20.	449,0	487,0	
21.	449,5	487,5	
22.	449,0	492,0	
23.	454,0	496,5	
24.	454,0	484,5	
25.	459,5	. .	
27.	448,0	490,5	
28.	452,0	496,0	
29.	454,0	491,0	
30.	448,0	484,0	
31.	452,5	491,0	
Moyenne. . . .	452,2	491,8	
Pesées maxima .	459,5	497,5	
Pesées minima .	448,0	484,0	
	7,3	5,7	Plus grande différence au dessus du poids moyen.
	4,2	7,8	Plus grande différence au dessous du poids moyen.
	11,5	13,5	Différence entre les poids extrêmes

Un autre cheval (Vieux Fuchs), âgé de douze ans, a été pesé à jeun, à quatre heures du matin.

DATE DES PESÉES.	POIDS DU CHEVAL.	
26 avril 1842 .	475,2	
27	469,0	
28	478,0	
29	482,0	
30	472,0	
Moyenne. . . .	475,2	
	6,8	Plus grande différence au dessus du poids moyen.
	6,2	Plus grande différence au dessous du poids moyen.
	13,0	Différence entre les poids extrêmes

On voit qu'un cheval rationné très régulièrement, pesé à la même heure, présente néanmoins dans son poids des différences qui d'un jour à l'autre peuvent atteindre 13^{k},5, qu'on est ainsi exposé à attribuer à l'effet du régime alimentaire. Comme dans les expériences sur l'alimentation, on est obligé de chercher l'accroissement ou la diminution du poids qu'un animal subit, on comprend que pour atténuer la cause d'erreur que je viens de signaler, il faut prolonger la durée de chaque expérience pendant un temps suffisant pour que la variation accidentelle affecte le moins possible le résultat.

Cette variation se montre chez les différents animaux; elle est nécessairement plus faible chez ceux qui sont jeunes, sur les moutons, que sur un cheval, ou sur une jument adulte; mais elle n'en existe pas moins, et elle peut occasionner des erreurs du même ordre. Que penser maintenant de ces variations de poids de 1 kil., observées en deux ou trois jours d'expérimentation sur des béliers, bien qu'elles aient été constatées avec le plus grand soin et par des observateurs très consciencieux ? Il est de toute évidence qu'elles ont pu être purement accidentelles.

La première série d'observations à faire, lorsqu'il s'agit d'étudier la valeur nutritive comparée des aliments, doit donc avoir pour but de rechercher l'amplitude de variations du poids des animaux soumis à l'expérience ; comme elle a lieu tantôt dans un sens, tantôt dans un autre, on conçoit qu'il y a un avantage décidé à soumettre à l'observation plusieurs animaux à la fois, car il y a alors une chance pour que l'erreur qu'elle occasionne soit de nature à se compenser. Aussi, on a soin d'expérimenter non pas sur un individu isolé, mais bien sur un lot formé de plusieurs têtes, et les résultats obtenus sont d'autant plus certains que les lots comprennent un plus grand nombre de sujets. Une autre cause d'erreur, dont j'ai eu l'occasion de m'apercevoir dans le cours de mes expériences, paraît dépendre *du poids* de la ration alimentaire. A égalité de valeur nutritive, les rations peuvent avoir des poids très différents; un régime composé d'aliments secs, comme le foin et l'avoine, pèsera beaucoup moins que son équivalent en racines, en tubercules ou en fourrage vert. Si, après avoir entretenu des animaux avec des aliments secs, on substitue une nourriture aqueuse, on remarque aussitôt un accroissement notable dans leur poids. Le changement est trop subit et souvent trop considérable pour qu'on puisse songer à l'attribuer à la nutrition; c'est un lest qu'on a introduit dans le corps des animaux et qui persiste, bien qu'en subissant des variations, pendant tout le temps qu'on administre le nouveau régime. Dans le cas opposé, quand un équivalent nutritif pesant est remplacé par un équivalent plus léger, on observe le phénomène inverse, le poids des animaux baisse subitement. Ces changements brusques jettent de la perturbation dans les résultats, et on doit juger défavorablement la méthode qui consiste à se contenter d'une seule pesée à la fin de chaque observation faite sur un régime alimentaire. J'ai commis cette faute avant d'avoir su apprécier son influence. Pour arriver à des résultats dignes de toute confiance, il convient de nourrir les animaux pendant deux ou trois jours avec la ration que l'on veut étudier, afin de les *lester:* c'est alors seulement qu'il faut faire la première pesée, c'est alors que commence l'expérience; et, après l'avoir continuée pendant un temps suffisamment prolongé pour atténuer autant que possible l'incertitude qui résulte des variations accidentelles des poids, on pèse de nouveau, pour constater l'effet favorable ou contraire du régime qui fait le sujet des recherches. Il est à peine nécessaire de rappeler que l'augmentation ou la permanence du poids des animaux sur lesquels on expérimente ne sont pas toujours des signes suffisants pour affirmer que le régime actuel est supérieur ou égal en faculté nutritive à celui qui l'a précédé. On doit en outre tenir compte de plusieurs circonstances accessoires, de différents caractères, en un mot de l'état des animaux. Ainsi, il faut noter l'aspect du poil, le plus ou moins de vivacité, de gaité; la nature des déjections, l'état du ventre, l'aptitude au travail pour les bêtes de somme, la quantité de lait pour les vaches laitières. Cependant, en thèse générale, il paraît qu'un état stationnaire ou une légère augmentation de poids chez les adultes sont des caractères presque toujours en faveur du fourrage qui les fait naître, tandis qu'une perte est constamment un signe d'une alimentation insuffisante pour le travail ou pour les produits qu'on en exige.

Les expériences que je vais faire connaître ont été entreprises dans la vue de déterminer la valeur nutritive de plusieurs fourrages qui peuvent concourir, dans une certaine proportion, à l'alimentation du cheval, en les associant à la nourriture ordinaire. La pénurie de fourrage que l'on eut à subir en Alsace à la suite des sècheresses de 1840 nous avait fait sentir l'importance de recherches dirigées sur ce point. A cette époque nous avions été dans la nécessité de remplacer par des pommes de terre une grande partie du foin consommé dans les écuries, et, en prenant pour base de cette substitution l'équivalent donné par la théorie, nous obtînmes des résultats pécuniaires fort avantageux, tout en conservant la santé et la vigueur de nos attelages. Néanmoins, tout ce qui touche à la nourriture des animaux d'une exploitation rurale est trop grave pour s'en rapporter uniquement à la théorie. J'ai donc pensé qu'il était convenable de contrôler les résultats de l'analyse chimique par des observations pratiques.

La nourriture reconnue la plus convenable pour l'alimentation des chevaux, dans une grande partie de l'Europe, est, sans aucun doute, une ration dans laquelle il entre du foin et de l'avoine. Chacun de ces aliments donné isolément ne produirait pas un effet aussi avantageux que celui qui résulte de leur association. Une ration uniquement composée de foin serait trop volumineuse; l'avoine seule, à moins d'être donnée en proportion très forte, présenterait un inconvénient contraire. Ce n'est pas que le cheval soit difficile sur la nature des aliments. L'orge, dans les pays méridionaux, remplace l'avoine. J'ai nourri pendant très longtemps un grand nombre de chevaux et de mulets exclusivement avec du maïs, avec de la canne à sucre. Sur les plateaux des Andes, dans les steppes de l'Amérique du Sud, des chevaux, soumis à des travaux assez rudes, sont perpétuellement au vert. Tout dépend d'ailleurs de la manière dont ces animaux ont été élevés.

Dans les circonstances où nous nous trouvons, il n'y aurait probablement pas un avantage réel à remplacer la nourriture ordinaire par les racines ou les tubercules; je doute même que cette substitution absolue produise de bons effets. Je sais qu'on a entretenu des chevaux en les nourrissant pendant l'hiver avec des pommes de terre ou des betteraves; mais il y a une différence essentielle à établir entre l'entretien à l'écurie, sans travail, et l'alimentation des animaux qui doivent dépenser chaque jour une certaine quantité de forces. Un cheval de travail prendrait difficilement la ration volumineuse qui se composerait simplement de betteraves; et il y a un point qu'il ne faut pas perdre de vue lorsqu'il est question de nourrir les chevaux assujétis à un certain nombre d'heures de travail, c'est que les repas doivent être faits dans un temps donné. C'est pour cette raison que les chevaux de roulage, de poste, ceux en un mot qui ont à faire un travail prolongé, reçoivent la plus grande partie de leur nourriture en grains. A l'étable, l'inconvénient d'une ration volumineuse est bien moindre qu'à l'écurie; indépendamment de son organisation particulière qui lui permet d'ingérer un volume plus considérable d'aliments, la vache a toujours plus de temps pour ses repas qu'on n'en accorde généralement au cheval.

Une pratique de près d'une année nous ayant préalablement appris que le cheval d'attelage peut recevoir la moitié de sa ration en tubercules ou en racines, nous sommes parti de ce fait dans les expériences que nous avons exécutées.

Expériences sur l'alimentation des chevaux entretenus avec une nourriture mixte.

La ration ordinaire du cheval à Bechelbronn se compose, pour les vingt-quatre heures, de :

Foin . . 10 kil.
Paille. . 2,50
Avoine . 3,29 = 7 litres, l'hectolitre d'avoine pesant 47 kil.

Avec cette ration, les attelages se trouvent dans une excellente condition.

Dans les observations qui vont suivre, on a pris deux attelages formés chacun de quatre chevaux. Chaque attelage est constamment resté sous les soins du même conducteur ; nous désignerons le premier attelage par lot n° 1, le deuxième par lot n° 2.

Le lot n° 1 se composait de :

Braun, jument âgée de			7 ans.
Schimel, cheval âgé de			7
Hans,	id.	id.	16
Gaty,	id.	id.	8

Le lot n° 2, de :

Fuchs, jument âgée de		15 ans.
Braun,	id.	5
Nickel,	id.	14
Hengst, cheval,		5

OBSERVATION I.

On a remplacé la moitié du foin de la ration par la pomme de terre cuite. Pour la substitution, on est parti de cette supposition suggérée par l'analyse, que 280 kil. de tubercules équivalent à 100 kil. de foin. En conséquence, la ration substituée est devenue :

	kil.
Foin	5,0
Paille.	2,50
Avoine	3,29
Pommes de terre . .	14,00

Les pommes de terre ont toujours été cuites

légèrement à la vapeur. Une cuisson parfaite rend l'aliment trop pâteux et moins convenable pour la nourriture du cheval. Les tubercules cuits sont divisés et mêlés à la paille hachée. Les rations n'étaient portées dans les mangeoires qu'alors qu'elles étaient refroidies.

Par une circonstance fortuite, celle du mauvais temps qui a accompagné les labours d'automne, les attelages ont supporté des travaux pénibles ; cette circonstance jette nécessairement de l'incertitude sur les résultats de cette observation. Après être restés au régime indiqué pendant quelques jours, les lots ont été pesés. La seconde pesée a eu lieu après vingt-quatre jours de régime.

	kil.		kil.		kil.		kil.
1re pesée, n° 1.. .	2099	n° 2	2028	les deux lots	4127	cheval moyen	515,9
2e pesée, n° 1.. .	2070	n° 2	1970	id.	4040	id.	505,0
En 24 jours, perte.	29	perte	58	perte	87	perte	10,9

La perte éprouvée dans cette observation a autorisé à penser que la ration administrée a été insuffisante. 14 kil. n'auraient donc pas remplacé convenablement 5 kil. de foin ; pour adopter cette conclusion, il aurait fallu pouvoir comparer les conditions dans lesquelles se seraient trouvés des chevaux qui, étant restés à la ration normale, auraient supporté les mêmes fatigues. Malheureusement la comparaison n'a point été possible, tous les chevaux de l'écurie ayant été mis au régime de la pomme de terre. Malgré le fait de la diminution du poids des attelages, il y a cependant à dire, en faveur du régime essayé, que les chevaux ont travaillé avec une vigueur remarquable, et qu'ils se sont maintenus dans une excellente condition de santé.

OBSERVATION II.

Introduction des topinambours dans la ration.

Le topinambour est considéré avec raison comme très convenable à l'alimentation du cheval ; il est consommé avec avidité, et les bons effets de ce tubercule, donné en quantité suffisante, ne tardent pas à se manifester. Dans le régime qui a été l'objet de cette seconde observation, on a substitué 14 kil. de tubercules coupés en tranches à 5 kil. de foin, prenant pour le topinambour l'équivalent de la pomme de terre. La ration se composait de :

Foin.	5,0 kil.
Paille.	2,50
Avoine	3,39
Topinambour. . . .	14,0

Après avoir été *lestés* avec ce régime, les attelages sont restés onze jours en expérience.

	kil.		kil.		kil.		kil.
1re pesée, n° 1. . .	2071	n° 2	1975	les deux lots	4046	cheval moyen	505,8
2e pesée.	2096		1960	id.	4056	id.	506,2
En 11 jours, gain.	25	perte.	15	gain.	10	gain.	0,4

Cette observation tend à faire croire que l'équivalent assigné au topinambour s'approche de la vérité.

OBSERVATION III.

Nourriture au foin et aux pommes de terre.

On a remplacé, dans la ration normale, 5 kil. de foin par 14 kil. de pommes de terre; l'avoine et la paille par 7^k,1 de foin. Ces substitutions ont été faites dans la supposition que :

100 de foin = 280 de pommes de terre.
50 d'avoine.
520 de paille.

La ration se trouvait alors composée de :

	kil.
Foin	12,1
Pommes de terre.	14,0

Il était d'autant plus intéressant d'examiner l'influence de cette ration, qu'un écrivain, en se fondant sur certaines données théoriques, établit qu'il doit être impossible d'entretenir des chevaux en état de vigueur en leur donnant pour nourriture unique du foin et des pommes de terre (1).

L'observation a duré quatorze jours.

	kil.		kil.		kil.		kil.
1re pesée, n° 1. . .	2100	n° 2.	1960	les deux lots	4060	cheval moyen	507,5
2e pesée.	2125		2135	id.	4260	id.	532,5
En 14 jours, gain.	25	gain.	175	gain.	200	gain.	25

(1) Liebig, *Chimie organique*, introduction, p. cxxx.

Ainsi, en quatorze jours, le poids des huit chevaux est augmenté de 200 kil., soit 25 kil. par individu ; l'accroissement du cheval moyen a donc été de 1^k,8 par jour. Si l'on tient compte de l'erreur possible la plus considérable qui puisse résulter de la variation accidentelle du poids, on trouve que l'augmentation diurne ne peut pas avoir été moindre de 0^k,8 par cheval moyen.

La condition des chevaux a été des plus satisfaisantes. Les défécations avaient bonne apparence. Le seul inconvénient attaché à ce régime dépendait du trop grand volume de la ration, et par suite du temps que les attelages mettaient à prendre leur repas. Cet inconvénient était surtout manifeste chez les vieux chevaux. Indépendamment des deux lots réservés pour les pesées, douze chevaux employés aux manèges ont été rationnés de la même manière et avec le même succès. Les équivalents adoptés dans la composition de la ration employée dans cette troisième observation peuvent donc être considérés en toute sûreté comme convenables. L'expérience semble indiquer cependant que la faculté nutritive de la pomme de terre a été évaluée un peu trop bas.

OBSERVATION IV.

Substitution de l'avoine et de la paille à une partie du foin.

En partant des équivalents usités dans les précédentes observations, on a remplacé 5 kil. de foin. La ration a été formée de :

Foin	5 kil.
Paille	5
Avoine	5,54

On a pesé les chevaux après les avoir mis pendant deux jours à ce régime. L'expérience a duré onze jours.

	kil.		kil.		kil.		kil.
1re pesée, n° 1. ..	2084	n° 2.	1976,5	les deux lots	4060,5	cheval moyen	507,6
2e pesée.	2088		1978,5	id.	4066,5	id.	508,3
En 11 jours, gain.	4	gain.	2,0	gain.	6,0	gain.	0,7

Par ce régime, le poids des chevaux est resté à très peu près ce qu'il était avant de commencer l'expérience.

On voit clairement, dans cette observation, combien il est important de lester les animaux avant d'opérer la première pesée. Si on eût négligé cette précaution, le résultat aurait été défavorable à la ration admise. En effet, à la fin de la troisième observation, les chevaux, après avoir été au régime foin et pommes de terre, ont pesé . . . . 4,260 kil.

Par le fait de la nouvelle ration, deux jours après l'avoir prise, ils n'ont plus pesé que 4,060 kil.

Or, on ne saurait admettre que dans ces deux jours ils aient perdu............. 200 kil.

Cette différence, on doit évidemment l'attribuer, en partie, à l'introduction d'une nourriture moins pesante.

OBSERVATION V.

Pomme de terre substituée à une partie du foin.

La ration déjà employée dans la première observation paraît si avantageuse dans les cas assez nombreux où il importe d'économiser le foin, que j'ai cru devoir constater de nouveau son effet sur des chevaux qui étaient soumis à un travail ordinaire. La ration se composait de :

Foin...........	5 kil.
Paille..........	2,5
Avoine..........	3,29
Pommes de terre cuites..	14,0

La première pesée a été faite lorsque les chevaux recevaient ce régime depuis neuf jours. L'observation a duré soixante-trois jours. Dans le premier lot, Braun, par suite d'une indisposition, avait été remplacé par Rapp, cheval âgé de neuf ans, pesant 526 kil.............

	kil.		kil.		kil.		kil.
1re pesée, n° 1..	2039	n° 2.	1983	les deux lots	4022	cheval moyen	502,8
2e pesée.	2046		2013	id.	4059	id.	507,4
En 63 jours, gain.	7	gain.	30	gain.	37	gain.	4,6

On voit que pendant deux mois d'un régime dans lequel 14 kil. de pommes de terre remplaçaient 5 kil. de foin, le poids des chevaux est resté stationnaire. Cette expérience montre par conséquent que l'équivalent de ces tubercules ne doit pas différer beaucoup de 280.

OBSERVATION VI.

Topinambours substitués à une partie du foin.

On a replacé les chevaux dans les conditions où ils se trouvaient lors de la deuxième observation. 14 kil. de tubercules ont remplacé 5 de foin. Le lot n° 2 a été mis seul en expérience, pendant seize jours, après avoir reçu cette ration depuis quelque temps.

	kil.		kil.
1re pesée, n° 2 . . .	1998	cheval moyen :	499,5
2e pesée.	1998,5		499,6
En 16 jours, gain. .	0,5		0,1

Ce résultat confirme celui qui a été obtenu dans la deuxième observation.

OBSERVATION VII.

Introduction de la betterave dans la ration du cheval.

Les chevaux s'accoutument facilement à manger de la betterave; on donne cette racine coupée en tranches et mêlée à de la paille hachée. J'ai substitué 20 kil. de betteraves champêtres à 5 kil. de foin normal, en supposant 400 pour l'équivalent de la racine. La ration devient :

Foin.	5 kil.
Paille..	2,5
Avoine	3,29
Betteraves.	20

Un cheval, après avoir été lesté, a été mis à ce régime pendant quinze jours.

1re pesée	461 kil.
2e pesée	465
En 15 jours, gain. . ..	4

Le cheval a exécuté un travail assez fort, mais très régulier ; il était employé tous les jours pendant huit heures à faire tourner l'arbre d'une machine à molettes. Son état n'a pas varié, et les déjections étaient convenables.

Durant l'hiver 1841-42, nos vaches ont consommé une proportion considérable de betteraves. Pour remplacer 15 kil. de foin, qui est la ration des vaches, nous avons réuni :

Foin	5 kil.
Betteraves.	33
Paille.	2

Avec ce régime, le poids de la population d'une étable était :

Le 29 janvier de	11189 kil.
Le 21 avril.	12040
Augmentation due aux naissances, à la croissance.	851

On voit que dans l'alimentation du bétail, la proportion de betterave peut être poussée fort loin; mais on peut reconnaître aussi que la valeur nourrissante de cette racine est peu élevée, du moins à Bechelbronn, où nous sommes obligé de remplacer 9 à 10 de foin par 40 de racines; il est vrai que la betterave que nous récoltons ne contient que 12 pour 100 de substance sèche. Il est possible que des betteraves récoltées dans d'autres localités soient moins aqueuses, et par conséquent plus nutritives.

OBSERVATION VIII.

Introduction du rutabaga dans la ration, en remplacement d'une partie du foin.

Le rutabaga, associé à un fourrage sec, convient parfaitement à la nourriture du cheval; une analyse ayant donné 280 pour équivalent de cette racine, on a soumis deux chevaux à la ration suivante, dans laquelle 5 kil. de foin sont remplacés par le rutabaga :

Foin	5 kil.
Paille.	2,5
Avoine	3,29
Rutabaga	14

Au bout de quelques jours on s'aperçut que les deux chevaux souffraient de ce régime, qu'ils n'étaient pas suffisamment nourris. En effet, la

1re pesée avait indiqué .	1038 kil.	cheval moyen	519 kil.
9 jours après, 2e pesée .	990	id.	495
En 9 jours, perte.	48	perte.	24

La ration avait été insuffisante; l'équivalent adopté pour le rutabaga était erroné. J'ai alors entrepris une nouvelle détermination de l'humidité et de l'azote qui se trouvent dans cette racine.

1000 grammes de rutabaga coupé en tranches et desséché à l'étuve se sont réduits à 127g.,4. Une dessiccation ultérieure opérée à 110° a donné 91 gr. de racine sèche. D'une quantité de cette racine desséchée, correspondant à 6g.,208 de rutabaga normal, on a retiré 8c.c.,7 d'azote (temp. 10°, press. 0m,740). Prenant 1,15 pour l'azote contenu dans le foin, on trouve que 100 kil. de ce fourrage équivalent à 676 kil. de racines, et non pas à 280 kil., comme on l'avait supposé.

Dans une autre expérience, on a pris 400 pour l'équivalent du rutabaga qui entrait alors dans la ration ci-dessus pour 20 kil.; les mêmes chevaux ont été mis à ce régime pendant treize jours.

1re pesée.	990 kil.	cheval moyen	495 kil.
2e pesée.	995	id.	497,5
En 13 jours, gain .	5	gain.	2,5

Les chevaux se sont maintenus sans reprendre leur vigueur et sans recouvrer leur poids primitif. On peut conclure de là que, très probablement, l'équivalent du rutabaga est encore supérieur à 400. L'analogie qui existe entre cette racine et le navet rend d'ailleurs vraisemblable qu'elle a une valeur nutritive tout aussi faible.

OBSERVATION IX.

Introduction de la carotte dans la ration.

La carotte plaît singulièrement aux chevaux. Il est peu de racines fourragères dont on ait autant exagéré la vertu nourrissante. Cependant l'analyse chimique paraît établir qu'il faut 350 kil. de carotte pour remplacer 100 kil. de foin de prairie. Dans une circonstance où, dans notre écurie, on remplaça la pomme de terre de la ration par un poids égal de carotte, on obtint un fort mauvais résultat. On substitua ensuite la racine au tubercule, d'après l'équivalent théorique (350), et l'on n'eut pas encore lieu d'être complètement satisfait. Nous croyons maintenant qu'il faut peut-être 400 kil. de carotte pour nourrir autant que 100 kil. de bon foin.

La récolte de carotte ayant manqué en 1841, j'ai dû me borner à une observation faite sur un seul cheval qui a reçu une ration dans laquelle 17k.,5 de racine remplaçaient 5 kil. de foin.

Le cheval lesté pesait . .	466 kil.
Quinze jours après	461
En 15 jours, perte.	5

Le cheval s'est maintenu en bonne condition ; ainsi l'équivalent 350 semblerait assez exact, mais nos palefreniers le considèrent comme exprimant une valeur nutritive un peu trop forte, opinion qui serait en quelque sorte justifiée par la diminution de poids, si la différence observée entre les deux pesées ne pouvait pas être due à une variation accidentelle.

OBSERVATION X.

Introduction du seigle cuit en remplacement de l'avoine.

On a annoncé que le seigle cuit jusqu'à rupture du grain peut remplacer un volume d'avoine égal au sien, dans la nourriture du cheval. L'expérience que nous avons faite est loin de confirmer l'utilité de ce régime. Par des essais préliminaires, nous avons trouvé que l'hectolitre de seigle pesant 75$^{k.}$6 double son volume par la cuisson.

Les deux chevaux mis en observation étaient nourris depuis longtemps avec une ration diurne formée de :

Foin.	10 kil.
Avoine.	2,5 = 5 litres.

A l'avoine on a substitué 5 litres de seigle cuit contenant 2^{litres}5 de seigle cru pesant 1$^{k.}$89.

Le onzième jour on jugea prudent de faire cesser l'expérience, dont voici le résultat :

1re pesée, poids des chevaux :	914 kil.	cheval moyen	457 kil.
2e pesée.	876	id.	438
En 11 jours, perte	38	perte.	19

Comme on devait s'y attendre, ce régime, dans lequel *de l'eau* remplace de l'avoine, était insuffisant ; en le prolongeant, on aurait certainement compromis la santé des chevaux qui le subissaient.

Le seigle légèrement cuit peut certainement prendre la place de l'avoine dans la ration du cheval, mais il faut qu'il intervienne suivant les équivalents qui sont consignés dans le tableau de la valeur des fourrages. En adoptant ce nombre, M. Dailly a nourri avec un avantage décidé les chevaux de la poste de Paris, à une époque où le prix de l'avoine comparé à celui du seigle permettait la substitution.

L'expérience si décisive et si habilement dirigée par M. Dailly, m'a dispensé de continuer les recherches sur la valeur nourrissante du seigle.

Il résulte des observations que je viens de rapporter, que les équivalents des pommes de terre, de la betterave, du topinambour, de la carotte, tels qu'ils ressortent du dosage de l'azote, peuvent être admis sans inconvénients pour la santé des chevaux. En général, pour les substances que j'ai désignées, la théorie tend à donner une valeur nutritive un peu trop faible, ou, si l'on veut, un équivalent trop élevé ; de sorte que, dans le cas d'une substitution d'une partie du foin de la ration, le régime se trouverait probablement plus substantiel.

Ainsi 100 kil. de foin équivaudraient à :

280 kil.	de pommes de terre. — Suivant l'analyse, à	315
280	de topinambours	311
400	de betteraves	548
400	de rutabaga (trop faible)	676
400	de carottes	382

Dans le tableau des équivalents nutritifs qui va suivre, j'ai réuni à la suite des nombres théoriques ceux qui ont été donnés par les observateurs dont les résultats sont parvenus à ma connaissance. On y trouve également indiquée l'eau normale contenue dans les aliments, et la quantité d'azote renfermé dans le fourrage. Quand les équivalents théoriques inscrits au tableau ne présentent pas une différence trop considérable avec les nombres fournis par l'observation directe, je crois qu'il convient de leur donner la préférence, car on a pu remarquer combien il doit être difficile d'arriver à des déterminations précises. Nous avons trouvé 400 pour l'équivalent de la betterave champêtre, en introduisant 20 kil. de racines dans la ration.; nous eussions obtenu 500, en substituant 25 kilog. de betteraves à 5 kil. de foin, et il est permis de douter que le résultat final eût été affecté par cette substitution. Dans mon opinion, l'observation directe est indispensable, mais uniquement pour contrôler, dans des limites assez larges, les résultats de l'analyse chimique.

ÉQUIVALENTS DE LA VALEUR NUTRITIVE DES FOURRAGES.

DÉSIGNATION DES ALIMENTS.	EAU NORMALE dans 100 part.	AZOTE dans 100 de substance sèche.	AZOTE dans 100 de substance non desséchée.	LA THÉORIE.	BLOCK.	PETRI.	MEYER.	THAER.	PABST.	FLOTOW.	POHL.	RIEDER.	GEMERHAUSEN.	CRUD.	WEBER.	DOMBASLE.	KRANTZ.	SCHWERTZ.	SCHNEE.	MIDLETON.	MURRE.	ANDRÉ.	BOUSSINGAULT.
Foin ordinaire de prairies naturelles	11,0	1,34	1,15	100	100	100	100	100	100	100	100	100	100	100	100	100	100	100	100	100	100	100	0
Id. choisi, de très bonne qualité	14,0	1,50	1,30	98	»	»	»	»	»	»	»	»	»	»	»	»	»	»	»	»	»	»	»
Foin choisi des prairies naturelles	18,8	2,40	2,00	58	108	100	»	»	»	100	»	»	»	»	»	»	»	»	»	»	»	»	»
Foin débarrassé des tiges les plus ligneuses	14,0	2,44	2,10	55	»	»	»	»	»	»	»	»	»	»	»	»	»	»	»	»	»	»	»
Id. de luzerne	16,6	1,66	1,38	83	»	90	»	90	100	»	»	90	90	90	90	90	90	100	90	»	»	90	»
Trèfle rouge de deuxième année, coupé en fleur, fané	10,1	1,70	1,54	75	100	90	»	90	100	»	»	»	»	90	»	»	»	100	»	»	»	»	»
Id. coupé en fleur, vert	76,0	»	0,64	311	430	»	»	450	425	500	450	»	»	»	»	»	»	»	»	»	»	»	»
Paille de froment nouvelle, récolte de 1841 (Alsace)	26,0	0,36	0,27	426	200	360	150	450	300	175	»	500	500	»	»	»	»	»	500	»	»	»	»
Paille de froment ancienne des magasins militaires de Paris	8,5	0,53	0,49	235	»	»	»	»	»	»	»	»	»	»	»	»	»	»	»	»	»	»	»
Paille de froment ancienne, partie inférieure de la tige	5,8	0,43	0,41	280	»	»	»	»	»	»	»	»	»	»	»	»	»	»	»	»	»	»	»
Paille de froment ancienne, partie supérieure, l'épi compris	9,4	1,42	1,33	86	»	»	»	»	»	»	»	»	»	»	»	»	»	»	666	»	»	»	»
Paille de seigle nouvelle, récoltée en Alsace	18,7	0,30	0,24	479	200	500	150	666	350	175	»	»	600	»	»	»	»	»	»	»	»	»	»
Id. de seigle ancienne des env. de Paris	12,6	0,50	0,42	250	»	»	»	»	»	»	»	»	»	»	150	»	»	400	182	»	»	»	»
Id. d'avoine	21,0	0,36	0,30	383	200	200	150	190	200	175	»	»	190	»	»	»	»	400	154	»	»	»	»
Id. d'orge	11,0	0,30	0,25	460	193	180	150	150	200	175	»	»	150	»	»	»	»	»	143	»	»	»	»
Id. de pois	8,5	1,95	1,79	64	165	200	150	130	150	200	90	»	»	»	»	»	»	»	»	»	»	»	»
Id. de millet	19,0	0,96	0,78	147	»	250	»	»	»	»	»	»	»	»	»	»	»	»	191	»	»	»	»
Id. de sarrazin	11,6	0,54	0,48	240	»	200	»	»	»	»	»	»	»	»	»	»	»	»	»	»	»	»	»
Id. de lentilles	9,2	1,18	1,01	114	160	200	»	130	150	»	»	»	»	»	»	»	»	»	90	»	»	»	»
Vesces fauchées en fleurs et fanées	11,0	1,16	1,14	101	»	125	»	»	100	»	»	»	90	90	»	»	»	»	»	»	»	»	»
Fanes de pommes de terre	76,0	2,30	0,55	209	»	300	»	»	»	»	»	»	»	»	»	»	»	»	»	»	»	»	»
Feuilles de betteraves champêtres	88,9	4,50	0,50	230	600	»	»	»	600	»	»	»	»	600	»	»	»	»	»	»	»	»	»
Id. de carottes	70,9	2,94	0,85	135	»	»	»	»	»	»	»	»	»	»	»	»	»	»	»	»	»	»	»
Id. et tiges vertes de topinambours	86,4	2,70	0,37	311	»	»	»	»	325	»	»	»	»	»	»	»	»	»	»	»	»	»	»
Id. de tilleul	55.0	3,25	1,45	79	73	»	»	»	»	»	»	»	»	»	»	»	»	»	»	»	»	»	»
Id. du peuplier du Canada	62,5	2,29	0,86	134	67	»	»	»	»	»	»	»	»	»	»	»	»	»	»	»	»	»	»
Id. de chêne	57,4	2,16	0,92	125	83	»	»	»	»	»	»	»	»	»	»	»	»	»	»	»	»	»	»
Id. d'acacia (automne)	53,6	1,56	0,72	160	»	»	»	»	»	»	»	»	»	»	»	»	»	»	»	»	»	»	»
Choux pommés	92,3	3,70	0,28	411	556	500	250	429	600	600	»	600	600	500	600	»	»	200	»	»	»	350	»
Rutabaga (Alsace), récolte de 1841	91,0	1,83	0,17	676	»	300	»	300	250	»	350	370	350	»	»								

aves																							
Betteraves champêtres, récolte de 1838	87,8	1,70	0,21	548	366	400	250	460	250	300	»	»	400	255	»	261	»	333	»	»	»	»	400
Id. blanches de Silésie	85,6	1,43	0,18	669	»	»	»	»	»	»	»	»	»	»	»	220	»	»	»	»	»	»	»
Carottes	87,6	2,40	0,30	382	366	250	225	300	250	»	266	270	266	260	266	307	266	270	»	338	»	»	380
Topinambours, récolte de 1839	79,2	1,60	0,33	348	205	»	»	»	»	»	»	»	»	»	»	»	»	»	»	»	»	»	280
Id. récolte de 1836	75,5	2,20	0,42	274	»	»	»	»	»	»	»	»	»	»	»	»	»	»	»	»	»	»	»
Pommes de terre, récolte de 1838	75,9	1,50	0,36	319	216	200	150	200	200	250	200	»	»	210	»	187	227	200	»	»	»	»	280
Id. récolte de 1836	79,4	1,80	0,37	311	»	»	»	»	»	»	»	»	»	»	»	»	»	»	»	»	»	»	»
Id. conservées dans les silos	76,8	1,18	0,30	383	400	»	»	»	»	»	»	»	»	»	»	»	»	»	»	»	»	»	»
Marc de pommes à cidre séché à l'air	6,4	0,63	0,59	195	»	»	»	»	»	»	»	»	»	»	»	»	»	»	»	»	»	»	»
Pulpe de betteraves à sucre, sortant de la presse	70,0	»	0,38	303	»	»	»	»	»	»	»	»	»	»	»	»	»	»	»	»	»	»	»
Vesces en grain	14,6	5,13	4,37	26	30	54	»	66	40	»	»	»	»	»	»	»	»	»	»	»	»	»	»
Féverolles	7,9	5,50	5,11	23	30	54	50	73	40	»	50	»	»	»	»	»	»	»	»	»	»	»	»
Pois jaunes secs	8,6	4,20	3,84	27	30	54	48	66	40	»	47	»	»	»	»	»	»	»	»	»	»	»	»
Haricots blancs	5,0	4,30	4,58	25	»	39	»	»	»	»	»	»	»	»	»	»	»	»	»	»	»	»	»
Lentilles	9,0	4,40	4,00	29	»	»	»	»	»	»	»	»	»	»	»	»	»	»	»	»	»	»	»
Maïs nouveau	18,0	2,00	1,64	70	»	52	»	»	»	»	»	»	»	»	»	»	»	»	»	»	»	»	59
Sarrazin	12,5	2,40	2,10	55	»	64	»	»	»	»	»	»	»	»	»	»	»	»	»	»	»	»	»
Orge (Alsace), récolte de 1836	13,2	2,02	1,76	65	33	61	53	76	50	»	»	52	»	»	»	47	»	»	»	»	»	»	»
Farine d'orge des magasins milit. de Paris	13,0	2,46	2,14	54	»	»	»	»	»	»	»	»	»	»	»	»	»	»	»	»	»	»	»
Farine d'orge d'Alsace	13,0	2,20	1,90	61	»	»	»	»	»	»	»	»	»	»	»	»	»	»	»	»	»	»	»
Avoine d'Alsace, récolte de 1838	20,8	2,20	1,74	68	»	71	»	86	60	»	50	55	»	»	»	»	»	»	»	»	»	40	50
Id. récolte de 1836	12,4	2,22	1,92	60	»	»	»	»	»	»	»	»	»	»	»	»	»	»	»	»	»	»	»
Avoine des magasins militaires de Paris	14,0	1,93	1,70	68	»	»	»	»	»	»	»	»	»	»	»	»	»	»	»	»	»	»	»
Seigle d'Alsace, récolte de 1838	11,5	1,70	1,50	77	33	55	51	71	50	44	38	52	»	»	»	»	65	»	52	»	»	»	»
Id. récolte de 1836	11,5	2,27	2,00	58	»	»	»	»	»	»	»	»	»	»	»	»	»	»	»	»	»	»	»
Froment d'Alsace, récolte de 1836	10,5	2,33	2,09	55	27	52	46	64	40	»	»	»	»	»	»	»	44	»	»	»	»	»	»
Id. récolte de 1838	14,5	2,30	2,00	57	»	»	»	»	»	»	»	»	»	»	»	»	»	»	»	»	»	»	»
Froment (le même) récolté dans un sol fortement fumé	16,6	3,18	2,65	43	»	»	»	»	»	»	»	»	»	»	»	»	»	»	»	»	»	»	»
Farine de froment d'Alsace	12,5	2,60	2,80	41	»	»	»	»	»	»	»	»	»	»	»	»	»	»	»	»	»	»	»
Son frais arrivant du moulin (Alsace)	37,1	2,18	1,36	85	105	»	»	»	»	»	»	»	»	»	»	»	»	»	»	»	»	»	»
Son des magasins militaires de Paris	13,8	2,77	2,30	50	»	»	»	»	»	»	»	»	»	»	»	»	»	»	»	»	»	»	»
Balles de froment	7,6	0,94	0,85	135	160	»	»	»	»	»	175	»	»	»	»	»	»	»	»	»	»	»	»
Riz de Piémont	13,4	1,39	1,20	96	»	»	»	»	»	»	»	»	»	»	»	»	»	»	»	»	»	»	»
Graine de madia sativa	8,0	4,00	3.67	31	»	»	»	»	»	»	»	»	»	»	»	»	»	»	»	»	»	»	»
Tourteau de madia sativa	11,2	5,70	5,06	23	»	»	»	»	»	»	»	»	»	»	»	»	»	»	»	»	»	»	»
Id. de lin	13,4	6,00	5,20	22	42	108	»	»	»	»	»	»	»	»	57	»	»	»	»	»	»	»	»
Id. de colza	10,5	5,50	4,92	23	»	»	»	»	»	»	»	»	»	»	»	»	»	»	»	»	»	»	»
Id. de caméline	6,5	5,93	5,51	21	»	»	»	»	»	»	»	»	»	»	»	»	»	»	»	»	»	»	»
Id. de chènevis	5,0	4,78	4,21	27	»	»	»	»	»	»	»	»	»	»	»	»	»	»	»	»	»	»	»
Id. de pavot	6,8	5,70	5,36	21	»	»	»	»	»	»	»	»	»	»	»	»	»	»	»	»	»	»	»
Id. de noix	6,0	5,59	5,24	22	»	»	»	»	»	»	»	»	»	»	»	»	»	»	»	»	»	»	»
Id. de faînes	6,2	3,53	3,31	35	»	»	»	»	»	»	»	»	»	»	»	»	»	»	»	»	»	»	»
Id. d'arachis	6,6	8,89	8,33	14	»	»	»	»	»	»	»	»	»	»	»	»	»	»	»	»	»	»	»
Glands secs	»	»	0.80	143	»	»	»	»	»	»	»	»	»	»	»	»	»	»	»	»	»	»	»
Marc de raisin desséché à l'air	48,2	3,31	1,71	68	»	62	»	»	75	»	»	»	»	»	»	»	»	»	»	»	»	»	»

J'ajouterai, pour compléter le tableau précédent, les équivalents de quelques fourrages qui n'ont point encore été examinés chimiquement.

100 de foin de prairie sont remplacés par :

Foin de sainfoin . .	85 à 90,	suivant Petri et Meyer.
Id. de spergule. . .	90	Petri.
Spergule en vert . .	325 à 500	Pabst et Flottow.
Châtaignes.	42 à 50	Block et Petri.
Marrons d'Inde. . .	50	Petri.
Graines de tournesol.	62	Petri.
Son de seigle. . . .	109	Block.

Parmi les substances qui figurent sur la liste des fourrages, il en est qui sont presque exclusivement employées à la nourriture de l'homme. Il peut être utile de comparer entre eux ces différents aliments sous le rapport de l'azote qui s'y trouve : c'est pour faciliter cette comparaison que j'ai formé le tableau suivant. Je prends pour base la farine de froment dont l'équivalent est représenté par 100. Comme les bulbes, les racines, les feuilles, peuvent être moulues lorsqu'elles ont été desséchées ; je désigne ces matières sèches sous le nom de farine.

Farine de froment (bonne qualité) . .	100
Froment.	107
Farine d'orge.	119
Orge	130
Seigle.	111
Sarrazin.	108
Maïs.	138
Pois jaunes.	67
Fèveroles	44
Haricots blancs.	56
Riz.	171

Lentilles	57
Choux pommés blancs	810
Farine de choux	83
Pommes de terre	613
Farine de pommes de terre	126
Carottes	757
Farine de carottes	95
Navets	1335
Banane (farineuse)	700
Manihot yuca	700
Name (*discorea sativa*) Igname	300
Apio (arracacha)	1050

Selon ces équivalents, les légumineux seraient doués d'une faculté nourrissante bien supérieure à celle du froment. On sait en effet que les haricots, les pois, les fèves, peuvent, dans l'alimentation, suppléer en quelque sorte à la viande; mais la différence indiquée est tellement considérable qu'elle pourra surprendre les personnes qui n'ont pas eu occasion de réfléchir sur la question qui nous occupe. C'est qu'en général on est toujours disposé à considérer comme très nutritives les substances qui entrent habituellement dans le régime alimentaire. Le fait est, cependant, que les tubercules, les racines, les graines de céréales, sont assez peu nourrissants. Si les animaux herbivores s'entretiennent et engraissent avec un semblable régime, cela est dû à ce que leur organisation leur permet de consommer une quantité considérable d'aliments. Je doute fort qu'un homme s'exerçant à un travail pénible puisse se nourrir uniquement avec du pain. Je n'ignore pas que l'on cite des contrées où la pomme de terre, le riz, forment la nourriture exclusive des habitants; mais je crois aussi que ces citations sont incomplètes. En Alsace, par exemple, les paysans associent toujours aux pommes de terre une forte proportion de lait caillé. Quelques voyageurs rapportent que les Indiens des hautes régions des Andes vivent seulement de pommes de terre; cela est inexact. A Quito, l'aliment quotidien du peuple est le locro, mets composé de pommes de terre et d'une forte dose de fromage. Le riz est prôné comme un aliment des plus nourrissants. J'ai longtemps vécu dans les pays qui produisent du riz, et cependant je suis bien loin de le considérer comme une nourriture substantielle. Je l'ai toujours vu, dans l'usage ordinaire, remplacer le pain, et lorsqu'il n'est pas associé à la viande, on le consomme avec du laitage. Je me trouve ici, je le sais, en opposition formelle avec plusieurs savants dont les opinions sont d'un grand poids; mais la discussion de la valeur nutritive du riz mérite d'être approfondie, parce que c'est un aliment dont l'usage, déjà très répandu, commence à s'introduire dans les subsistances militaires. Ainsi, d'après les ordonnances qui régissent l'alimentation des hommes qui appartiennent à la marine royale de France, on peut, dans la ration du matelot, substituer 60 grammes de riz à

120 grammes de pois, de fèves ou de haricots (1). Une semblable substitution, je ne la crois pas permise. A une époque où j'avais à rationner des hommes, j'admettais, en me fondant sur l'expérience acquise dans le pays, qu'il fallait au moins 3 kilog. de riz pour nourrir comme 1 kil. de haricots. L'analyse confirme cet équivalent pratique.

Les haricots contiennent environ 0,046 d'azote, le riz en renferme 0,014.

Si réellement la faculté nutritive est proportionnelle à la quantité d'azote, il devient évident qu'il faut 3^{k}, 1/3 de riz pour équivaloir comme aliment à 1 kil. de légumineux.

On ne cesse de répéter que le riz est l'unique nourriture des naturels des Indes orientales; il ne paraît pas cependant qu'il en soit tout à fait ainsi. Je citerai à ce sujet les observations d'un médecin très éclairé qui, durant une résidence dans l'Inde, a fait une étude particulière des mœurs et des habitudes des Indiens de Pondichéry; voici ce que rapporte M. Lequerri, sur leur régime alimentaire.

« La nourriture est presque entièrement vé-
« gétale; le riz en fait la base; les castes infé-
« rieures seules mangent de la viande... Tous
« mangent du *kari*... Le *kari*, composé de

(1) Ordonnances des 5 février 1823 et 31 janvier 1837. Renseignement communiqué par le capitaine Bérard.

« viande, de poisson ou de légumes, se mêle à « du riz cuit avec très peu d'eau. Il faut avoir « vu les Indiens manger, pour se faire une idée « de l'énorme quantité de riz qu'ils engloutissent « dans leur estomac. Il serait impossible aux « Européens d'en manger autant à la fois; aussi « trouvent-ils que le riz ne les nourrit pas, et « conservent-ils généralement l'usage de man- « ger du pain. »

§ II. *De la matière inorganique des aliments.*

Nous retrouvons dans les animaux les substances minérales dont nous avons constaté l'existence dans les plantes. Les os, comme nous l'avons vu, contiennent une proportion considérable de phosphate de chaux. Il faut donc que les éléments de ce sel, l'acide phosphorique et la chaux, fassent partie de la ration alimentaire: c'est là un point sur lequel tous les physiologistes sont d'accord; mais ce qu'on n'a pas encore déterminé, c'est la quantité précise de matière minérale qui doit entrer dans la nourriture. Les analyses de cendres que j'ai rapportées montrent que si les aliments végétaux contiennent tous à peu près les mêmes principes inorganiques, ils les contiennent en proportions fort diverses. Ainsi, la pomme de terre, le froment, l'avoine, les fèves, renferment beaucoup moins de chaux que le trèfle, les pailles de céréales, les pois. Les acides phosphorique et sulfurique, les alcalis, ne sont pas moins variables; de sorte que l'on est conduit à se demander si une ration formée de tel ou tel aliment, apporterait à l'animal qui la consommerait, la dose suffisante de principes inorganiques qu'il doit assimiler journellement, et qui sont indispensables pour l'entretenir dans un état satisfaisant de santé et de vigueur.

On peut facilement arriver à la connaissance des principes minéraux nécessaires dans l'alimentation, en les déterminant dans les rations dont une longue expérience a prouvé l'efficacité. Cependant, comme il y a tout lieu de croire que dans nombre de cas les substances minérales se trouvent en excès dans la nourriture, j'ai pensé qu'il pouvait être utile de rechercher, à l'aide de l'analyse, la nature et la proportion des éléments inorganiques qui sont réellement assimilés par un individu, afin d'avoir un minimum qui pût servir de base dans les supputations qu'on aurait à faire sur ce sujet. Mes expériences ont été entreprises dans deux circonstances que je considère comme étant celles où l'assimilation est la plus rapide et la plus complète; en effet, les observations ont eu pour objet un veau en pleine croissance et une vache laitière qui avait été saillie.

Le veau était âgé de six mois et pesait 168 kilog. Quelques jours avant de le mettre en expérience, on l'avait nourri au foin. Pendant le dosage qui a duré deux jours, il a consommé 8 kil 666 de ce fourrage.

Le veau a rendu, le 1er jour, 9k.,77 d'excréments;
le 2e jour, 9k.,27

19k.,04 qui, desséchés, ont pesé 3,370 g.

Dans ces deux jours on a recueilli 2k. 534 d'urine, qui ont donné un extrait pesant 190 grammes. Dans le même espace de temps, le veau a bu vingt-six litres d'eau.

L'analyse a indiqué dans 100 de :

Foin, ...	azote 1,6	cendres . 7,6 (1)
Excréments desséchés,	azote 2,1	cendres . 12,7 (2)
Extrait d'urine,. . .	azote 4,0	cendres . 40,0 (3)

Si, à l'aide de ces données, nous recherchons la quantité d'azote qui a été prise à la nourriture pendant les deux jours d'alimentation, nous avons :

Dans les excréments : . . . azote	101,1 gr.
Dans l'urine.	7,6 (4)
	108,7
Dans la nourriture : . . . . azote	138,7
Azote fixé ou exhalé en 2 jours .	30,0 : par jour, 15 gram.

(1) Foin . . 0gr.,80 ont donné azote 10c.c.,7 th., 6°4 bar. 0m,7525.
(2) Matière. 1gr.,20 ont donné azote 20c.c.,5 th., 7°0 bar. 0m,7544.
(3) Matière. 0gr.,303 ont donné azote 10c.c.,0 th., 9°5 bar. 0m,749.
(4) Une partie de l'urine se mêle toujours aux matières solides pendant le dosage.

La composition des cendres provenant du foin consommé et des produits, peut nous faire connaître d'une manière approchée la quantité et la nature des substances inorganiques qui ont été assimilées.

Composition des cendres :

	de foin.	d'excréments.	d'extrait d'urine.
Acides carbonique. . .	9,0	2,0	17,3
phosphorique. .	5,3	5,1	0,2
sulfurique	2,4	2,3	7,0
Chlore.	2,3	1,9	9,9
Chaux.	20,4	16,0	0,9
Magnésie.	6,0	6,5	6,0
Potasse et soude. . . .	17,3	12,5	57,3
Oxyde de fer, alumine .	1.5	1,0	»
Silice	33,7	51,0	1,4
Perte	2,1	1,7	»
	100,0	100,0	100,0

PRODUITS RENDUS EN DEUX JOURS.	MATIÈRES sèches.	CENDRES contenues.	ACIDE phosphor.	ACIDE sulfurique.	CHLORE.	CHAUX.	MAGNÉSIE.	POTASSE et soude.	OXYDE de fer et alumine.	SILICE.
	gr.	gr.	gr.	gr.	gr.	gr.	gr.	gr.	gr.	gr.
Excréments secs.	3370	428	21,8	9,8	8,1	68,5	27,8	53,5	4,3	218,3
Extrait d'urine	190	76	0,2	5,3	7,5	0,7	4,6	43,5	»	1,1
Substances minérales rendues : .	»	»	22,0	15,1	15,6	69,2	32,4	97,0	4,3	219,4
Foin consommé	8666	659	34,9	15,8	15,2	134,4	39,5	114,0	9,9	222,1
Substances minérales fixées en deux jours	»	»	12,9	0,7	»	65,2	7,1	17,0	5,6	2,7

Cette expérience indiquerait que le veau a fixé en vingt-quatre heures 6 grammes 1/2 d'acide phosphorique; et, en supposant que cet acide soit entré à l'état de phosphate des os, il a dû se combiner avec 7 gr. de chaux. Or, nous trouvons que la chaux assimilée dans l'organisme s'élève à 32,6 gr., c'est à dire à plus de 4 fois la quantité nécessaire pour constituer un sous-phosphate. Il est vrai que dans les os le phosphate est toujours réuni au carbonate; les os de bœuf, suivant Vauquelin et Fourcroy, contiennent même 10 de carbonate pour 38 de phosphate. Néanmoins, la chaux des aliments qui aurait été fixée, d'après l'expérience, est encore bien supérieure à ce qu'elle devrait être, si elle concourait uniquement à la formation du tissu osseux. Si cet excès est réel, si l'observation n'est pas affectée d'erreur, il devient vraisemblable que cette base entre dans la constitution des sels à acides organiques qui sont répandus dans l'économie animale.

Par une série de pesées, j'ai constaté que le veau, par l'effet de la nourriture au foin, augmentait chaque jour de 630 grammes. Dans ce poids entraient 55 gr,6 de substances minérales, parmi lesquelles le phosphate et le carbonate calcaire des os seraient représentés par 17 grammes, ou à peu près par 3 pour 100 du *poids vivant* acquis en vingt-quatre heures.

Dans l'expérience sur la vache laitière, je me suis borné à considérer l'acide phosphorique et la chaux pris et rendus. La vache mise en observation était âgée de quatre ans et pesait 660 kilog.; elle portait depuis deux mois et demi. On l'a rationnée, pendant l'observation, avec le même régime qu'elle recevait depuis quelques jours, et qui se composait pour vingt-quatre heures de :

	kil.
Foin	7,5
Paille hachée de froment	4,5
Betteraves	27,0

L'expérience a été continuée pendant quatre jours. Les excréments, l'urine, le lait, ont été dosés. Les cendres des aliments consommés, comme celles des produits rendus, ont été déterminées et examinées chimiquement.

			Silice.	Acide phosphorique.	Chaux.
100 de better. ont laissé cendres	0,77	cont. p. 100	8,0	6,0	7,0
Paille	7,00		51,7	3,5	8,5
Foin	6,52 (1)		19,1	5,5	12,4
Excréments secs	12,40		65,0 (2)	5,96	10,8
Lait	0,50		»	28,0	24,0
Urine (extrait) (3)	42,00		»	»	1,0

(1) On a trouvé dans les cendres :

	de foin.	d'excréments.
Acides carbonique	10,0	1,0
phosphorique	5,5	5,96
sulfurique	3,0	2,5
Chlore	2,6	2,0
Chaux	12,4	10,8

Magnésie.......	5,8	6,1
Silice........	19,1	65,0
Oxyde de fer, alumine.	0,5	1,5
Par différence : Potasse et soude . . .	41,1	5,14
	100,0	100,00

J'ai donné précédemment la composition des cendres des autres substances.

(2) La silice sortie avec les excréments excède sensiblement celle qui est entrée avec les aliments ; malgré tout le soin que l'on peut apporter à une expérience faite sur une aussi grande échelle, on comprend que lorsqu'une substance inorganique n'est pas assimilée, et que par conséquent on devrait avoir 0 pour différence, on obtienne cependant, à cause des erreurs inévitables, une perte ou un gain au résultat final ; mais cette perte ou ce gain doit être très faible : c'est ce qui arrive dans cette circonstance pour la silice.

(3) Il y a eu quelque incertitude dans le dosage de l'urine ; mais cette incertitude ne peut pas influer sur le résultat final de l'observation, par la raison que l'urine ne renfermait que très peu de chaux, et pas sensiblement d'acide phosphorique.

L'expérience a duré quatre jours. En voici les détails.

Silice, acide phosphorique, chaux, contenus dans les aliments consommés par la vache.

ALIMENTS.		SUBSTANCES minérales contenues.	SILICE.	ACIDE phosphor.	CHAUX.
	kil.	gr.	gr.	gr.	gr.
Betteraves	108	832	66,6	49,9	58,2
Paille.	18	1260	651,4	42,9	107,0
Foin	30	1956	373,6	107,6	242,5
Somme			1091,6	200,4	407,7

Silice, acide phosphorique, chaux, contenus dans les produits rendus par la vache.

PRODUITS.		SUBSTANCES minérales contenues.	SILICE.	ACIDE phosphor.	CHAUX.
	kil.	gr.	gr.	gr.	gr.
Excréments secs. . .	13,80	1711	1112,1	102,0	184,8
Lait	24,72	123	»	34,4	29,5
Urine (extrait). . . .	4,60	1932	»	»	19,3
Sortis			1112,1	136,4	233,6
Entrés.			1091,6	200,4	407,7
Différence pour 4 jours.			+20,5	—64,0	—174,1
Différence par jour . .			+ 5,1	—16,0	— 43,5

Nous trouvons, pour l'acide phosphorique et la chaux assimilés, dans un jour 16 gr. et 43 gr. Ici encore la chaux est supérieure à ce qu'elle devrait être pour constituer, avec l'acide, le phosphate des os.

Il résulte de ces recherches que, dans la nutrition d'un veau ou d'une vache qui est pleine, il y a une partie des substances minérales provenant des aliments qui reste définitivement fixée pour concourir à l'accroissement ou à la formation de l'individu. Chez un animal adulte, il était à présumer que cette fixation définitive de principes inorganiques n'avait point lieu, ou qu'elle était bien moins considérable, et qu'on devrait retrouver dans les déjections et les sécrétions tout l'acide phosphorique, toute la chaux, etc., qui avaient été introduits par les aliments. C'est au reste ce que confirme l'expérience faite sur le cheval, et dans laquelle les substances minérales rendues ont balancé presque exactement les substances minérales reçues. Toutefois, de ce que les matières inorganiques expulsées journellement de l'organisme sont à très peu près égales en quantité, et semblables par leur nature à celles qui font partie des aliments consommés, il ne faudrait pas en conclure qu'un individu adulte pût se contenter d'une nourriture qui en serait privée. Comme la matière organique, une fraction de la matière inorganique des plantes s'assimile d'abord dans l'organisme; et entre pour un certain temps dans la constitution d'un être vivant, avant d'en être rejetée. Nul doute qu'un animal qui recevrait un régime alimentaire dans lequel, par exemple, il n'y aurait pas une quantité suffisante de chaux, d'acide phosphorique, etc., n'éprouvât des symptômes fâcheux qui se termineraient évidemment par la mort, si un semblable régime était continué. C'est ce que semblent prouver des expériences très intéressantes dans lesquelles M. Chossat a nourri des granivores avec un aliment riche en principes azotés et féculents, en acide phosphorique, mais qui ne renfermait pas une dose convenable de chaux. Durant des recherches antérieures, cet habile physiologiste avait eu l'occasion de s'assurer du besoin qu'ont les pigeons de joindre une certaine quantité de matière calcaire à celle qui se trouve naturellement dans leur nourriture habituelle. Dans les observations dont je vais exposer les principaux résultats, M. Chossat a nourri des pigeons uniquement avec du blé, dans les cendres duquel, comme nous l'avons constaté, il entre beaucoup de phosphate de magnésie, des sels de potasse et fort peu de chaux. Ces animaux se trouvaient d'abord très bien de ce régime, ils commençaient par engraisser. Au bout de deux ou trois mois, cet état prospère cessait ordinairement, l'animal buvait avec fréquence; les fèces devenaient molles, diffluentes, le poids du corps diminuait, et l'animal succombait entre le huitième et le dixième mois, à la suite d'une diarrhée que M. Chossat attribue à l'*insuffisance de principes calcaires;* accident qui se présente chez l'homme, particulièrement lors du travail de l'ossification. Mais le résultat le plus saillant de ces expériences, c'est l'altération du système osseux. La privation prolongée de substances calcaires a fini par rendre les os des pigeons tellement minces, que même pendant la vie ils se cassaient avec la plus grande facilité. La conclusion que M. Chossat tire de ses observations, c'est que les sels calcaires déposés dans le système osseux peuvent être résorbés, et que cette résorption a lieu quand l'animal ne trouve pas dans l'aliment qu'il reçoit une quantité suffisante des éléments ou de l'un des éléments des os (1).

Un pigeon consomme par jour 30 grammes de froment, donnant à l'état normal environ 0gr,63 de cendres, dans lesquelles l'analyse indique : acide phosphorique 0,296, chaux 0,018. Cette quantité de chaux serait donc insuffisante pour entretenir dans son état normal le tissu osseux. J'ai cru devoir insister sur les considérations précédentes, parce qu'il est possible de les faire intervenir dans les applications. Il est bon qu'un

(1) Chossat, *Comptes rendus de l'Académie des Sciences*, t. XIV, p. 451.

éleveur, qu'un nourrisseur sache l'influence que les substances minérales exercent dans l'alimentation. Ainsi, pour les animaux en pleine croissance, il ne faut pas négliger de s'assurer si le régime substantiel qui leur est administré, est en outre capable de nourrir le système osseux. Peut-être qu'en dirigeant l'alimentation du jeune bétail ou des jeunes chevaux, de manière à réduire ou à exagérer l'introduction de certains éléments inorganiques à l'aide de la nourriture, on parviendrait à faire subir à une race telle ou telle modification. Peut-être aussi les règles empyriques qui sont recommandées pour diminuer la charpente osseuse du bétail, pour faire prédominer le tissu musculaire ou le tissu adipeux, sont-elles fondées sur les proportions d'acide phosphorique, de chaux, de magnésie, etc., contenues dans les divers régimes. On trouvera probablement un jour que l'art de Backwell s'explique par la composition des cendres des fourrages.

Le froment n'est pas le seul grain alimentaire qui ne contienne qu'une quantité insuffisante de chaux; le maïs en renferme moins encore (1); et si celui qui est récolté sous les tropiques laisse des cendres tout aussi pauvres en principe calcaire,

(1) De la cendre de maïs, analysée dans mon laboratoire par M. Letellier, contenait :

on s'expliquerait bien difficilement comment ce grain convient si bien à l'alimentation. J'ai nourri des mules employées à de rudes travaux, et j'ai vu élever et engraisser des porcs uniquement avec du maïs. Il est vrai qu'il est impossible d'affirmer que des animaux qui ne font pas le sujet d'observations spéciales, ne prennent pas d'autres aliments; c'est aussi une habitude chez beaucoup d'entre eux de manger de la terre, et cette habitude, nous la retrouvons chez des peuplades d'Indiens, non pas toujours, comme on l'a affirmé, pour tromper le sentiment de la faim dans les temps de disette, mais par suite d'un goût particulier que les missionnaires appellent un goût dépravé, et qui, depuis que je connais la composition des cendres de maïs, ne me semble plus autant mériter cette épithète (1). Au reste, les sels calcaires et alcalins qui sont nécessaires à l'alimentation ne proviennent pas

Acide phosphorique	50,1
Acide sulfurique.	trace
Chlore.	trace
Acide carbonique.	0,0
Chaux.	1,3
Magnésie.	17,0
Silice	0,8
Alcalis et perte	30,8
	100,0

Ce maïs a laissé 1,1 de cendres pour 100.

(1) Dans plusieurs bourgades indiennes, j'ai vu châtier des enfants qui avaient été surpris mangeant de la terre.

exclusivement de la nourriture. L'eau ingérée par les animaux en fournit une quantité qui n'est pas à négliger, quand on cherche à apprécier dans leur ensemble les matériaux qui concourent à la nutrition. Ainsi, un cheval, une vache qui boivent dans un jour 16 à 50 litres d'eau, prendraient, s'ils étaient abreuvés avec une source aussi pure que l'est celle du puits artésien de Grenelle, 2g.,3 à 7g. de sels dans lesquels dominerait le carbonate de chaux. Une eau moins pure apporterait une proportion de sels bien plus élevée; la Beuvronne, par exemple, en fournirait dans les mêmes circonstances 9 grammes et 26 grammes, dont la moitié serait du carbonate calcaire. Ce sont là des minima, car il s'agit ici d'eaux filtrées; celles qui sont troubles tiennent souvent en suspension une quantité de matières terreuses supérieure à celle qui est dissoute ; c'est ainsi que dans une expérience faite sur une vache laitière, j'ai contasté que les substances minérales prises avec l'eau de l'abreuvoir s'élevaient à 50 grammes par jour. Toutefois, il est douteux que, même dans le cas le plus favorable, la chaux apportée par la boisson suffise pour alimenter le système osseux d'un animal en voie de croissance; mais chez les adultes, la résorption des éléments des os paraît s'effectuer avec une telle lenteur, d'après les recherches de M. Flourens, qu'on trouvera probablement qu'il ne faut qu'une dose fort limitée de principes calcaires pour réparer les pertes qu'elle occasionne.

J'ai fait voir qu'un veau âgé de 6 mois reçoit avec son fourrage une quantité d'acide phosphorique qui répond à 36 gram. de sous-phosphate de chaux (phosphate des os). Un veau de quelques semaines, en consommant par jour environ 10 litres de lait, prend 52 grammes de substances minérales, dans lesquelles il entre 24 grammes de sous-phosphate calcaire. Il serait intéressant de déterminer la dose de ces substances qui est assimilée par un animal aussi jeune, et à une époque où la croissance est tellement rapide que l'augmentation de poids, d'un jour à l'autre, dépasse quelquefois 1 kilog.

L'importance de l'intervention des principes inorganiques des aliments étant admise, il convient de tenir compte de ces principes dans la composition d'un régime alimentaire. C'est dans ce but que j'ai cru devoir réunir les quantités d'acide phosphorique et de chaux comprises dans les aliments dont les cendres ont été analysées. A l'aide de ces données, on voit de suite la proportion de phosphate des os que peut contenir une ration.

1000 *parties d'aliment à l'état normal, récoltées à Bechelbronn, contiennent :*

ALIMENTS.	SUBSTANCES minérales.	AZOTE.	ACIDE phosphor.	CHAUX.	PHOSPHATE des os.
Foin	62,33	11,50	3,37	10,04	6.96
Pommes de terre. . . .	9,64	3,70	1,09	0.17	0,33
Betteraves	7,70	2,10	0,46	0.54	0,95
Navets	5,70	1,30	0,35	0,62	0,72
Topinambours.	12,47	3.75	1.35	0,29	0,56
Froment	20,51	20,50	9,64	0,60	1,16
Maïs	11,00	16,40	5,51	0,14	0,27
Avoine	31,74	17,87	4.73	1,17	2,27
Paille de froment. . . .	51,90	3,00	1,61	4,41	3,32
Paille d avoine.	35,70	3,00	1,07	2,97	2,21
Trèfle fané.	73,50	21,00	4,63	18,08	9,85
Pois	30,00	38,40	9,03	3,03	5,83
Haricots	35,00	45,80	9,38	2,03	5,94
Fèves.	30,00	51,10	10,26	1,53	9,27

On aperçoit une certaine relation entre la proportion d'azote et celle de l'acide phosphorique contenues dans les substances alimentaires ; généralement les plus azotées sont aussi les plus riches en acide, ce qui semble indiquer que dans les produits de l'organisation végétale, les phosphates appartiennent particulièrement aux principes azotés, et qu'ils les suivent jusque dans l'organisme des animaux.

On peut, à l'aide de la table précédente, se former une idée exacte de la quantité de phosphate de chaux qui entre dans un régime. Prenons pour exemple la ration donnée au cheval dans l'observation III, et dans laquelle la moitié du foin a été remplacée par des pommes de terre, un des aliments qui contiennent le moins de chaux, et nous trouvons dans :

	kil.		gr.		gr.
Foin	12,1	acide phosphor.	41,1	chaux.	121,0
Pommes de terre .	14,0		15,4		2,4
			56,5		123,4

Nombres qui répondent à 116gr,5 de phosphate des os et 63gr,4 de chaux libre.

Dans la ration normale, un cheval de labour reçoit à Bechelbronn :

	kil.		gr.		gr.
Foin . . .	10	contenant acide phosph.	34	chaux	100
Paille. . .	2,5		4		11
Avoine . .	3,29		15,5		4
			53,5		115

Soit 112gr,4 de phosphate des os et 56 gram. de chaux libre.

J'ai constaté que de très jeunes poulains en pleine croissance, pesant environ 170 kilog., consomment par jour :

	kil.		gr.		gr.
Foin . . .	9	contenant acide phosphor.	30	chaux	90
Avoine . .	3,29		15		3,8
			45		93,8

qui représentent 95 de sous-phosphate de chaux. Comme une conséquence du rapport qui semble exister entre l'azote et l'acide phosphorique d'un aliment, il arrive que les équivalents nutritifs renferment à peu près le même poids d'acide phosphorique, de sorte qu'en introduisant dans une ration une proportion convenable de foin ou de trèfle, fourrages abondants en chaux, on est toujours assuré d'administrer un régime favorable au développement du système osseux, quelle que soit d'ailleurs la nature des aliments qui complètent la ration.

Ce rapport de l'azote à l'acide phosphorique s'approche de 10 à 3, et se soutient pour les fourrages les plus usuels ; mais la même relation ne se présente plus dans les céréales et les légumineux. Dans ces graines, l'acide répondrait au quart de l'azote contenu. Ainsi, on a :

	Equivalents théoriques.	Acide phosphorique dans l'équivalent.
Foin.	100	0,34
Pommes de terre	320	0,35
Betteraves	548	0,28
Navets.	885	0,31
Topinambours.	273	0,37
Trèfle sec.	75	0,34
Paille de froment (Paris) . .	235	0,37
Paille d'avoine.	380	0,40
Avoine.	68	0,32
Maïs.	70	0,38
Froment.	43	0,41
Pois.	25	0,23
Haricots.	27	0,25
Fèves	23	0,24

§ III. *De la matière grasse des fourrages. Considérations sur l'engraissement.*

En voyant la graisse s'accumuler dans le tissu des animaux, on a dû penser, quand on ignorait que la présence des matières grasses dans les plantes fût un fait général, que ces matières étaient produites par les aliments pendant l'acte de la digestion, et par une cause analogue à celle qui fait naître les substances huileuses du règne végétal.

Les recherches que je vais exposer tendent au contraire à faire présumer que les matières grasses ne se forment que dans les plantes, qu'elles passent toutes formées dans les animaux, et que là elles peuvent se brûler immédiatement pour développer la chaleur dont l'animal a besoin, ou se fixer dans les tissus pour servir de réserve à la respiration (1).

Cette dernière opinion semble la plus simple; mais, avant de discuter les expériences qui la justifient, il faut montrer comment toutes les idées que l'on s'est faites de ces phénomènes ont été successivement renversées. Ainsi, à l'époque de l'évacuation du cimetière des Innocents,

(1) Dumas, Boussingault et Payen, *Recherches sur l'engraissement et la formation du lait*, *Annales de chimie et de physique*, t. VIII, p. 63, 3e série.

on n'hésita pas à admettre au nombre des effets de la décomposition putride des débris animaux la transformation de la chair, des muscles ou des viscères en matière grasse proprement dite. Le gras de cadavres, comme on appelait le produit dans lequel semblaient s'être transformés les muscles, le foie, le cerveau, etc., des cadavres exhumés, fut considéré comme le produit direct des altérations de la chair des muscles. Il fallut les recherches de M. Chevreul pour établir que le gras des cadavres renferme les mêmes acides que la graisse humaine, qui, dans cette circonstance, est en partie saponifiée par l'ammoniaque. M. Gay-Lussac, d'autre part, a prouvé par des expériences directes que la fibrine, soumise à une décomposition putride, laisse pour résidu une quantité de graisse qui n'est pas sensiblement supérieure à celle que les dissolvants peuvent en extraire quand elle n'a pas subi d'altération ; d'où il suit que la putréfaction a pour résultat de détruire la fibrine, et par suite de mettre à nu la substance grasse qu'elle renfermait.

On peut donc assurer que toutes les opinions émises fortuitement sur ces prétendues formations adipeuses par des procédés chimiques, se sont évanouies successivement à mesure qu'on les a soumises à un examen scrupuleux.

Recherchons maintenant les résultats obtenus par la physiologie.

Les animaux carnivores contiennent de la graisse, et ils n'en rejettent par aucune de leurs excrétions. C'est dans ces animaux, par conséquent, qu'il est facile de reconnaître d'où viennent ces matières et comment elles disparaissent.

Quand on examine la marche de la digestion des chiens, on ne tarde pas à se convaincre que leur chyle est loin d'être une substance toujours identique. Celui qui se forme sous l'influence d'une alimentation végétale riche en fécule ou en sucre, celui qui provient de la digestion de la viande maigre, sont également pauvres en globules. Ces chyles sont translucides, très séreux et abandonnent peu de chose à l'éther. Si, au contraire, on nourrit ces animaux avec des aliments gras, leur chyle se montre très opaque, d'un aspect crémeux, très riche en globules, et il abandonne alors beaucoup de matière grasse à l'éther.

Ces faits, observés par M. Magendie et revus avec plus de détails encore par MM. Sandras et Bouchardat, montrent que les substances grasses de nos aliments, divisés ou émulsionnés par la digestion, passent sans altération profonde dans le chyle, et de là dans le sang. Les matières grasses de nos aliments peuvent donc être suivies dans le chyle, et de là dans le sang, où elles persistent longtemps inaltérées et où elles demeurent à la disposition de l'organisme. On est donc naturellement porté à conclure de ces observations et de plusieurs faits qui s'y rapportent, que la matière grasse toute faite est le principal produit, sinon le seul, à l'aide duquel les animaux peuvent régénérer la substance adipeuse de leurs organes ou fournir le beurre de leur lait.

Cette opinion ne donne lieu à aucune espèce de doute tant qu'on se borne à l'appliquer aux carnivores; mais, si l'on veut l'étendre aux herbivores, deux difficultés se présentent :

1° Trouve-t-on dans les plantes assez de matière grasse pour expliquer l'engraissement du bétail ou la formation du lait?

2° N'est-il pas plus simple de supposer que le beurre ou la graisse sont des produits de quelques transformations de l'amidon et du sucre?

Il est si peu naturel, en effet, d'admettre que le bœuf à l'engrais trouve dans ses aliments la graisse qu'il assimile, qu'à moins d'avoir fait de nombreuses analyses de plantes, et d'avoir vu les matières grasses reparaître partout et en quantité presque toujours supérieure à celle qu'on suppose dans l'organisme des végétaux, on n'accepte pas aisément cette pensée; mais elle ne répugne aucunement quand on s'est convaincu que dans les plantes, on observe presque toujours une association constante des matières azotées neutres et des substances grasses; quand on voit cette association non seulement dans les graines, mais aussi dans les feuilles et les tiges.

Dans cette opinion, les matières grasses se formeraient principalement dans les feuilles des plantes, et elles y seraient quelquefois sous la forme et avec les propriétés des matières cireuses. En passant dans le corps des herbivores, ces matières, forcées de subir dans leur sang l'influence de l'oxygène, y éprouveraient un commencement d'oxydation, d'où résulterait l'acide stéarique ou oléique qu'on rencontre dans le suif. En subissant une seconde élaboration dans les carnivores, ces mêmes matières, oxydées de nouveau, produiraient l'acide margarique qui caractérise leur graisse. Enfin, ces divers principes, par une oxydation plus avancée encore, pourraient donner naissance aux acides gras volatils qui apparaissent dans le sang et dans la sueur. Une combustion complète pourrait les changer en acide carbonique et en eau, et les éliminer de l'économie.

Au nombre des propriétés des matières grasses, il en est une qui peut jouer un grand rôle dans le phénomène de l'engraissement; c'est le pouvoir dissolvant dont elles sont douées les unes à l'égard des autres; c'est cette faculté de se mêler dans toutes les proportions imaginables, tout en conservant les propriétés générales qui les caractérisent chacune isolément. Ainsi, dans l'estomac, dans le canal intestinal, dans le chyle ou dans le sang, des graisses très diverses formeront des matières homogènes par leur mélange intime et se diviseront en globules d'une composition compliquée, mais la même pour tous.

Une autre propriété des matières grasses doit encore fixer toute notre attention; c'est leur insolubilité dans l'eau.

En effet, qu'un animal vienne à manger une substance soluble, l'expérience prouve qu'en général celle-ci se consomme par une véritable combustion qui convertit son carbone en acide carbonique et son hydrogène en eau, ou bien qu'elle est éliminée en nature par les urines.

Les graisses peuvent bien disparaître sous la première forme; mais tant qu'elles ne sont pas profondément modifiées, il est évident qu'elles ne passent pas dans les urines, et que la quantité qui est éliminée par la transpiration est insignifiante. Leur insolubilité les maintient donc dans l'économie, une fois qu'elles ont pénétré dans le sang ou dans les tissus, et c'est à ce titre qu'elles constituent une sorte de magasin de combustible dans les animaux. C'est là le principal motif qui fait que les individus nourris avec excès engraissent, et que ceux qui sont affamés maigrissent; la graisse se déposant dans les tissus dans le premier cas, pour être reprise et brûlée dans le second pendant la respiration.

Quoique cette explication soit fort simple, il convient de la mettre en parallèle avec une opinion qui s'appuie sur des recherches entreprises par M. Dumas. On sait qu'en effet on peut considérer le sucre comme composé de gaz carbonique, d'eau et de gaz oléfiant. Or, rien n'empêche que le gaz oléfiant, en se séparant et en prenant divers états de condensation, donne naissance à des corps qui, en s'oxydant, produiraient des acides gras, et par suite des graisses. Depuis que l'on sait que l'huile de l'*eau de vie de pommes de terre* se retrouve dans l'*eau de vie de marc de raisin*, dans l'*eau de vie de grains* et dans l'*eau de vie de mélasse de betteraves*, la certitude que cette huile soit un produit de la fermentation du sucre semble complète.

On doit même être disposé à croire qu'un phénomène analogue s'accomplit dans les plantes, quand on voit le sucre des tiges disparaître à mesure que le fruit se charge de la matière grasse qu'on y trouve si souvent accumulée. Les palmiers élaborent du sucre, avant que de produire de l'huile.

C'est ici que se dessinent deux opinions fondamentales touchant l'origine des matières grasses dans les animaux. L'une qui regarde ces matières comme préexistant dans les aliments, ou tout au plus comme capables de se former dans l'estomac, cavité où la nourriture est encore en dehors de l'organisme animal; l'autre qui suppose que les matières grasses se produisent dans le sang même, c'est à dire sous l'influence des formes les plus intimes de la vie et comme une dépendance des phénomènes les plus essentiels de l'animalité.

De ces deux opinions j'embrasse celle qui suppose que l'animal se nourrit de graisse toute formée, et cela uniquement parce qu'elle me paraît plus en harmonie avec les faits qui se passent dans nos étables.

S'il semble bien difficile d'expliquer l'accumulation de la graisse dans les carnivores autrement qu'en supposant qu'elle leur vient des herbivores, quand il s'agit de ces derniers, tout en admettant qu'ils profitent de celle que les plantes renferment, on peut, à la rigueur, supposer qu'ils en produisent une certaine quantité au moyen d'une fermentation spéciale du sucre qui fait partie de leurs aliments. Si, malgré les présomptions favorables à l'intervention du sucre dans la formation des corps gras dans les animaux, nous inclinons cependant vers l'opinion contraire, c'est que les faits qui se présentent dans la pratique nous paraissent opposés à l'hypothèse qui fait jouer au sucre un rôle essentiel dans la production des graisses.

Cependant cette hypothèse, que nous rejetons jusqu'à plus ample information, s'appuie sur un résultat digne de toute notre attention. Huber a reconnu que des abeilles nourries avec du miel, ou même avec du sucre, possèdent la faculté de fournir de la cire pendant longtemps.

MM. Milne Edwards et Dumas ont répété dernièrement la belle expérience de Huber, en faisant travailler des abeilles captives et soumises à un régime déterminé. La première observation a été défavorable aux conclusions du savant entomologiste de Genève: un essaim nourri avec de la cassonnade ne donna que des quantités de cire insignifiantes. Quatre autres essaims furent placés dans des ruches vitrées, disposées de manière à permettre l'introduction du miel et de l'eau destinés à l'alimentation des abeilles. Trois de ces essaims n'ont fourni aucune parcelle de cire; mais le quatrième donna un résultat tout différent. D'après des analyses faites avec le plus grand soin et par les meilleures méthodes, on détermina la matière cireuse contenue: 1° dans les abeilles, avant et après l'observation; 2° dans les gâteaux construits par les ouvrières; 3° dans le miel consommé par l'essaim pendant le travail, essaim composé de 2005 ouvrières.

Le résultat final de l'observation a été qu'en un mois, après avoir consommé 834g,89 de miel, les abeilles ont produit 15g,66 de cire (1).

L'observation de Huber se trouverait donc complètement confirmée par ces nouvelles recherches, si MM. Dumas et Milne-Edwards avaient expliqué la cause qui s'est opposée à ce que des abeilles mises au régime du sucre, trois des essaims nourris au miel aient produit de la cire. Mais en admettant le résultat obtenu comme certain, je demanderai encore s'il est permis de conclure de l'abeille au taureau.

A ce fait physiologique, on peut joindre une observation chimique qui paraît tout aussi opposée à l'opinion que je considère cependant comme la plus probable. Il s'agit de la conversion du sucre en acide butyrique constatée par MM. Pelouze et Gélis, et qu'on effectue en mêlant à une dissolution de sucre une petite quantité de caséum et assez de craie pour saturer tout l'acide qui plus tard prendra naissance. Ce mélange, quand il est abandonné à une température de 25° à 30°, passe bientôt par une série d'altérations dont le dernier terme est la fermentation butyrique.

L'acide butyrique, qui ne se trouve qu'en très faible proportion dans le beurre quand il y existe,

(1) Dumas et Milne Edwards, *Compte rendu de l'Académie des sciences*, t. XVII, p. 131.

possède des propriétés qui le rapprochent beaucoup plus de l'acide acétique que des acides gras. Ainsi c'est un liquide volatil, incolore, très fluide, d'une transparence parfaite, d'une odeur qui rappelle à la fois celle du vinaigre et du beurre rance. Il est soluble en toute proportion dans l'eau et dans l'alcool; il entre en ébullition vers 164° (1).

On voit que, par ses caractères, l'acide butyrique se place entre l'acide valérianique et l'acide acétique, acides qui sont aussi des produits de la fermentation du sucre.

Bien que cet acide n'ait aucune ressemblance avec les acides qui dominent dans les graisses, il constitue néanmoins, par son union avec la glycérine, un corps gras, la butyrine, qui entre pour un centième environ dans le beurre. Ainsi, cet acide doit être considéré comme un des éléments des graisses, et, sous ce point de vue, il serait intéressant de rechercher s'il favorise leur développement quand il fait partie du régime alimentaire. Des observations déjà anciennes, dues à Arthur Young, tendraient à faire présumer que l'acide butyrique agit favorablement dans cette circonstance. Cet habile agronome a cru reconnaître par des expériences comparatives qu'une nourriture, devenue aigre par l'effet de la

(1) Pelouze et Gélis, *Compte rendu de l'Académie des sciences*, t. XVI, p. 1662.

fermentation, convient mieux à l'engraissement des porcs. Or, il est assez probable que dans cette fermentation il y a production d'acide butyrique.

Je viens d'exposer les faits principaux qui sont favorables à l'opinion qui attribue aux aliments sucrés et féculents la propriété de former des corps gras. Je ne puis cependant m'empêcher de faire remarquer que, dans la transformation du sucre en cire par les abeilles, dans les produits de la fermentation qui contiennent des acides volatils gras, on ne retrouve pas un principe essentiel aux graisses végétales comme aux graisses animales, la glycérine, le principe doux des huiles. La question qui divise aujourd'hui les physiologistes et les chimistes gagnera beaucoup lorsque l'on saura si ce principe préexiste constamment dans les aliments qui favorisent l'engraissement. Pour les agriculteurs, la question est d'ailleurs beaucoup plus restreinte qu'elle ne l'est pour les physiologistes. En effet, sous le rapport des applications, il ne s'agit pas de savoir si l'amidon, le sucre, peuvent développer des quantités minimes de matières grasses dans le tissu des animaux qui les consomment; si un kilogramme de miel élaboré par les abeilles peut fournir quelques grammes de cire. Il convient de décider si les racines, les tubercules farineux, sont propres à l'engraissement; s'il est possible de se dispenser d'introduire dans les rations de l'étable ou de la porcherie des aliments dispendieux.

Ici, comme en plusieurs autres occasions, la pratique semble avoir devancé la théorie, car l'usage si universel de faire intervenir des tourteaux huileux, des graines oléagineuses dans la nourriture des vaches laitières et des animaux à l'engrais, est une présomption très forte en faveur de l'opinion que nous soutenons. Et j'avoue en toute humilité qu'à mes yeux cet usage est un argument d'une bien plus grande valeur que tous ceux que nous pouvons tirer des recherches faites dans nos laboratoires.

Ainsi la pomme de terre, la banane, qui conviennent parfaitement pour élever des porcs qui viennent de quitter l'usage du lait, ne suffisent plus pour achever leur engraissement. Ces aliments ne contiennent que de très faibles proportions de matières grasses. Soumis à un semblable régime, les animaux jeunes croissent rapidement; ils entrent et se maintiennnent en chair; mais la graisse ne se développe dans leur tissu qu'avec une lenteur extrême; on est dans l'obligation, pour terminer l'engraissement, d'ajouter à la ration des aliments plus chargés de principes gras. C'est du moins ce qui se passe en Alsace, et ce que paraissent confirmer des expériences qui se font en ce moment à Bechelbronn, où depuis plusieurs mois des porcs ont été mis au régime exclusif des pommes de terre. Je n'ignore pas que quelques personnes affirment qu'il est des localités où l'élève et l'engraissement de ces animaux se font uniquement avec ces tubercules; mais à moins de prendre toutes les précautions convenables, il doit être bien difficile d'assurer qu'un porc ne reçoit pas d'autre nourriture dans les conditions ordinaires où il se trouve placé, qu'il ne mange pas, par exemple, la paille de sa litière. Au reste, je me borne à me ranger de l'opinion d'un des plus célèbres agronomes. Schwertz dit : « Avec les pommes de terre seules, « on ne peut que mettre les porcs bien en chair, « mais non en pleine graisse, ainsi que je m'en « suis assuré par des expériences comparatives « longtemps suivies. C'est ce qu'a reconnu aussi « un observateur anglais, M. Roberts. Dans l'en- « graissement des porcs, dit-il, je suis arrivé à « des mécomptes dans l'emploi de la pomme de « terre cuite. Dans le commencement, les porcs « se chargent sensiblement de chair, mais leur « développement s'arrête bientôt, quoiqu'ils con- « tinuent de manger avec le même appétit. Vou- « lant mener l'expérience à bout, je fis continuer « la nourriture à la pomme de terre pendant un « mois, après que les porcs eurent bien pris de « la chair, mais je fus bientôt convaincu que cette « nourriture ne suffisait pas pour mener plus « loin l'engraissement. Je fis ajouter, en quan-

« tités égales, de l'orge et des pois concassés, et « dès lors les porcs commencèrent à prendre « de la graisse. Pour les exciter à boire, je fis « augmenter l'addition des farineux, et les pro- « grès de l'engraissement devinrent visibles. En « trois semaines, 93 porcs atteignirent le poids « moyen de 107 kilogrammes (1).

Il est évident qu'il s'agit ici de porcs déjà formés. Des individus très jeunes, s'ils étaient soumis au régime exclusif des pommes de terre, pourraient éprouver des accidents qui auraient une tout autre cause que celle de l'insuffisance de la matière grasse. Un porc encore jeune consomme par jour environ 6 kilog. de pommes de terre, dans lesquels il n'entre, comme l'indique l'analyse des cendres, que $1^{gr.},2$ de chaux. Or, il est très douteux que cette faible dose de chaux soit suffisante pour assurer le développement du système osseux d'un animal en pleine croissance, et l'on conçoit l'utilité du petit lait que l'on ajoute ordinairement aux tubercules dans la ration. On peut poser comme un principe d'alimentation dont il ne faut jamais s'écarter, que les animaux en croissance, comme les adultes, doivent avoir une ration qui contienne à la fois les éléments du système osseux et des principes azotés, et que pour l'engraisse-

(1) Schwertz, *Plantes fourragères*, p. 328.

ment, quel que soit d'ailleurs l'âge de l'individu, le régime doit renfermer en outre une dose convenable de matières grasses. Il résulte effectivement des recherches que nous avons faites avec MM. Dumas et Payen que, sans exception aucune, toutes les substances alimentaires qui sont reconnues comme les plus propres à l'engraissement, sont aussi celles qui ont donné à l'analyse le plus de principes analogues aux graisses. Les substances suivantes contiennent en matières solubles dans l'éther, sur 100 parties :

Maïs commun	8,8	Luzerne sèche	3,5
Maïs à bec de Lombardie.	7,8	Foin de prairies (Bechelbronn)	3,8
Gros maïs blanc (Paris). .	8,1	Paille de blé d'Afrique. .	3,2
Riz.	0,8	Id. d'Alsace	2,2
Avoine	5,5	Id. des environs de Paris.	2,4
Idem.	3,3	Paille d'avoine	5,1
Seigle.	1,8	Farine de féveroles. . . .	2,0
Farine de seigle (Bechelbronn)	3,5	Féverolles (Alsace) . . .	2,0
Blé dur de Venezuela . .	2,6	Haricots.	3,0
Blé dur d'Afrique. . . .	2,1	Pois	2,0
Farine de froment. . . .	2,1	Lentilles.	2,5
Idem.	1,4	Pommes de terre	0,08
Petit son	4,8	Betteraves champêtres. .	0,1
Gros son	5,2	Carottes.	0,17
Trèfle sec.	4,0	Tourteaux.	9,0

M. Payen a reconnu que dans les fruits des graminées on trouve de l'huile partout, mais inégalement distribuée. L'embryon en renferme beaucoup, la partie corticale moins, et la substance farineuse bien moins encore. Le maïs, comme on a pu le remarquer, le tourteau en contiennent près de 9 pour 100; dès lors, le pouvoir engraissant de ces aliments si universellement appliqués n'a plus rien qui doive surprendre, et la manière la plus simple de l'expliquer consiste à admettre que la matière grasse passe en nature dans les animaux qui sont à un semblable régime, et qu'elle s'y fixe plus ou moins modifiée.

Si maintenant nous discutons quelques unes des rations employées soit à l'engraissement, soit à la production du lait, nous verrons que la proportion des principes analogues aux graisses y est toujours supérieure à celle qui se trouve dans les sécrétions, les excrétions, ou dans le tissu adipenx qui a été produit sous l'influence de la nourriture.

Ainsi, il est facile de s'assurer qu'une vache en bonne condition d'entretien, en mangeant 100 kil. de foin de prairie, peut rendre 42 litres de lait renfermant environ $1^{k},5$ de beurre. Or, l'analyse indique dans le fourrage consommé plus de 3 kilog. de substances solubles dans l'éther. Cet excès de la substance grasse dans le foin consommé sur celle qui se rencontre dans le lait rendu s'explique surtout par cette circonstance, que les excréments ne sont jamais privés de matières analogues aux corps gras. Il faut donc nécessairement en tenir compte.

Dans le but de comparer aussi exactement que

le comportent les recherches de ce genre la matière grasse contenue dans le fourrage consommé par une vache à celle qui se trouve dans le lait et les excréments, on a fait l'expérience que je vais décrire.

La vache soumise à l'expérience est *Esméralda*, n° 6 de l'étable de Bechelbronn; elle a vêlé le 26 septembre; on l'a fait saillir le 4 novembre. Jusqu'au 22 janvier (inclusivement), cette vache recevait la ration ordinaire, composée alors, pour vingt-quatre heures, de :

Regain de foin.	5 kil.
Tourteaux de colza	1
Navets..	30
Balle de froment.	1

Le produit d'*Esméralda*, sous l'influence de cette nourriture, a été, dans le mois de janvier :

Janvier.	Lait en vingt-quatre heures. litres.	Janvier.	Lait en vingt-quatre heures. litres.
1er.	7,50	12	7,00
2	7,00	13	6,50
3	7,00	14	6,50
4	7,00	15	7,00
5	6,50	16	6,00
6	6,00	17	6,50
7	7,00	18	6,00
8	7,50	19	6,50
9	7,00	20	6,50
10	6,00	21	6,00
11	6,50	22	6,00

Le produit moyen en lait, durant les huit

jours qui ont précédé l'expérience, a été par conséquent de 6$^{\text{lit.}}$,30 par vingt-quatre heures (1).

A partir du 23 janvier, la ration consommée par la vache a été :

	kil.
Foin	7,50
Paille de froment hachée .	4,50
Betteraves	27,00

Chaque jour, on a pris pour l'analyse un échantillon de chacun des aliments.

Avec ce régime, le lait rendu a été :

Janvier.	Lait en vingt-quatre heures. litres.
23	6,50
24	6,00
25	6,00
26	6,00
27	6,60
28	6,50
29	6,50
30	6,50
Moyenne de huit jours . .	6,03

Le lait rendu est donc resté sensiblement ce qu'il était avant la nouvelle ration.

Le dosage des excréments rendus par la vache a duré quatre jours, du 24 au 27 janvier. Pour faciliter ce dosage, la vache avait été mise

(1) Le sujet de l'observation était arrivé à cet état où la production du lait reste à peu près constante. C'est là un point important dans les recherches de cette nature, et sur lequel j'aurai probablement l'occasion de revenir.

dans une stalle dont le sol est recouvert en dalles.

La bouse humide était pesée chaque soir ; après l'avoir bien mélangée, on en prenait un échantillon du poids de 500 grammes, que l'on desséchait ensuite à l'étuve. On connaissait ainsi la quantité de matière sèche contenue dans les excréments humides.

Produits rendus par la vache en vingt-quatre heures :

DATES.	EXCRÉMENTS humides.	POIDS de l'échantillon soumis à la dessiccation.	POIDS de l'échantillon desséché.	100 d'excrémens humides contiennent en matières sèches.	EXCRÉMENTS secs rendus par la vache en 24 heures.	LAIT rendu pendant le dosage.	
	kil.	gr.	gr.		kil.	lit.	kil.
24 janvier.	18,500	500	84,0	16,8	3,108	6	6,180
25 janvier.	19,000	500	88,4	17,7	3,363	6	6,180
26 janvier.	28,250	500	88,5	17,7	4,115	6	6,180
27 janvier.	19,750	500	82,5	16,5	3,259	6	6,180
	80,500				13,845	24	24, 72

Pour évaluer les substances grasses ou cireuses renfermées dans les aliments consommés et dans les produits rendus, on a d'abord traité ces différentes matières par l'eau chaude, puis on les a desséchées, afin de les soumettre à l'action de l'éther d'abord, et ensuite à l'action d'un mélange d'éther et d'alcool bouillant. Pour la betterave et les bouses, on a agi sur ces matières séchées; le foin et la paille n'ont pas subi de dessiccation préalable, on les a divisés autant que possible; puis, après un premier traitement, on les a réduits en poudre avant de leur faire subir de nouveau l'action des dissolvants.

La proportion de matières grasses contenues dans le lait a été déterminée par la méthode indiquée par M. Péligot.

Aliments.

		Matières grasses pour 100.
Foin	Première expérience	3,6
	Deuxième expérience	3,9
Paille	Première expérience	2,4
	Deuxième expérience	2,0
Betteraves (1) non desséchées, champêtres		0,1

Produits.

		Matières grasses pour 100.
Excréments séchés à l'étuve	Première expérience	3,3
	Deuxième expérience	3,9
Lait		3,7

On peut donc adopter pour la proportion de matières grasses :

	Pour 100.
Foin	3,7
Paille	2,2
Betteraves	0,1
Excréments secs	3,6
Lait	3,7

(1) M. Braconnot a déjà extrait de l'albumine de la betterave à sucre, une matière cireuse et un acide gras liquide. (*Annales de Chimie et de Physique*, t. LXXIV, p. 442.)

Résumé de l'expérience faite à Bechelbronn.

ALIMENTS CONSOMMÉS PAR LA VACHE EN QUATRE JOURS.			PRODUITS RENDUS PAR LA VACHE EN QUATRE JOURS.		
NATURE des aliments.	POIDS des aliments.	MATIÈRES grasses contenues dans les aliments.	NATURE des produits.	POIDS des produits.	MATIÈRES grasses contenues dans les produits.
	kil.	gr.		kil.	gr.
Betteraves	108	108	Lait	24,720	915
Foin.	30	1110	Excréments secs.	13,845	498
Paille.	18	396			
			Mat. grasses des produits .		1413
Matières grasses des aliments		1614			
		1413			
Matière grasse fixée ou brûlée		201			

La conclusion qui nous semble la plus naturelle à tirer de cette expérience, c'est que la vache extrait de ses aliments presque toute la matière grasse qu'ils renferment, et qu'elle convertit cette matière grasse en beurre.

Peut-être pourrait-on, dans certaines limites, faire varier la proportion de beurre dans le lait. On sait, par exemple, que le beurre des vaches d'une même localité peut différer notablement, selon la nature et l'abondance des fourrages. C'est ainsi que le beurre des Vosges renferme

66 de margarine pour 100 d'oléine en été, et jusqu'à 186 de margarine pour 100 d'oléine en hiver. Dans le premier cas, les vaches paissent à la montagne; dans le second, elles mangent des fourrages secs à l'étable. J'ai eu d'ailleurs l'occasion de faire une expérience directe à cet égard, et qui me paraît concluante. Ayant remplacé la moitié de la ration de foin par une quantité équivalente de tourteau de navette encore riche en huile, les vaches se maintinrent dans une bonne condition, mais le lait fournit un beurre très fluide et qui possédait à un point intolérable la saveur propre à l'huile de navette.

Je ne connais pas un seul cas, dans la pratique suivie dans nos étables, où une vache ne reçoive une nourriture renfermant une quantité de matières analogues aux graisses, supérieure à celle qui est contenue dans son produit en lait. Dans une circonstance où je fus amené à composer une ration exclusivement avec des betteraves, on augura fort mal de ce régime sous le rapport de la *lactation*. Il arriva en effet une diminution sensible dans les produits, et la vache souffrit de l'usage de cette ration. En rendant à la ration les quelques kilogrammes de paille qu'on avait supprimés, la production du lait reprit son état normal. On peut en effet comparer les deux rations sous le double rapport de la matière grasse et de la matière inorganique.

		MATIÈRES grasses.	ACIDE phosphorique.	CHAUX.
Ration favorable.		gr.	gr.	gr.
	kil.			
Betteraves	54	54	25	29
Paille	7,5	165	12	33
		229	37	62
Ration défavorable.				
Betteraves	60	60	28	32

On voit que la paille a introduit dans la ration une forte proportion de matière grasse. On ne saurait soutenir, à mon avis, que l'effet utile de la paille dans la ration soit dû à la chaux et à l'acide phosphorique qu'elle a apporté, car le phosphate de chaux renfermé dans la betterave s'élève à environ 58 grammes.

Les renseignements dont nous sommes redevables à M. Damoiseau, l'un des observateurs les plus attentifs qui se soient livrés à la production du lait, viennent encore confirmer la nécessité des substances grasses dans l'alimentation de la vache. Voici les rations adoptées dans son bel établissement.

	Rations équivalentes pour une vache.		
	I.	II.	III.
Betteraves	40 kil.	Carottes. 34 kil.	Pommes de terre. 25 kil.
Remoulage.	3	 3	 3
Recoupette.	2,5	 2,5	 2,5
Luzerne	3	 3	 3
Paille d'avoine. . . .	6	 6	 6
Sel marin.	0,05	 0,05	 0,05
	54,55	48,55	39,55
Produit en lait et en crême.	Maximum.	Moyenne.	Minimum.

Pour bien saisir le véritable sens de ces expressions, il faut savoir que le minimum du lait étant de 7 litres par jour, la moyenne s'élève à 9 ou 10 litres, et que le maximum peut s'élever à 15 litres par jour (1).

	Rations équivalentes pour une anesse.			Ration pour une chèvre.
	kil.	kil.	kil.	kil.
Betteraves . . .	14,000	Carottes 11,900	Pommes de t. 8,744	Betteraves 5,900
Remoulage blanc	1,050	 1,050	 1,050	 0,500
Recoupette. . .	0,955	 0,955	 0,955	 0,460
Luzerne	1,050	 1,050	 1,050	 0,500
Paille d'avoine .	2,100	 2,100	 2,100	 1,000
Sel marin. . . .	0,020	 0,020	 0,020	 0,010
	19,175	16,075	13,919	8,370
Produit en lait et en crême . . .	Maxim.	Moyenne.	Minimum.	Maximum.

(1) Chez les nourrisseurs qui approvisionnent Paris, et dans les grandes villes en général, on se débarrasse des vaches qui, commençant à engraisser, ou par d'autres causes, donnent peu de lait : il en résulte que la moyenne de la production du lait s'élève dans ces localités.

Calculons maintenant la valeur réelle de ces divers aliments, considérée principalement sous le rapport de la matière grasse, et prenons d'abord comme exemple le régime de la betterave :

			kil.
5,5 remoulage et recoupette à	5	p. 100=	0,275 de mat. grasse.
3,0 luzerne.	3,5		0,105
6,0 paille d'avoine.	5		0,300
			0,680

D'où il suit qu'une vache laitière, dans l'établissement de M. Damoiseau, reçoit avec ce régime près de 700 grammes de matières analogues aux graisses, quantité plus que suffisante pour produire non seulement 10 litres, mais même 15 litres de lait très riche en crème.

Si la vache reçoit en outre 40 kilogrammes de betterave, elle trouve dans ce nouvel aliment 6 kilogrammes de matière solide formée de sucre qu'elle brûle, de 40 grammes de matière grasse qui peut passer dans le beurre, et de plus des matières azotées aptes à se convertir en caséine. Dans le régime aux betteraves, une ânesse prend par jour 256 grammes de matière grasse, une chèvre 100 grammes.

Si on essaie de passer maintenant aux phénomènes de l'engraissement, on trouve encore une application satisfaisante des principes qui viennent d'être posés.

En partant des nombres résultant des expériences de M. Riedesel, qui s'accordent, du reste, en quelques points, avec les renseignements que nous avons pu nous procurer par nous-même, on arrive aux résultats suivants :

Un bœuf pesant 600 kilogrammes conserve son poids quand il mange 10 kilogrammes de foin par jour. A l'engrais, le même bœuf en exigerait pour sa nourriture complète 20 kilogrammes, et il pourrait gagner, par jour, un kilogramme en poids sous l'influence d'un tel régime.

Tout en considérant les expériences de M. Riedesel comme présentant des résultats un peu trop favorables, comme donnant, si l'on veut, le maximum du pouvoir nutritif du foin ou de ses équivalents, on peut admettre avec cet habile agriculteur que 10 kilogrammes de foin produisent environ 10 litres de lait, ou bien à peu près un kilogr. de bœuf, renfermant $0^k,25$ de graisse. Or, 10 kilog. de foin contiennent près de 400 gr. de principes solubles dans l'éther.

Le bœuf à l'engrais fixe donc à son profit une partie de ces principes, comme le fait la vache. Il y a cette seule différence que la vache émet avec le lait une partie de la graisse qu'elle a puisée dans ses aliments. Il existe donc, entre la sécrétion du lait et l'engraissement, une relation évidente que confirmerait encore au besoin une note que nous devons à l'obligeance de

M. Yvart, et qui résume une longue suite de faits,

La sécrétion du lait, dit ce savant vétérinaire, semble alterner avec celle de la graisse. Quand une vache laitière engraisse, la lactation diminue.

Les races reconnues pour les meilleures laitières restent longtemps maigres après le *vélage*. Dans certaines races anglaises dont le tissu cellulaire graisseux est très développé (par exemple la race de Durham), la quantité de lait peut être considérable après le *vélage*; mais les bêtes ne tardent pas à engraisser; la sécrétion du lait ne dure pas aussi longtemps que dans les vaches de Hollande et de Flandre.

Les truies anglaises, qui forment beaucoup plus de graisse que les truies françaises, sont rarement aussi bonnes nourrices.

Si l'on admet qu'il existe une telle balance entre la formation du lait et celle de la graisse, on est bien près d'admettre aussi que les aliments gras, indispensables à la production du lait, ne le sont pas moins à la production de la graisse des animaux.

Y a-t-il enfin des circonstances dans lesquelles on aurait engraissé des animaux avec des aliments dépourvus de graisse? Nous avouons n'avoir pas rencontré un fait qui nous ait paru propre à faire soupçonner qu'il en soit ainsi. Un agriculteur fort habile a essayé, par exemple, l'effet des pommes de terre pour l'engraissement des porcs, et il n'a pu parvenir à les engraisser au moyen de cette alimentation qu'en ajoutant des tourteaux de cretons qui renferment, comme on sait, une quantité considérable de graisse.

M. Payen a fait des expériences qui semblent même tout à fait concluantes, et desquelles il résulte que deux porcs du Hampshire qui avaient mangé 30 kilogr. de gluten et 14 kilogr. de fécule n'avaient gagné que 8 kilogrammes, tandis que deux autres animaux de même race et de même poids, qui, dans le même temps, avaient consommé 45 kilogrammes de chair cuite de têtes de mouton, contenant 12 à 15 p. 100 de graisse, avaient gagné 16 kilogrammes. Cependant, à en juger par l'analyse élémentaire, ces nourritures étaient équivalentes. La première, en effet, représentait : gluten sec, 12 kilogrammes; plus, fécule, 14 kilogrammes. La deuxième contenait : viande sèche, 9k,5, et graisse, 7 kilogrammes. Ainsi donc, les quantités de carbone et d'azote étaient même un peu plus fortes dans l'aliment végétal; mais ces deux rations différaient notablement, en ce sens que la nourriture animale renfermait une quantité de graisse équivalente à ce que l'autre contenait en fécule.

Dans un second essai, quatre porcs, nourris

avec des pommes de terre cuites, des carottes et un peu de seigle, avaient gagné 53k,5 seulement; tandis que, mis au régime de la viande de têtes de mouton cuites, quatre autres porcs, de même âge et dans les mêmes conditions, avaient gagné 103 kilogrammes.

Dans le cours de ces expériences, M. Payen a été très frappé de cette circonstance, que l'augmentation du poids d'un animal qui engraisse étant considérée comme se représentant par 50 p. 100 d'eau, 33,3 de graisse et 16,6 de matière azotée, on arrive à cette conséquence que la majeure partie de la graisse se fixe dans le tissu de l'animal. Ainsi, les premiers porcs avaient mangé 6k,7 de graisse et en avaient gagné 5k,2; les quatre derniers avaient mangé 8k,4 de graisse et en avaient acquis 6k,7.

Voici, au reste, la composition d'une tête de mouton dépouillée, pour qu'on puisse au besoin comparer le régime des porcs carnivores avec celui des porcs soumis à d'autres régimes.

		CUITS.	DESSÉCHÉS à l'étuve.
Poids après cuisson durant quatre heures dans l'eau bouillante	viande.	880	283
	graisse surnageante	91,5	86
	cervelle.	46	11
	os	560	425
	extrait de bouillon	48,4	29,6
		1625,9	834,5
		HUMIDE.	DESSÉCHÉE.
Poids total de la graisse .	libre surnageante.	91,5	86
	interposée viande.	98	92,6
		189,5	178,6
	bouillon, os et cervelle . . .	30,2	28,5
		219,7	207,1

Proportions de la graisse humide dans	tête	crue . . .	0,124
		cuite. . .	0,135
	viande, graisse libre. . . .	cuites . .	0,195
		desséchées	0,484

Depuis quelques années, on applique en grand, dans des établissements spéciaux, la méthode d'alimentation avec la chair musculaire cuite, et l'on a reconnu que, lorsqu'elle vient d'animaux amaigris, elle ne peut suffire qu'à l'entretien et à la croissance des cochons : là se borne l'effet de cette nourriture, à laquelle il faut faire succéder une des alimentations propres à développer les sécrétions adipeuses.

La question de l'engraissement ayant attiré l'attention générale, les opinions qui viennent d'être exposées ont été et sont encore vivement controversées. Entre autres arguments, on a fait remarquer que les carnivores sont ordinairement dépourvus de graisse, et que les herbivores en possèdent beaucoup. On a cité les bœufs, les moutons, les dauphins, les baleines, comme des types d'herbivores riches en graisse. Il faut, de ces exemples, éliminer les cétacés, qui, en effet, très riches en matières grasses, sont néanmoins de véritables carnivores, comme tous les naturalistes le savent. C'est même l'un des problèmes les plus curieux de la physique du globe, que celui que présente la vie animale au milieu des mers où elle est entretenue par une masse de végétaux, qui, sur les continents, paraîtrait à tous égards bien insuffisante. Les belles recherches de M. Morren, en montrant que certains animalcules décomposent l'acide carbonique comme des plantes, nous expliquent cette grande énigme, en faisant voir que la nourriture des grands animaux marins peut fort bien être préparée par les animalcules fonctionnant comme végétaux, en certains moments et par certains organes.

Mais est-il bien vrai que les herbivores soient seuls riches en graisse ? Il est permis d'en douter.

L'analyse suivante confirme ce doute pour les carnivores terrestres.

Composition du cadavre d'un chat gras dépouillé et vidé.

POIDS A L'ÉTAT NORMAL 1385 GRAMMES.

		SUBSTANCES cuites.	SUBSTANCES desséchées à l'étuve.
Poids après cuisson durant quatre heures dans l'eau bouillante.	viande	862	397,8
	graisse séparée à la main . .	96,9	85,0
	cervelle	20,4	5,1
	os	209	132,6
	extrait de 4 1/4 litr. de bouillon	60	32,0
		1248,3	652,5
		CUITE.	DESSÉCHÉE.
Poids total de la graisse .	libre	96,9	85
	restée dans la viande . . .	185	165
	restée dans les os, le bouillon et la cervelle	13,2	12
		295,1	262

Proportions de graisse sèche dans	le cadavre à l'état normal.	1385 : 262 :: 100 : 19
	id. id sec.	652,5 : 262 :: 100 : 49
	la chair et tissu adipeux interposé secs	483 : 262 :: 100 : 54
	la chair cuite privée de graisse libre et fondue à l'ébullition	862 : 165 :: 100 : 19

L'exemple suivant donne, à notre avis, une image assez nette des rapports que nous avons essayé d'établir.

Dans les Cordillières peu élevées où les palmiers sont abondants, on rencontre beaucoup d'ours (*ursus andicola*), dont la principale nourriture consiste en fruits huileux, et surtout en jeunes pousses de palmiers ; ces ours acquièrent un embonpoint remarquable. Leur présence attire particulièrement les tigres qui se multiplient singulièrement dans ces parages.

En terminant cet exposé, il convient de rappeler les expériences par lesquelles M. Magendie a si bien établi que le chyle des animaux nourris d'aliments gras est lui-même très riche en matière grasse, et que, sous l'influence d'une alimentation riche en graisse, les animaux présentent fréquemment cette affection du foie qu'on désigne sous le nom de *foie gras*. Ces faits ont été d'un grand poids dans la discussion qui a conduit aux opinions qui viennent d'être exprimées.

En résumé, on trouve par l'expérience que le foin renferme plus de matière grasse que le lait et les excrétions qu'il sert à former, qu'il en est de même des autres régimes auxquels on soumet les vaches ou les ânesses ;

Que le tourteau de graines oléagineuses augmente la production du beurre, et que comme le maïs il jouit d'un pouvoir engraissant déterminé par l'huile abondante qu'il renferme;

Qu'il existe la plus parfaite analogie entre la

production du lait et l'engraissement des animaux, ainsi que l'avaient pressenti les éleveurs ;

Que la pomme de terre, la betterave, la carotte, n'engraissent qu'autant qu'on les associe à des produits renfermant des corps gras, comme les pailles, les graines des céréales, le son et les tourteaux de graines oléagineuses;

Qu'à poids égal, le gluten, mêlé de fécule, et la viande, riche en graisse, produisent un engraissement qui, pour le porc, diffère dans le rapport de 1 à 2.

Que les aliments gras, ou tout au moins les aliments capables d'abandonner de la graisse dans le tube digestif, semblent toujours la condition indispensable de l'engraissement. Si, pour l'accomplissement du phénomène, il convient que la respiration soit ralentie et bornée, c'est pour que les matières grasses ne soient pas brûlées, et non pour déterminer leur formation, que cette condition intervient.

Tous ces résultats s'accordent si complètement avec l'hypothèse qui voit les matières grasses passer du canal digestif dans le chyle, et de là dans le sang, dans le lait ou les tissus, qu'il serait difficile aujourd'hui d'exprimer sur quel fait se fonderait la pensée qui voudrait considérer ces matières comme capables de se former de toutes pièces dans les animaux. Néanmoins, je suis le premier à reconnaître qu'une expérience plus étendue pourra modifier ou même changer l'opinion que nous soutenons. Les faits sur lesquels repose l'hypothèse qui vient d'être présentée ne sont pas encore, malgré leur nombre, assez décisifs pour constituer une théorie satisfaisante. De nouvelles recherches sont donc indispensables; on devra constater, par exemple, si une vache soumise à un régime abondant, mais aussi pauvre que possible en matières analogues aux corps gras, continue à produire du beurre, tout en conservant son embonpoint, son poids; si, comme l'affirment quelques personnes, il est réellement possible d'engraisser rapidement des animaux en les nourrissant uniquement avec des racines et des tubercules. Ce n'est qu'après avoir été soumises à ce contrôle que les idées que nous avons émises sur l'engraissement et la production du beurre dans le lait pourront être définitivement adoptées.

CHAPITRE IX.

DE L'ÉCONOMIE DES ANIMAUX ANNEXÉS A L'INDUSTRIE AGRICOLE. DE LA PRODUCTION ANIMALE, ET DE SA RELATION AVEC LA FORMATION DES ENGRAIS.

Dans le cas le plus général, l'industrie agricole embrasse la propagation et l'engraissement du bétail, l'élève ou tout au moins l'entretien des chevaux ; la production des bêtes ovines et celle des porcs. Les circonstances dans lesquelles il n'est pas indispensable aux cultivateurs de se livrer à l'élève sont de rares exceptions, et elles ne se présentent que là où il est facile de se procurer des engrais par la voie du commerce, ou bien dans des situations plus favorisées encore, lorsque, par exemple, la puissante fertilité du sol dispense de l'améliorer après qu'il a donné ses récoltes. Dans la proximité des grands centres de population on peut acheter des fumiers, et dans les régions tropicales il n'est pas sans exemple de voir de riches plantations de cannes à sucre, de café, d'indigo et de cacao, entièrement privées de ce que nous appelons en Europe l'*économie du bétail*. Mais dans les conditions les plus ordinaires de la culture, on est obligé de se livrer à une ou plusieurs branches de cette économie, et il doit toujours exister une certaine relation entre le nombre des animaux à entretenir et l'étendue de la surface cultivée.

L'extension qu'il convient de donner dans un domaine à l'élève ou à l'entretien des animaux, l'espèce sur laquelle la spéculation doit s'exercer dépendent de circonstances trop variables pour établir des règles générales à cet égard. Dans telle localité on jugera convenable de créer et d'élever du bétail, dans telle autre on se bornera à élever; ici, on consacrera la plus grande partie des fourrages à l'engraissement; là, on aura uniquement en vue la production du lait; enfin, il est telle condition où l'on se limitera à l'entretien des bêtes d'attelage, ou, en d'autres termes, à produire de la force.

La question de savoir si la culture des céréales ou celle des plantes industrielles est plus lucrative que l'économie du bétail est fort souvent agitée, mais il est de toute évidence que la solution dépend de la position commerciale dans laquelle se trouve placé le domaine, des prix moyens des différentes denrées qu'il est apte à produire, et d'une connaissance parfaite de l'état du marché. Toutefois, en supposant même que la production des céréales fût jugée réellement plus avantageuse, il ne s'ensuivrait pas que le cultivateur dût s'y adonner exclusivement, à cause de la nécessité de créer des engrais, et tout ce qui serait permis dans cette occurrence serait de restreindre autant que possible la branche d'industrie reconnue la moins avantageuse.

Dans un grand nombre de localités où la culture arable est établie et perfectionnée, l'économie du bétail semble présenter très peu de bénéfices; il arrive même souvent que le compte particulier de l'étable se trouve soldé en perte, lorsqu'on assigne au fourrage consommé le prix qu'on en aurait retiré sur le marché voisin. Cette perte, d'après la comptabilité de la plupart des agriculteurs, se trouve balancée par les engrais produits, dont elle représente ainsi la valeur.

C'est d'après cette manière de voir qu'un habile agronome, M. Crud, considère le bétail d'une ferme comme un *mal nécessaire* (1). Je ne saurais partager cette opinion. Le bétail n'est pas un mal, c'est une exigence de la situation. Il suffit, en effet, de se rappeler le principe que nous avons établi, en traitant des assolements, savoir : *Que, dans aucun cas, il n'est possible d'exporter d'un domaine plus de matière organique, et particulièrement plus de matière organique azotée, que l'excès en sus de la matière contenue dans les engrais consommés dans le*

(1) Crud, *Economie théorique et pratique de l'Agriculture*, t. II, p. 235.

cours de l'assolement. En agissant autrement, on diminuerait infailliblement la fertilité normale du sol.

Ce principe admis, et je crois qu'il ne saurait être contesté, il est clair qu'une partie des produits récoltés doit retourner dans la terre pour la féconder de nouveau, et c'est précisément cette fraction des récoltes fourragères destinée à former les engrais qui doit être consommée dans les étables. En raisonnant d'une manière abstraite, ces plantes fourragères, qui ne doivent pas sortir du domaine, pourraient être enfouies directement comme engrais, sans passer par le corps des animaux; leur action fécondante sur le sol resterait sensiblement la même, et c'est au reste ce qui se pratique réellement toutes les fois que l'on fume, en enterrant une récolte en vert. Mais pour peu qu'on soit initié aux premiers principes de l'art agricole, on aperçoit de suite l'avantage de la pratique usuelle qui consiste à utiliser d'abord comme fourrage les récoltes destinées à la production des engrais. En effet, nous verrons bientôt qu'en ajoutant à la partie de ces récoltes un supplément de plantes fourragères qu'il serait loisible d'exporter, sans déroger au principe fondamental que nous avons admis, on obtient la même quantité de fumier, et que de plus on transforme la totalité de ce supplément en forces utiles, ou en produits animaux qui ont une valeur commerciale bien supérieure à celle que possédaient les aliments avant leur assimilation. C'est uniquement le prix de cette partie des fourrages fixée ou modifiée par l'organisme qu'il convient de porter au débit de la force, de la chair, de la laine ou du lait produits par les animaux créés ou entretenus dans le domaine. Quant aux plantes fourragères purement transformées en engrais, on ne saurait, selon moi, leur assigner pour valeur le prix du marché, puisqu'il n'était pas au pouvoir du cultivateur de les vendre. Dans ma manière d'envisager la question, leurs frais de production, leur prix de revient constituent un capital circulant, dont l'intérêt annuel évalué à un certain taux exprime la valeur vraie du fumier employé dans le cours de la rotation. En un mot, à mes yeux, la valeur des engrais qui fécondent le sol est représentée par la valeur de la main d'œuvre qu'il a fallu employer, par les frais généraux qu'on a dû supporter pour produire par la culture les fourrages dont ils dérivent.

Je chercherai plus loin à éclaicir ce point par un exemple; mais pour bien comprendre cette appréciation de la valeur du fumier, il nous manque plusieurs éléments que je me propose de rassembler dans ce chapitre. Dans ce but, je présenterai d'abord les faits que j'ai pu recueillir, ou que j'ai été à même d'observer sur l'économie des animaux annexés à l'industrie agricole, et j'essaierai ensuite d'en déduire la relation qui existe entre la consommation des fourrages et de la litière, la production animale et la confection des engrais.

§ I. *Bétail.*

L'histoire des animaux sur lesquels s'exerce l'industrie agricole ne saurait entrer dans le plan que je me suis tracé. La connaissance des espèces les plus avantageuses à propager, l'amélioration des différentes races exigeraient, pour être traitées convenablement, une somme de connaissances pratiques que je suis bien loin de posséder. Comme la plupart des cultivateurs doués de quelque instruction, je me suis borné à étudier les espèces que nous entretenons et sur lesquelles il m'a été permis de faire des observations journalières. Au reste, pour l'ensemble des questions que nous avons à examiner, il suffit d'exposer, très succinctement, les principes généraux établis par les hommes compétents qui ont fait des animaux domestiques une étude particulière (1).

Il existe entre les formes extérieures des animaux, leurs proportions et les organes internes essentiels aux fonctions de la vie, une connexion

(1) Cline, *Massachusett agricultural repository and Journal*; Spencer, *Du Choix des animaux mâles pour l'élève des bêtes à cornes et des bêtes à laine*; *Journal de Bixio*, t. IV, p. 35.

évidente. Une poitrine large, élevée, est un indice de l'ampleur des poumons et un signe d'une bonne constitution. La cavité *pelvienne* formée par l'assemblage des hanches et de la croupe doit être spacieuse dans les femelles, afin qu'elles puissent mettre bas avec facilité. Dans le bétail, une petite tête indique ordinairement une bonne race, et cette condition rend d'ailleurs la naissance plus aisée. Chez les animaux réduits à l'état de domesticité, les cornes sont plutôt nuisibles qu'utiles, et un mode d'éducation qui s'oppose à leur développement ajoute un gain très sensible à la production de la chair ou de la laine. La force d'un animal paraît dépendre beaucoup plus de la grosseur de ses muscles que de celle de sa charpente osseuse, et il arrive fréquemment que des animaux qui dans leur jeunesse n'ont pas reçu une alimentation suffisante, ont le tissu osseux extrêmement développé. Une grande ampleur dans les muscles est donc un mérite qu'il faut apprécier; selon Spencer, c'est chez le bétail un signe certain que la chair des descendants sera mêlée de gras et de maigre dans les proportions voulues pour constituer une bonne viande. C'est par l'épaisseur de l'encolure que l'on reconnaît chez le bélier, comme chez le taureau, le développement du système musculaire. Un cou mince est un défaut capital dans les formes que l'on recherche dans un reproducteur.

On suit généralement deux méthodes pour perfectionner les formes extérieures; l'une consiste à n'employer constamment à la reproduction que les animaux les plus parfaits d'une même race et d'un degré de parenté très rapproché; dans l'autre, on fait accoupler des mâles ou des femelles d'une race voisine, possédant à un plus haut degré les qualités que l'on désire transmettre à celle que l'on possède; cette dernière méthode est celle du *croisement.*

Quand on est déjà en possession d'une race qui approche du point de perfection où l'on peut raisonnablement espérer d'atteindre, la voie la plus prudente est de suivre la première méthode que l'on désigne par le nom de *propagation de la race toujours en dedans.*

Bien que la convenance de la méthode par laquelle on propage par eux-mêmes les animaux de la même famille soit généralement reconnue, on a cependant prétendu qu'au bout d'un certain temps cet accouplement réitéré entre proches parents exerce une influence défavorable sur la descendance. Les éleveurs qui ont soulevé cette opinion reconnaissent à la vérité que les animaux prennent des os moins gros, et montrent une disposition prononcée à engraisser; mais ils ajoutent qu'à la suite de ces avantages viennent de graves inconvénients. Selon eux, une race qui se perpétue dans la famille même devient, après plusieurs générations, moins robuste et plus sujette aux maladies; les vaches produisent moins de lait, et les mâles, en perdant de leurs formes masculines, finissent par être peu propres à la reproduction. Aussi divers agriculteurs anglais qui partagent cette croyance sont dans l'usage de remplacer les mâles par des individus bien constitués de la même race, pris au dehors. J'avoue que je n'ai aucun motif pour admettre cette influence fâcheuse de la propagation continue dans la même famille. Notre étable ne se renouvelle pas autrement depuis très longtemps, sans que pour cela la race, surtout celle des mâles, ait baissé en valeur; nos taureaux se sont au contraire grandement améliorés.

Un principe dont il ne faut jamais s'écarter lorsqu'il s'agit d'améliorer les formes d'une même race est, suivant M. Cline, de choisir des femelles non seulement bien conformées, mais dont la taille soit assez au dessus de la taille moyenne pour se rapprocher autant que possible de celle des mâles (1); le même observateur affirme que, lorsque le père est d'une ampleur de beaucoup supérieure à celle de la mère, la descendance peut réellement se détériorer. M. Cline voit la raison de ce fait dans ce que le volume du fœ-

(1) Sinclair, *Agriculture pratique et raisonnée*, t. I, p. 193, traduct.

tus dépend de celui du mâle, et que, par conséquent, une femelle trop petite de taille ne dispose pas d'assez d'espace et ne donne pas une alimentation suffisante à son fruit, s'il est l'œuvre d'un mâle beaucoup plus volumineux qu'elle. Quoi qu'il en soit de cette explication, qu'il ne faut pas se hâter d'adopter, M. Cline rappelle que la grande amélioration de la race des chevaux en Angleterre, amélioration qui a eu lieu par les croisements de petits étalons, les barbes et les arabes, est une conséquence du principe qu'il soutient, et l'introduction des juments flamandes aurait encore été, par la même raison, une autre source de perfectionnement. Enfin, c'est pour avoir méconnu ce principe qüe, toujours suivant M. Cline, on est arrivé si fréquemment à des résultats désastreux dans les tentatives faites dans divers pays pour perfectionner la race chevaline. Ce judicieux observateur rapporte à cette occasion, qu'à une époque où les chevaux bais de haute stature étaient avidement recherchés, les fermiers du Yorkshire imaginèrent de faire saillir leurs juments par les étalons les plus forts qu'ils purent se procurer, et qu'ils détériorèrent ainsi leur race, en faisant naître des animaux trop hauts sur jambes et à poitrine étroite.

M. Spencer admet avec tous les éleveurs que les qualités corporelles et constitutives sont presque toujours celles que possédaient les ascendants, et que, dans le plus grand nombre de cas, les qualités du père prédominent dans sa postérité, surtout chez la race bovine et les bêtes à laine. Ce point établi, il en résulte que le choix d'un bon mâle est une des premières conditions de succès. Cependant, comme il ne faut pas s'attendre à rencontrer un étalon sans défauts, le meilleur, comme le remarque Spencer, est celui qui en possède le moins ; et le soin constant que doit prendre l'éleveur, c'est de ne pas appareiller les animaux qui présentent des imperfections du même ordre. Il faut, autant que possible, faire saillir une femelle tarée dans ses formes par un mâle doué au plus haut degré des qualités qui manquent chez elle. Toutefois comme, en thèse générale, la mère n'est pas sans influence sur la descendance, l'accouplement des animaux de même race est le moyen le plus sûr d'obtenir un accroissement de taille, lorsque toutefois il est possible d'assigner à la progéniture une abondante alimentation pendant toute la durée du jeune âge. L'influence de la nourriture est tellement manifeste, que je vois dans nos environs du bétail issu des taureaux de Bechelbronn rester bien inférieur, par la taille et par les formes extérieures, à celui qui est élevé dans nos étables.

Au reste, le développement de la taille d'une race ne doit pas toujours être considéré comme un perfectionnement, car une haute stature n'est pas constamment l'indice d'une bonne constitution. L'amélioration vers les formes qui sont reconnues comme les plus avantageuses, les plus productives, pour les circonstances de climat et d'alimentation où se trouve placé le troupeau, doit être le but essentiel de l'éleveur. Il importe par dessus tout de créer des animaux robustes, et les tentatives que l'on a faites souvent pour accroître la taille des races originelles n'ont donné quelquefois qu'une race mal conformée, moins rustique et plus sujette aux épizooties.

Le degré d'amélioration d'une race originelle est bien évidemment subordonné à l'abondance et à la qualité des fourrages dont on peut disposer. Dans les pays montagneux et peu riches en pâturages nourrissants, il faut borner considérablement les prétentions que l'on peut avoir à former une belle race, et dans une situation semblable on doit s'estimer heureux d'obtenir un bétail robuste dont la qualité dominante soit d'être peu exigeant sous le rapport de la nourriture, qui, pendant une grande partie de l'année, consiste en un herbage grossier.

Le bœuf (*bos taurus*) est réduit à l'état de domesticité depuis les temps les plus reculés, et on ne peut que se livrer à des conjectures plus ou moins douteuses sur l'origine de sa race primitive. Il s'accoutume avec une facilité singulière aux circonstances climatériques les plus opposées. Il se multiplie avec une rapidité prodigieuse dans les régions les plus chaudes des tropiques. Inconnu au nouveau continent avant l'époque de la conquête, il peuple aujourd'hui les steppes immenses des grands bassins de l'Orénoque et des Amazones, et on le retrouve avec une égale abondance sur les plateaux les plus élevés et les plus froids des Andes. En Amérique, la race bovine habite jusqu'à la limite de la végétation, là où commencent les neiges éternelles; il prospère partout où il trouve de la nourriture, paraissant insensible aux plus grandes variations de température.

Le buffle (*bos bubulus*) est, avec le bœuf ordinaire, le seul qui ait été dompté; il se plaît dans les régions chaudes. On suppose qu'il a été introduit en Italie vers le sixième siècle, et qu'il est originaire de l'Asie orientale. On retrouve le buffle en Hongrie, en Grèce, et, dans les contrées où il est connu, on l'utilise comme bête de travail et comme nourriture (1).

Pour la propagation du bétail il convient de choisir les taureaux avec le plus grand soin. Selon Thaer, le taureau doit avoir un cou peu allongé et charnu, une tête courte, un front large et crêpé, des yeux noirs et vifs, des oreilles longues et bien placées, une poitrine large, un corps étendu,

(1) Low, *Cours d'Agriculture*, t. II, p. 210

des jambes courtes et en forme de colonnes (1). Un taureau bien conformé pourrait suffire à soixante-dix ou quatre-vingts vaches si les époques du rut étaient réparties également dans le cours de l'année. Comme il n'en est pas ainsi, Thaer estime qu'il faut porter à vingt le nombre de vaches qu'un taureau peut servir. C'est en effet à ce chiffre que nous nous sommes fixés.

La vache est de toutes les femelles celle qui donne du lait en plus grande abondance ; sa mamelle, extrêmement développée, est pourvue de quatre tétines, bien qu'elle ne mette au monde qu'un seul petit à la fois. On a cherché à reconnaître chez les vaches les signes déduits de la conformation qui indiqueraient une bonne laitière; chaque éleveur semble s'être fait une règle à cet égard : aussi les caractères signalés comme les plus certains se trouvent fréquemment en défaut. Ce qui paraît le mieux établi, c'est la qualité qui repose sur l'origine. En général, une vache issue d'une mère saine et de bonne race, abondante en lait, sera elle-même une laitière productive. J'ajouterai que parmi les vaches que j'ai eu occasion d'observer, celles qui ont eu peu de tendance à engraisser, tout en conservant un vif appétit, m'ont paru donner du lait en plus grande abondance et pendant un temps plus prolongé.

(1) Thaer, *Principes raisonnés d'agriculture*, t. IV, p. 296.

L'âge auquel il est convenable de faire saillir les génisses dépend de la manière dont elles ont été nourries et du degré de croissance qu'elles ont acquis. Des jeunes bêtes de bonne race qui ont reçu une alimentation très abondante, et auxquelles on a donné tous les soins d'entretien qui contribuent si puissamment à leur développement, sont aptes à recevoir le taureau vers l'époque où elles accomplissent leur deuxième année ; à Bechelbronn nous faisons saillir la plupart de nos génisses lorsqu'elles ont atteint l'âge de dix-huit mois. Il convient d'ailleurs de se guider sur le tempérament, en observant fréquemment si elles entrent en chaleur. Quand ce signe se manifeste avec une certaine énergie, il ne faut pas hésiter, quel que soit leur âge, à les livrer au mâle ; autrement, ainsi que j'ai eu l'occasion de l'observer, le désir du rut ne revient plus ; la génisse prend de la graisse et refuse alors constamment le taureau. La règle à suivre, pour ne pas amoindrir les qualités de la race que l'on possède, est de faire accoupler les génisses alors seulement qu'elles sont arrivées ou peu éloignées de leur croissance complète. C'est d'ailleurs vers cette époque que se fait sentir chez les jeunes animaux le désir de l'accouplement.

S'il ne survient pas de nouveaux indices de chaleur durant les trois ou quatre semaines qui suivent l'accouplement, c'est une présomption en faveur de la grossesse. Une vache porte pendant quarante semaines environ; généralement le part a lieu de 277 jours à 299 jours après la conception. Des gestations extrêmes qui aient été observées par M. Tessier, la plus courte a duré 240 jours; la plus longue 321 jours (1).

On peut nourrir le veau, soit en le faisant téter, soit en lui faisant boire le lait.

On laisse ordinairement téter cinq à six semaines les veaux que l'on veut élever avec soin; mais il arrive souvent que trois semaines après leur naissance, la ration de lait qu'ils reçoivent de la mère n'est plus suffisante; il faut alors un supplément de nourriture : on leur donne de la farine de céréales ou de tourteaux, délayée dans de l'eau tiède. Le tourteau est très convenable, car en raison de la forte proportion de caséum, de la matière huileuse et des phosphates qu'il contient, la boisson qu'il fournit se rapproche du lait par sa composition. D'ailleurs, c'est vers cette même époque que le veau commence à jouer avec le foin, et il est bon d'en mettre constamment à sa disposition, en cherchant les parties les moins ligneuses et les plus succulentes de ce fourrage.

Quand le veau ne doit pas téter, on l'éloigne

(1) Tessier; *Annales de l'agriculture française*, t. IX, 2e série.

de la mère aussitôt après sa naissance. Il boit sans difficulté si on a le soin de tenir dans sa bouche un doigt mouillé de lait. Dans les premiers jours, on étend le lait avec un peu d'eau chaude pour lui donner la température qu'il a lorsqu'il sort du pis. Par cette méthode, il est possible de faire des économies qu'on réaliserait difficilement en laissant téter. Souvent on commence à rationner le lait dès les premiers moments; mais ce n'est pas ainsi que font les éleveurs entendus. M. Crud laisse boire aux veaux autant de lait qu'ils peuvent en consommer pendant les premiers huit jours. A partir de cette époque ils reçoivent 3^{k},65 de lait, mêlé avec autant de petit-lait dont on n'a pas séparé le serai; puis il les sèvre à sept semaines.

Depuis l'âge de soixante-dix jours jusqu'à la fin de sa première année, un veau consomme environ le quart de la ration d'une vache adulte : soit 3 kilog. de foin par jour. La seconde année, la ration est de 6 kilog. de foin; la troisième année, 9 kilog. Ce qui précède doit s'entendre des veaux élevés avec parcimonie. Dans les meilleures vacheries de la Suisse, on procède autrement. Pendant les six premières semaines, le veau reçoit à peu près tout le lait qu'il peut consommer sans faire d'excès. A un mois, il mange de la recoupe de foin et de racine, ou mieux encore, si la saison le permet, du trèfle ou de la luzerne en vert, qu'on lui donne à discrétion jusqu'à ce qu'il ait atteint soixante-dix jours. A cette époque et avec cette nourriture, le veau est à peu près deux fois aussi grand et aussi pesant qu'un individu du même âge élevé avec économie. Durant les 295 jours qui terminent la première année, l'animal est rationné avec 4 kil. de foin. Dans la seconde année, cette ration est portée à 8 kil., et à deux ans accomplis une génisse, élevée avec ce régime, peut, comme je l'ai déjà fait observer, devenir laitière.

A Bechelbronn nous procédons à peu près de la même manière à l'élève du bétail. Les veaux tètent jusqu'à ce qu'ils aient atteint l'âge de six à sept semaines; on leur donne le pis le soir et le matin ; ce qu'ils laissent est recueilli. Par de nombreux jaugeages du produit de nos vaches, nous avons trouvé qu'en moyenne un veau prend dans les 42 jours d'allaitement 300 à 400 litres de lait. Cette proportion, qui oscille entre 8 et 10 litres par jour, s'est trouvée confirmée par des observations directes, qui ont consisté à peser un veau avant et après qu'il eut tété. Le lait qu'un veau prend immédiatement après sa naissance ne s'élève pas à la vérité à cette quantité, cependant elle est encore assez forte.

	kil.	
Un veau nouvellement né, qui pesait	49,50	le 18 mai,
a pesé, après avoir tété	51,0	
Lait pris pendant le repas	1,5	pour 1 jour 3 l.
Le même veau, treize jours après, le 31 mai, pesait	59,5	
Après avoir tété	63,2	
Lait pris pendant le repas	3,7	pour 1 jour 7,4 l.

Vers la troisième semaine qui suit la naissance, les veaux ont du foin de qualité choisie; ils en consomment très peu d'abord, mais ils s'accoutument assez promptement à cette nourriture pour qu'elle leur suffise lors du sevrage; il peut arriver cependant qu'au moment du changement de régime l'animal perde de son poids, mais bientôt l'accroissement reprend sa marche progressive. Si, d'ailleurs, l'on remarque que le veau souffre trop du sevrage, ou bien si l'on juge sa constitution délicate, on continue à lui donner, chaque jour et pendant quelque temps, un ou deux litres de lait étendu d'eau, et qu'on affaiblit graduellement à mesure que l'animal accepte plus facilement le fourrage.

Durant leur allaitement, les veaux ont une croissance très rapide. Les seules données expérimentales parvenues à ma connaissance sur l'augmentation du poids des veaux pendant leur première jeunesse sont celles recueillies par MM. Perrault de Jotemps, dans leur domaine de la Feuillasse. Je réunirai ces observations à celles que j'ai eu l'occasion d'enregistrer à Bechelbronn, où, par une coïncidence heureuse, nous entretenons, comme à la Feuillasse, du bétail de la race de Schwitz : les poids des veaux pesés à leur naissance,

A la Feuillasse, ont été	32,0 kilog.
	38,0
	36,75
Poids moyen.	35,58
A Bechelbronn, né en mai. . .	49,50
en février. .	40,0
en février. .	41,0
en avril. . .	45,5
en juin,. . .	44,0
en mai.. . .	46,0
Poids moyen	44,3

M. Ernest Perrault est arrivé aux résultats suivants sur l'accroissement du poids des veaux pendant les premiers jours de l'allaitement (1).

(1) Ernest Perrault de Jotemps, *Journal de Bixio*, t. V, p. 311.

NUMÉRO du VEAU.	POIDS du veau à sa naissance.	POIDS à huit jours d'âge.	AUGMENTATION de poids en 7 jours.	AUGMENTATION par jour.	POIDS du veau à 18 jours d'âge.	AUGMENTATION de poids durant les 10 jours.	AUGMENTATION par jour.	AUGMENTATION en 17 jours.	AUGMENTATION par jour déduite de l'accroissement total.
	kilog.	kilog.	kilog.	kilog.	kilog.	kilog.	kilog.	kilog.	kilog.
3	32	41,25	9,25	1,16	52,75	11,50	1,28	20,75	1,22
9	38	49,75	11,75	1,47	57,25	7,50	0,83	19,25	1,13
11	36,75	49,00	12,25	1,53	58,25	11,25	1,25	21,50	1,25
Nombre moyen.	35,58	46,67	11,08	1,39	56,08	10,08	1,12	20,50	1,20

Un veau de la Feuillasse (n° 20), qui pesait à sa naissance	46 kilog.	
a pesé, à l'âge de 19 jours.	68,75	
Augmentation de poids en 18 jours .	22,75,	par jour 1,26

Sur neuf veaux élevés pour la boucherie, la moyenne de l'augmentation par jour, pendant un allaitement de 22 jours, a été de 1^{k},26.

On déduit pour l'augmentation du poids des veaux de la Feuillasse, pendant leur nourriture au lait, le nombre moyen de 1^{k},24 pour chaque jour, pendant lequel, suivant M. Perrault de Jotemps, chaque veau consomme 11 litres de lait.

A Bechelbronn, j'ai obtenu des résultats qui s'approchent beaucoup de ceux de la Feuillasse; on a vu que,

	kil.	
Un veau pesant à sa naissance . . .	49,50	
a pesé, 13 jours après.	63,20	
Augmentation en 12 jours	13,70,	par jour 1,14
Un veau né le 12 février a pesé. . . .	40,00	
Le 30 mars.	78,00	
Augmentation en 46 jours de nourriture au lait	38,00,	par jour 0,83
Le même veau, sevré, a pesé le 21 avril au matin.	88,00	
Augmentation en 21 jours	10	par jour, 0,47

On voit qu'à partir du moment du sevrage, l'accroissement cesse d'être aussi rapide; le passage de l'alimentation au lait à une nourriture sèche est une époque critique durant laquelle, comme je l'ai déjà fait observer, un jeune animal perd quelquefois de son poids.

Si on évalue l'augmentation diurne depuis la naissance, c'est à dire pour 67 jours d'alimentation mixte, on a $0^k,72$.

	kil.	
Kresenz, né le 27 juin, a pesé à sa naissance.	44,0	
Onze jours après.	55,0	
Augmentation.	11,0,	par jour 1,00
A l'âge de 37 jours il a pesé	85,5	
Augmentation en 26 jours.	30,5,	par jour 1,17
Six jours après.	92,0	
Augmentation en 6 jours.	6,5,	par jour 1,08
Un autre veau pesant à sa naissance.	46,0	
a pesé à 41 jours, âge du sevrage .	86,0	
Gain.	40,0,	par jour 0,98.

Ces observations donnent pour l'accroissement moyen par jour et pendant l'allaitement $1_k,02$.

Selon les pesées de M. Perrault, on a $1_k,24$.

On peut donc admettre qu'un veau qui boit en 24 heures 9 à 11 litres de lait, croît en poids, pendant le même temps, de $1^k,13$.

On comprend facilement que dans les localités où le lait a une certaine valeur, l'élève des veaux peut devenir assez dispendieux pour qu'un cultivateur n'ait aucun profit à se livrer à cette spéculation, surtout si on prolonge l'allaitement pendant trois ou quatre mois, comme cela arrive dans certaines contrées. Rien ne peut justifier, à mon avis, une semblable consommation de lait, si ce n'est une production de viande particulière pour la boucherie. Quand on a eu l'occasion d'observer l'*élève*, pour ainsi dire naturel, qui a lieu dans les steppes de l'Amérique méridionale, on reste convaincu qu'on peut former un bétail robuste sans user d'une telle prodigalité. Dans les troupeaux de ces immenses pâturages, les jeunes animaux ne reçoivent du lait en abondance que pendant deux ou trois semaines; ils s'accoutument promptement à se nourrir avec de l'herbe. Dans les climats très chauds, le lait n'est pas d'ailleurs très abondant chez les vaches, et après le part, il décroît beaucoup plus rapidement que dans les régions tempérées. C'est à la valeur du lait, au parti que l'on peut en tirer pour la préparation du beurre et du fromage, qu'il faut attribuer l'usage, assez général en France, d'envoyer les veaux à la boucherie dès leur plus jeune âge, lorsque, par exemple, étant en bonne condition de gras, ils pèsent 50 à 60 kilog. Cette circonstance s'oppose sans aucun doute à la production de la viande dans un pays où déjà elle n'est pas suffisamment abondante. Car, comme le remarque M. Ernest Perrault, si l'on abat en France deux millions de veaux de 40 à 50 kilog., on peut compter que les 9/10es sont abattus avant qu'ils soient parvenus à l'âge de un mois.

Or, d'après ce que nous avons constaté sur leur croissance, à l'âge de deux mois leur poids pourrait s'élever, comme il s'élève en effet, à 70 ou 80 kilog ; on voit par là qu'en prolongeant de trente ou quarante jours leur existence, la viande produite en plus dépasserait 60 millions de kilogrammes, si cette production pouvait se faire avec avantage par l'éleveur (1). Il ne s'ensuit pas cependant, comme semble le penser l'habile agronome à qui sont dues ces réflexions, que cet accroissement de viande ajouterait à la masse de la nourriture produite par l'industrie agricole du pays. Je ferai observer, en effet, que pour produire environ 1 kil. de veau en poids vivant, il faut consommer, d'après les données adoptées ci-dessus, 10 kil. de lait; or, il est évident que 600 millions de litres ou de kilogr. de lait représentent une valeur nutritive certainement supérieure à celle de 60 millions de kil. de veau en poids vivant. Si la production de la chair pendant le deuxième mois de l'alimentation du veau avait lieu avec une nourriture autre que le lait qui est déjà lui-même un aliment très précieux, avec du fourrage par exemple, la ques-

(1) Ernest Perrault de Jotemps, *Journal d'agriculture pratique*, t. V, p. 309.

tion changerait de face, et il est certain qu'alors il doit y avoir tout avantage pour la population à ce que l'éleveur produise une plus grande quantité de chair. Cela est si vrai, si parfaitement senti, que tous les efforts pour perfectionner l'élève du jeune bétail ont constamment été dirigés dans la vue d'économiser la consommation du lait; l'intéressant travail de M. Ernest Perrault, auquel je vais emprunter quelques résultats, n'a pas été entrepris dans un autre but.

M. Perrault s'est proposé de rechercher, par des expériences directes : 1° Si la quantité vraiment considérable de lait qu'on destine communément à l'entretien des veaux est réellement indispensable, et s'il est possible de la réduire sans affecter les jeunes animaux d'une manière désavantageuse; 2° si l'on peut remplacer une partie du lait par une infusion aqueuse de foin. Cette infusion qui a été prônée à diverses époques, M. Perrault la prépare en versant sur 1 kilog. de foin 20 litres d'eau bouillante. Il est permis de penser que ce *thé* de foin ne possède qu'un très faible pouvoir nutritif, et que c'est probablement exagérer sa valeur en supposant, comme je le ferai, que les 20 litres de cette infusion équivalent comme aliment au kilog. de fourrage qui a servi à les obtenir.

Les observations ont porté sur trois veaux pris après le sevrage.

A a été nourri pendant 94 jours à la ration ordinaire en usage à la Feuillasse.

B a eu une moindre proportion de lait, et, à partir du quarante-deuxième jour de sa naissance, il a reçu une ration croissante de nourriture solide.

C a pris, durant l'expérience comparative, 267 litres d'infusion. J'estime cette boisson à 13 kil. de foin. La ration de lait a cessé quarante-huit jours après le sevrage.

Les deux veaux B et C sont restés à leurs régimes respectifs pendant 95 jours.

L'allaitement des trois sujets soumis à l'expérience a duré 18 jours, pendant lesquels on a estimé que chacun d'eux a pris à la mère 198 litres de lait. Voici les quantités et la nature des aliments consommés.

A. Nourriture à la ration ordinaire.			B. Nourriture au lait réduit.			C. Nourriture au thé de foin.		
	Lait consommé.	Foin ou équivalent consommé.		Lait consommé.	Foin ou équivalent consommé.		Lait consommé.	Foin ou équivalent consommé.
jours.	litr.	kilog.	jours.	litr.	kilog.	jours.	litr.	kilog.
Nourriture . 94	830	170	Nourriture . 95	691	180	Nourriture . 96	132	269
Allaitement. 18	198	»	Allaitement. 18	198	»	Allaitement. 18	198	»
Jours. . . . 112	1028	170	Jours. . . . 113	889	180	Jours . . . 113	330	269

Il eût été à désirer que ces trois veaux eussent été pesés immédiatement après la terminaison des expériences. Il n'en a pas été ainsi, et à cause de cette omission les résultats obtenus n'ont pas toute la précision désirable. Cependant, d'après des observations antérieures, M. Perrault suppose que :

1° Le veau A, élevé au lait pur, pesait à sa naissance. . . . . 40 kilog.
A l'âge de 452 jours. 350,6

Accroissement en poids 310,6
Augmentation par jour. 0,69

2° Le veau B, élevé avec la ration de lait réduite, pesait à sa naissance . . 38 kilog.
A l'âge de 224 jours. 183,75

Accroissement en poids. . . . . 145,75, par jour 0,65

3° Le veau C, ayant reçu du thé de foin, pesait à sa naissance. . . . . 46 kilog.
A l'âge de 101 jours. 123

Accroissement en poids . . . 77, par jour 0,762

De ces faits, M. Perrault conclut que l'accroissement en poids a été sensiblement plus rapide chez le veau qui a reçu du thé de foin dans son alimentation que chez les individus nourris soit au lait pur, soit au lait réduit. Toutefois, la différence observée est dans l'ordre des variations que l'on obtient en observant sur des animaux soumis au même régime.

Il convient de ramener les aliments consommés dans ces expériences à une nourriture normale, le foin. On trouve ainsi que :

		kil.
A a consommé	en 112 jours .	617 de foin (1).
B	en 113 jours .	567 id.
C	en 113 jours .	412 id.

La ration minime à laquelle M. Perrault est arrivé dans ses recherches, comme suffisant à l'entretien des veaux, diffère peu de celle que nous donnons à Bechelbronn, et cependant nos produits ne paraissent nullement inférieurs à ceux de la Feuillasse; on peut en juger par les données suivantes, que j'ai choisies parmi celles qui, par l'âge des animaux, sont comparables aux résultats B et C.

	kil.
Sophie a pesé à sa naissance. . . .	45,5
A l'âge de 102 jours	127,0
Augmentation	81,5, par jour 0,80

Ce veau a consommé : lait 300 lit. pesant 311 k.=foin 135 kil.
Foin en nature 245

380

(1) Le lait, dans plusieurs circonstances, doit être considéré comme fourrage, particulièrement dans le cas où il s'agit d'élever du bétail; il est donc nécessaire de fixer son équivalent, relativement au foin. Adoptant pour la composition du lait :

Matière sèche.	12,61
Eau.	87,39

j'ai trouvé, par l'analyse directe, que 100 de cette matière sèche contiennent 4,0 d'azote. Avec ces données, on trouve que 100 de lait renferment, à l'état où il est pris par les animaux, 0,50 d'azote. Il s'ensuit qu'il faut, d'après la théorie, 230 de lait pour équivaloir, comme aliment, à 100 de foin, contenant 1,15 d'azote. Un litre de lait pèse environ 1035 grammes.

Rosa a pesé à sa naissance. . . . . . 44 kil.
A l'âge de 239 jours. 215

Augmentation . . . . 171 par jour, 0,72

Le veau a consommé : lait 300 lit. pesant 311 k. = foin 135 kil.
Foin en nature. 806

941

On voit que, sans faire intervenir l'infusion de foin, en nourrissant au lait pendant sept semaines environ et en donnant du fourrage le plus tôt possible, nous obtenons des résultats tout à fait comparables à ceux rapportés par M. Perrault.

J'ai dit que c'est pendant l'allaitement que l'accroissement en poids du bétail est le plus rapide. A mesure qu'un animal approche de son complet développement, son poids, dans une même période de temps, augmente avec plus de lenteur; mais d'après les faits, d'ailleurs très peu nombreux, que j'ai recueillis, cet accroissement serait assez uniforme jusqu'à ce que la croissance soit achevée. Dès lors le poids de l'animal semble rester sationnaire s'il reçoit pour nourriture la ration d'entretien; du moins les variations que l'on remarque sont purement accidentelles et finissent par se compenser. Un animal adulte qui ne prend pas une graisse surabondante acquiert ainsi un poids normal qu'il conserve pendant une certaine période, jusqu'au moment où commence la décrépitude.

Il n'est pas sans importance de connaître la progression croissante des animaux; c'est un *criterium* qu'un éleveur ne doit pas négliger, et qui lui fait juger si son bétail est suffisamment nourri, si les domestiques soignent convenablement l'étable qui leur est confié. Un vacher consciencieux est sans doute un agent précieux dans une ferme; mais plus je m'occupe de l'*élève*, plus je me convaincs que l'agent le plus sûr, le plus fidèle, est la balance. Il faut peser souvent pour se rendre un compte exact de l'état de l'étable. Je vais présenter les observations que j'ai faites sur l'accroissement du poids des bêtes à cornes, tout en regrettant de n'avoir pu réunir des données plus nombreuses.

DÉSIGNATION des PIÈCES.	POIDS à la naissance.	AGE lors de la pesée.	POIDS	ACCROISSEMENT par jour.	REMARQUES.
	kil.	jours.	kil.	kil.	
Victoire.	41	56	90	0,88	Au dessous d'un an.
Id	»	156	144	0.66	
Suzane	40	68	88	0,71	
Id	»	168	135	0,57	
Galopé	44	82	89	0,55	
Id	»	164	127	0,65	
Id	»	264	194	0,77	
Schwartz	45	83	101	0,67	
Sophie.	45,5	102	127	0,80	
Mignonne. . . .	45	103	108	0.61	
Id	»	203	156	0,71	
Margot	44	108	112	0,63	
Id	»	190	152	0,71	
Id	»	290	241	0,82	
Jacques.	44	119	108	0,57	
Id	»	201	142	0,49	
Id	»	301	226	0,60	
Péterle	44	147	135	0,62	
Id	»	229	189	0,64	
Id	»	329	260	0,68	
Rosa	44	239	215	0,72	
Stern.	45	275	285	0,87	
Id	»	357	366	0,88	
Id	»	436	440	0,91	De un à trois ans.
Chastel..	44,5	465	486	0,95	
Id	»	547	540	0,91	
Eichaas.	45	730	488	0,61	
Id	»	811	537	0,61	
Castor, 2e taureau	50	796	870	1,03	Devenu gras, tué.
Castor, 1er taureau	49	1009	801	0,75	Id.

Je donne à la suite de ces résultats deux séries de pesées qui se rapportent, l'une à l'accroissement de poids d'une génisse sur laquelle j'ai fait des observations suivies; l'autre a été entreprise pour déterminer les variations que peuvent subir les vaches laitières qui sont âgées de plus de trois ans.

DATES DES PESÉES.	POIDS.	GAIN entre les pesées.	TEMPS écoulé.	AUGMENTATION en 24 heures.	AGE DE LA GÉNISSE lors des pesées.			REMARQUES.
	kilog.	kilog.	jours.	kilog.	ans.	mois.	jours.	
5 septembre 1841 .	168,1				»	6	25	Nourrie au foin et racines.
9 id.	170,0	1,9	3	0,63	»	6	28	
23 id.	179,0	9,0	14	0,64	»	7	12	
3 novembre. . . .	195,0	16,0	41	0,39	»	8	22	
28 id.	213,4	18,4	25	0,74	»	9	17	
29 janvier 1842. . .	250,0	36,6	62	0,59	»	11	17	
21 avril.	308,0	58,0	82	0,71	1	2	10	A été mise au trèfle vert à discrétion.
9 juillet.	402,0	94,0	79	1,19	1	4	28	
3 août	432,0	30,0	25	1,19	1	5	22	

DÉSIGNATION des VACHES.	AGE.		1re PESÉE.	2e PESÉE.	DIFFÉRENCES	TEMPS écoulé entre les pesées.	DIFFÉRENCES par jour.
	ans.	mois.	kil.	kil.	kil.	jours.	kil.
Esméralda . .	3	1	657	707	50	82	+0,6
L'Orpheline .	3	2	598	652	54	id.	+0,7
Galatée. . . .	6	»	700	634	66	id.	—0,8
Gitana	6	»	600	630	30	id.	+0,4
Hannchen . .	7	»	550	562	12	id.	+0,1
Paysane . . .	7	»	659	700	41	id.	+0,5
Raffalée . . .	8	»	760	785	25	id.	+0,3
Prima dona. .	8	»	811	752	59	id.	—0,7
Formosa . . .	9	»	715	728	13	id.	+0,2
Belle et bonne.	11	3	612	585	27	id.	—0,3

En s'appuyant sur les pesées précédentes, et en attendant des nombres plus précis tels que les donneraient des observations suffisamment multipliées, je crois que l'on peut admettre que, pour la race de Schwitz, le *poids vivant* augmente par jour des quantités suivantes :

	kil.
Pendant l'allaitement. . . .	1,13
Au dessous de trois ans. . .	0,72
Au dessus de trois ans . . .	0,10

L'augmentation de poids *vivant* du bétail en croissance dépend beaucoup du genre d'alimentation, et ce n'est pas une chose indifférente que celle de connaître avec une certaine exactitude la dose la plus convenable de nourriture que la race bovine exige pour prospérer. Les auteurs qui ont traité cette question sont loin d'être d'accord sur la ration alimentaire exigée par le bétail. Car, c'est évidemment donner un renseignement incomplet que d'assigner la ration des bêtes à cornes, sans indiquer en même temps leur âge, leur poids et la somme de travail ou de produits qu'on leur demande. Il tombe sous le sens qu'un animal d'une taille élevée exige, toutes circonstances égales d'ailleurs, une dose de fourrage supérieure à celle qui serait reconnue suffisante pour l'entretien d'un individu plus faible.

Une fois la ration alimentaire bien établie, il est à désirer qu'elle soit continuée sans interruption; rien n'est aussi préjudiciable qu'une diminution de la nourriture normale. Cependant il y a telle position où, pendant l'hiver, le bétail est soumis à une abstinence qui se reproduit chaque année périodiquement; les animaux ne consomment alors que de la paille; c'est, comme l'observe Thaer, la condition de nourriture la plus fâcheuse où puissent se trouver placés les animaux, car ils diminuent considérablement en chair, en lait et en force, et une fois qu'ils ont commencé à diminuer, à maigrir, leurs organes s'affaiblissent au point qu'il leur est souvent impossible, au retour de l'abondance, de récupérer ce qu'ils ont perdu. On ne peut réellement compter sur un succès complet dans l'économie du bétail qu'autant qu'on est en mesure de lui assurer en toutes saisons une nourriture abondante et substantielle. Heureusement que par les progrès toujours croissants de la culture, cette mesure devient de plus en plus réalisable, et déjà dans la plupart des étables les racines et les tubercules suppléent pendant l'hiver aux herbages du printemps, ou à l'insuffisance de la réserve de foin qu'on destine à l'hivernage.

Thaer porte à 6 kilog. la quantité de foin qu'une vache doit recevoir par jour pour se maintenir dans un état de vigueur parfaite; il estime la ration à 10 ou 15 kilog. pour une vache laitière (1).

Comme je l'ai dit, la ration varie avec le poids de l'animal, et M. Perrault fixe à $12^{k},5$ le foin nécessaire à la nourriture d'une vache laitière pesant environ 400 kilog., cet agronome ayant trouvé dans sa pratique qu'il faut à une laitière $3^{k},12$ de foin pour 100 kilog. de poids vivant (2).

Pabst, qui s'est beaucoup occupé de l'alimentation du bétail, admet que :

	kil.	
Pour ration d'entretien, il faut	1,75	de foin p. 100 de poids viv.
S'il s'agit d'un bœuf d'attelage.	2,00	
Pour une vache laitière.	3,00	

Les recherches que j'ai entreprises sur le

(1) Thaer, *Principes raisonnés d'agriculture*, t. IV, p. 308.
(2) Perrault, *Journal de Bixio*, t. III, p. 97.

même sujet m'ont conduit à des rapports un peu différents, ce qui me fait présumer que la relation du poids de l'animal en vie à celui du fourrage qu'il consomme n'est pas invariable. Une bête à corne de forte dimension paraît, en effet, exiger, proportionnellement à son poids, moins d'aliments qu'un animal plus petit. C'est même en admettant ce fait que certains éleveurs justifient la tendance qu'ils ont de créer des animaux de forte taille, car ils reconnaissent que s'il est vrai qu'une grande race consomme plus de nourriture qu'une race plus petite, il l'est aussi que ce surcroît de consommation n'est pas proportionnel à l'excès de poids.

Les vaches laitières de nos étables ont par jour et par tête 15 kilog. de foin ou l'équivalent de cette quantité. Or, la pièce la plus petite pesait, au moment où s'exécutaient mes expériences, 550 kilog. ; le rapport du poids vivant à celui du foin était : : 100 : 2,73.

La vache la plus forte pesait 811 kil. ; le rapport devient : : 100 : 1,85.

Dans une moyenne prise sur toutes les vaches, le rapport a été fixé à 2$^{k.}$,25 de foin p. 100 kil. de poids vivant.

Il paraît aussi résulter de ces recherches, que pendant sa croissance, relativement à son poids, le bétail demande plus de nourriture qu'alors qu'il est adulte. Les jeunes animaux sur lesquels j'ai observé étaient âgés de 5 à 20 mois. Pour cet âge, j'ai trouvé qu'en moyenne il se consomme 3k,08 de foin pour 100 kil. de poids en vie, ainsi qu'on peut le voir dans le tableau où se trouvent consignés les détails des observations.

Nos des pièces.	AGE.	POIDS.	POIDS du lot.	FOIN consommé en 24 heures par le lot.	AGE MOYEN des pièces.		POIDS MOYEN des pièces.	FOIN consommé par tête en 24 heures.	FOIN consommé pour 100 kilog. de poids vivant.	REMARQUES.
	jours.	kil.	kil.	kil.	mois.	jours.	kil.	kil.	kil.	
1	107	89								
2	119	101	190	6,50	3	26	95	3.25	3,42	Résultats obtenus en février.
3	126	108								
4	130	112	220	6,75	4	6	110	3,37	3,06	Id.
5	205	156								
6	170	135								
7	158	144	567	16,38	5	9	141,75	4,09	2,89	Résultat obtenu en juillet.
8	115	132								
9	163	135	»	5,00	5	10	135,00	5,00	3,70	Résultat obtenu en février.
12	206	169	»	4,27	6	23	169,30	4,27	2,53	Résultat obtenu en septembre.
9	328	270								
3	290	222								
4	289	230	1127	30,00	9	5	225,4	6,00	2,66	Résultat obtenu en juillet.
1	252	190								
10	230	215								
9	341	269								
3	303	226								
4	302	241	1153	28,50	9	18	239,6	5,70	2,47	Id.
1	265	194								
10	252	223								
11	304	285	»	10,00	10	»	285,0	10,00	3,50	Résultat de février.
12	371	250	»	8,70	13	5	250,0	8,70	3,48	Id.
13	748	448								
14	483	486	934	28,50	20	5	467,0	14,25	3,05	Id.
								Moyenne.	3,08	Pour 100 kil. de poids vivant.

Durant ces recherches, les veaux ont été nourris uniquement avec du foin de prairie de bonne qualité donné à discrétion, comme nous le pratiquons ordinairement. Toutes les vingt-quatre heures on pesait le foin que l'on mettait dans la crêche, et on tenait compte de celui qui n'avait pas été consommé pendant la journée qui venait de s'écouler. La durée de chaque observation partielle a varié de 2 à 13 jours. J'ai cru devoir indiquer l'époque de l'année à laquelle les recherches ont été faites, parce qu'il est possible que la saison ait de l'influence sur les résultats.

En résumé, pour 100 kilog. de poids vivant de bétail, il faut par tête et par jour :

Pour son entretien, sans exiger du travail ou du lait, selon Pabst	0,75 de foin.
Pour les bœufs d'attelage, d'après le même observateur	2,00
Pour les vaches laitières, d'après Pabst. . . .	3,00
Perrault. . .	31,2
D'après mes données, pour de très grandes vaches	2,73
Pour le bétail en pleine croissance, selon mes recherches.	3,08

La distribution du fourrage doit être faite avec régularité. On doit éviter que le bétail ne mange avec trop d'avidité. Généralement le fourrage est distribué en trois repas, en ayant encore l'attention de fractionner chaque distribution en deux ou trois temps. Cette précaution est surtout nécessaire quand la ration se compose de fourrage vert. C'est dans l'intervalle des repas qu'il convient de faire boire le bétail ; on le conduit à l'abreuvoir matin et soir, mais durant les très fortes chaleurs, il est prudent de le laisser boire trois fois par jour.

L'eau doit être de bonne qualité. Cependant, lorsqu'elle ne tient pas en dissolution des principes évidemment nuisibles, le bétail s'accoutume à celle qui est trouble et peu agréable au goût, sans qu'il en résulte rien de fâcheux pour sa santé. Nos animaux sont abreuvés, pendant une partie de l'année, avec de l'eau de puits de mines percées dans un terrain très argileux.

La température des eaux de l'abreuvoir ne doit pas différer considérablement de celle de l'atmosphère de l'étable. Dans l'hiver, j'ai remarqué que les animaux répugnent quelquefois à prendre de l'eau très froide ; dans ce cas, ils ne boivent que le moins possible. Une eau trop chaude peut présenter aussi des inconvénients bien moindres cependant que ceux qui résultent de l'usage d'eau extrêmement froide. Au reste, l'habitude fait beaucoup dans cette circonstance. On voit le bétail des plaines de l'Amérique méridionale se désaltérer à des rivières qui ont une température de 30 à 36° centigrades. En Europe, en hiver, l'eau qui convient le mieux sous le rapport de la température est celle des puits, quand d'ailleurs elle n'est pas *dure* comme celle qui provient d'un sol gypseux.

Tout le monde connaît l'avidité avec laquelle les herbivores recherchent le sel marin. C'est en effet un ingrédient qu'il est bon de faire entrer dans leur alimentation quand le prix ne s'y oppose pas. En France, on est malheureusement réduit à donner du sel avec une parcimonie excessive et que je considère comme désavantageuse à l'économie rurale. Je n'ignore pas que des agronomes habiles sont persuadés qne l'usage du sel n'est pas indispensable; à leur opinion, il me serait facile d'opposer l'opinion du plus grand nombre des éleveurs de l'Allemagne et de l'Angleterre. Quant à moi, ma conviction en faveur de l'influence salutaire du sel administré au bétail est formée depuis longtemps. J'ai constaté, par exemple, que des vaches laitières, nourries uniquement avec des pommes de terre, n'ont pu supporter ce régime qu'autant qu'on leur administrait une dose de sel qui s'élevait à environ 70 grammes par jour.

Un habile cultivateur anglais a trouvé très avantageux de faire entrer chaque jour le sel marin dans la ration de son bétail. M. Curwen donne:

Aux vaches et aux génisses pleines, par jour.	113 gr. de sel.
Aux bœufs à l'engraissement.	85
Aux bœufs d'attelage.	113
Au jeune bétail.	56
Aux veaux.	28 (1).

(1) Sinclair, *Agriculture pratique et raisonnée*, t. II, p. 638.

A Bechelbronn, le prix du sel ne nous permet pas de le donner en proportion aussi forte; nous en distribuons trois fois par semaine, et la dose qui revient à chaque tête de l'étable peut être évaluée à 52 grammes par jour. Pour suppléer en partie au sel marin, nous donnons de temps à autre une quantité de sel Glauber qui répond à environ 17 grammes par tête et par jour. L'usage du sulfate de soude pour les bêtes à laine et les chevaux est déjà fort répandu en Alsace et de l'autre côté du Rhin. Les éleveurs s'accordent à reconnaître à ce sel une action très avantageuse sur la santé des animaux.

Dans le Wurtemberg, on en donne généralement deux fois par semaine :

Aux chevaux, matin et soir, chaque fois.	47 grammes.
Aux bêtes à cornes.	31
Aux moutons.	24
Aux porcs.	16 (1).

C'est surtout dans la saison chaude que le sel marin est favorable. Dans les steppes de la zône équatoriale, on considère comme parfaitement avéré que le bétail ne peut pas vivre sans sel: c'est du moins ce qu'affirment tous les éleveurs des *Llanos*. Quand un troupeau prospère dans une steppe, on peut être assuré qu'il existe un *salado*, c'est à dire un endroit où

(1) Renseignement communiqué par M. Schattenmann.

suinte de l'eau salée. Dans les savannes, dont le sol ne produit pas de substances salines, l'éleveur en distribue régulièrement aux animaux, qui ne manquent pas de se rassembler tous les jours à la même heure au lieu de la distribution. Sur le plateau de la *Nueva Granada*, on remplace le sel marin qu'on donne au bétail par le sulfate de soude. Près de la ville de Tunja se trouve l'eau minérale de *Paypa*. C'est une source chaude, d'une abondance extrême, et qui se déverse sur le terrain environnant ; par une évaporation spontanée, le sol se couvre d'efflorescences de sel de Glauber, que des Indiens sont constamment occupés à recueillir pour le vendre ensuite aux propriétaires de troupeaux. Ce sulfate de soude n'a pas d'autre débouché, et cependant il s'en fait un commerce considérable. Il a été assez curieux pour moi de retrouver sur les bords du Rhin une application de sulfate de soude que j'avais déjà observée sur les plateaux des Andes.

§ II. *Vaches laitières.*

Les signes à l'aide desquels on prétend reconnaître si une vache est de race à donner un produit abondant en lait, sont, quoi qu'on en ait dit, assez trompeurs. Je suis loin de nier cependant que l'habitude de juger avec quelque certitude la valeur d'une vache sous ce rapport, ne puisse pas s'acquérir. Mais cette faculté, acquise par une longue pratique, reste en quelque sorte la propriété de celui chez lequel elle s'est développée ; du moins je puis affirmer que les règles que j'ai entendu exposer m'ont toujours paru fort vagues, et que plus d'une fois j'ai eu occasion d'observer chez des vaches également productives des conformations très différentes, des caractères extérieurs en quelque sorte opposés.

Les qualités que l'on exige d'une bonne vache laitière proviennent surtout de celles que possède son ascendance, et il est à peu près certain qu'une génisse, issue d'une mère donnant beaucoup de lait, deviendra elle-même une vache de valeur. Aussi la voie la plus directe pour obtenir un riche rendement en lait est de s'appliquer à créer une bonne race, en élevant de préférence les génisses provenant des vaches qui se font remarquer par l'abondance du lait plutôt que par la beauté de leurs formes. Au moment où j'écris ces lignes, il existe dans nos étables deux pièces recommandables par leur produit en lait : l'une est une vache de haute taille, maigre, aux os saillants, en un mot de l'aspect le plus disgracieux; l'autre est très petite, à contours arrondis; sa charpente osseuse est peu visible; sa peau est douce, son poil fin. Ces deux vaches ont cependant un caractère commun : chez l'une comme chez l'autre, l'appareil mammaire est extraordinairement développé.

Il ne faut pas d'ailleurs se hâter de juger la valeur d'une laitière après son premier veau; l'âge a de l'influence sur la sécrétion du lait, et, en général, on estime que le maximum de produit d'une vache arrive quand elle a dépassé sa sixième année. Pour les chevaux et les bêtes à laine, les dents sont des indices sûrs de l'âge; la certitude tirée de ces organes n'est plus la même chez la race bovine, les signes de l'âge déduits de l'examen attentif des cornes présentent plus de garanties : chez le bœuf, il apparaît, vers la cinquième année, un anneau situé vers la racine des cornes; chez les vaches, ce signe se manifeste au premier vêlage, et à partir de cette époque, chaque année voit naître à la même place un nouvel anneau qui chasse le précédent. Chez les bêtes avancées en âge, les anneaux se confondent et peuvent à peine être comptés. On observe aussi que les cornes, qui dans la jeunesse sont plus fortes vers leur base et vont en s'amincissant vers l'extrémité supérieure, présentent, vers la neuvième ou la dixième année de l'animal, une conformation contraire; alors elles offrent vers la racine une espèce d'étranglement. La dépression qui se forme au dessus des yeux, des onglons plus développés sont encore des signes d'un âge avancé (1).

(1) Thaer, *Agriculture raisonnée*, t. IV, p. 309.

Thaer estime qu'en moyenne et dans un établissement bien dirigé, le produit brut d'une vache peut être évalué à 280 jours de rendement, durant lesquels on peut obtenir 1,287 litres de lait. Au reste, il est de toute évidence que le rendement annuel d'une vache doit varier dans des limites fort étendues, selon la race, l'individu, l'âge, l'alimentation et le climat. Dans les régions les plus chaudes de l'Amérique équinoxiale, la *laiterie* a bien moins d'importance qu'en Europe. Les vaches qui pâturent en pleine liberté dans les immenses savannes du Casanare et de l'Apure, ne fournissent guère en moyenne que 1$^{lit.}$,75 de lait par jour. La température élevée de ces contrées s'opposant à la préparation du beurre, la presque totalité du lait est employée à *élever*, ou à la fabrication du fromage. Une vache fournit, année commune, 22 kil. de fromage. Dans les fermes (hatos), les 8/10es du lait produit sont utilisés dans cette fabrication; 2/10es servent à l'allaitement des élèves. On conçoit que dans une contrée où l'on est privé de la plus grande partie des légumes cultivés en Europe, on doive s'appliquer par dessus tout à la production de la viande qui est la base de la nourriture des habitants des Llanos. Un habile ingénieur, M. Codazzi, qui a recueilli avec une rare persévérance les faits statistiques et agricoles qui s'accomplissent dans la république de Venezuela, porte à 370 grammes la quantité de viande consommée chaque jour par un individu (1).

Selon M. Curwen, une vache bien nourrie peut fournir annuellement 3,739 litres de lait. Par des jaugeages journaliers du lait des vaches du domaine de la Feuillasse, M. Perrault estime le produit annuel pour une tête à 1,700 litres, ou 5 litres par jour. M. Low l'évalue à 3,406 litres. Comme on le voit, les différences entre ces diverses données sont énormes et peuvent à peine être justifiées par les circonstances influentes que nous avons admises; resterait à savoir comment le rendement annuel a été fixé par les divers observateurs; si, par exemple, on a toujours mesuré pendant une année entière le produit de chaque vache. Toute autre manière de procéder serait entièrement vicieuse, par cela même qu'elle supposerait un produit constant à toutes les époques; or, comme je l'établirai bientôt, il est bien loin d'en être ainsi.

Voici en résumé les faits parvenus à ma connaissance sur la quantité de lait qu'une vache peut produire.

(1) Codazzi, *Resumen de la Geografia de Venezuela*, p. 177.

LOCALITÉS.	AUTORITÉS.	POIDS des vaches.	FOIN consommé par jour.	LAIT produit par an.	LAIT par jour.	OBSERVATIONS.
		kil.	kil.	litr.	litr.	
France : La Feuillasse (Ain)	Perrault de Jotemps.	400	12,5	1700	4,7	Vaches à l'étable.
Lompries (Ain)	D'Angeville.	275	6,3	915	2,5	Id.
Roville (Meurthe)	De Dombasle.	»	10,0	1416	3,4	Id.
Lyonnais (montagnes)	Grognier.	»	»	730	2,0	Vaches mal nourries en hiver.
Bechelbronn (Bas-Rhin)	Le Bel et Boussingault.	»	15,0	»	»	
Angleterre	Low.	»	»	3406	9,3	Id.
Id	Curwen.	»	»	3739	10,2	Id.
Belgique : Anvers	Schwertz.	»	13,0	2558	7,0	Id.
Id	Schwertz.	»	12,4	2254	6,2	Pâturage et étable.
Hollande : Pays-Bas	Schwertz.	»	12,4	1932	5,3	Étable l'hiver ; pâturage.
Id	Aiton.	312	»	4015	11,0	
Campine	Schwertz.	»	»	5292	14,5	
Saxe : Moosen	Schweitzer.	258	9,4	1527	4,2	Nourries à l'étable.
Altenbourg	Schmalz.	»	14,0	1950	5,3	
Autriche : Carinthie	Burger.	375	»	1564	4,3	Bien nourries.
Prusse : Mœglin	Thaer.	»	10,0	1505	4,1	Nourries à l'étable.
Environs de Berlin	Thaer.	»	»	1707	4,7	
Suisse	D'Angeville.	475	12,5	1700	4,7	Id.
Hofwyll	D'Angeville.	600	17,5	2662	7,3	Nourries à discrétion.

A Bechelbronn, on mesure soir et matin, et l'on enregistre le lait donné par chacune des vaches. Je présenterai ici le résultat de ce jaugeage effectué durant une année sur le lait de sept vaches entretenues à l'étable, et qui consomment par jour 15 kilog. de foin, ou l'équivalent de ce fourrage en tubercules et en racines.

Résultat du jaugeage du lait produit par sept vach

ANN

NOMS DES VACHES.	Age des vaches en décembre (1).		Poids des vaches en décembre.	Énumération du nombre de parts.	LA[illegible]										
					JANVIER.	Par jour.	FÉVRIER.	Par jour.	MARS.	Par jour.	AVRIL.	Par jour.	MAI.	Par jour.	JUIN.
	a.	m.	kil.	vêlage	litr.	litr.	litr.	litr.	litr.	litr.	litr.	litr.	litr.	litr.	li
La Raffalée. . . (Le lait a cessé le 21 avril et a reparu le 18 juin, sans qu'elle ait vêlé.)	8	»	760	6ᵉ	191	6,2	165,5	5,9	90	2,9	20,5	1,0	»	»	22[illegible]
La Paysanne. . (A cessé d'être traité le 21 fév.; vêlé le 29 avril (2).	7	»	659	5ᵉ	140	4,7	42	2,0	»	»	10,0	10,0	310	10,0	435
Prima-dona. . (A vêlé le 19 fév.; le lait a cessé le 5 décembre)	8	»	811	6ᵉ	»	»	90	3,2	310	10,0	300	10,0	343,5	11,1	35
Formosa. . . . (A cessé d'être traite le 1ᵉʳ avr.; vêlé le 2 juin.)	9	»	715	7ᵉ	134	4,3	111,5	4,0	65	2,1	»	»	»	»	38
La Gitana. . . (Le lait a cessé le 30 septembre; a vêlé le 9 nov.)	6	»	600	4ᵉ	275,5	8,9	186	6,6	181,5	5,9	180	6,0	186,5	6,0	1
Galathée. . . . (Le lait a cessé le 9 juillet; vêlé le 2 octobre)	6	»	700	4ᵉ	201,5	6,5	149	5,3	112,5	3,6	76	2,5	100,5	3,2	8
Belle et Bonne. (A cessé d'être traite le 15 fév.; a vêlé le 3 avril.	11	3	612	9ᵉ	121	3,9	15	1,0	»	»	356	11,9	495,5	16,0	

(1) L'âge et le poids des vaches répondent à la fin de l'année.

(2) J'ai admis que pendant l'allaitement la vache rend 10 litres de lait par jour.

nsommant par tête 15 kilogrammes de foin par jour.

341.

ENDU EN													PRODUIT de l'année.	Par jour, moyenne de l'année.	NOMBRE de jours pendant lesquels la vache a rendu.	Lait par jour de rendement.
ır ır.	JUILLET.	Par jour.	AOUT.	Par jour.	SEPTEMBRE.	Par jour.	OCTOBRE.	Par jour.	NOVEMBRE.	Par jour.	DÉCEMBRE.	Par jour.				
r.	litr.	litr.	litr.	litr.	litr.	litr.	litr.	litr.	litr.	litr.	litr.	litr.	litr.	litr.	jours.	litr.
,4	505,0	16,3	483,0	15,6	441,0	14,7	323,0	10,4	266,0	8,9	231,5	7,5	2938,5	8,0	307	9,6
,1	487,5	15,7	462,0	14,9	423,0	14,1	300,5	9,7	277,5	9,2	254,5	8,2	3142,0	8,6	298	10,5
8	295,0	9,5	214,5	6,9	164,0	5,5	102,0	3,3	53,0	1,8	9,0	1,8	2235,5	6,1	289	7,7
,6	450,5	14,5	379,5	12,2	304,0	10,1	187,5	6,0	126,0	4,0	97,0	3,1	2235,5	6,1	302	7,4
,0	179,0	5,8	127,5	4,1	60,0	2,0	»	»	200,0	10,0	300,0	10,0	2056,0	5,6	324	6,3
,9	16,0	1,8	»	»	»	»	290,0	10,0	294,5	9,8	271,0	8,7	1596,5	4,4	280	5,
,3	442,0	14,3	414,0	13,4	377,0	12,6	287,5	9,3	226,5	7,6	178,0	5,7	3372,5	9,2	318	10,6
													17576,5			

Ainsi, les sept vaches inscrites dans le tableau ont donné, dans le courant de l'année, 17576,5 litres de lait qui se répartissent par mois comme il suit :

MOIS.	LAIT RENDU PAR MOIS.	JOURS DE RENDEMENT des vaches.	PRODUIT PAR JOUR ET PAR TÊTE.
	litr.		
Janvier . . .	1063,0	186	5,7
Février . . .	759,0	158	4,8
Mars	759,0	155	4,9
Avril . . .	942,5	138	6,7
Mai	1436,0	155	9,3
Juin	2117,5	190	11,1
Juillet . . .	2375,0	195	12,2
Août	2080,5	186	12,8
Septembre . .	1769,0	180	9,8
Octobre . . .	1490,5	184	8,1
Novembre . .	1443,5	200	7,2
Décembre . .	1341,0	191	7,0
Somme . . .	17576,5	2118	

En moyenne, chacune des vaches a produit, en 1841, 2,511 litres de lait; le nombre de jours de rendement pour une vache a été de 302 1/2.

Pour chaque jour de *rendement*, le lait d'une vache s'est élevé à 8$^{\text{lit.}}$,3. On a 6$^{\text{lit.}}$,8 si l'on n'élimine pas les jours de chaumage, si l'on prend la moyenne de l'année entière.

Juin, juillet et août ont été les mois les plus productifs en lait, et pendant cette époque les vaches ne consommaient pas autre chose que du trèfle. Toutefois il faut remarquer que c'est précisément durant ces trois mois qu'il y a eu le moins de jours improductifs, et que trois vaches sur sept ayant vêlé en mars, avril et mai, donnaient alors leur maximum de produit.

Dans les évaluations de la production du lait, il faut, comme je l'ai fait observer, prendre en considération le temps qui s'est écoulé depuis le part, et pour montrer avec quelle rapidité le lait diminue à mesure qu'on s'éloigne de l'époque du vêlage, j'ai formé un second tableau qui représente la production du lait depuis l'instant où une vache a vêlé jusqu'au moment où l'on a cessé de la traire. J'ai pris les éléments de ce tableau dans les registres de notre laiterie.

NOMS DES VACHES.	DATE du PART.	ÉPOQUE de la disparition du lait.	1er MOIS.	Lait par jour.	2e MOIS.	Lait par jour.	3e MOIS.	Lait par jour.	4e MOIS.	Lait par jour.	5e MOIS.	Lait par jour.
			litr.	litr.	litr.	lait.	litr.	litr.	litr.	litr.	litr.	litr.
La Raffalée.	2 juin 1840	21 avril 1841	juin, 28 j. 280	10,0	juill. 310	10,0	août. 310	10,0	sept. 292	9,7	oct. 304	9,8
La Paysanne.	26 fév. 1840	21 févr. 1841	fév., 2 j. 20	10,0	mars 310	10,0	avril 369	12,3	mai. 306	9,9	juin. 303	10,1
Prima Dona	8 avril 1840	31 déc. 1840	avril, 22 j. 235	10,7	mai. 345	11,1	juin. 334	11,1	juill. 345	11,1	août. 300	9,7
Formosa. . .	8 juin 1840	31 mars 1841	juin, 22 j. 220	10,0	juill. 310	10,0	août. 313	10,1	sept. 248	8,3	oct. 214	6,9
La Gitana. .	24 nov. 1840	30 sept. 1841	nov., 6 j. 60	10,0	déc. 310	10,0	janv. 276	8,9	févr. 186	6,6	mars 181	5,
Galathée. . .	8 oct. 1840	9 juillet 1841	oct., 23 j. 230	10,0	nov. 290	9,7	déc. 257	8,3	janv. 202	6,5	févr. 149	5,
Belle et Bonne	15 mars 1840	15 févr. 1841	mars 15 j. 150	10,0	avril. 322	10,7	mai. 418	13,5	juin. 388	12,9	juill. 396	12,

7e MOIS.	Lait par jour.	8e MOIS.	Lait par jour.	9e MOIS.	Lait par jour.	10e MOIS.	Lait par jour.	11e MOIS.	Lait par jour.	12e MOIS.	Lait par jour.	13e MOIS.	Lait par jour.	LAIT obtenu entre les deux parts.	NOMBRE DE JOURS de traite.	LAIT par jour de traite.
litr.	litr.	litr.	litr.	litr.	litr.	litr.	litr.	litr.	litr.	litr.	litr.	litr.	litr.	litr.		litr.
déc. 204	6,6	janv. 191	6,2	févr. 165	5,9	mars 90	2,9	avril. 20	1,0	»	»	»	»	2395	323	7,4
oût. 316	10,2	sept. 261	8,7	oct. 287	9,3	nov. 212	7,1	déc. 164	5,3	janv. 140	4,7	févr. 42	2,0	3124	360	8,7
oct. 182	5,9	nov. 135	4,5	déc. 58	1,9	janv. »	»	»	»	»	»	»	»	2164	267	8,1
éc. 168	5,4	janv. 134	4,3	fév. 112	4,0	mars 65	2,1	avril. »	»	»	»	»	»	1925	296	6,5
mai. 187	6,0	juin. 180	6,0	juill. 179	5,8	août. 127	4,1	sept. 60	2,0	oct. »	»	»	»	1926	310	6,3
vril. 76	2,5	mai. 100	3,2	juin. 86	2,9	juill. 16	1,8	»	»	»	»	»	»	1518	274	5,5
ept. 261	8,7	oct. 240	7,7	nov. 211	7,0	déc. 155	5,0	janv. 121	3,9	févr. 15	1,0	»	»	2997	337	8,9
														16049	2167	moyenne 7,4

Comme résultat de ce travail, on trouve qu'après le part, en moyenne, une vache a donné 2,293 litres de lait pendant 310 jours de *traite*; son produit moyen de chaque jour a été par conséquent de 7$^{\text{lit.}}$,4.

On peut remarquer dans les colonnes du tableau qui concernent la *Gitana* et *Galathée*, que le maximum de rendement s'est manifesté pendant que ces deux vaches étaient soumises à la nourriture d'hiver, et que la diminution du lait a continué rapidement en mai, juin, juillet et août, malgré le trèfle vert qu'elles recevaient à cette époque.

Les observations de 1842, que j'ai rapportées précédemment, ont donné un produit moyen par jour de rendement, sensiblement plus élevé, 8$^{\text{lit.}}$,3. Mais les observations faites dans une année entière, sans tenir compte de l'époque du vêlage, sont par cela même affectées d'une certaine irrégularité. D'autres circonstances, par exemple, qui eussent fait que dans le cours de l'année il se fût trouvé un plus grand nombre de vaches arrivées à la période de leur minimum de produit, auraient certainement abaissé le chiffre moyen qu'on a obtenu. A mon avis, la méthode la plus convenable de fixer le produit moyen d'une vache est de jauger le lait qu'elle rend dans l'intervalle qui s'écoule d'un part à l'autre. C'est pour ce motif que j'adopte 7$^{\text{lit.}}$,4 de lait par jour pour le rendement moyen d'une vache de la race de Schwitz, recevant 15 kilog. de foin toutes les vingt-quatre heures. J'admets également, en me fondant sur les nombres que j'ai obtenus, qu'une vache, après avoir fait son veau, donne du lait pendant 310 jours.

On cite souvent des rendements en lait véritablement prodigieux, et qui sont de nature à faire naître quelques soupçons sur la véracité des personnes qui les mentionnent. Selon certains auteurs, il est des vaches qui donnent régulièrement et pendant plusieurs mois 25 à 30 litres de lait par jour. Un agronome d'une exactitude incontestée, M. Crud rapporte que des vaches, remarquables d'ailleurs par leur taille, ont atteint 40 litres. Thaer va plus loin encore, en assurant que des personnes dignes de toute croyance ont vu dans d'excellents pâturages certaines vaches donner, au moment de la plus grande production, de 42 à 47 litres (1). Ces rendements excessifs ne sont en effet que momentanés, et il paraît qu'il est peu d'étables où on ait eu l'occasion de les observer. Nos vachers m'ont souvent entretenu de ces sortes de phénomènes; mais depuis plusieurs années que l'on jauge avec précision les produits de la laiterie, je n'ai rien vu qui pût me faire croire à leur réalité. Des vaches

(1) F. M. *Maison rustique du 19e siècle*, t. III, p. 59.

ont bien rendu, pendant quelques semaines, 15 à 18 litres de lait; mais il y a loin de là aux quantités qui m'ont été indiquées.

Une nourriture abondante est certainement indispensable pour que les vaches puissent donner d'abondants produits ; mais on exagère souvent outre mesure l'influence que la nature particulière des aliments peut exercer sur la sécrétion du lait. Chaque cultivateur semble en quelque sorte prendre à tâche de prôner une espèce de fourrage. Suivant l'un, c'est la carotte qui possède la précieuse faculté d'augmenter la production du lait; selon tel autre, la betterave est préférable à tous les aliments. Chaque racine, chaque tubercule a trouvé alternativement des apologistes et des détracteurs. La vérité se rencontre au milieu de toutes ces opinions extrêmes, et j'ai l'intime conviction que tous les fourrages qui entrent habituellement dans la ration des bêtes à cornes sont aptes à produire d'excellents effets quand on les administre en quantité suffisante, quand on ne se méprend pas sur la valeur de leurs équivalents. Je ne crains pas d'affirmer que l'opinion de la plupart des agriculteurs repose sur des observations tout au moins incomplètes.

Il y a quelques années, nous avons entrepris à Bechelbronn une suite d'expériences ayant pour objet d'examiner si réellement la nature spéciale des aliments consommés par les vaches influe d'une manière appréciable sur la quantité et sur la constitution chimique du lait qu'elles rendent (1). Nos recherches ayant été dirigées dans un but purement pratique et dans l'intérêt de notre laiterie, nous nous sommes limités à étudier l'action des fourrages que nous donnons ordinairement aux vaches.

Le régime alimentaire auquel sont soumises celles de Bechelbronn varie nécessairement avec les saisons; mais, ainsi que je l'ai déjà dit, chaque tête reçoit pendant chaque jour de l'année l'équivalent de 15 kilogr. de foin de prairie; le foin en nature entre d'ailleurs constamment et pour une forte proportion dans la ration, lorsque les bêtes ne sont pas entièrement au vert. Durant l'hiver, ce fourrage est associé à des betteraves, des pommes de terre, des navets ou des topinambours. Au printemps, le foin est remplacé graduellement par du vert, d'abord par du seigle en herbe, puis par du trèfle.

Les expériences que je vais exposer ont été faites sur une vache qui avait vêlé depuis 200 jours et qui portait de nouveau.

(1) Le Bel et Boussingault, *Annales de Chimie et de Physique*, t. LXXI, p. 65, 2e série.

Première expérience commencée 200 *jours après le part.*

La vache nourrie uniquement au foin a donné en 7 jours 38 lit.,88. de lait. Par jour 5 lit.,6.

Le lait contenait :			
	Caséum (1).....	3,0	matières solides, 12,4.
	Beurre.......	4,5	
	Sucre de lait.....	4,7	
	Cendre du caséum.	0,1	
	Eau.......	87,7	
		100,0	

Deuxième expérience, 207 *jours après le part.*

La vache nourrie avec des navets et de la paille hachée.

Ration : Navets équivalant à 13kil.,5 de foin.
Paille, équivalant à 1kil.,5 de foin.

En 8 jours, on a obtenu 48 litres de lait. Par jour 6 lit.,0.

Composition du lait :			
	Caséum.......	3,0	Matières solides, 12,4.
	Beurre......	4,2	
	Sucre de lait....	5,0	
	Cendre du caséum.	0,2	
	Eau.......	87,6	
		100,0	

(1) Par caséum, j'entends ici toute la matière azotée, *la viande du lait.*

La vache a mangé les navets avec appétit, mais la ration étant probablement trop volumineuse, il est resté chaque jour environ 5 kil. de racines dans la crêche.

Troisième expérience, 215 *jours après le part.*

		kil.
Ration :	Betteraves champêtres équivalant à.	13,5 de foin.
	Paille hachée, équivalant à.	1,5 de foin.

En 14 jours on a recueilli 78$^{lit.}$,2 de lait. Par jour 5$^{lit.}$,58.

Composition :	Caséum.	3,4	Matières solides, 12,9.
	Beurre.	4,0	
	Sucre de lait. . . .	5,3	
	Cendre du caséum.	0,2	
	Eau.	87,1	
		100,0	

Quatrième expérience, 229 *jours après le part.*

		kil.
Ration :	Pommes de terre crues, équivalant à.	13,5 de foin.
	Paille hachée, équivalant à.	1,5 de foin.

En 11 jours la vache a donné 54$^{lit.}$,61. Par jour 4$^{lit.}$,96.

Composition :	Caséum.	3,4	Matières solides, 13,6.
	Beurre.	4,0	
	Sucre de lait. . . .	5,9	
	Cendre du caséum.	0,2	
	Eau.	86,5	
		100,0	

La vache ne s'est pas bien trouvée de ce régime, elle est devenue très échauffée et a refusé la moitié de la paille. Dans l'alimentation ordinaire, les tubercules sont unis au foin et n'entrent que pour moitié dans la ration. Les vaches cessent alors de ressentir les mauvais effets qui ont été provoqués par l'usage des pommes de terre crues données seules.

Cinquième expérience, 240 *jours après le part.*

Ration : Foin, 15 kilogrammes.

Dans l'expérience précédente, le produit en lait. qui jusque là s'était maintenu entre 6 litres et 5 lit.,6 par jour, a subitement baissé à 4 lit.,9. Pour juger si cette diminution était réellement occasionnée par le régime, la vache a été remise à la ration de foin, sous l'influence de laquelle on avait obtenu dans la première expérience 5 lit.,6 de lait. En 30 jours on a mesuré 106 lit.,87 de lait, par jour 3 lit.,56. On voit que la baisse observée ne saurait être attribuée aux pommes de terre qui ont été données dans l'expérience quatrième.

Sixième expérience, 270 *jours après le part.*

Ration : Pommes de terre crues et salées.

A la ration adoptée dans la quatrième expérience, on a ajouté 70 grammes de sel marin en poudre.

La vache a mangé avec beaucoup d'appétit les tubercules salés. Toute la paille hachée a été consommée. Les pommes de terre, avec cette dose de sel, n'ont occasionné aucun résultat fâcheux. Néanmoins le lait a continué à décroître.

En 20 jours on a eu $68^{lit.},06$ de lait : par jour, $3^{lit.},4$.

Septième expérience, 290 *jours après le part.*

Ration : Topinambours équivalant à 15 kil. de foin.

En 12 jours on a obtenu $42^{lit.},90$ de lait ; par jour, $3^{lit.},5$.

Composition :			
	Caséum.	3,3	Matières solides, 12,5.
	Beurre.	3,5	
	Sucre de lait. . . .	5,5	
	Cendre du caséum.	0,2	
	Eau.	87,5	
		100,0	

On a pu remarquer que depuis la première expérience la quantité de lait rendu par la vache a progressivement diminué. Cette diminution ne peut être attribuée au régime, puisqu'en remettant la vache à la nourriture au foin qu'elle avait reçue d'abord, la diminution a persisté. L'éloignement de l'époque à laquelle la vache a vêlé paraît être la cause dominante, peut-être unique de la décroissance du lait. La constitution chimique de ce fluide ne semble pas avoir été modifiée par la nourriture variée consommée par la vache, pendant cette série d'expériences. Il restait à constater si cette constitution était encore la même pour le lait sécrété à une époque très rapprochée du part.

Huitième expérience.

Une vache soumise depuis quelque temps au régime mixte de foin et de trèfle vert donnait 10 lit.,6 de lait toutes les vingt-quatre heures. Elle avait vêlé depuis 24 jours.

L'analyse a indiqué dans le lait :

Caséum	3,0	Matières solides, 11,2.
Beurre.	3,5	
Sucre de lait. . . .	4,5	
Cendres du caséum.	0,2	
Eau.	88,8	
	100,0	

Neuvième expérience, 35 *jours après le part.*

La même vache produisait par jour 12 lit.,0 de lait.

Elle consommait alors du trèfle vert.

Le lait a contenu :

Caséum.	3,1	Matières solides, 13,2.
Beurre.	5,6	
Sucre de lait. . . .	4,2	
Cendre du caséum.	0,3	
Eau.	86,8	
	100,0	

Ce lait, recueilli peu de temps après le vêlage, présente une proportion de beurre évidemment supérieure à celle trouvée dans les analyses précédentes. Il ne faut pas toutefois se hâter de tirer des conclusions, car les analyses qui vont suivre nous montreront un changement également brusque dans la proportion de la matière grasse, mais dans un sens différent.

Dans une seconde série d'observations, nous avons cru devoir examiner si la nourriture verte influe définitivement d'un mode aussi prononcé qu'on le croit généralement sur la production du lait, et en particulier sur l'augmentation de la substance butyreuse.

Première expérience commencée 176 *jours après le part.*

Lait produit sous l'influence du régime d'hiver:

	kil.	
La ration se composait de pommes de terre équivalant à.	7,5	de foin.
Foin.	7,5	
Foin. . .	15,0 kil.	

Depuis longtemps la vache était à ce régime, mais on a seulement jaugé le lait pendant les derniers six jours. On a eu 64 $^{\text{lit.}}$,92; par jour, 9 $^{\text{lit.}}$,3.

Composition :			
	Caséum.	8,3	Matières solides, 13,5.
	Beurre.	4,8	
	Sucre de lait. . . .	5,1	
	Cendre du caséum.	0,3	
	Eau.	86,5	
		100,0	

Deuxième expérience, 182 *jours après le part.*

		kil.
Régime mixte :	Trèfle vert équivalant à.	7,50 de foin.
	Foin.	7,50
		15,00

Du 20 au 31 mai, la vache a fourni 106 lit.,28 de lait; par jour, 9 lit.,7.

Troisième expérience, 193 *jours après le part.*

Régime vert : Trèfle équivalant à 15 kil. de foin.

Du 1er au 11 juin inclusivement, la vache a donné 108 lit.,2 de lait; par jour, 9 lit.,8.

Composition :			
	Caséum.	4,0	Matières solides, 1
	Beurre.	2,2	
	Sucre de lait. . . .	4,7	
	Cendre du caséum.	0,3	
	Eau.	89,7	
		100,0	

La très faible proportion de beurre trouvée par cette analyse nous a engagé à la recommencer. 20 grammes du même lait ont donné 0gr.,470 de beurre = 2,35 pour 100.

Quatrième expérience, 204 *jours après le part.*

Régime vert : Trèfle, même ration que précédemment.

Du 12 au 30 juin, la vache a rendu 148lit.,17 de lait; par jour, 7lit.,8.

Composition :	Caséum.	3,7	Matières solides, 12,6.
	Beurre.	3,5	
	Sucre de lait. . . .	5,2	
	Cendre du caséum.	0,2	
	Eau.	87,4	
		100,0	

Il semble résulter de ces recherches que le trèfle vert n'augmente pas sensiblement la production du lait chez les vaches. En effet, sous l'influence du régime d'hiver et du régime mixte, le produit a été toutes les vingt-quatre heures de 9 lit.,5 ; pendant l'usage du trèfle vert, la vache a donné 8 lit.,8 de lait. Il faut bien se garder cependant d'attribuer la diminution éprouvée dans cette circonstance à l'action du fourrage vert, puisqu'il est de fait que la décroissance du lait est une conséquence de l'ancienneté du part; et bien que dans les diverses conditions où le lait a été recueilli, le temps écoulé depuis le vêlage ne présentait pas de très grandes différences, son effet a dû cependant se manifester.

La composition chimique du lait a peu varié durant le cours des expériences. Pour le caséum, les différences trouvées dépassent rarement un centième. Les proportions de la substance grasse offrent, ainsi que je l'ai déjà fait remarquer, des variations assez brusques et qui paraissent indépendantes des circonstances diverses dans lesquelles les vaches ont été successivement placées.

En définitive, ce travail permet d'établir que

la nature des aliments consommés n'exerce pas une influence bien marquée sur la quantité et la constitution chimique du lait (je ne dis pas sur la *qualité*), si les vaches reçoivent les équivalents nutritifs de ces différents aliments. Il est urgent d'insister sur ce point, car il est de toute évidence que si le poids des différentes rations n'était pas calculé d'après celui des équivalents, on observerait des variations sur le produit en lait; mais alors ces variations auraient pour cause l'augmentation ou la diminution de la matière nutritive administrée.

On sait, par exemple, que les vaches qui, dans certaines contrées, sont réduites à se nourrir pendant l'hiver presque uniquement avec de la paille, substance trop peu azotée, cessent de produire, et l'on comprend qu'en présence de pareils faits, on ait été porté à attribuer le retour et l'abondance du lait aux fourrages verts du printemps, tandis que cet effet est dû, à n'en pas douter, à l'augmentation réelle de la ration alimentaire.

Dans les établissements où un bon système de culture permet d'assurer au bétail, dans toutes les saisons, une nourriture saine et abondante, les produits d'hiver de la laiterie, s'ils diffèrent réellement de ceux de l'été ou du printemps, ne présentent en tout cas qu'une différence bien moins sensible qu'on ne le suppose communément. Je suis d'ailleurs persuadé que nous estimons trop bas la valeur nutritive des fourrages verts, et qu'en réalité, lorsque le bétail mange du trèfle ou de la luzerne non fanés, il est beaucoup mieux nourri que dans les circonstances ordinaires.

S'il est vrai que le plus ou le moins d'abondance du lait des vaches laitières dépende surtout de la quantité réelle d'aliments consommés, il n'en est plus ainsi pour la *qualité* du produit. On ne saurait nier que le lait du printemps, émanant de fourrages verts, ne soit plus agréable au goût que celui qu'on recueille pendant l'hiver; le beurre qui en provient est aussi plus délicat. Les herbages contiennent certainement des principes fugaces qui se dissipent pendant la dessiccation et la fermentation que les foins subissent dans le fenil. Si la chimie est impuissante pour saisir de tels principes, elle laisse cependant entrevoir la possibilité d'introduire dans la nourriture des vaches certaines plantes propres à communiquer au lait les qualités qu'on se plaît à y rencontrer. Dans les pays à pâturages, on apprécie et l'on signale quelques espèces végétales qui, suivant l'opinion commune, donnent au lait un arôme particulier.

§ 3. *Engraissement du bétail.*

A parité de circonstances, l'engraissement peut

présenter sur la laiterie quelques avantages ; ainsi on rentre plus promptement dans ses avances en engraissant qu'en entretenant des vaches laitières pendant toute l'année. Le capital employé dans la première opération est réalisé au bout de quatre ou cinq mois, tandis que celui employé à produire du lait se trouve dans un roulement continu.

La quantité de nourriture nécessaire pour porter *à point* le bétail qu'on engraisse ne varie pas moins que celle qui est requise pour assurer une abondante production de lait chez les vaches. Ainsi, la grandeur des individus, leur âge, leur race et la proportion de chair et de graisse que l'on veut faire développer chez un animal, exigent des doses variées de fourrage. L'âge surtout est à considérer, car en soumettant un animal jeune à l'engrais, on forme à la fois de la chair et de la graisse. C'est toujours ce qui arrive lors de l'engraissement des bœufs de deux ans, des porcs de dix à onze mois. L'accroissement de *poids vivant* éprouvé dans ces conditions d'âge n'est pas dû uniquement à la graisse accumulée. Chez un individu dont le système musculaire est complètement formé, il y a tout lieu de croire que l'accroissement de poids qui est la conséquence du régime de l'engraissement est dû au développement du tissu adipeux. C'est encore une faculté qui s'acquiert par la pratique, que celle d'apprécier les qualités des animaux disposés à l'engraissement. Lorsqu'on a pour objet la production de la viande, on doit préférer les animaux jeunes qui ont une croissance rapide, et qui, par cela même, arrivent bien plus tôt à fixer la graisse dans leur organisme. Ceux chez lesquels les forces digestives prédominent ont généralement une large poitrine, un corps volumineux et arrondi, des côtes bien arquées; les os sont petits, les membres courts, le cou peu allongé et épais; la peau douce, flexible, moelleuse au toucher (1), et, selon Fabre, elle doit être mince et très mobile sur les côtes; la queue peu fournie, des fesses peu fendues et bien charnues, caractères dont l'ensemble se résume en disant que le sujet est bien *culotté*. Le regard est vif et assuré, les cornes minces, blanchâtres et presque transparentes. L'animal doit avoir été châtré alors qu'il était à la mamelle.

Un fermier anglais, Robert Bakewell, est parvenu, après des essais nombreux dirigés avec une haute intelligence, à créer une race de bêtes à cornes et de bêtes à laine particulièrement propres à l'engraissement. Le principe fondamental que Bakewell a établi, comme conséquence d'une longue expérience, est que la petitesse des os, une peau mince et une forme de corps cylindrique

(1) Félix Villeroy, *Journal de Bixio*, t. VI, p. 64.

indiquent chez les animaux la faculté de prendre promptement de la graisse, en consommant une quantité de nourriture comparativement peu considérable. Les caractères les plus saillants qui se montrent dans la race créée par Bakewell, désignée communément sous le nom de race de *Dishley*, sont :

1° L'animal bas sur jambes ;

2° L'épine du dos droite, et le dos large et plât;

3° Le corps arrondi, presque cylindrique ;

4° La poitrine large (1).

On considère un bœuf comme ayant eu une rapide croissance quand, parvenu à l'âge de trois ans, il pèse 462 à 478 kilog. La faculté de s'engraisser jeune est aussi une précieuse qualité que l'on aime à rencontrer dans le bétail qu'on élève pour la boucherie ; l'éleveur rentre plus tôt dans ses déboursés. Sinclair pense qu'indépendamment d'une bonne constitution, cette faculté provient principalement d'un caractère doux, et comme la docilité est le plus souvent un effet des premiers soins qu'il reçoit, il convient de rendre le jeune bétail très familier.

Les différentes races de bêtes à cornes ne donnent pas toutes de la chair de même qualité, et cela indépendamment de l'âge. Les viandes réputées de qualité supérieure ont un goût très pro-

(1) De Dombasle, *Annales de Roville*, 2e livraison, 1825.

noncé et caractéristique après la cuisson; la graisse doit être uniformément répartie entre les fibres des muscles, de manière à leur donner une apparence marbrée (1).

Dans l'engraissement du bétail, il importe peut-être plus encore que dans l'alimentation ordinaire, que la nourriture soit distribuée avec régularité; une litière abondante sur laquelle l'animal repose mollement, une grande propreté, sont des soins qui concourent à rendre l'engrais facile. L'étable doit être peu éclairée, éloignée du bruit, en un mot il faut réunir toutes les conditions qui provoquent les bêtes au sommeil.

L'âge auquel le bétail s'engraisse le plus aisément est celui de sept à huit ans. Les animaux au dessous de cet âge, qui n'ont pas encore complètement acquis leur croissance, sont cependant susceptibles d'acquérir un haut degré d'embonpoint; mais ils exigent et plus de temps et plus d'aliment (2), par la raison qu'il se forme encore de la chair.

Dans l'engraissement d'hiver, qui, dans certaines contrées, se fait exclusivement avec du foin, un bœuf, poussé à 340 kilog., et qui est rationné avec 18 kilog. et demi de ce fourrage, augmente par jour de près de 1 kilog. (0^{k},93 (3).

(1) Sinclair, *Agriculture pratique et raisonnée*, t I, p. 182.
(2) Thaer, *Principes raisonnés d'agriculture*, t. IV, p. 362.
(3) Sinclair, *Agriculture pratique et raisonnée*, t. I, p. 359.

Selon M. Low, un bœuf d'environ 350 kilog., qui consomme par semaine 1,015 kilog. de turneps, s'il profite bien, peut gagner en poids dans le même espace de temps $6^k,35$. Admettant que l'équivalent de turneps est 676 (1), on trouve que la ration de foin par jour devient $21^k,4$, ayant produit $0^k,91$ d'accroissement.

D'après les renseignements recueillis dans les provinces rhénanes par M. Moll, dans l'engraissement entrepris sous l'influence d'un bon régime qui soit tel qu'il représente 5 kilog. de foin pour 100 kilog. de poids vivant, l'animal augmente du tiers de son poids en trois ou quatre mois (2).

J'ai hâte d'ajouter à ces diverses données générales quelques faits précis. En dernière analyse, ce sont les seuls qui puissent être acceptés comme éléments dela science agricole.

Dans une série d'expériences, M. Robert Stephenson s'est proposé de comparer les progrès de l'accroissement de poids chez des bêtes à cornes soumises à des régimes alimentaires différents (3). M. Stephenson admettant ce principe que nous avons établi précédemment, que les animaux con-

(1) Je prends l'équivalent du rutabaga.

(2) Moll, *Journal d'Agriculture pratique*, t. V, p. 520.

(3) Robert Stephenson, *Journal d'agriculture pratique*, t. I, p. 73, traduction de M. Masson-Pour.

somment une quantité de nourriture proportionnelle à leur poids lorsqu'ils sont à peu près dans les mêmes conditions, a dû diviser son bétail en plusieurs lots, formés chacun par des animaux de poids peu différents. On a pris des bœufs de deux ans, élevés dans la même ferme, entretenus de la même manière. Je résumerai ici une observation dans laquelle les observations ont porté sur trois lots de six bêtes chacun. Le poids en vie de chaque lot a été constaté avant et après l'expérience dont la durée a été de 119 jours.

Le premier lot a consommé des turneps, des navets blancs, des tourteaux de graines de lin, des fèves et de l'avoine, et pendant les vingt-quatre derniers jours chaque bête a eu, toutes les vingt-quatre heures, 9 *kilog.* de pommes de terre.

Le second lot a été nourri comme le premier, avec cette différence qu'il n'a point reçu de tourteaux, et que, durant les vingt-quatre derniers jours, la dose de pommes de terre a été réduite à $4^{k.}$,50.

Enfin, le troisième lot n'a reçu que des racines pour nourriture.

Voici le poids et la nature des aliments consommés par chaque bête pendant les 119 jours. J'ai placé dans une colonne particulière l'équivalent en foin, correspondant à ces aliments.

Ration par individu.

Ier LOT.			IIe LOT.			IIIe LOT.			ÉQUIVALENT ADOPTÉ.
NATURE DES ALIMENTS.	POIDS.	Équivalent à foin.	NATURE DES ALIMENTS.	POIDS.	Équivalent à foin.	NATURE DES ALIMENTS.	POIDS.	Équivalent à foin.	
	kil.	kil.		kil.	kil.		kil.	kil.	kil.
Navets	690	78	Navets	740	84	Navets	510	58	885
Rutabagas	6062	897	Rutabaga	6084	900	Rutabagas	5460	808	676
Fèves.	163	709	Fèves.	163	709	»	»	»	23
Tourteau	177	804	»	»	»	»	»	»	22
Avoine.	79	127	Avoine	79	127	»	»	»	62
Pommes de terre. .	218	69	Pommes de terre. . .	109	35	»	»	»	315
Aliments exprimés en foin. . .		2684	Aliments exprimés en foin. . .		1855	Aliments exprimés en foin. . .		866	
Foin consommé par jour et par tête.		22,6	Foin consommé par jour et par tête.		15,6	Poids cousommé par jour et par tête.		7,3	
Foin par 100 kilogrammes de poids vivant		4,01	Foin par 100 kilogrammes de poids vivant		3,03	Foin par 100 kilogrammes de poids vivant		2,0	

On voit clairement que le lot qui a reçu la ration la plus abondante, celle qui contenait le plus de principes azotés, de *viande*, a produit le plus de *poids vivant* dans un temps donné, et que le lot qui a reçu le moins de nourriture a produit moins d'augmentation en chair et en graisse; ces résultats étaient faciles à prévoir. On reconnaît en outre que, proportionnellement à la valeur nutritive consommée par chacun des lots, l'accroissement du poids vivant a été plus fort chez celui des trois qui a perçu le moins de nourriture. Ainsi, ramenant les différentes rations à un aliment normal, nous trouvons que chez le premier lot qui a été le plus abondamment nourri, 100 kilog. de foin ont donné 4$^{k.}$,2 de *poids vivant*, tandis que la même ration de foin en a produit 6 kil. dans le troisième lot alimenté avec le plus de parcimonie; ce fait s'explique tout naturellement. Passé une certaine limite, plus un animal reçoit de nourriture, plus est petite la fraction qui s'assimile dans l'organisme. Aussi les nourrisseurs ont-ils reconnu qu'il n'est pas toujours avantageux de pousser les animaux à l'engrais au delà d'un certain point d'obésité. L'excès de poids que l'on obtient à l'aide d'une nourriture en quelque sorte exagérée ne compense plus les dépenses qu'elle occasionne. C'est ce que confirmeraient encore au besoin les expériences de M. Stephenson, et elles l'ont conduit précisément à la même conclusion. D'après la valeur commerciale des diverses denrées dont a disposé cet habile nourrisseur, ce serait le premier lot dont l'engraissement aurait présenté le moins de bénéfice.

Le kil. de *poids en vie* serait revenu, pour le 1er lot, à 1 fr. 06 c.
pour le 2e lot, à 0 84
pour le 3e lot, à 0 88

A l'aide des observations de M. Stephenson, nous trouvons pour l'accroissement de poids par jour, pendant l'engraissement du bétail, les nombres suivants :

	Poids moyen des bœufs avant l'engraissement.	Foin consommé par jour et par tête.	Augmentation par tête en 119 jours.	Accroissement en chair et graisse par jour et par tête.
	kil.	kil.	kil.	kil.
1er lot . .	507	22,6	112,5	0,94
2e lot. . . .	462	15,6	105,3	0,89
3e lot. . . .	361	7,3	51,2	0,45

Il faut aussi tenir compte du poids des animaux, en cherchant l'augmentation réalisée par 100 kil. de poids en vie, pendant l'engraissement.

1er lot.	100 kil. ont gagné en 119 jours,		22,2
2e lot.	id.	id.	22,8
3e lot.	id.	id.	14,2

L'engraissement du bétail à l'étable se fait rarement avec du trèfle ou de la luzerne en vert; cependant on l'engraisse de cette manière avec une grande rapidité. Un bœuf peut manger par jour jusqu'à 100 kil. de trèfle coupé en fleur. Dans le cas où le régime vert relâche trop l'animal, on donne une fraction de la ration en nourriture sèche. Vers la fin de l'engraissement, on peut aussi administrer du tourteau délayé ou des grains concassés. Mais ces additions ne me paraissent pas indispensables, elles sont toujours coûteuses, et j'ai vu plusieurs fois des vaches entièrement au trèfle vert à discrétion acquérir un embonpoint remarquable, bien qu'on n'ait pas cessé de les traire.

Dans les pays où le climat permet d'établir de riches pâturages, l'économie du bétail offre de grands avantages, mais l'engraissement ne peut avoir lieu que dans ceux qui sont les plus fertiles. Telle prairie qui suffit pour l'élève ne convient plus au bétail fait. Un herbage doit être situé dans un pays bien arrosé ou rarement exposé aux grandes sécheresses, là où le climat n'est pas *excessif*, où la température des étés, comme celle des hivers, reste fixée dans des limites moyennes. Telles sont les conditions dans lesquelles se rencontrent certains pâturages de l'Angleterre; en France, ceux de la Normandie, de la Bretagne. La Suisse, la Hollande, une partie des provinces baignées par le Rhin, etc., offrent aussi de riches et magnifiques herbages. Dans de semblables situations, la spéculation agricole doit être, et est en effet presque exclusivement tournée vers l'économie du bétail. Aussi, là où il est possible de former de vastes prairies, on commence à comprendre que c'est faire une fausse application de la science agricole que de vouloir y maintenir ou y introduire le système de culture alterne perfectionnée. A mon avis, il n'y a pas de rotation, quelque bien entendue qu'on la suppose, qui puisse soutenir la comparaison sous le rapport des produits avec un herbage bien entretenu et favorablement situé. La raison en est facile à saisir, et elle se déduit des principes mêmes que nous avons posés en traitant des assolements. L'objet qu'on se propose dans un bon système de culture est de faire produire à la terre la plus grande quantité possible de matières organiques dans un temps donné. Mais dans un tel système on est limité par le climat, puisqu'on est obligé de disposer les cultures de telle façon que les plantes cultivées qui font partie de la rotation parviennent à leur complète maturité ; il arrive donc, quoi qu'on fasse, que la terre reste sans produire ou produit très peu pendant un certain nombre de jours vers la fin de l'automne, au commencement du printemps et durant l'hiver. Dans les herbages, la végétation est continue, l'hiver même ne l'interrompt pas complètement ; elle s'anime durant les jours de soleil. Elle commence au printemps lorsque la température moyenne est à quelques degrés au dessus de 0, et marche sans interruption jusqu'à l'arrivée du froid. On peut donc assurer que dans le même temps un herbage produit, sur une surface donnée de terrain, plus d'aliments que toute autre espèce de culture. Il est vrai que les aliments ne peuvent pas, comme les céréales, être destinés directement à la nourriture de l'homme, mais ils y concourent néanmoins en servant à la production du lait, à l'élève et à l'engraissement des animaux qui les consomment; qu'on ajoute à cet avantage d'une végétation pour ainsi dire permanente, celui non moins grand d'une main d'œuvre infiniment moins coûteuse, et par dessus tout cette sécurité d'obtenir une récolte que ne donnent pas toujours les terres arables.

Sur les bords de l'Elbe, en Hollande, dans les environs d'Arnheim, on fait pâturer dans les prairies pendant une année, et on fait faucher l'année suivante, ainsi alternativement. Le bétail est nourri à l'étable avec du foin pendant l'hiver. On le conduit sur les herbages en mai. Dans les contrées basses, on a reconnu qu'il faut, pour engraisser un grand bœuf, une surface de pré d'environ 83 ares, sur laquelle il pâture pendant cinq à six mois (1). Dans les fonds de première qualité, près de Dusseldorf, on

(1) Thaer, *Principes raisonnés d'agriculture*, t. IV, p. 356.

suppose que l'engraissement d'une vache exige 15 ares de pâturage (1).

Dans les pays qui possèdent de riches pâturages, comme ceux de la vallée de l'Auge, en Normandie (2), les bœufs sont mis directement à l'engraissement sur les prairies désignées particulièrement sous le nom d'*herbages*. Un herbage demande un sol riche, frais, capable de conserver l'humidité, et par suite de retenir ces dépôts d'eau ou mares qui sont autant d'abreuvoirs pour le bétail. Sous ce rapport, la bonté d'un herbage dépend évidemment de la nature du sous-sol. Dans cette contrée, le terrain des pâturages consiste en une épaisse couche d'humus, qui repose sur de l'argile ; aussi est-il extrêmement rare que l'humidité vienne à manquer à la végétation du gazon. C'est au printemps, que les *herbagers* vont au *maigre*, c'est à dire que les spéculateurs vont acheter dans les pays où l'on fait l'élève les animaux maigres qui arrivent dans les pâturages depuis le commencement de mars jusqu'à la fin de mai. Au commencement du printemps, l'herbe est parfois insuffisante; dans ce cas, le bétail reçoit du foin comme supplément de nourriture, et on diminue graduellement cette ration

(1) Moll, *Journal de Bixio*, t. V, p. 523.

(2) Louis Dubois, *Annales de l'Agriculture française*, t. XXIX, p. 169, 2e série.

supplémentaire à mesure que le vert croît dans la pâture. Le paccage est dans la plus grande activité au mois de mai, et il est ordinairement terminé à la mi-juin.

En moyenne, dans l'engraissement tel qu'il se pratique dans la vallée de l'Auge, M. Dubois trouve, en prenant les résultats obtenus sur des biens de localités différentes, que la chair nette d'un bœuf maigre étant :

de.	215 kil.
devient après l'engraissement.	347
Gain moyen en chair nette par tête . .	132

L'engraissement de certains individus est souvent prodigieux ; comme résultat extrême, M. Dubois cite des bœufs cotentins qui ont pesé, gras, 800 kilog. ; un d'eux est même parvenu au poids énorme de 1,250 kilog.

La hauteur des bœufs engraissés dans les herbages de l'Auge varie de 1m.,62 à 1m.,16 (mesurés sur leurs hanches). Quand ils sont bien gras ,

ils rendent :	250	à	450 kil.	de quartiers.
	32	à	53	de cuir.
	45	à	68	de suif.

On engraisse dans les fonds de :

	ares.	
Première qualité, sur	23,43	un gros bœuf.
Deuxième, id.	39,04	un bœuf moyen.
Troisième, id.	31,23	un petit bœuf.

M. Dubois porte la nourriture consommée en vert par un bœuf pendant les huit mois d'engraissement à l'équivalent de 3,000 kil. de foin sec; c'est du moins ce que produirait la surface d'un pré capable d'assurer l'engraissement d'une pièce de bétail. On trouve ainsi qu'en moyenne la ration perçue en fourrage vert équivaut à 12k.,3 de foin par jour : cette ration peut paraître faible, et elle le serait en effet si les bœufs ne séjournaient pas aussi longtemps dans les herbages. Au reste, M. Dubois fait remarquer qu'à l'étable, avec un régime composé de 5 à 6 kil. de tourteau de graine de lin et de 12 kil. de foin, un bœuf engraisse suffisamment en soixante et dix jours, et prend une qualité à peu près égale à celle de l'engraissement dans les herbages. Ce fait n'a rien qui doive nous étonner; car, pour nous, une semblable ration répond, sous le rapport de la valeur nutritive, à 37 kil. de foin, et, de plus, le tourteau seul apporte chaque jour environ un demi kilog. de graisse.

Dans l'Olt-Frise, où les pâturages jouissent d'une grande réputation, on obtient des résultats comparables à ceux qui se passent dans la vallée de l'Auge. Un bœuf de 350 à 450 kilog. est poussé à 500 et 750 kil. dans un herbage de 25 à 30 ares (1).

(1) *Journal de Bixio*, année 1837.

Dans l'Auge, l'engraissement s'effectue même pendant l'hiver, et porte sur les bœufs qui sont admis dans les pâturages depuis le 15 septembre jusqu'au 15 novembre. Ces animaux passent la saison froide dans les herbages, mais chaque tête reçoit par jour de 6 à 12 kilog. de foin, jusqu'en avril, époque où l'herbe devient suffisante pour les nourrir ; ces bœufs sont ordinairement gras et propres à la vente en juillet.

Nul doute que même en hiver il ne se produise de l'herbe dans les prairies. J'ai déjà fait observer que les graminées croissent par une température assez basse, puisqu'elle est seulement de quelques degrés au dessus de 0. C'est ce qu'on peut remarquer pour le froment et pour le seigle, durant les hivers peu rigoureux. Sur les plateaux très élevés des Andes, et je puis citer la métairie d'Antisana, on voit des troupeaux pâturer dans des savannes toujours verdoyantes, et dont la température moyenne, et presque constante, est de 5 à 6 degrés. Les hivers peu rigoureux des pays herbagers s'approchent de cette condition.

Dans les observations de M. Dubois sur l'engraissement dans les herbages de la vallée d'Auge, l'accroissement du poids du bétail est exprimé en *chair nette*. On nomme ainsi la viande de boucherie que l'on peut retirer d'une pièce de bétail ; on la désigne aussi par le nom de *quartiers*, parce qu'en découpant les animaux abattus, on les divise ordinairement en quatre. Les parties les plus recherchées comme nourriture sont les quartiers de derrière; ils pèsent un peu moins que ceux de devant, bien que plus l'animal est bien en chair et en graisse, moins la différence est sensible.

On s'est appliqué depuis longtemps à rechercher le rapport qui existe entre le poids d'un animal vivant et la quantité de *chair nette*, ou poids de boucherie, qu'il peut donner après son abattage, c'est à dire après qu'on en a ôté la tête, les avant-membres, le suif, la peau et les entrailles. Ces différentes parties composent, par leur réunion, ce qu'on appelle les *issues*. On conçoit que la perfection d'un animal engraissé pour la boucherie réside dans ce que, après son abattage, le poids des parties destinées à la nourriture de l'homme s'approche le plus possible du poids vivant; mais on devine aisément que le rapport du poids vivant au poids de boucherie doit varier avec l'état d'embonpoint des animaux, leur âge et leur race.

Procter Anderdon a trouvé que pour un bœuf qui n'est pas absolument maigre,

100 de poids vivant donnent. .	53,5	de chair nette.
Pour un bœuf un peu plus gras.	55,0	id.
Un bœuf complètement gras. .	61,2	id. (1).

(1) Thaer, *Principes raisonnés d'agriculture*, t. IV, p. 355.

M. Layton Coke admet :

Pour un bœuf maigre.	60,0 id.
Pour un bœuf ordinaire. . . .	65,0 id.
Pour un bœuf gras.	70,0 id. (1).

Ces derniers rapports me semblent exagérés en faveur du poids de boucherie ; et je doute, si j'en juge par les ventes de bétail que nous faisons, qu'ils soient facilement admis par les acheteurs.

D'après un grand nombre d'expériences faites sur des animaux âgés d'environ deux ans et qui se trouvaient à peu près dans les mêmes conditions, M. Stephenson a pu déterminer avec exactitude le poids de la chair après leur mort. Cet éleveur s'arrête aux rapports suivants : pour 100 de l'animal sur pieds,

Chair nette	57,7
Suif.	8,0
La peau	5,5
Entrailles et dépouilles	28 (2)

La chair nette et les issues ont aussi été déterminées avec précision sur une vache abattue en présence de M. Mallo. La vache était grasse et de la race de Durham. Son poids vivant était de 680 kilog. On a obtenu :

(1) Quetelet, *Annuaire de l'Observatoire de Bruxelles*, année 1838.

(2) Stephenson, *Journal de Bixio*, t. I, p. 74.

	kil.	Pour 100 de poids vivant.
Les deux quartiers de devant pesant .	184,5	55,4
Les deux quartiers de derrière . . .	192,5	
Le cuir.	28,5	4,2
Le suif.	51,0	7,5
Le sang.	50,0	7,4
Tête, avant-membres, entrailles, etc.	173,5	25,5
	680,0	100,0

Les rapports des quantités de chair nette, de suif et de la peau se rapprochent assez de ceux admis par M. Stephenson.

Sinclair donne les résultats suivants obtenus par l'abattage d'un bœuf du Devonshire, âgé de trois ans et dix mois :

Poids de l'animal en vie : 704k,4

	kil.		kil.
Viande de boucherie, les quatre quartiers. . .	492,5	p. 100 de poids vivant.	70,0
Cuir.	38,6		5,5
Suif.	65,1		9,2
Entrailles et sang . . .	74,4		10,5
Tête et langue.	16,7		2,4
Pieds	7,8		1,4
Cœur, foie et poumons .	9,3		1,3
	704,4 (1)		100,0

Il s'agissait ici d'un bœuf de première qualité. Le rapport auquel est arrivé M. Stephenson peut être considéré comme se rapprochant davantage

(1) Sinclair, *Agriculture pratique et raisonnée*, t. I, p. 187. Traduction.

du résultat moyen fourni par l'abattage des animaux, et comme les nombres donnés par cet habile observateur sont déduits d'expériences précises et nombreuses, je crois, pour ces motifs, devoir les adopter.

M. Dubois a établi que.

Un bœuf ayant en chair nette . .	215 kil.
Est poussé à	347

Nous avons alors pour le poids des animaux sur pied :

	kil.
Avant l'engraissement.	376,5
Après.	607,7
Gain en poids vivant . . .	231,2

L'engraissement ayant lieu en huit mois, l'augmentation par jour devient $0^k,95$.

Pour 100^k de poids vivant, l'accroissement a été de $61^k,4$.

Nous avons vu que durant l'engraissement la consommation moyenne est de 3,000 kil. de foin; l'augmentation obtenue étant de $231^k,2$ donne $7^k,7$ de poids en vie produit par 100 kil. de foin consommé. Enfin la ration moyenne étant établie par M. Dubois à 12 kil. de foin par tête et par jour, et le poids de l'animal à son arrivée dans les herbages étant $376^k,5$, cette ration répond à $3^k,27$ de foin pour 100 kil. du poids de l'animal.

En résumé, en partant des faits précédemment exposés sur l'engraissement, on voit que l'accroissement par jour est :

	kil.		kil.
Suivant Thaer, de	0,93	p. 100 de foin consommé.	5,03
Low	0,91	id.	4,25
Stephenson, 1er lot.	0,94	id.	4,20
Id. 2e lot .	0,89	id.	5,70
Id. 3e lot .	0,45	id.	6,00
Dubois.	0,95	id.	7,70

§ IV. *Des chevaux.*

Dans ce qui va suivre, je me bornerai à considérer le cheval dans ses rapports avec l'industrie agricole ; j'exposerai les expériences que j'ai faites sur sa croissance, dans le but de faciliter la résolution d'une question controversée aujourd'hui, celle de savoir si le cultivateur peut réellement employer utilement ses fourrages à l'élève des chevaux.

Le cheval employé aux travaux agricoles doit être persévérant et robuste. Il ne faut s'attacher aux formes extérieures qu'autant qu'elles sont elles-mêmes le caractère des qualités que l'on recherche ; ainsi on exige qu'il soit large de croupe et de poitrine, qu'il ait des muscles fortement développés. Un grand cheval, quand d'ailleurs il est exempt de défauts, est généralement préférable; il est plus fort, fait des pas plus allongés. Il ne faut pas exiger du cheval de labour cette vivacité, ce feu qui plaît dans les chevaux de selle, mais bien la gaîté qui est presque toujours un signe de santé chez les animaux.

Thaer (1) n'approuve pas l'usage assez répandu aujourd'hui de mêler aux bons chevaux de labour le sang d'étalons, gracieux de forme, mais peu propres à supporter un travail pénible. Bien que cette remarque ne manque pas de vérité, on ne saurait nier cependant que, dans un grand nombre de cas, l'emploi d'étalons bien constitués n'ait amélioré la race rurale de certaines contrées. Il ne faut d'ailleurs pas perdre de vue qu'il est important pour le cultivateur de créer une race dont au besoin il puisse se défaire avec avantage, surtout dans les pays où se font les remontes de l'armée. D'après ce que j'ai eu l'occasion d'observer, les produits des poulinières sont souvent améliorés par les étalons provenant des haras royaux. Cette intervention n'a peut-être pas encore fait tout le bien que l'on était en droit d'attendre, mais il y a eu évidemment progrès.

La jument est apte à recevoir l'étalon dès l'âge de trois ans, mais dans les fermes il est prudent de faire saillir vers l'âge de cinq à six ans, du moins si l'on veut l'utiliser en même temps comme bête de travail, et par le même motif il

(1) Thaer, *Principes raisonnés d'Agriculture*, t. IV, p. 419.

est convenable de n'exiger d'une jument qu'un poulain tous les deux ans, bien qu'à la rigueur il soit possible de la faire pouliner chaque année, car elle manifeste souvent le désir de l'accouplement vers le onzième jour qui suit la naissance du poulain, et elle porte pendant un intervalle de temps qui varie de trois cent trente-trois à trois cent quarante-six jours (1).

Une jument *portière* peut, dans le principe de la gestation, être employée aux travaux ordinaires. Quand la gestation est très avancée, vers le dixième mois, par exemple, il faut prendre toutes les précautions possibles pour prévenir les accidents. C'est vers cette époque que nous séquestrons les *portières* dans des cellules où elles sont isolées. Quand elle a pouliné, la jument reçoit à petites doses, souvent répétées, une boisson tiède, dans laquelle il entre des recoupes. Durant l'allaitement, l'animal prend une nourriture plus substantielle que celle qu'il reçoit ordinairement.

La jument peut déjà exécuter quelques travaux vingt jours après qu'elle a mis bas, mais il est prudent de ne la faire travailler que huit à dix semaines après ; alors elle sort accompagnée de son poulain qui est ordinairement allaité pendant environ cent jours. Dans les fermes, les poulains

(1) Tessier, *Annales de l'agriculture française*, t. IX, 2e série.

sont souvent élevés dans les écuries ; c'est ce que nous pratiquons en Alsace ; mais il est bon, dans l'intérêt du développement des jeunes animaux, qu'on puisse les faire sortir tous les jours. En quittant le pis, les poulains sont nourris avec du foin choisi ; dans la seconde année, il convient de remplacer une partie du foin par de l'avoine, et, quand la saison le permet, l'usage du trèfle vert ne saurait trop être recommandé.

Suivant Thaer (1), la ration diurne d'un cheval de taille moyenne, soumis à un travail ordinaire, peut être considérée comme bonne quand elle se compose de :

	kil.		kil.
Foin	3,74	= foin . . .	3,74
Avoine . . .	4,21	= foin . . .	6,48 (2)
		Ration en foin . . .	10,22

Pour les chevaux de rouliers, qui ne reçoivent que très peu de foin, Thaer évalue leur ration à :

Avoine. . . . 11k,23 = foin. . . . 17,28

En Angleterre (2), dans certaines écuries de Spitsfields, chaque cheval reçoit :

	kil.		kil.
Foin haché	5,0	= foin . . .	5,00
Paille hachée . . .	1,0	= id. . . .	0,25
Avoine.	5,0	= id. . . .	7,69
Fèves.	0,5	= id. . . .	2,17
		Ration en foin	15,11

(1) *Journal d'Agriculture pratique.*

(2) J'admets, pour l'équivalent de l'avoine, 65 ; c'est le nombre moyen des trois équivalents inscrits dans le tableau.

Selon M. Tassy, vétérinaire dans la garde municipale de Paris, la ration des chevaux de ce corps était en 1840 :

	kil.		kil.
Foin.	5,00	= foin. . .	5,00
Avoine	3,60	= id. . . .	5,54
Paille pour litière et nourriture. . . .	5,00	= id. . . .	1,27
		Ration en foin	11,81

Le même vétérinaire admet que les chevaux attelés à de lourdes voitures reçoivent communément :

	kil.		kil.
Foin	7,50	= foin	7,50
Avoine.	7,75	= foin	11,92
		Ration en foin	19,42

Dans l'Amérique équinoxiale, la nourriture du cheval et du mulet est des plus variées. Je dois à M. Bodmer des renseignements sur le régime auquel sont soumis les chevaux de divers établissements de mines du Mexique.

Le travail du cheval appliqué aux machines d'extraction ou d'épuisement n'est que de quatre heures par jour; mais pendant ce temps les attelages vont toujours au grand trot. Ils reçoivent comme ration diurne (1):

(1) Je prends 63 kil. pour le poids de l'hectolitre de maïs.

	kil.		kil.
14lit.,7 de maïs . . .	9,26	= foin. .	13,23
Paille.	5,76	=	1,46
			14,69

Lorsque le cheval ne travaille pas, on lui donne comme ration d'entretien 11lit.,27 de maïs et de la paille à discrétion.

Jusque dans ces derniers temps (avant 1841), la ration des chevaux de troupes de l'armée française était :

Pour la cavalerie de réserve :

	kil.		kil.
Foin.	5,00	= foin . .	5,00
Avoine	3,60	= id. . . .	5,54
Paille.	5,00	= id. . . .	1,27
	Ration exprimée en foin		11,81

Pour la cavalerie de ligne :

	kil.		kil.
Foin.	4,00	= foin . .	4,00
Avoine	3,40	= id. . . .	5,23
Paille.	5,00	= id. . . .	1,27
	Ration exprimée en foin . . .		10,50

Pour la cavalerie légère :

Foin.	4 kil.	= foin . .	4,00
Avoine.	3	= id. . . .	4,61
Paille.	5	= id. . . .	1,27
	Ration exprimée en foin . . .		9,88

L'administration de la guerre, préoccupée des

inconvénients qui résultent pour la santé des chevaux de troupes de fournitures de foin de mauvaise qualité, décida, pour les atténuer, de diminuer la proportion de ce fourrage, et d'augmenter celle de l'avoine qui, par sa nature, prête beaucoup moins à la fraude. Les rations adoptées en conséquence de cette décision sont :

Pour la cavalerie de réserve

	kil.		kil.
Foin	4,00	= foin . .	4,00
Avoine.	4,20	= id.. . .	6,46
Paille..	5,00	= id.. . .	1,27
	Ration en foin		11,73

Pour la cavalerie de ligne

Foin.	3 kil.	= foin . .	3,00
Avoine.	4	= id.. . .	6,15
Paille.	5	= id.. . .	1,27
	Ration en foin		10,42

Pour la cavalerie légère

	kil.		kil.
Foin.	3,00	= foin . .	3,00
Avoine.	3,80	= id.. . .	5,84
Paille..	5,00	= id.. . .	1,27
	Ration en foin		10,11 (1)

On voit par ce qui précède que la substitution

(1) Documents remis à la commission vétérinaire de l'Admirault par M. le ministre de la guerre.

de l'avoine au foin a été faite en adoptant pour ces deux aliments une valeur nutritive qui cadre bien avec les déductions de la théorie, car la très légère différence en moins que l'on observe dans la nouvelle ration n'est pas de nature à soulever une objection sérieuse.

La ration du cheval doit être distribuée en trois repas, au matin, avant le travail, au milieu du jour, et le soir; telle est la méthode suivie pour les chevaux de labour ; on les abreuve généralement à l'heure des repas. Il est également avantageux à la santé du cheval de le faire travailler avec une certaine régularité. Nos chevaux, rationnés avec une nourriture équivalente à 15 kil. de foin, travaillent de huit à dix heures par jour, en prenant un repos de midi à une heure.

Il existe nécessairement une relation entre la taille, ou, si l'on veut, entre le poids du cheval et la quantité d'aliments qu'il consomme ; nous avons recherché cette relation pour le bétail, mais les données manquent pour le cheval, et je suis réduit à présenter les résultats de mes propres observations :

Dix-sept chevaux et juments, âgés de cinq à douze ans, et consommant par tête et par jour l'équivalent de 15 kil. de foin, ont pesé 8,272 kilog. Le poids du cheval moyen étant représenté par $486^k,5$, on voit qu'il faut $3^k,08$ de foin de prairies pour l'entretien diurne de 100 kil. de poids vivant des chevaux travaillant huit à dix heures par jour. Ce rapport diffère fort peu de celui que nous avons trouvé pour le bétail.

J'ai cherché à déterminer, pour les chevaux, la rapidité de la croissance. Les faits que je vais présenter ont été recueillis dans notre ferme; ils se rapportent par conséquent à une race dont le poids moyen est d'environ 500 kil., et consommant par jour l'équivalent de 15 kil. de foin.

En pesant quelques poulains immédiatement après leur naissance, j'ai obtenu les résultats suivants :

DÉSIGNATION des PIÈCES.	DATE de leur naissance.	POIDS lors de la naissance	ÉPOQUE du sevrage.	Poids lors du sevrage.	Jours d'allaitement.	Accroissement de poids durant l'allaitement.	Accroissement par jour.
		kil.		kil.	j.	kil.	kil.
Fille de Chevreuil.	25 mai 1842	50,00	20 août 1842	134	87	84,0	0,97
Fille de Hechler. .	12 juin 1842	51,50	7 sept. 1842	130	87	78,5	0,90
Fille de Brunette .	12 juin 1842	51,50	7 sept. 1842	161	87	109,5	1,26

On trouve que l'accroissement par jour durant l'allaitement a été, en moyenne, pour les trois cas ci-dessus, de $1^{k},04$.

Immédiatement après le sevrage, les poulains paraissent subir un temps d'arrêt dans leur croissance, c'est ce qui arrive d'ailleurs à la plupart des animaux. Je trouve, par exemple, les résultats suivants :

La fille de Chevreuil, le premier jour où le sevrage a commencé, a pesé.	134 kil.
Et 9 jours après.	131
Perte en 9 jours	3

J'ajouterai aux pesées précédentes celles que j'ai faites sur des chevaux plus avancés en âge, quoique jeunes encore :

	kil.	
Alexandre, poulain, a pesé à sa naissance	50,4	
A l'âge de 128 jours	157,0	
Gain	106,6,	par jour 0,83
51 jours après	175,0	
Gain	18,0,	par jour 0,28
74 jours après	223,0	
Gain	48,0,	par jour 0,65
Finette, pouliche, a pesé, lors du sevrage, à l'âge de 86 jours.	134,0	
83 jours après.	180,0	
Gain	46,0,	par jour 0,55
Fille de Hechler, pouliche, a pesé, lors du sevrage, à l'âge de 87 jours.	130,0	
65 jours après	163,0	
Gain	33,0,	par jour 0,51
Gaspar, poulain, poids supposé à la naissance	51,0	
A l'âge de 566 jours	415,0	
Gain en 566 jours . . .	364,0,	par jour 0,64
La Biche, poids supposé à la naissance.	51,0	
A l'âge de 1013 jours	510,0	
Gain	459,0,	par jour 0,45

Norma, poids supposé à la naissance. . .	51,0	
A l'âge de 1026 jours	480,0	
Gain	429,0,	par jour 0,42
A l'âge de 1219 jours	460,0	
En 193 jours, *perte*	20,0	perte p. j. 0,10

Ce qu'il est permis de conclure de ces quelques observations, c'est :

1° Que les poulains issus d'individus qui atteignent un poids de 400 à 500 kilog., pèsent à leur naissance 51 kil. ;

2° Que durant un allaitement de trois mois, le poids des poulains à leur naissance augmente dans le rapport de 100 à 278 ; et que, par jour, cette augmentation est de 1^k,04 pour chaque individu allaité ;

3° Que le poids acquis chaque jour par les poulains, depuis leur première année jusqu'à l'âge de deux ans environ, est de 0^k,6, et que vers la troisième année, cet accroissement diurne paraît descendre à 0^k,45. Enfin, à trois ans accomplis, epoque où le cheval est à peu près formé, l'accroissement devient de moins en moins perceptible. Ces résultats obtenus sur la race chevaline semblent en définitive différer très peu de ceux que j'ai eu occasion d'exposer en traitant des bêtes à cornes.

Nous avons fait aussi quelques expériences pour déterminer la quantité d'aliments consommés par les poulains en pleine croissance :

Alexandre, Finette, Hechler, pesant ensemble : 503 kil.
Consommaient par jour :

Foin . . .	9 kil.	= foin . .	9
Avoine . . .	3,20	= id. . . .	5
		Foin	14 k. ; par tête, 4,7

Le poids moyen d'un des poulains étant 168 kil., on voit que le foin consommé par tête a été de 2^k,85 pour 100 kil. de poids en vie ; avec cette ration, l'augmentation par jour a été de 0^k,58 par tête. Par conséquent, dans ces conditions, une nourriture mixte équivalente à 100 kil. de foin produisait 12 kil. de poids en vie. Je dois avouer qne ce résultat me paraît un peu trop favorable ; mais je suis obligé d'inscrire les nombres que j'ai obtenus, tout en regrettant de ne pas pouvoir les contrôler par d'autres observations.

Je dois à M. Payen les seules données qu'il m'ait été possible de réunir sur le poids des différentes parties des chevaux abattus. D'après ces renseignements, on peut admettre comme moyenne, pour les chevaux équarris par suite d'accidents, les nombres suivants qui se rapportent à un cheval de 401 kil.

	kil.	Pour 100
Chair	230	57,4
Os.	50	12,5
Sang.	28	7,0
Graisse.	35	8,7
Issues.	30	7,5
Peau.	25	6,2
Crins.	0,5	0,1
Sabots et fers . . .	2,5	0,6
	401,0	100,0

Bien que la viande de cheval donne un bouillon plus blanc et bien moins agréable que la chair de bœuf, elle peut servir utilement à l'alimentation de l'homme; il est des contrées où il existe des boucheries où l'on débite cette sorte de viande. A Paris, dans des moments de disette, on a aussi consommé du cheval. Ainsi, pendant la révolution, un équarrisseur faisait vendre publiquement, sur la place de Grève, les chevaux qu'il avait équarris, et ce débit dura pendant plus de trois années, sans qu'il en résultât aucun accident. En 1811, une disette obligea de nouveau à recourir à ce genre de nourriture.

On prétend d'ailleurs que la vente clandestine de la chair de cheval dans la capitale se continue encore de nos jours (1). Au reste, l'usage de cet aliment ne paraît pas présenter d'inconvénients sous le rapport de la salubrité, et un médecin éclairé, Parent Duchâtelet, a proposé, dans un rapport adressé au préfet de police, de permettre et de réglementer ce genre de commerce.

§ V. *Des porcs.*

Il n'est peut-être pas d'exploitation rurale sur laquelle on ne trouve un certain nombre de porcs. C'est une mesure d'économie qui permet d'uti-

(1) Cambacérès, *Des moyens de faire cesser dans Paris l'usage clandestin de la chair de cheval.* Brochure, 1841.

liser une foule de résidus qui, sans cette destination, iraient directement au fumier. Ainsi la laiterie, le potager, la cuisine, apportent leur contingent de nourriture à la porcherie. C'est d'ailleurs un excellent moyen d'employer certains produits des récoltes que celui de les transformer en chair et en lard. Mais l'élève ou l'engraissement spécial du porc exige des soins multipliés, une localité convenable. C'est un genre d'industrie qui, en France du moins, convient mieux au petit cultivateur, qui compte rarement son travail personnel.

Les naturalistes comptent jusqu'à six espèces de porcs :

1° Le babyroussa ou porc cornu (*sus babyrussa*), caractérisé par deux défenses ou crochets à la molaire antérieure ; dans les îles de la mer du Sud, le porc cornu est en domesticité. 2° Le pecari (*sus tajassus*), qui se distingue surtout des autres espèces par une ouverture aux lombes, de laquelle il suinte d'une glande une matière huileuse d'une odeur désagréable. Le pecari habite les forêts de l'Amérique méridionale. 3° Le sanglier de Guinée (*sus porcus*) se rencontre à l'état sauvage dans le Brésil. 4° Le sanglier d'Afrique (*sus africanus*), dont la chair est très estimée par les naturels de Madagascar. 5° Le sanglier d'Ethiopie (*sus ethiopicus*), qui, en s'accouplant avec le porc domestique, donne des métis qui peuvent se propager. 6° Le porc commun (*sus scrofa*), qui tire son origine du porc sauvage ou sanglier. Il diffère des autres espèces par une soie abondante qui recouvre la partie antérieure du dos, et par une queue également garnie de soies. Il possède quatre dents incisives à la machoire antérieure, six à la machoire postérieure et six molaires à chaque côté. Le sanglier se plaît dans les pays chauds ; on le rencontre aussi dans les climats tempérés, mais il devient rare dans les contrées situées au delà du quarante-cinquième degré de latitude (1).

Les races de porcs sont extrêmement variées. Le cochon noir, à poil fin, originaire d'Afrique, est très répandu en Espagne ; c'est cette même race qui a été transportée dans l'Amérique du Sud où elle est répandue aujourd'hui avec une abondance vraiment extraordinaire. Sa croissance est rapide, et s'il convient peu comme cochon à graisse, il a l'avantage d'être peu exigent pour sa nourriture. Sa chair devient généralement bonne, et même de qualité très supérieure quand il a été élevé avec des bananes, et que son engraissement a eu lieu avec du maïs.

Les porcs de l'est de l'Europe se distinguent à leur ampleur, à leur couleur gris foncé et à la

(1) Erik Viborg, *Mémoires de la Société d'agriculture*, année 1814.

longueur de leurs oreilles. Ceux de la Pologne diffèrent de la race précédente par une couleur plus claire et parce qu'ils ont une raie brune sur l'épine du dos. Ce sont ces deux races qui fournissent les porcs généralement destinés à être engraissés. On leur reproche d'être peu fécondes; en effet, les truies font rarement plus de quatre ou cinq gorets.

La Westphalie présente une race de porcs analogues, mais qui a l'avantage de se reproduire avec beaucoup plus d'abondance, puisque les truies donnent des portées de dix à douze petits.

En Bavière on rencontre des porcs remarquables par la petitesse de leurs os et la facilité avec laquelle ils prennent de la graisse. Enfin la race chinoise, assez commune en Angleterre, commence à se répandre sur le continent; elle diffère de celles connues par la dépression de l'épine dorsale, par le développement du ventre et par sa disposition au repos. Elle donne des produits très estimés (1).

L'avantage de l'élève du porc résidant surtout dans la facilité avec laquelle il se multiplie, il est important de se créer une race de truies très fécondes. Il en est qui, à chaque portée, mettent bas dix à quinze gorets, mais le plus ordinairement la portée est de huit à neuf petits.

(1) Thaer, *Principes raisonnés d'agriculture*, t. IV, p. 366.

Selon Thaer (1), on reconnaît les porcs susceptibles de fournir beaucoup de lard à ce qu'ils ont le corps allongé, le ventre pendant et de grandes oreilles. Le porc accomplit sa croissance vers l'âge d'un an, et avant cet âge il ne faut pas laisser saillir le vérat. Un mâle suffit ordinairement pour dix femelles.

On sait que le porc est peut-être l'animal le moins difficile sur la nature des aliments ; il est omnivore, mais il n'est pas indifférent de l'alimenter avec telle ou telle substance, si l'on considère l'influence que les aliments consommés exercent sur la qualité de la chair. Thaer admet que le maïs doit être préféré à toute autre nourriture ; c'est un fait que j'ai eu l'occasion de vérifier en Amérique , et j'ajouterai que rien ne contribue autant à l'engraissement du porc que l'usage des fruits huileux des palmiers.

L'élève du porc se divise en deux époques bien déterminées : son développement et son engraissement. Or , il est reconnu par les cultivateurs qu'il est toujours plus avantageux d'engraisser ces animaux alors qu'ils ont à peu près achevé leur crue. Un porc qui a reçu depuis sa naissance une nourriture substantielle peut être en état de prendre de la graisse à l'âge d'un an. La truie manifeste déjà des signes de chaleur à cinq ou six

(1) Thaer, *Principes raisonnés d'Agriculture*. t. IV, p. 367.

mois, mais il est rare qu'on la fasse saillir avant qu'elle ait un an. Comme elle porte pendant cent quinze jours, terme moyen (1), on la fait produire deux fois par an. Quand elles sont parfaitement nourries, elles peuvent donner trois portées en treize ou quatorze mois.

Les porcs qui sont destinés à être engraissés sont ordinairement châtrés à l'âge de six semaines, particulièrement s'ils doivent être mis à l'engraissement vers l'âge de huit à neuf mois. L'opération peut être différée jusqu'au sixième mois qui suit la naissance, si l'engraissement ne doit avoir lieu que dans la deuxième année.

La plupart des produits des récoltes conviennent à l'alimentation du porc, mais en général la pomme de terre cuite fait, en Alsace du moins, la base de l'alimentation. Les grains qu'on associe souvent à cette nourriture sont le plus souvent donnés en farine délayée dans l'eau; c'est un usage établi. Cependant dans l'Amérique espagnole, j'ai toujours vu nourrir les porcs avec des bananes et du maïs en grains.

Une truie qui vient de mettre bas reçoit une nourriture d'autant plus abondante qu'elle doit allaiter un plus grand nombre de petits. Par exemple, pour une portée de cinq petits, nous

(1) Tessier, *Annales de l'Agriculture française*, t. IX, 2e série.

lui donnons par jour, et pendant les cinq semaines que dure l'allaitement :

	kil.		kil.
Pommes de terre cuites . .	11,250	= foin.	3,57
Seigle en farine	1,225	= id...	1,83
Lait écrémé et caillé . . .	6,005	= id...	2,83
			8,23

La cinquième semaine écoulée, lorsque la truie n'allaite plus, sa ration se compose de :

	kil.		kil.
Pommes de terre cuites . . .	5,50	= foin.	3,33
Farine de seigle	0,49	= id...	0,73
Lait écrémé.	3,05	= id...	1,52
	Foin		5,58

Cette nourriture est diminuée graduellement jusqu'au deuxième mois qui suit le part, de manière qu'à cette époque la truie se trouve exactement à la ration d'entretien consistant en :

		kil.		kil.
Pommes de terre cuites.	10 lit. pesant	7,50	= foin.	2,38

La pomme de terre est délayée dans de l'eau de vaisselle; cette eau contribue certainement à améliorer la ration, mais je n'ai aucune donnée sur sa valeur nutritive, qui doit varier considérablement.

Les gorets commencent à goûter les aliments donnés à la mère vers l'âge de quinze jours, mais ce n'est que quatre ou cinq semaines après qu'ils sont définitivement sevrés; jusqu'à cette époque, et alors qu'ils tètent encore, on leur fait boire du lait écrémé; après le sevrage, ils reçoivent du lait caillé. Nous avons donné à cinq gorets, au moment de leur sevrage, par jour :

	kil.		kil.		kil.
Pommes de terre cuites.	10,00	équiv. à foin.	3,33	p. tête,	0,67
Farine de seigle	0,49	id.	0,73	id.	0,15
Lait caillé (écrémé). . . .	3,00	id.	1,30	id.	0,26
					1,08

Cette ration, qui a succédé à l'allaitement, a été modifiée peu à peu ; on a diminué progressivement le lait caillé et la farine, en augmentant la pomme de terre, de sorte que vers le troisième mois la ration par tête a été portée à 5 à 6 kil. de tubercules cuits, délayés dans de l'eau *grasse*. C'est à ce régime, équivalant à 2^k,38 de foin, que les jeunes porcs sont mis jusqu'au moment de leur engraissement. Ainsi, dans les trois mois qui suivent le sevrage, on peut admettre que chaque animal a consommé par jour, en moyenne, une quantité d'aliments répondant à 1^k,76 de foin de prairie, et qu'à partir du troisième mois la consommation est représentée par 2^k,38 de ce fourrage.

Nous avons vainement essayé de remplacer les pommes de terre par les tourteaux de colza ou de caméline; les porcs les ont refusés avec opiniâtreté, ils ont accepté au contraire les tourteaux de pavot et de noix. Ils mangent aussi du tourteau de lin, et, dans la saison du trèfle, ils sont rationnés en partie avec cette plante; c'est à son usage, joint à des bains fréquents, que nous attribuons la santé qu'ils conservent généralement pendant la saison la plus chaude de l'année. Dans l'été, ils sont mis entièrement au vert. Les porcs de cinq à six mois consomment par jour environ 9 kil. de trèfle, quantité qui représente 2^k,2 de trèfle fané.

Le porc peut être engraissé à tout âge; mais comme il n'atteint son développement que vers quinze ou dix-huit mois, qu'il est alors suffisamment en chair, on croit que son engraissement ne doit pas avoir lieu beaucoup avant cette époque; l'autre limite extrême d'âge paraît être cinq ans. On admet qu'il faut douze semaines pour amener un porc à prendre une belle chair et un lard de 3 centimètres d'épaisseur. On compte seize semaines pour obtenir un animal réellement gras, vingt semaines pour obtenir le maximum d'engraissement (1).

Le porc demande à être rationné avec régularité. Après le sevrage, les gorets doivent manger cinq à six fois par jour. On diminue graduellement la fréquence des repas, et vers l'âge de deux mois ils n'en prennent plus que trois.

(1) Wolhfart, *Journal de Bixio*, t. V, p. 257.

J'ai été curieux de déterminer le poids des porcs au moment de leur naissance, afin de constater les progrès de leur développement pendant l'allaitement.

Le 5 septembre, une truie a mis bas cinq gorets :

	kil.	
Le nº 1 pesait	1,000	
nº 2.	1,375	
nº 3.	1,125	
nº 4.	1,250	
nº 5.	1,500	
	6,250 ; poids moyen , 1,25	

	kil.		kil.	
Le 11 octobre, poids .	39,500 ;	par tête ,	7,90	
Accroiss. en 36 jours .	33,25	id.	6,65 ;	par jour, 0,185
Le 15 novemb., poids .	80,50			
Accroiss. en 35 jours .	41,00 ;	par tête ,	8,20 ;	par jour, 0,23

Ainsi, durant les trente-six jours d'allaitement, 100 de poids vivant à la naissance est devenu 632.

Dans une autre occasion, j'ai reconnu que :

	kil.		kil.
8 porcs qui pesaient au moment du sevrage.	52 ;	par tête,	6,5
ont pesé à un an	600	id.	75,0
Accroissement en 11 mois. . . .	548	id.	68,5

L'augmentation par jour depuis le sevrage a été de $0^k,20$; comme la nourriture consommée peut se représenter par $2^k,38$ de foin par jour et par tête, il en résulterait que 100 de ce fourrage auraient produit, dans cette circonstance, 8,58 de poids vivant. Au reste, cette production est exagérée, par la raison qu'indépendamment de la nourriture *rationnée* que reçoivent nos porcs, ils ont en outre du petit lait et des débris dont on ne tient pas compte. Or, le petit lait, seul, contribue déjà à leur développement, et même à leur engraissement, puisque, suivant M. Payen, ce liquide renfermerait par litre 68 grammes de résidu sec, dans lequel se trouvent 3 à 4 grammes de beurre.

J'ai cru devoir ramener les substances qui concourent à la nutrition du bétail et des chevaux à un aliment normal, le foin, que l'on prend généralement comme unité des équivalents de fourrage. J'ai procédé de la même manière à l'égard du porc. Il ne faut cependant point perdre de vue qu'en ramenant à une nourriture commune les rations les plus variées par leur nature, on ne fait réellement autre chose que de les rapporter à un même équivalent nutritif contenant une quantité déterminée de matière organique azotée, de viande.

Baxter a obtenu des résultats intéressants sur l'accroissement et l'engraissement des jeunes porcs. Quatre porcs âgés de neuf mois

	kil.
ont pesé au commencement de l'expérience .	208,28
21 jours après, leur poids a été trouvé de.. . .	282,22
Accroissement de poids vivant	73,84

Pour accomplir cet accroissement, il a été consommé :

	hectol.		kil.		kil.
Orge . . .	1,09	pesant	68,7	équivalant à foin.	114
Fèves . . .	0,73		64,0		278
Malt . . .	4,00		200,0		167
					559

Dans cette observation, on trouve qu'une quantité de nourriture représentant la valeur nutritive de 100 kilog. de foin aurait occasionné un accroissement de $13_{k},21$ en poids vivant.

	kil.
Prenant pour le porc de 9 mois, avant l'engraissement, le poids moyen de.	52,09
on voit que par tête l'augmentation a été de . .	18,46
dans l'espace de 21 jours, ou, par jour, de. . .	0,88

Baxter estimait la chair nette, à la fin de l'expérience, à 74 pour 100.

	kil.
Un des porcs, âgé de 9 à 10 mois, de.	72,5
a pesé au bout de 20 jours.	90,4
Gain en 20 jours	17,9
Par jour.	0,89

Durant les vingt jours, le porc a reçu pour nourriture $1^{\text{hect.}},36$ d'orge $= 85^{k},7$, équivalant à foin 143 kil. Ce résultat donnerait, pour 100 kil. de foin, une augmentation de poids en vie égale à $12^{k},52$.

Arthur Young (1), en nourrissant des porcs

(1) Arthur Young, *Feuille du cultivateur*, t. I, p. 278.

d'un an avec de la farine de pois, a obtenu l'accroissement suivant :

	kil.		kil.	kil.	kil.
Le n° 1 pesait avant.	45,0;	35 jours après,	71,6;	gain. 26,6;	par jour, 0,76
Le n° 2.	41,7;	42 jours après,	66,1;	gain. 24,4;	par jour, 0,58
Le n° 3.	39,4;	63 jours après,	63,4;	gain. 24,0;	par jour, 0,38

Je rapporterai deux séries d'observations faites à Bechelbronn sur l'engraissement des porcs.

Le 6 septembre 1841, sept porcs âgés de quinze mois, ayant déjà un embonpoint assez avancé, ont été mis à l'engrais. Ces animaux avaient eu la nourriture ordinaire, c'est à dire du lait caillé et des pommes de terre après leur sevrage ; puis, plus tard, 5 à 7 kilog. de pommes de terre cuites, du petit lait et des eaux grasses. Les sept porcs pesaient 769 kil., par tête 109,85. L'accroissement par jour avait été par individu de $0^k,24$, en supposant $6^k,25$ pour le poids lors du sevrage, après un mois d'allaitement.

Après l'engraissement, le 20 décembre,
les 7 porcs ont pesé. . . . . 955 kil.
Avant, le 6 septembre 769

Gain en chair et en graisse en 104 jours, 186 ; par tête : 26,5

Gain par jour et par tête . . . 0,26

Dans les cent quatre jours, il a été consommé :

	hectol.		kil.		kil.
Seigle	4,68	pesant	351	équivalant à foin.	520
Pois.	6,00		474		1896
Pommes de terre.			4320		3771
Eaux grasses et petit lait, indéterminé.					»
					3788

D'où l'on aurait produit, avec une nourriture équivalente à 100 kil. de foin, 4^{k},91 de poids vivant.

On a retiré des sept porcs :

N^{os} des porcs.	Poids en vie.	Poids après avoir été saignés.	Poids du sang par différence.	Poids des porcs, la tête et les pieds séparés.	Têtes, issues, par différence.
	kil.	kil.	kil.	kil.	kil.
1	147	142	5	122	20
2	118	113	5	105	18
3	129	124	5	95	29
4	144	139	5	120	19
5	120	117	3	100	17
6	118	114	4	97	17
7	179	171	8	146	25
	955	»	35	785	135

Le *gras* obtenu a été :

Graisse des boyaux .	20 kil.	fondue .	11,8
Saindoux.	48	fondu. .	42,9
Lard	189		

Gras . . . . . . 257 kil. = 27 p. 100 de poids vivant.

On doit admettre que les porcs ont augmenté en chair et en graisse; mais, malgré cela, le résultat de cette observation semble défavorable à l'opinion de l'assimilation directe de la graisse dans les animaux. En effet, l'augmentation de poids de 7 porcs a été de 186 kil.; admettant vingt-sept pour cent de gras dans la chair formée, elle devrait en contenir 50^{k},2 ; or, les aliments consommés n'en renfermaient que 26^{k},1 (1).

Il faudrait donc supposer que les eaux grasses, le petit lait, en un mot que la nourriture qui n'a pas été dosée ait apporté 24^{k},1 de graisse, ce qui, je l'avoue, ne me paraît guère vraisemblable. Toutefois, pour tirer une conclusion définitive du résultat qui vient d'être présenté, il faudrait, avant toute chose, connaître quel était, lors de la mise à l'engrais, l'état du gras chez les animaux qui ont fait le sujet de l'observation. Or, la graisse déjà formée dans les animaux que nous mettons à l'engrais paraît être en quantité plus forte qu'on ne serait tenté de le supposer. Je trouve, par exemple, qu'un jeune porc du poids de 89$^{kil.}$,5, tué au moment où il allait être engraissé, a donné :

	kil.	Pour 100
Sang	2,68	3,0
Intestins, rate, cœur, etc.	9,78	10,9
Os	13,13	15,7
Peau	6,88	7,6
Chair maigre	31,85	35,6
Lard net	16,42	26,3
Graisse des côtés	1,65	
Graisse des boyaux	1,60	
Saindoux	3,87	
Soies, impuretés, perte	1,64	1,9
	89,50	100,0

(1) Dans le seigle, matières grasses . . 12,3
les pois 9,5
les pommes de terre. 4,3
26,1

10 kilog. de lard ont donné à la fonte :

	kil.
Graisse	5,75
Croton.	2,25
	8,25

Voici les données relatives à l'engraissement de 1842.

9 porcs âgés de treize à quinze mois et déjà en bon état d'embonpoint ont été mis à la nourriture abondante le 1er octobre.

Le 1er octobre ils pesaient.	882 kil.	
Le 28 nov., quand ils ont été saignés .	1049	
Gain en 58 jours	157 ; par tête :	17,4
Gain par tête et par jour		0,30

Dans les cinquante-huit jours, les porcs ont consommé :

	hectol.	kil.		kil.
Seigle.	4,8 pesant.	350	équivalant à foin.	519
Pois.	7,5	592	id.	2368
Pommes de terre		2680	id.	846
Eaux grasses et petit lait, indéterminé.				»
				3733

Les neuf porcs ont rendu 794 kil. de viande nette, lard et saindoux, ou 75,7 pour cent de poids vivant.

Les issues, évaluées par différence à 255 kil., ont donné :

	kil.
Graisse de boyaux fondue	15,6
Des 794 kil., on a retiré saindoux fondu . .	48,9
Graisse d'intérieur	64,5

Supposant que, dans l'augmentation de poids obtenu dans les cinquante-huit jours, le gras figurait pour vingt-neuf pour cent,

	kil.
La graisse fixée serait.	45,5
Les substances solubles dans l'éther contenues dans les aliments consommés ne dépassaient pas. . .	27,1
Différence	18,4

Il faudrait donc que les aliments qui ont été pris par les porcs en quantité indéterminée aient apporté 18k,4 de graisse. Il convient toutefois de faire remarquer que les 45k,5 de gras acquis se réduiraient peut-être par la fonte à 28 ou 30 kil. Des expériences qui se terminent en ce moment à Bechelbronn offriront, j'ose l'espérer, des résultats assez nets pour décider si réellement il y a, pendant l'engraissement, formation de graisse aux dépens de l'amidon et du sucre contenus dans la nourriture (1).

(1) M. Playfair a publié tout récemment des observations qui tendraient à prouver que les vaches ne trouvent pas dans les fourrages les principes gras qui, convenablement élaborés, produisent, selon nous, le beurre. Ainsi, suivant ce chimiste, le beurre contenu dans le lait excède toujours, dans une proportion très forte, les substances analogues aux corps gras qui se trouvaient dans la nourriture consommée. Le lait recueilli a été analysé; quant aux aliments, M. Playfair n'a point cru devoir déterminer leur contenu en principes solubles dans l'éther : il a *supposé* que le foin de bonne qualité contient toujours et partout 1 1/2 pour 100 de matière grasse ou cireuse. Néanmoins, comme plusieurs analyses nous ont montré que le foin de prairies renferme le plus ordinairement 3,8 pour 100 de ces matières, il me sera permis,

Les observations que je viens de réunir sur l'engraissement du porc peuvent se résumer ainsi :

supposition pour supposition, d'appliquer cette détermination aux observations que je vais présenter : j'userai du même droit pour évaluer les substances grasses des fèves et de l'avoine en me servant des nombres consignés dans un des précédents tableaux. Voici maintenant le résumé des observations.

Premier jour. La vache ayant été au pâturage, on n'a pu déterminer ce qu'elle a mangé.

Deuxième jour. La vache, mise à l'étable et isolée, refusa d'abord toute nourriture ; enfin, elle a fini par consommer :

	kil.		gram.
Foin	12,70	contenant matières grasses .	483
Avoine . . .	1,13	id.	50
			533
Lait obtenu. .	8,74	contenant beurre. . 0,051 =	446
Matière grasse en plus dans les aliments. . . .			93

Troisième jour. Aliments :

Foin	17,21,	matières grasses	654
Avoine . . .	1,18	id.	50
Fèves. . . .	3,62	id.	72
			776
Lait obtenu. .	9,98	contenant beurre. . 0,042 =	419
Matière grasse en plus dans les aliments. . .			357

Jusqu'ici ces résultats sont tout à fait concordants avec ceux que j'ai obtenus. Il n'en sera pas ainsi pour les observations suivantes :

Quatrième jour. Aliments :

	kil.		gram.
Foin	6,34	matières grasses. . . .	241
Pommes de terre .	10,87	id,	9
Fèves.	3,62	id.	72
			322
Lait obtenu . . .	10,30	contenant beurre 0,058 =	597
Matière grasse en plus dans le *lait*			275

RATION exprimée en foin.	ACCROISSEMENT par jour.	POIDS VIVANT obtenu avec 100 kilog. de foin.	CHAIR NETTE et graisse pour 100 kilog. de poids vivant.	AGE DES PORCS au commencem. de l'observation.	DURÉE de l'observation.	
kilog.	kilog.	kilog.	kilog.	mois.	mois.	jours.
2,38	0,20	8,58	»	1	11	»
6,18	0,38	13,21	74,0	9	»	21
7,15	0,89	12,52	»	9 1/2	»	20
»	0,57	»	»	12	»	»
5,29	0,26	4,91	82,2	15	»	104
7,00	0,30	4,21	75,7	14	»	58

Cinquième jour. Aliments :

Foin . . . . . . 6,34, matières grasses 241

Pommes de terre . . 13,60 id. 11

252

Lait obtenu. . . . . . 11,5 contenant beurre 0,047 = 540

Beurre en plus dans le *lait* 288

On voit par ces deux expériences, qui ensemble ont duré quarante-huit heures, que la matière butyreuse sécrétée excède considérablement les substances analogues aux corps gras qui existaient dans la nourriture. Si ces deux observations sont exactes, comme je le crois, vu leur peu de durée, faut-il en conclure que la plus grande partie du beurre a été formée aux dépens de l'amidon? Si telle est l'opinion de M. Playfair, il aurait dû la corroborer par un *sixième jour* d'observation, durant lequel la vache n'aurait reçu aucune nourriture. Pendant ces vingt-quatre heures d'abstinence, la vache aurait néanmoins rendu encore 8 ou 10 kil. de lait, ou 4 à 500 gram. de beurre.

La conséquence que l'auteur tire de ces *cinq* expériences inspirerait plus de confiance s'il avait pu s'assurer que le poids de la vache restait invariable, qu'elle ne maigrissait pas lorsqu'elle donnait abondamment du lait sous l'influence de l'alimentation aux pommes de terre.

J'étudie en ce moment l'effet de la nourriture aux racines et aux tubercules sur la lactation; mais comme les expériences que j'ai entreprises demandent un temps assez considérable, je n'ai pas l'espoir d'insérer dans cet ouvrage les résultats que j'obtiendrai.

La nourriture donnée aux porcs dans les observations précédentes a toujours été abondante. Pour déterminer la nourriture normale, j'ai fait peser les pommes de terre consommées chaque jour par un porc en pleine croissance et dont on connaissait le poids.

Poids du porc.	Pommes de terre par jour.	Equivalent en foin.	Pour 100 de poids vivant, foin.
kil.	kil.	kil.	kil.
63	5	1,59	2,52
66	6	1,91	2,89
73	7	2,20	3,01
84	8	2,54	3,02

J'aurais désiré réunir aux faits que je viens d'exposer quelques observations sur le développement des bêtes à laine; malheureusement je n'ai pu me procurer des renseignements précis sur cette branche de l'économie rurale. J'ai cependant cherché à connaître d'une manière approchée les rapports qui existent entre le poids d'un animal jeune, la nourriture consommée et l'accroissement du poids vivant. J'ai disposé l'expérience suivante :

Deux moutons de 6 mois pesaient ensemble .	61 kil.
16 jours après, ils ont pesé	69
Gain.	8
Accroissement par jour et par tête.	0,25

Dans les seize jours les moutons ont mangé :

Foin.	20 kil.
Pommes de terre . $24^k,25$ = foin .	7,7
	27,7
Par tête . . . . 13,85 ; par jour,	3,87

On aurait ainsi 2,9 d'aliments *foin* pour cent de poids vivant. On voit aussi qu'une nourriture représentée par 100 kil. de foin aurait produit une augmentation de 27,7 sur le poids de l'animal. J'ajouterai à ce simple renseignement les résultats que M. Rayer a obtenus en pesant les os et les principaux organes d'un mouton.

Ce mouton était un mérinos âgé d'environ cinq ans, pesant en vie 34^{k},5.

PARTIES DU CORPS.	POIDS.		Observations.
	kil.	gr.	
La peau garnie de laine .	5	897	Les os de la tête pesaient » 928
Le sang fourni par la plaie	1	500	Les os du tronc et des membres 3 125
Les os de tout le squelette	4	53	Total. 4 053
Le cerveau	»	110	On n'a pas détaché les cornes du crâne ni les ongles des pieds.
La moelle épinière. . .	»	35	
Les yeux	»	40	
Le larynx et la langue. .	»	250	
Les poumons et la trachée	»	655	
Le cœur et le péricarde .	»	255	
Œsophage, estomac et intestins vides	2	250	
Matières contenues dans l'estomac et les intestins	2	625	
Mésentère et graisse . .	»	875	
Rate.	»	150	
Pancréas.	»	45	
Foie.	»	475	
Vésicule du fiel et bile .	»	40	
Les deux reins.	»	104	
Vessie et urine	»	82	
Graisse autour des reins	1	»	
Graisse (épiploon) . . .	»	375	
Chairs (muscles, tendons, gaîne fibreuse, portions de graisse).	13	284	
	34	500	

§ VI. *De la production des fumiers.*

Les fourrages consommés étant l'origine du fumier, il semble qu'il doit être facile d'évaluer celui qui sort journellement des écuries et des étables. Je n'entends point parler ici de la masse des déjections : ainsi, dire avec quelques praticiens que la paille double ou triple de poids quand elle séjourne chez les animaux, ce n'est pas définir la quantité réelle d'engrais recueilli; car on comprend que la nature plus ou moins aqueuse de la nourriture influe de la manière la plus directe sur le poids des excrétions qui imprègnent la litière. L'évaluation de l'engrais produit doit être plus rigoureuse, et sans prétendre à une exactitude à laquelle on ne saurait atteindre, on peut cependant estimer l'azote qui se trouve dans la litière et dans les déjections, afin d'être en état de rapporter le fumier obtenu à l'engrais normal.

Si la matière azotée des aliments n'était pas, en partie du moins, assimilée ou exhalée par les animaux, si cette matière était totalement expulsée de l'organisme, on comprend qu'il suffirait de connaître l'azote contenu dans la nourriture, pour apprécier l'azote que devraient renfermer les déjections réunies à la litière. Il n'en est pas ainsi, et pour montrer qu'il n'est pas indifférent de négliger l'azote qui échappe aux engrais par suite de ces diverses causes, il suffit de prendre le cas le moins compliqué, celui de l'alimentation d'un cheval adulte recevant pour ration :

Foin	10 kil.	contenant azote . .	115 gram.
Avoine	5	id.	90
Paille.	5	id.	20
Paille litière. .	4	id.	7
		Azote.	232

Or, en admettant 2 pour 100 d'azote dans l'engrais normal à l'état sec, on voit que la nourriture consommée par le cheval pourrait fournir, théoriquement parlant, $11^k,6$ de fumier de ferme supposé sec; mais nous avons vu qu'un cheval, qu'une vache, exhalent, en vingt-quatre heures, de 23 à 27 grammes d'azote prélevés sur les aliments, et par conséquent perdu pour le fumier. 25 gr. d'azote représentent $1^k,25$ d'engrais sec; il s'ensuit que le fumier normal et sec produit par le cheval maintenu à l'écurie se trouve réduit à $10^k,3$. Dans une année, l'azote exhalé diminuerait donc le poids du fumier supposé sec de 475 kilog. par cheval.

L'azote des aliments d'une vache enlevé à l'engrais, est plus considérable encore; car à l'azote exhalé pendant la respiration, se joint celui qui fait partie du lait. Ainsi des praticiens, sans se rendre bien raison de la cause, ont déjà constaté ce fait, que pour une même quantité de nourriture semblable, la vache produit réellement moins d'engrais qu'un cheval ; considérons, en effet, une vache laitière à l'époque où elle donne 10 litres de lait en consommant l'équivalent de 15 kilog. de foin :

15 kil. de foin contiennent azote	. . .	173 gram.
2 kil. de paille litière .	id. . . .	8
	Azote	181

181 gram. d'azote = 9 kil. de fumier normal sec.

Mais il y a eu en vingt-quatre heures :

Azote exhalé	25 gram.
Azote des 10^kil.^,35 de lait .	52
	77 = 4 kil. de fumier sec.

Les 15 kilog. de foin digérés par la vache produisent donc, seulement avec la litière, 4^k^,8 de fumier. L'azote des aliments, qui ne se retrouve plus dans les déjections, représente par an près de 15 quintaux d'engrais sec.

L'évaluation de l'engrais que doivent fournir des animaux en état de croissance, présente quelques difficultés, parce qu'indépendamment de l'azote distrait par le fait de la respiration, il y a, en outre, une certaine quantité de ce principe qui reste fixé dans l'organisme.

Ainsi, dans une des expériences que j'ai rapportées, on a pu voir qu'un veau de six mois consommant

	kil.		gram.
Par jour,	4,33	de foin contenant azote	69,3
A rendu par les déjections azote			54,3
Azote fixé ou exhalé en vingt-quatre heures .			15,0

L'engrais perdu par la fixation de l'azote des aliments est, comme on voit, considérable, lorsqu'il s'agit d'une vache laitière ou du bétail jeune. Nous trouvons, par exemple, que par 100 kil. de foin consommé :

Un cheval rend l'équivalent de .	51 kil. de fumier normal sec.
Une vache laitière	32
Un veau de six mois	40

Pour évaluer avec une certaine exactitude le fumier azoté qui doit résulter des aliments consommés dans la ferme, il serait à désirer que l'on connût la proportion d'azote renfermée dans un animal en vie. On saurait alors par l'augmentation de poids arrivée dans l'étable ou dans l'écurie, le poids du fumier qu'il faudrait retrancher de celui qu'auraient produit les fourrages, s'il n'y avait point eu production de matière animale, si la totalité de l'azote de la nourriture eût passé aux engrais. Malheureusement nous n'avons, pour déterminer l'azote contenu dans un animal en vie, que des données bien insuffisantes, mais que j'essaierai néanmoins d'appliquer.

(1) Supposant du foin ordinaire à 1,15 pour 100 d'azote.

D'après quelques expériences et les renseignements que j'ai pu me procurer, j'admets que les substances suivantes, considérées à l'état normal, contiennent pour 100 :

SUBSTANCES, 100 PARTIES.	HUMIDITÉ.	MATIÈRE sèche.	PHOSPHATES de chaux et sels.	AZOTE.
Chair de bœuf	77	23	1,0	3,5
Chair de veau.	77	23	»	»
Sang	80	20	0,9	3,0
Peau de bœuf, de veau. . .	60	40	1,0	7,2
Crins, poils	9	81	2,0	13,8
Corne.	9	91	0,7	14,4
Os de bœufs, tibia.	30	70	»	»
Un squelette entier.. . . .	36	64	35,0	5,2
Parties molles (cervelles, intestins, etc.)	81	19	1,0	2,9
Lard privé de peau	20	80	»	1,9

En appliquant ces nombres aux diverses matières et organes qui entrent dans la constitution des animaux dont nous nous sommes occupé précédemment, on a pour la quantité d'azote contenue dans 100 kil. de poids en vie :

Bétail, azote	3,47	pour 100
Cheval.	3,64	id.
Porc.	3,80	id.
Mouton	3,66	id.
	3,64	moyenne.

Ainsi, pour 100 kil. de *poids vivant*, produit

dans l'étable, on peut, sans erreur grave, supposer qu'il y a 3,6 d'azote fixe, prélevés sur les fourrages, et qui, par conséquent, n'iront pas aux engrais. En d'autres termes, 100 kil. de poids en vie privent l'établissement de 180 kil. de fumier normal sec, ou d'environ 9 quintaux de fumier humide (1).

On doit donc espérer d'arriver à connaître, d'après les aliments consommés dans une ferme, la quantité d'engrais réel dont on pourra disposer, en tenant compte et en déduisant de l'engrais que donneraient directement les fourrages, l'engrais que représente l'azote exhalé ou fixé par les animaux. Mais pour obtenir des résultats suffisamment exacts, il faudrait nécessairement posséder des données plus nombreuses et plus précises que celles que nous sommes réduits à employer maintenant. Au reste, cette perfection des *coefficients* est l'affaire de l'avenir; la science agricole a presque tout à créer.

Dans l'appréciation des engrais par les aliments, on suppose qu'il n'y a aucune déperdition de fumier. Pour les étables, un cultivateur soigneux peut approcher de cette supposition, en

(1) On étendra probablement un jour cette discussion à l'acide phosphorique ; aujourd'hui les éléments ne sont pas assez nombreux. Je me bornerai à faire remarquer, en me fondant sur des résultats fournis par l'abattage d'un porc, que 100 de poids vivant paraissent contenir 2 à 3 d'acide phosphorique.

faisant presque le contraire de ce qui est généralement pratiqué ; mais les fumiers de l'écurie auront toujours, quoi qu'on fasse, à supporter une perte inévitable, qui dépend du séjour que font au dehors les chevaux du domaine. Déjà on admet que par suite du travail extérieur les attelages ne rendent que les deux tiers de l'engrais qu'on serait en droit d'attendre de la nourriture qu'ils consomment. Quelques expériences faites dans nos écuries semblent établir que la perte peut s'élever au quart des déjections rendues ; et encore cette perte n'est souvent qu'apparente, puisque les attelages travaillent le plus fréquemment sur la propriété. Pour fixer les idées, je donnerai comme exemple l'évaluation de l'engrais réel contenu dans une masse de fumier qui avait été recueillie en 1840-1841.

		POIDS du FOURRAGE.	AZOTE dans LES FOURRAGES.
		kil.	kil.
Etable . .	16 têtes, foin ou équivalent.	87,600	1,007
	11 jeunes.	10,738	123
	Litière, paille.	16,425	49
Ecurie . .	27 chevaux, foin ou équivalent.	147,825	1,700
	Litières, paille.	20,870	63
Porcherie.	Pommes de terre	45,264	165
	Seigle	615	11
	Pois.	492	19
	Litières, paille.	3,650	11
	Azote des aliments et litières		3,148

		POIDS des PRODUITS.	AZOTE dans LES PRODUITS.
		kil.	kil.
Etable . .	Poids vivant, produit. . .	3,326	120
	Lait	15,786	79
	Azote exhalé	»	246
Ecurie . .	Poids vivant, produit. . .	684	25
	Perte due au travail extérieur.	»	425
	Azote exhalé	»	246
Porcherie.	Poids vivant, produit. . .	1,025	37
	Azote exhalé (1).	»	18
	Azote distrait des engrais.		1,196

(1) J'ai admis, d'après deux expériences, 25 gram. pour l'azote exhalé par jour pour le cheval et la vache du poids de 500 kilog. Je reconnais que le nombre adopté est encore fort incertain. Pour un porc de 100 kilog. je prends 5 gram. d'azote.

Ainsi, les aliments et les litières, d'après leur contenu en azote, auraient dû produire, en fumier de ferme humide.......... 7,678 quint.
l'azote fixé ou perdu en représente. 2,917 »
fumier effectif................. 4,761 »

En pratique, nous obtenons ordinairement pour cette quantité d'aliments consommés, 5,000 quintaux d'engrais humide.

Thaer admet que la nourriture sèche et la litière doublent leur poids pour se convertir en fumier (1). Le résultat que je viens de présenter s'accorde assez bien avec cette donnée. En effet, dans la ration de l'étable il n'entre généralement que la moitié en foin ; le reste se compose de racines ou de tubercules.

La nourriture sèche et la litière deviennent ainsi 2,330 quintaux qui, suivant Thaer, doivent se convertir en 4,660 quintaux; nombre peu différent de celui auquel nous avons été conduit par les considérations que j'ai exposées. Sinclair évalue l'engrais de l'étable à quatre fois le poids de la litière (2). Dans le cas particulier qui nous occupe, cette formule conduirait à un résultat erroné, puisque la paille étant de 409 quintaux, le fumier n'en devrait peser, dans l'opinion de l'agronome anglais, que 1,638. On conçoit facile-

(1) Thaer, t. I, p. 247.
(2) Sinclair, *Agriculture pratique et raisonnée*, t. I.

ment que cette manière d'évaluer l'engrais suppose implicitement qu'on pourvoit le bétail d'une litière très abondante; de même que dans la méthode de Thaer, la nourriture sèche doit entrer pour une forte proportion dans l'alimentation. Il n'est pas nécessaire, je crois, d'insister sur l'utilité qu'il y a pour le cultivateur à prévoir, avec une exactitude suffisante, l'engrais qu'il peut raisonnablement espérer d'une quantité connue de fourrages. Des moyens indiqués, celui que je propose d'introduire dans la pratique me semble devoir conduire à la prévision la mieux fondée, lorsque surtout les nombres dont j'ai fait usage auront été rectifiés par une expérience plus étendue et par de nouvelles observations.

J'ai déjà dit plus haut que le fourrage supplémentaire, ajouté à celui qui est indispensable à la production de l'engrais, acquiert généralement, par le fait de sa transformation en forces ou en matières exportables, une valeur supérieure à celle qu'il aurait eu sur le marché. Ce supplément est la fraction des aliments dont l'azote, dans le tableau précédent, figure comme exhalé ou assimilé. On trouve, en effet, en représentant ce fourrage perdu pour le fumier et acquis au travail et à l'exportation, que dans l'étable :

		kil.
100 kil. de foin ont donné,	poids vivant . .	8,6
	lait.	40,8

Dans la porcherie :

100 kil. de foin ont produit, poids vivant . 21

Dans l'écurie, l'azote fixé, perdu ou exhalé, s'élève à près de 700 kilog., représentant environ 609 quintaux de foin, qui ont produit 684 kilog. de poids vivant dû en grande partie à la naissance et à l'accroissement des poulains, et 8370 journées de travail.

CHAPITRE IX.

CONSIDÉRATIONS MÉTÉOROLOGIQUES.

§ I. *Température.*

Les phénomènes de la végétation s'accomplissent toujours sous l'influence d'un certain degré de chaleur. S'ils exigent, en outre, le concours de la lumière, de l'air, de l'humidité et de diverses substances inorganiques, il est néanmoins établi que ces agents ne contribuent au développement d'une plante qu'autant qu'ils sont favorisés par une température convenable, variable selon les différentes espèces végétales, et qui se trouve comprise entre des limites assez éloignées. Ainsi, la germination s'effectue depuis trois ou quatre degrés au dessus de 0 jusqu'à 40 à 50°. Les plantes des forêts équatoriales prospèrent dans une atmosphère chaude et humide, qui atteint quelquefois plus de 40°, et j'ai rencontré sur les montagnes des Andes une saxifrage au delà du niveau des neiges perpétuelles, à 4,800 mètres de hauteur absolue, près du point de la congélation constante.

Il est des familles végétales qui ont besoin, pour exister, d'une atmospbère plus ou moins chaude, mais dont la température ne s'abaisse jamais au dessous d'une limite déterminée; telles sont la plupart des plantes intertropicales. Il en est d'autres qui tout en exigeant pour se développer l'action d'une chaleur suffisante, suspendent leur végétation pendant l'hiver et supportent sans succomber le froid le plus intense; tel est, parmi les conifères dont abonde la Sibérie, le mélèze (*pinus larix*), qui est indifférent aux plus fortes rigueurs de cette saison, puisqu'il résiste à un froid de 35° à 40°, pourvu, d'après M. Erman, que de semblables hivers soient suivis d'étés chauds et secs (1).

Les *habitudes* météorologiques des plantes étant des plus variées, il s'ensuit que la répartition géographique des espèces végétales est une conséquence de la distribution de la chaleur à la surface du globe, du *climat*.

La terre possède une chaleur qui lui est propre, c'est un corps échauffé qui est en voie de refroidissement. On reconnaît, en effet, à mesure qu'on pénètre plus avant dans son intérieur, que la température des travaux souterrains s'accroît

(1) Humboldt, *Asie centrale*, t. III, p. 52.

progressivement. A une très petite distance de la superficie, cette température est encore affectée par les variations qui surviennent dans la chaleur de l'atmosphère, mais plus profondément, ces variations n'exercent plus aucune espèce d'influence, et à partir de ce point situé dans la couche à *température invariable*, la chaleur souterraine augmente uniformément de 1° centigrade, pour une profondeur d'environ 31 mètres.

La profondeur à laquelle se trouve la *couche de température invariable* dépend de la grandeur des variations thermométriques qui ont lieu dans l'air, durant le cours d'une année. Aussi, dans les hautes latitudes, cette profondeur est assez considérable; à Paris, par exemple, M. Arago a trouvé qu'à 8 mètres au dessous de la surface du sol, un thermomètre ne reste pas encore stationnaire. On conçoit, au reste, que dans un climat plus constant, cette profondeur soit déjà beaucoup moindre, puisque si le climat d'un pays était absolument invariable, c'est à dire si la température de l'atmosphère pendant l'année entière restait la même tous les jours et à toutes les heures, la température du sol se confondrait évidemment avec celle de l'air, de sorte que la *couche invariable* se trouverait précisément à la surface du terrain. Or, le climat des régions équinoxiales étant, comme nous le verrons bientôt, éminemment constant, et s'approchant du cas hypothétique que je viens d'énoncer, il était naturel de penser que la profondeur à atteindre pour se procurer la température moyenne d'un lieu pourrait être tellement peu considérable, qu'il deviendrait facile d'employer le sondage pour la déterminer.

Une série d'observations que j'ai eu l'occasion de faire en Amérique, entre le deuxième degré de latitude australe et le onzième de latitude boréale, a montré, en effet, que dans le voisinage de l'équateur, la couche d'invariable température se rencontre presque à la surface du sol. Dans des endroits abrités, comme le rez-de-chaussée d'une maison, une cabane d'Indien, un simple hangar, le thermomètre placé dans un trou d'environ un tiers de mètre ne subit plus que des variatious de un dixième à deux dixièmes de degré (1).

C'était probablement sous l'influence de la chaleur interne du globe que, suivant M. de Humboldt, des animaux qui habitent aujourd'hui la zône torride ont vécu jadis au milieu des fougères arborescentes, des palmiers, dans le nord de l'ancien continent; et l'on conçoit comment, à mesure que la terre s'est refroidie à sa surface, la distribution des climats est devenue

(1) Boussingault, *Annales de chimie et de physique*, t. LIII, 2e série.

presque uniquement dépendante de l'action solaire, et comment aussi les tribus de plantes et d'animaux dont l'organisation exigeait une température plus élevée et un climat plus égal, ont disparu graduellement (1).

Dans l'état de stabilité auquel semble être arrivée actuellement la surface du globle, le soleil doit être considéré comme l'agent qui influe le plus directement sur la température de notre atmosphère. C'est en effet de la longueur des jours, de la hauteur du soleil au dessus de l'horizon, que dépend la température que l'on éprouve. Aux époques où le soleil reste le plus longtemps levé, la terre reçoit nécessairement plus de chaleur qu'elle n'en perd pendant des nuits de courte durée; on sait aussi que les rayons solaires échauffent d'autant plus un corps sur lequel ils tombent, qu'ils arrivent à la surface de ce corps suivant une direction qui s'éloigne le moins de la perpendiculaire; en outre, quand le soleil est peu élevé au dessus de l'horizon, son action calorifique est grandement affaiblie, par la raison que ceux de ces rayons qui tombent sur le sol, traversent une atmosphère plus dense et plus chargée de vapeurs qui atténuent singulièrement leur intensité. C'est à ces dernières circonstances qu'il faut attribuer le froid qui règne

(1) Humboldt, *Asie centrale*, t. III, p. 98.

dans la zône tempérée, durant l'hiver, et pendant toute l'année dans les régions polaires. L'inégalité dans la longueur des jours ayant une influence aussi prononcée, un lieu situé dans la proximité de la ligne équinoxiale, où cette inégalité est à peine perceptible, doit avoir durant l'année entière une température à peu près constante, parce que dans la nuit la terre perd en rayonnant vers l'espace, à peu près la même quantité de chaleur qu'elle reçoit pendant le jour. Dans les latitudes élevées, où en raison de l'inclinaison du plan de l'écliptique sur l'horizon, le soleil reste levé pendant des temps très inégaux suivant les diverses époques de l'année, cette égalité entre la chaleur reçue et celle qui est perdue par voie de rayonnement, ne se présente plus qu'à de rares intervalles, au moment des équinoxes. La température du sol, et par suite celle de l'atmosphère qui est en contact avec lui, tendra donc à s'élever ou à s'abaisser, selon la position du soleil. Il arrive de là qu'un lieu en dehors des tropiques a, dans le cours de l'année, des températures très différentes, ou, comme on dit ordinairement, des saisons plus ou moins marquées. Considérons, par exemple, deux points géographiques pris dans le même hémisphère, dont l'un soit dans le voisinage de l'équateur, comme la côte de Guinée (latitude N. 5° 1/2), et l'autre plus au nord, comme Paris (latitude N. 48° 1/2), nous aurons, pour la température moyenne des saisons, les nombres suivants :

SAISONS.	GUINÉE, latitude N., 5° 1/2 durée moyenne du jour.	DISTANCE MOYENNE du soleil au zénith.	TEMPÉRATURE moyenne de la saison.	PARIS, latitude N., 48° 1/2, durée moyenne du jour.	DISTANCE MOYENNE du soleil au zénith.	TEMPÉRATURE moyenne de la saison.
	heures.			heures.		
Hiver.	12	20° 1/4	28° 1	9 3/4	63° 1/4	3° 3
Printemps. .	12	9° 1/4	28° 3	14 1/2	33° 3/4	10° 3
Été.	12	9° 1/4	26° 4	14 1/2	33° 3/4	18° 1
Automne . .	12	20° 1/4	27° 0	9 3/4	63° 1/4	11° 2
Tempér. moyenne de l'année. . .			27° 4			10° 8

L'influence de la hauteur du soleil et de la longueur des jours devient encore plus prononcée, lorsqu'on considère la température moyenne des mois dans des latitudes élevées, ainsi qu'on peut le voir dans le tableau qui suit :

MOIS (1).	PARIS, latitude 48° 50'.	BERLIN, latitude 52° 31'.	ST-PÉTERSBOURG, latitude 59° 56'.
	degrés.	degrés,	degrés.
Janvier.	2 1	— 2 4	— 9 5
Février.	4 7	0 1	— 7 5
Mars.	6 5	3 8	— 3 7
Avril.	9 8	9 2	2 6
Mai	14 5	13 9	8 7
Juin.	17 0	17 4	15 0
Juillet	18 6	18 5	17 3
Août.	18 4	17 9	15 8
Septembre . . .	15 8	14 4	10 5
Octobre	11 3	9 8	5 1
Novembre. . . .	6 8	4 1	— 0 8
Décembre . . .	4 0	1 3	— 5 2
Moyenne de l'année	10 8	8 9	3 9

On trouve en effet que dans l'hémisphère boréal, à partir de la mi-janvier, la température augmente, lentement d'abord, plus rapidement en avril et en mai, qu'elle est à son maximum en juillet; elle reste à peu près stationnaire durant le mois d'août et redescend ensuite jusqu'au 21 janvier, époque où elle atteint son minimum.

La température moyenne annuelle la plus forte se trouve nécessairement dans le voisinage de l'équateur entre 0° et 10 à 12° de latitude, au

(1) Humboldt, *Asie centrale*, t. III, p. 56.

niveau de la mer, là où indépendamment de l'égalité de la durée du jour et de la nuit, le soleil, toujours très élevé, passe deux fois par an au zénith. Les observations recueillies jusqu'à présent, indiqueraient que cette température oscille entre 26° et 29°. Les nombres obtenus sont du moins compris entre ces limites.

LOCALITÉS.	LATITUDES.	TEMPÉRATURE moyenne.	OBSERVATEURS.
	deg. min.	degrés.	
Cumana . . .	10 27 Nord.	27 4	Humboldt.
La Guayra . .	10 37	28 0	Codazzi, Boussingault.
Rio la Hacha .	11 40	28 1	Hall.
Santa-Marta .	11 15	28 5	Boussingault.
Cartagena. . .	10 25	27 5	Boussingault.
Panama . . .	8 58	27 2	Hall.
Tumaco . . .	1 40	26 1	Boussingault.
Madras. . . .	13 5	27 8	»
Trinconomale (Ceylan). . . .	8 34	27 4	»
Singapore . .	1 17	26 5	»
Christianborg.	5 24	27 2	»
Maracaybo . .	11 19	29 0	Hall.
Batavia. . . .	6 9 Sud.	26 8	
Guayaquil . .	2 11	26 0	Hall, Boussingault.
Payta	5 5	27 1	Boussingault.

Si la terre présentait une surface de nature homogène, ayant, par conséquent, une densité uniforme, un même pouvoir, soit pour absorber, soit pour rayonner la chaleur, le climat d'un lieu dépendrait presque entièrement de sa position géographique ; les points d'égale température se trouveraient sur la même parallèle, ou, pour employer l'heureuse expression introduite par M. de Humboldt, les lignes *isothermes* seraient toutes parallèles à l'équateur. Mais la surface de notre planète est recouverte d'aspérités, d'anfractuosités qui font varier à l'infini sa configuration. Le sol, selon qu'il est aride, marécageux ou recouvert de forêts étendues, ne s'échauffe pas au même degré. Sous la même latitude, une cause qui affecte le plus le climat d'une contrée, c'est sa situation relativement à l'étendue de terre ou de mer qui l'avoisine. Aussi, en pénétrant vers l'intérieur des continents, on observe toujours une plus grande différence thermométrique entre les saisons extrêmes, le climat devient plus rigoureux. Le peu de variation que la mer subit dans sa température, la difficulté avec laquelle s'échauffe ou se refroidit une masse de liquide aussi considérable, font qu'elle tempère les ardeurs de l'été et les rigueurs de l'hiver des lieux situés dans sa proximité. C'est à ces principales circonstances qu'est dû le contraste que l'on remarque entre le climat des îles ou des côtes et le climat intercontinental. C'est ainsi que par le fait du voisinage de la mer, des lieux possèdent à très peu près la même température moyenne, malgré une assez grande différence en latitude; on peut citer les exemples suivants :

Lieux.	Température moyenne.	Latitude.
Paris	10°,8	48°.50′
Londres.	10°,4	51°,31′
Maestricht.	10°,1	50°,50′
Harlem	10°,0	52°,23′
Dublin.	9°,5	53°,23′
Manchester. . . .	8°,7	53°,29′
Edimbourg. . . .	8°,6	55°,57′

Une île, une côte, une péninsule, offrent donc des climats tempérés, des hivers plus doux, des étés moins chauds que l'intérieur des terres; sur les côtes de Glenarm, en Irlande, par une latitude de 55 degrés, le myrte végète comme en Portugal; il y gèle rarement bien que les chaleurs de l'été soient insuffisantes pour mûrir le raisin; cependant, sous la même parallèle, à Kœnisberg en Prusse, on éprouve en hiver un froid de—3°,3. Les mares et les petits lacs des îles de Feroé ne se couvrent pas de glace, et quoique ces îles soient situées par 62° de latitude, la moyenne de l'hiver y est + 4°,3, et celle de l'été ne dépasse pas 12° à 13°. En Angleterre, les côtes du Devonshire ont des hivers tellement doux qu'on y a vu des orangers en espalier porter des fruits, et à Salcombe, en 1774, on vit fleurir un agave qui avait passé vingt-huit années sans être abrité pendant la saison froide. Sur la côte méridionale de l'Angleterre, les hivers sont également tempérés; la moyenne hivernale s'y maintient encore entre

+ 5° et + 6°,8, quoique la température moyenne annuelle dépasse à peine 11° (1).

Ce qui caractérise surtout les climats *maritimes*, c'est une moindre différence entre la température des étés et celle des hivers ; ainsi, pour Edimbourg (latit. 56°), cette différence n'est que de 10°,6. A Moscou, placé à très peu près sur la même parallèle, mais loin des côtes, l'excès de la température des étés sur la température des hivers est de 27°, 8. A Kasan (lat. 56°), cette différence s'élève à 31°,3.

L'influence des continents étendus, l'éloignement des mers, ne paraissent pas se borner à rendre le climat plus *excessif*, en augmentant à la fois et dans le même rapport la chaleur des étés et le froid des hivers. L'ensemble des observations faites en Europe et en Asie montre que, dans ces circonstances, la température moyenne annuelle décroît à mesure qu'on pénètre plus avant dans l'intérieur des terres vers les régions de l'est. M. de Humboldt attribue ce décroissement en partie à l'action refroidissante des vents dominants. Les résultats suivants font voir la marche de la diminution de température depuis le littoral occidental de l'Europe jusqu'au delà du méridien de la mer Caspienne.

(1) Humboldt, *Asie centrale*, t. III, p. 145.

	Latitude.	Température moyenne.
Amsterdam . . .	52°,22′	9°,8
Berlin	52°,31′	8°,6
Copenhague. . .	55°,41′	8°,2
Kasan	55°,48′	2°,2

Comme dans les questions agricoles il est surtout utile de connaître la température moyenne des saisons, et comme nous avons vu que cette température dépend, à latitudes égales, de la topographie de la contrée, j'ai cru devoir réunir les données météorologiques relatives à quelques localités, classées suivant leur position plus ou moins *continentale*; ces données confirmeront de la manière la plus positive les principes qui viennent d'être exposés.

LOCALITÉS.	LATITUDES nord.	LONGITUDE comptée de Paris.	TEMPÉRATURE MOYENNE. ANNÉE.	HIVER.	PRINTEMPS.	ÉTÉ.	AUTOMNE.	DIFFÉRENCE entre l'hiver et l'été.	MOIS le plus froid.	MOIS le plus chaud.
			LIEUX SITUÉS TRÈS PRÈS DES CÔTES.							
	deg. min.	deg. min.	deg.	deg.	deg.	deg.	deg.	deg.	deg.	deg.
Cap Nord	71 10	23 30 E.	0 1	— 4 6	— 1 3	6 4	— 0 1		— 5 5 janv.	8 1 juillet.
Reikiavig (Islande)	64 8	24 16 O.	4 0	— 1 6	2 4	12 0	3 3	13 6	— 2 1 févr.	12 5 id.
Edimbourg	55 57	5 32	8 6	3 6	7 6	14 4	8 9	10 8	2 9 janv.	15 0 id.
Londres	51 31	2 26	10 4	4 2	9 5	17 1	10 7	12 9	3 0 id.	17 8 id.
Penzance	50 7	7 53	11 1	6 6	9 9	16 5	12 1	9 9	5 7 id.	17 2 id.
Cherbourg	49 39	3 56	11 2	5 2	10 4	16 5	12 5	11 3	3 2 févr.	17 3 août.
Alger	36 47	0 07	17 8	12 4	15 5	23 6	19 9	11 2	11 8 id.	24 7 id.
			LIEUX PLACÉS NON LOIN DE LA MER.							
	deg. min.	deg. min.	deg.	deg.	deg.	deg.	deg.	deg.	deg.	deg.
Harlem	52 23	2 18 E.	10 0	2 8	9 2	17 0	11 0	14 2	1 0 janv.	17 7 juillet.
Maestricht	50 51	3 21	10 1	1 9	10 0	18 0	11 1	16 1	0 0 id.	18 9 id.
Paris	48 50	0 0	10 8	3 3	10 6	18 1	11 2	14 8	1 8 id.	18 9 id.
La Rochelle	46 9	3 28 O.	11 6	4 7	11 1	19 2	11 7	14 5	3 9 déc.	19 8 id.
Bordeaux	44 50	2 50	13 9	6 1	13 4	21 7	14 4	15 6	5 0 janv.	23 id.
			VILLES CONTINENTALES.							
	deg. min.	deg. min.	deg.	deg.	deg.	deg.	deg.	deg.	deg.	deg.
Saint-Pétersbourg	59 56	27 59 E.	3 5	— 8 4	1 7	15 7	4 7	24 1	— 10 3 janv.	16 9 juillet.
Kasan	55 48	46 47	2 2	— 14 3	2 6	17 0	2 8	31 3	— 16 5 id.	18 4 id.
Dresde	51 3	11 24	8 5	— 0 4	8 4	17 2	8 4	17 6	— 2 0 id.	18 0 id.
Berlin	52 31	11 4	8 6	— 0 7	8 4	17 6	9 1	18 3	— 3 1 id.	18 3 id.
Strasbourg	48 35	5 25	9 8	1 1	10 9	18 1	10 0	17 0	— 0 4 id.	18 [illegible] id.

La plupart des localités que j'ai eu occasion de mentionner, appartiennent à l'hémisphère boréal. La température de l'hémisphère austral est beaucoup moins connue ; cependant, un fait qui semble ressortir des observations, c'est que, à latitude égale, cette région du globe possède un climat sensiblement plus froid.

Les moyennes des mois les plus chauds ou les plus froids enregistrées dans certaines contrées, ne donnent pas une idée exacte des températures extrêmes que l'on y éprouve. La plus forte chaleur que l'homme ait encore supportée en plein air, a été observée par Burckhard dans la Haute-Egypte ; dans cette circonstance, le thermomètre monta à 47° et demi. Le froid le plus intense a été noté par Back dans l'Amérique septentrionale, la température s'abaissa à 56°. Voici quelques variations thermométriques extrêmes observées sur divers points du globe.

Localités.	Minima.	Maxima.
Surinam	21°,3	32°,3
Pondichéri. . . .	21°,6	44°,7
Madras.	17°,3	40°,0
Le Caire.	9°,1	40°,2
Rome	— 5°,0	31°,3
Padoue.	— 15°,6	36°,3
Paris.	— 23°,1	38°,4
Prague.	— 27°,5	35°,4
Copenhague. . .	— 17°,8	33°,7
Moscou.	— 38°,8	32°,0
Pétersbourg. . .	— 34°,0	33°,4
Port-Elisabeth .	— 50°,8	16,7

§ II. *Décroissement de la température dans les couches superposées de l'atmosphère.*

Lorsqu'on s'élève dans l'atmosphère, la température décroît avec rapidité. Les lieux situés dans les montagnes possèdent un climat d'autant plus rigoureux qu'ils sont placés à une plus grande élévation. Sous l'équateur même, la hauteur modifie tellement les saisons, que la métairie d'Antisana, dont la latitude n'atteint pas 1° sud, mais qui est élevée de plus de 4,000 mètres, présente une température moyenne qui ne diffère pas sensiblement de celle de Saint-Pétersbourg. Près de là, mais encore plus haut, le sommet du Cayambe, recouvert par un immense amas de neige, est traversé par la ligne équinoxiale.

On attribue le froid qui règne sur les hautes montagnes à la dilatation que l'air des régions basses éprouve lorsqu'il est parvenu dans les régions élevées, à une évaporation plus rapide de l'humidité, à l'intensité du rayonnement nocturne, etc.

Les lieux qui font partie d'une chaîne de montagnes présentent souvent, à latitudes et à élévations égales, des climats assez différents. La température qui serait propre à une station parfaitement isolée, est nécessairement modifiée par une foule de circonstances. Ainsi, le rayonnement de plateaux échauffés, la nature et la couleur des roches, l'abondance des forêts, l'humidité ou l'aridité du sol, le voisinage des glaciers, la prépondérance des vents plus ou moins froids, plus ou moins secs; l'accumulation des nuages, etc., sont autant de causes qui tendent à modifier les conditions météorologiques d'une contrée, quelle que soit d'ailleurs sa position sur le globe. Le voisinage de volcans en activité ne semble pas affecter la température des stations. Ainsi, Puracé, Pasto, Cumbal, qui sont dominés par des volcans enflammés, n'ont pas des climats plus chauds que Bogota, que Santa-Rosa de Osos, le Paramo de Hervé, placés sur des terrains de grès ou de syénite. Je présenterai ici une partie des observations que j'ai faites dans les Cordilières, entre le 11e degré de latitude boréale et le 5e degré de latitude australe, pour déterminer la température moyenne à différentes hauteurs.

LOCALITÉS.	ÉLÉVATION.	TEMPÉRATURE moyenne.	REMARQUES GÉNÉRALES (1).
	mètres.	degrés.	
Cumana.	0	27 5	Humboldt; terrain aride.
San Carlos.	169	27 5	Venezuela, plaines étendues.
Novita (Choco). .	180	26 1	Forêts, marécages.
San Martin.	423	26 6	Grès, steppes du Rio Meta.
Maracay.	439	25 5	Gneiss, vallée d'Aragua.
Mariquita	548	25 4	Vallée de la Magdalena.
Truxillo	823	24 0	Grès, Venezuela.
Caracas	930	21 9	Pays assez boisé.
Cartago	979	24 5	Vallée du Cauca.
Toro.	989	24 4	Id.
Anserma Nueva . .	1,050	23 7	Id.
Vega de Zupia. . .	1,225	21 5	Pays boisé, humide.
Marmato.	1,416	20 4	Id., près Zupia.
Rodeo.	1,709	19 2	Id. Id.
Poyayan.	1,809	17 5	Trachyte, pays très montagneux
Riosucio.	1,818	19 2	Syenite, près Zupia.
Baños.	1,909	16 7	Forêts, près Tungurahua.
Pamplona	2,311	16 5	Granite.
Sonson	2,535	14 0	Forêts.
Pasto	2,610	14 7	Trachyte, forêts.
Bogotà.	2,641	14 5	Grès, plateau.
Santa Rosa.	2,744	14 4	Grès.
Latacunga	2,861	15 5	Débris de ponces, aride.
Riobamba	2,670	16 4	Sol sablonneux, stérile.
Quito	2,918	15 2	Trachyte.
Chita	2,970	15 0	Grès.
Piñantura	3,155	11 1	Trachyte.
Vetas	3,218	9 5	Syenite.
Cumbal.	3,219	10 7	Plateau aride.
Ferme de Lysco . .	3,549	8 9	Trachyte.
Métairie d'Antisana.	4,072	3 4	Pâturage.
Azufral de Juan . .	4,119	3 9	Volcan de Tolima.
Limites des neiges .	4,500	1 6	
Glacier d'Antisana .	5,460	— 1 7	

En discutant l'ensemble de mes observations, M. Bischof trouve que dans les Andes équatoriales, un degré de refroidissement correspond à 195 mètres de hauteur (2). En Europe, on a constaté que le décroissement de la chaleur dans les mon-

(1) Boussingault, *Annales de chimie et de physique*, t. LIII, 2e série.

(2) Humboldt, *Asie centrale*, t. III, p. 223.

tagnes est plus rapide pendant le jour que durant la nuit, pendant l'été que durant l'hiver ; par exemple, entre Genève et le Saint-Bernard, pour voir le thermomètre baisser d'un degré, il faut s'élever :

Au printemps, de	179 mètres.
En été	185
En automne	210
En hiver.	232

Cependant il arrive quelquefois qu'en hiver, dans une zône peu élevée, la température croît avec la hauteur, ainsi que l'ont reconnu MM. Bravais et Lottin par le 70e degré de latitude. Dans un temps calme et pour une altitude de 4 à 500 mètres, cet accroissement allait jusqu'à 6° (1).

Nulle part sur le globe on ne s'aperçoit mieux de la diminution de la chaleur occasionnée par l'élévation, que dans les montagnes équatoriales ; et ce n'est pas sans étonnement qu'un Européen parvient souvent en quelques heures des régions brûlantes qui produisent le bananier et le cacaoyer, aux régions stériles recouvertes de neiges éternelles. « Sur chaque rocher de la pente rapide des Cordilières, dit M. de Humboldt, dans « la série de climats superposés par étages, se « trouvent inscrites les lois du décroissement du « calorique et de la distribution géographique « des formes végétales (2). »

(1) Ch. Martins, *Aide mémoire universel*, p. 367.
(2) Humboldt, *Asie centrale*, t. III, p. 236.

Dans les contrées les plus chaudes, les sommets des très hautes montagnes sont constamment couverts de neiges; c'est que, dans les couches froides et élevées de l'atmosphère, la vapeur aqueuse se condense et tombe à l'état de grêle ou de grésil. Dans les plaines, la grêle fond presque instantanément ; la fusion est plus lente sur les montagnes, et pour chaque latitude il est une certaine hauteur où la grêle et la neige ne fondent plus sensiblement : cette hauteur est la *limite inférieure des neiges perpétuelles*.

Les causes accidentelles qui tendent à modifier la température d'un climat, agissent aussi pour élever ou abaisser la limite des neiges. C'est ainsi que sur le versant méridional de l'Himalaya, cette limite ne parvient pas à la même hauteur que sur le versant septentrional; c'est encore ainsi que par 14° à 16° de latitude sud dans le haut Pérou, M. Pentland a trouvé les neiges perpétuelles à 400 mètres au dessus du point qu'elles occupent sous l'équateur. Voici les hauteurs de leur limite inférieure, telles qu'elles résultent des observations faites entre les tropiques (1).

(1) Humboldt, *Asie centrale*, t. III, p. 147.

LATITUDE.	MÈTRES.	
S. 1° 1/2, Quito	4,820	Bouguer, Humboldt, Boussingault.
N. 2° 1/4, Puracé.	4,703	Boussingault.
N. 4° 3/4, Tolima.	4,678	Humboldt, Boussingault
N. 8°, Merida.	4,550	Codazzi, Boussingault.
N. 16 à 19°, Mexique. . .	4,509	Humboldt.
S. 16 à 19°, Haut Pérou. .	5,222	Pentland.
EN DEHORS DES TROPIQUES.		
S. 33° Chili.	4,482	
N. 30° Himalaya.	5.067	
S. 41 à 44° Chili.	1,832	
N. 42 à 43° Pyrénées, . . .	2,728	
S. 53 à 54° Magellan. . .	1,130	
N. 53 à 54° Ounalaschka .	10'70	

L'élévation au dessus du niveau de la mer agit donc sur le climat comme un accroissement en latitude. Sur les montagnes la végétation se modifie dans ses formes et disparaît vers la ligne de neige permanente, comme elle cesse au delà du cercle polaire, et cela par la même cause, l'abaissement de la température.

La constance et le peu d'amplitude des variations de la chaleur atmosphérique sous l'équateur permettent d'indiquer avec quelque précision le minimum, le point de la température moyenne au dessous duquel il n'y a plus de végétation. Ce point, je l'ai rencontré lors de mon ascension au Chimborazo, à 4,808 mètres, là où la température moyenne doit approcher de 1°,5, et où par conséquent, dans le jour, les saxifrages qui adhèrent au rocher, doivent encore recevoir une chaleur de 5 ou 6 degrés, puisque, bien au dessus de la ligne inférieure des neiges, sur la même montagne, à 6,000 mètres d'élévation, j'ai vu le thermomètre suspendu dans l'air et à l'ombre, monter à 7°.

En considérant l'extension de la végétation vers les régions polaires, on reconnaît que les plantes se développent par de très hautes latitudes, sur des points qui ont une température moyenne de beaucoup inférieure à celle que je crois être la limite de la vie végétale dans les montagnes des contrées équinoxiales. C'est que dans ces climats rigoureux la végétation est suspendue par l'intensité du froid, durant la plus grande partie de l'année, et c'est uniquement à la chaleur estivale que des phanérogames sortent de leur long sommeil d'hiver. La Nouvelle-Zemble (lat. 73° N.) dont la moyenne de l'été est 1°,4 est peut-être comme la ligne des neiges permanentes de l'équateur, le terme de l'existence des plantes. Vers l'extrémité boréale du continent asiatique, c'est aussi à la chaleur très remarquable des étés, si du moins on la compare au froid intense des autres saisons, que l'homme doit de récolter dans ces tristes climats quelques végétaux alimentaires dont la culture est de courte durée. Ainsi, à Iakoustk par 62° de latitude Nord et où le mercure gèle pendant deux mois de l'année, la chaleur moyenne de l'été est de 17°1/2. C'est là, comme l'observe M. de Humboldt, un *climat continental* bien caractérisé, et dont on trouve de fréquents exemples dans le nord de l'Amérique. A Iakoustk le froment et le seigle rendent quelquefois le quinzième grain, quoique à la profondeur d'un mètre le sol qui les porte soit constamment gelé (1).

Dans les montagnes de l'Europe, la limite des neiges perpétuelles étant beaucoup plus basse que dans les régions intertropicales, les cultures cessent à une moindre élévation. A 2,000 mètres les végétaux de la plaine ont disparu pour la plupart; la température ne leur permet plus de se propager. Dans la Suisse septentrionale, la vigne ne dépasse pas une altitude de 550 mètres. Le maïs mûrit à peine à 870 mètres, lorsque dans les Andes il donne encore de riches moissons à 2,500 mètres. Sur le plateau de Los Pastos, on voit des champs d'orge à 3,100 mètres, sur la pente nord du Mont-Rose cette céréale manque à la hauteur de 1,300 mètres; à la vérité, elle atteint près de 2,000 mètres sur le versant méridional, et cette grande variation dans la limite dernière de l'orge se présente fréquemment

(1) Humboldt, *Asie centrale*, t. III, p. 49.

pour une même plante cultivée sur les pentes opposées d'une même chaîne. On attribue cette variation à des influences locales ; ainsi c'est un fait bien constaté, que sur les montagnes de l'hémisphère boréal la végétation parvient à une plus grande latitude sur le revers méridional, et s'il n'en est pas toujours ainsi lorsqu'il s'agit des champs entretenus par la main de l'homme, c'est que, comme l'observe très judicieusement M. Charles Martins, les champs cultivés cessant là où ils ne peuvent plus payer les peines du cultivateur, leur limite est fonction d'éléments politiques et moraux, et non la simple conséquence du changement de climat (1). Ce qu'il y a de général, ce qui s'observe sous toutes les latitudes, c'est que plus on s'élève, plus les récoltes deviennent tardives; or, comme la chaleur de l'atmosphère décroît avec la hauteur, il s'ensuit qu'il existe évidemment une relation entre la durée des cultures et la température moyenne de la saison pendant laquelle elles s'accomplissent. C'est cette relation qu'il nous reste à examiner.

§ III. *Circonstances météorologiques sous lesquelles végètent certaines plantes dans des climats différents.*

En discutant sous quelles conditions de tem-

(1) Ch. Martins, note dans la *Météorologie de Kaemtz*, p. 209.

pérature se développent plusieurs plantes dont la culture est commune à l'Europe et à l'Amérique, on est conduit à des résultats qui ne sont pas sans intérêt.

La connaissance de la température moyenne d'un lieu situé entre les tropiques peut déjà, comme nous l'avons vu, donner une idée assez précise de son agriculture ; en effet, la température de chaque jour diffère peu de celle de l'année entière, durant laquelle la vie végétale s'exerce sans interruption aucune. Il en est tout autrement pour les régions placées en dehors de la zône torride. La chaleur moyenne annuelle n'est plus alors une donnée suffisante pour apprécier l'importance agricole d'une contrée. Pour savoir ce que la terre peut produire, il faut connaître la chaleur particulière aux différentes saisons ; en un mot, c'est la température moyenne du cycle dans lequel s'opère la végétation qu'il importe d'évaluer, pour savoir quelles sont les plantes utiles que l'on peut exiger du sol.

Dans l'examen de la question qui nous occupe on cherche d'abord quel est le temps qui s'écoule entre la naissance d'une plante et sa maturité; on détermine ensuite la température de l'espace qui sépare ces deux époques extrêmes de la vie végétale. En comparant ces données pour une même espèce de plante cultivée en Europe et en Amérique, on arrive à ce résultat curieux : que le nombre de jours qui sépare le commencement de la végétation de la maturité, est d'autant plus grand que la température moyenne sous l'influence de laquelle la plante végète est moindre. La durée de la végétation sera la même, quelque différent que soit le climat, si cette température est identique de part et d'autre ; elle sera ou plus courte ou plus longue, selon que la chaleur moyenne du cycle sera elle-même plus ou moins forte. En d'autres termes, la durée de la végétation paraît être en raison inverse de la température moyenne; de sorte que si l'on multiplie le nombre de jours durant lesquels une même plante végète dans des climats distincts, on obtient des nombres à peu près égaux. Ce résultat n'est pas seulement remarquable en ce qu'il semble indiquer que sous toutes les latitudes, à toutes les hauteurs, la même plante reçoit dans le cours de son existence une quantité égale de chaleur; il peut aussi trouver une application directe, en permettant de prévoir la possibilité d'acclimater un végétal dans une contrée dont on connaît la température moyenne des mois.

Culture du froment. Alsace.

En 1835 nous avons semé le froment le 1er novembre, les froids sont survenus quelque temps après que la plante a été levée. La récolte a eu lieu le 16 juillet 1836. La végétation des derniers jours de l'automne est tellement lente et irrégulière que l'on peut, sans erreur sensible, admettre qu'elle commence au printemps, lorsque les gelées ne se font plus sentir; c'est alors qu'elle continue sans interruption. Pour l'Alsace j'ai fixé cette époque au 1er mars.

La durée de la culture a été de... 137 jours,
la température moyenne.......... 15° (1)

Le blé trémois, cette même année, a mis à mûrir.......................... 131 jours,
a yant une température moyenne de 15,°8

A Paris, à partir du 1er mars, la culture du froment dure ordinairement. . . . . 160 jours.
la température moyenne étant . . . 13°,4

A Alais, le mois de février présentant généralement peu de jours de gelée, on peut le considérer comme l'époque où commence la végétation continue du blé semé en automne. La récolte ayant lieu le 27 juin, la durée de la culture continue est de. . . . . 146 jours,
la température moyenne étant . . . 14°,4 (2).

(1) En 1836, M. Herrenschneider a trouvé à Strasbourg :

Mars, température moyenne. .	10°,4
Avril.	10 ,6
Mai.	14 ,3
Juin.	20 ,6
Juillet..	22 ,6

(2) Trente-cinq années d'excellentes observations météo-

Culture du froment en Amérique.

A *Kingston* (état de New-York), le froment est semé en automne; la végétation, suspendue pendant l'hiver, reprend au commencement d'avril. La moisson est faite vers le 1er août (1).

La culture dure . . . . 122 jours, sous l'influence d'une température moyenne de . . . . 17°,2

Dans la même localité les semailles de blé trémois ont lieu au commencement de mai. La récolte est faite vers le 15 août. Jours de culture. 106

Température moyenne . . . . 20°

rologiques faites à Alais par M. d'Hombres-Firmas, donnent :

Janvier, temp. moy. .	5°,0	Juillet	25°,25
Février.	7 ,0	Août.	25 ,5
Mars.	10 ,5	Septembre.	21 ,0
Avril.	14 ,0	Octobre.	15 ,5
Mai	18 ,5	Novembre.	10 ,0
Juin.	22 ,5	Décembre.	6 ,25
		Moyenne annuelle . .	15 ,16

(1) Warden, ***Description des Etats-Unis.***

Les observations de M. Warden, faites à Kingston, latit. N., 41°,50, donnent :

Janvier, temp. moy. —	2°,5	Juillet	23°,3
Février.	2 ,0	Août.	23 ,7
Mars.	1 ,9	Septembre	19 ,4
Avril.	11 ,4	Octobre.	15 ,2
Mai	13 ,3	Novembre.	4 ,7
Juin	20 ,0	Décembre. . . . . —	3 ,7
		Moyenne annuelle . .	10 ,7

A *Cincinnati* (état de l'Ohio) le blé semé à la fin de février est récolté dans la deuxième semaine de juillet, soit le 15 (1). Durée de la culture . . . . 137 jours

Température moyenne. . . . . . 15°,7

Région intertropicale.

Du froment récolté le 25 juillet 1824, à Zimijaca (plateau de Bogota), avait été semé dans les derniers jours de février. Durée de la culture . . . . 147 jours.

Température moyenne . . . . . . 14°,7 (2).

A Quinchuqui, près du lac de San Pablo (équateur), la végétation du froment commence en février et finit avec le mois de juillet, soit 181 j.

J'ai trouvé la température moyenne de 14°

(1) Warden. *Description des Etats-Unis.*

A Cincinnati, latit. 39° N., sept ans d'observations ont donné :

Janvier, temp. moy.	— 1°,2	Juillet	23°,6
Février	1 ,3	Août	22 ,9
Mars	6 ,7	Septembre	20 ,2
Avril	14 ,2	Octobre	12 ,8
Mai	16 ,3	Novembre	5 ,4
Juin	21 ,8	Décembre	1 ,4
		Moyenne annuelle	12 ,1

(2) En 1824, à Santa-Fé de Bogota, j'ai trouvé :

Mars, température moyenne	14°,5
Avril	14 ,7
Mai	14 ,9
Juin	14 ,7
Juillet	14 ,7

A Venezuela, suivant M. Codazzi, le blé (*triticum æstivum*) met à mûrir :

92 jours à Turmero, température moyenne 24°
100 jours à Truxillo, id. 22,3

Résumé des observations sur la culture du blé.

	Produit des jours par la température.
Alsace, blé d'automne.	2055
blé d'été.	2069
Paris, blé d'automne	2161
Alais, id.	2092
Kingston, id.	2098
blé d'été.	2120
Cincinnati, id..	2151
Quinchuqui.	2534
Turmero	2208
Truxillo.	2230

Culture de l'orge.

De toutes les céréales, l'orge est celle qui atteint dans les Cordilières, la plus grande élévation ; elle réussit sous les climats les plus âpres des tropiques. Le froment a déjà disparu, que l'on rencontre encore des champs d'orge de la plus grande beauté, dans des régions qui ont à peine une température moyenne et constante de 11°

En Alsace (Bechelbronn), de l'orge semée à la fin d'avril 1836 a été récoltée le 1er août. Durée de la culture. . . . . 92 jours.

La température moyenne a été de, 19°

De l'orge d'hiver, semée le 1er novembre, a été coupée le 1er juillet. En comptant la végétation active à partir du 1er mars, on trouve, pour la culture . . . . 122 jours, et pour la température moyenne. . . 14°

A Alais, l'orge d'hiver est récoltée le 18 juin. Prenant, comme nous l'avons fait pour le froment, le 1er février pour le commencement de la végétation continue, on trouve pour la culture . . . . 137 jours, pour la température moyenne. . . . . 13°1

En Egypte, sur les bords du Nil, on sème l'orge à six rangs à la fin de novembre. La récolte se fait à la fin de février. Culture . . 90 jours.

La température moyenne de l'hiver au Caire . . . . 21°

A Kingston (Amérique du Nord), les semailles ont lieu au commencement de mai; la récolte vers le 1er août (1). Culture . . . . . 92 jours.

Température moyenne . . . . . . 19°

A Cumbal (équateur), il n'y a pas d'époques fixées pour semer l'orge. Généralement on sème après la saison des pluies, vers le 1er juin; on récolte alors à la mi-novembre. Durée de la culture . . . . 168 jours.

J'ai trouvé la température de Tuquerès près de Cumbal de. . . . . . 10°,7

(1) Warden, *Description des Etats-Unis.*

A Santa-Fé dè Bogota, on compte environ quatre mois entre les semailles et la récolte de l'orge. Durée de la culture . . . . . 122 jours.

Température moyenne. . . . . . 14°,7

Résumé de la culture de l'orge.

	Produit des jours par la température.
Alsace, orge d'été	1748
id. d'hiver	1708
Alais, id.	1795
Egypte.	1890
Kingston	1738
Cumbal.	1798
Santa-Fé	1793

Culture du maïs.

Dans les environs de Bechelbronn, le maïs qui a commencé à végéter le 1re juin, a donné une récolte abondante le 1re octobre.

Durée de la culture . . . . 122 jours.

Température moyenne. . . . . 20°,0

Dans les années ordinaires, en Alsace, les semailles ont lieu dans la dernière semaine d'avril, et la récolte se fait vers la fin de septembre (1).

Durée de la culture. . . . . 153 jours.

Température moyenne. . . . . 16°,7

A Alais, en moyenne, d'après M. d'Hombres-

(1) Schwertz, *Culture des grains farineux.*

Firmas, on coupe le maïs le 13 septembre; prenant le commencement de la végétation au 1er mai, on a :

Durée de la culture........ 135 jours.
Température moyenne..... 22°,7

Dans les environs de Kingston (Amérique du nord), on sème le maïs à la fin de mai, pour le récolter à la fin de septembre.

Durée de la culture....... 122 jours.
Température moyenne ...... 22°

Amérique méridionale. Sur les bords de la Magdalena, on compte trois mois pour la végétation du maïs (*pailon*) qui vient sur défrichement.

Soit.................... 92 jours.
Température moyenne..... 27°,5

Dans les vallées plus élevées que l'est celle de Magdalena, mais qui, néanmoins, appartiennent encore à la *Tierra caliente*, il se passe ordinairement quatre à cinq mois entre les semailles et la récolte, c'est ce qui arrive à Zupia.

Soit la culture............. 137 jours.
La température moyenne est. 21°,5

Sur les hauts plateaux, comme celui de Santa-Fé, et que l'on peut considérer comme la limite supérieure de la culture avantageuse du maïs, il faut au moins six mois pour que cette céréale parvienne à sa maturité.

Soit..................... 183 jours.
Température moyenne..... 15°

Résumé.

	Produit des jours par la température.
Bechelbronn, 1836........	2440
Alsace (moyenne).........	2550
Alais..............	3064
Kingston...........	2684
Rio Magdalena (*pailon*)......	2530
Zupia..............	2887
Plateau de Santa-Fé........	2745
Quinchuqui (Quito)........	2968

La durée de la culture du maïs, sous l'influence d'une même température, est sujette à d'assez grandes variations, probablement à cause des variétés déjà assez nombreuses qui sont cultivées. Ainsi, dans les climats les plus chauds des tropiques, là où le maïs *pailon* emploie 92 jours pour murir, on sème une variété très productive et qui occupe le sol pendant quatre mois, pour ce maïs, et dans cette condition de climat, le produit du temps, par la température, devient 3100. La sècheresse, malgré la chaleur qui l'accompagne ordinairement, recule aussi l'époque de la récolte.

En général, la sècheresse agit comme le froid: elle suspend la végétation, dépouille les arbres de leurs feuilles, et produit dans les régions équatoriales, tous les effets de l'hiver.

Culture de la pomme de terre.

En 1836, le 15 octobre, on a récolté à Bechelbronn les pommes de terre qui avaient été plantées le 1er mai. Culture........... 157 jours.

Température moyenne......... 18°,2

Dans les années ordinaires, qui ont un été moins chaud que celui de 1836, on fait la récolte à la fin d'octobre ; durée de la culture. 183 jours.

Température moyenne......... 18°,2

Dans les environs d'Alais, on plante à la fin de mars, et l'on récolte vers le 1er septembre. Culture......................... 153 jours.

La température des 5 mois est de. 21°,1.

Suivant M. Codazzi, on cultive les pommes de terre, près du lac de Valencia (Venezuela), en 120 jours. Mes observations assignent à Maracay, près du lac, une température moyenne de 25°,5.

D'après le même observateur, cette culture donne de très bons produits dans les Cordilières. A Mérida, là où la température moyenne est de 22°, la culture dure environ quatre mois et demi. Soit : 137 jours.

Sur les plateaux tempérés de la Nueva Granada, à Santa-Fé, j'ai vu planter des pommes de terre à la mi-décembre, immédiatement après la saison pluvieuse. On les a récoltées dans la première semaine de juin. Il a fallu ainsi au moins

200 jours de culture, avec une température moyenne de 14°,7.

Lors de mon ascension au volcan d'Antisana, j'ai mangé, le 4 août, dans l'Haciēnda de Piñantura, des pommes de terre qui venaient d'être récoltées, et qui avaient été plantées au commencement de novembre. Durée de la culture........................ 276 jours.

Piñantura possède une température moyenne de............... 11°.

Ce n'est pas encore là la limite supérieure de la culture des tubercules sous l'équateur. M. Jijon en cultive, au pied du Cotocache, près du lac de Cuicocha, à Cambugan, dont la température atteint à peine 9° 1/2 : les pommes de terre occupent le sol pendant environ onze mois. Le climat est déjà si rigoureux dans cette localité, qu'on perd souvent la récolte par les gelées qui surviennent à cette grande élévation, durant les mois de novembre et de janvier.

Dans la même contrée, mais beaucoup plus bas, à Pusuqui, près de Pomasqui, M. Jijon fait la plantation de la pomme de terre ronde vers la mi-août, et la récolte à la fin de février. La durée de la culture est alors d'environ... 200 jours.

J'ai trouvé la tempér. moyenne de Pomasqui de .... 15°,5.

Résume.

	Produit du temps par la température.
Alsace, 1836.	3039
Id. moyenne	2914
Alais.	3228
Lac-Valencia	3060
Santa-Fé..	2930
Merida	3060
Pusuqui	3180
Piñantura	3036
Cambugan.	3192

Culture de l'indigotier.

Dans Venezuela, pour les cultures qui sont très peu élevées au dessus du niveau de la mer, la première coupe se fait environ 80 jours après les semailles. Température moyenne, 27°,4.

A Maracay, au rapport de M. Codazzi, trois mois après. Soit. . . . . 92 jours.

La temp. moy. de Maracay est de 25°,5.

Dans les régions qui possèdent une température moyenne de 22 à 23°, régions que l'on doit considérer comme la limite de la culture de l'*isatis*, la première coupe a lieu à trois mois et demi. Soit : 106 jours.

Sur la côte de Coromandel, l'indigo se sème après les pluies qui ont lieu en décembre, et la plante reste en terre pendant les mois de janvier, février et mars. Soit : 90 jours.

En prenant les observations faites à Bombay, on a, pour la température moyenne des deux mois d'hiver et du mois d'été, 24°,6.

Résumé.

	Produit du temps par la température.
Venezuela, niveau de la mer . . .	2200
Maracay.	2346
Régions tempérées	2385
Côte de Coromandel.	2217

En partant de ce fait, que l'indigotier se développe sous l'influence d'une température de 22 à 23°, on conçoit que des essais entrepris dans le midi de l'Europe, pour acclimater cette plante, aient donné des résultats assez satisfaisants. En France même on est arrivé à obtenir une coupe; mais une coupe unique est évidemment insuffisante pour compenser les frais de culture; et d'ailleurs, il faut que la chaleur soit assez intense et assez prolongée pour obtenir des graines, ce qui n'arriverait que très rarement dans le midi, à Alais, si, comme l'indiquent les nombreuses observations de M. d'Hombres-Frimas, la température de l'automne ne dépasse pas 15° 1/2. Il est possible que le climat d'Alger convienne mieux à l'indigotier, bien que les étés en soient sensiblement moins chauds que ceux de certaines localités de l'Europe méridionale, mais qui présente une température automnale plus élevée (1). En supposant, par exemple, qu'à Alger la plante commençât à végéter activement à la fin de mai, elle donnerait vraisemblablement la première coupe au commencement de septembre, et la seconde dans les derniers jours d'octobre, dans le cas où, par suite de l'irrigation, la sècheresse ne viendrait pas retarder la végétation. C'est un essai qui mérite d'être tenté. Il convient toutefois de rappeler que dans les régions tempérées des tropiques, sous l'influence d'une température constante de 22 à 23°, la culture de l'indigotier n'offre plus des avantages bien prononcés.

Je terminerai en appelant l'attention des physiologistes sur un fait qui semble leur avoir échappé. C'est que des plantes, et toutes celles des tropiques sont dans ce cas, naissent, vivent et se reproduisent par une température à peu près uniforme. En Europe, et dans l'Amérique septentrionale, une plante annuelle est soumise,

(1) Les observations de M. Aimé donnent pour Alger :

Janvier, temp. moy. . .	11°,6	Juillet, temp. moy. . .	24°,0
Février.	12 ,7	Août.	24 ,7
Mars.	13 ,3	Septembre.	22 ,9
Avril.	15 ,0	Octobre.	20 ,3
Mai	19 ,1	Novembre.	16 ,7
Juin	22 ,0	Décembre.	12 ,9
		Moyenne annuelle. . . .	17 ,8

durant le cours de son existence, à des influences climatériques les plus variées. Les céréales, par exemple, germent à 6 ou 8°; leur végétation, suspendue pendant l'hiver, se ranime au printemps, et l'épi parvient à sa maturité dans une saison où la température s'élève graduellement jusqu'à 24 ou 25°.

Dans les régions équinoxiales tout se passe différemment. La germination du froment, comme sa maturité, se réalisent sous un degré de chaleur qui reste le même pendant toute la durée de la culture. A Santa-Fé, le thermomètre indique 15° à l'époque des semailles, comme à l'époque de la moisson. En Europe, la pomme de terre est plantée à 10° à 12°, et elle ne mûrit qu'après avoir supporté les fortes chaleurs de juillet et d'août. Cependant nous venons de voir que la végétation de ce tubercule s'accomplit lentement, à la vérité, mais en suivant toutes ses phases, dans des localités dont la température reste presque invariablement fixée à 9 ou 10°.

La germination, le développement des organes à l'aide desquels les végétaux fonctionnent dans le sol et dans l'air, se manifestent à une température comprise entre 0° et 40 à 45°; mais l'époque la plus importante de la vie végétale, la *maturation* s'accomplit généralement dans des limites beaucoup plus resserrées et qui définissent le climat le plus convenable à la culture. Ainsi, la vigne végète encore avec vigueur là où cependant le raisin ne mûrit jamais. Pour produire du vin potable, il faut qu'un vignoble ait, non seulement un été et un automne suffisamment chauds; mais il faut en outre qu'à une période donnée, celle qui suit l'apparition des grains, il y ait un mois dont la température moyenne ne descende pas au dessous de 19°, comme on peut s'en convaincre par les renseignements suivants que j'emprunte à M. de Humboldt (1) :

	TEMPÉRATURE			
	de l'été.	de l'automne.	du mois le plus chaud.	
Bordeaux.	21°,7	14°,4	22°,9	Culture très favorable.
Francfort-sur-Mein.	18 ,3	10 ,0	18 ,8	
Lausanne	18 ,4	9 ,9	18 ,7	
Paris.	18 ,1	11 ,2	18 ,9	
Berlin.	17 ,3	8 ,8	18 ,0	Vin à peine potable.
Londres	17 ,1	10 ,7	17 ,8	La vigne n'est plus cultivée.
Cherbourg.	16 ,5	12 ,5	17 ,3	Id.

Dans les hautes latitudes, la disparition d'une plante vivace peut tout aussi bien dépendre de l'intensité du froid des hivers, que de l'insuffisance de la chaleur des étés. Aussi, le climat si égal des régions équatoriales convient-il beaucoup mieux que celui de l'Europe, pour fixer les limites extrêmes de température entre lesquelles les espèces végétales peuvent parvenir à la matu-

(1) Humboldt, *Asie centrale*, t. III, p. 159.

rité. Ainsi, on a reconnu entre les tropiques que la vigne est productive par des températures constantes, qui varient entre 26 à 27° et 20°,5. Du moins on la cultive, et le raisin mûrit à Lambayeque, presque au niveau de la mer, sur la côte du Pérou, et à Médellin à une altitude de 1550 mètres. Je terminerai en signalant, d'après les observations qui ont été faites dans les Cordilières intertropicales, le maximum et le minimum de température propre à favoriser la maturation de diverses plantes :

	Maxima.	Minima.
Cacaoyer	28°	23°
Bananier	id.	18
Indigotier	id.	22
Canne à sucre	id.	22
Cocotier (*lodoicea C. nucifera*)	id.	25.5
Palma (*cocus butyracea*)	id.	25,5
Tabac	id.	18,5
Yuca (manihot)	id.	22,5
Cotonnier	id.	19.5
Maïs	id.	15
Haricots	id.	15
Rocouyer	id.	22,5
Riz	id.	24
Callebassier (*crescentia cuj.*)	id.	22
Carica papaya	id.	19
Ananas	id.	20
Ricin	id.	19,5
Melon d'Europe	id.	20
Vanille	id.	25
Guaduas (*bamb. angustifolia*)	id.	23
La vigne	26,5	23
Cafier	26	19
Anis (*pimpinella anisum*)	25	23

	Maxima.	Minima.
Froment	24 ?	15
Orge	«	11
Pommes de terre.	24 ?	9,5
Aracacha	24	12
Lin.	23	15
Pommier.	22	15
Chêne (*quercus tolimensis*) . . .	19	16
Chusque (*chusquea scandens*). . .	13	4 ?
Frailejones (*espeletia*).	12	4 ?

§ IV. *Refroidissement nocturne, rosée, pluie.*

Pendant la nuit, lorsque l'atmosphère est calme et le ciel sans nuages, les plantes se refroidissent et acquièrent bientôt une température inférieure à celle de l'air qui les environne. Cette propriété de se refroidir dans cette circonstance, appartient à tous les corps, mais tous ne la possèdent pas au même degré. Ainsi, les substances organiques, comme la laine, le coton, les plumes, les tissus végétaux, rayonnent considérablement; les métaux polis ont au contraire un pouvoir émissif extrêmement faible, et l'air, les gaz en général, rayonnent plus faiblement encore.

Puisqu'un corps émet continuellement de la chaleur, sa température ne peut rester stationnaire qu'autant qu'il reçoit des objets environnants, à chaque instant, une quantité de calorique précisément égale à celle qu'il perd par sa surface. Dès que les échanges instantanés ne sont plus dans cette condition d'égalité, la température du corps varie ; il peut même éprouver un refroidissement considérable s'il est exposé, durant une belle nuit, dans un lieu bien découvert. Dans une semblable situation, un corps envoye vers toutes les parties visibles du ciel plus de chaleur qu'il n'en reçoit, car les hautes régions de l'atmosphère sont très froides, comme nous pouvons le supposer par la rapidité du décroissement de la chaleur dans les montagnes. La température interne du globe, qui pourrait tendre à compenser la déperdition éprouvée par le corps qui rayonne, atténue à peine le refroidissement, parce qu'elle ne se propage qu'avec une extrême lenteur à cause du peu de conductibilité des matières terreuses. L'air, enfin, qui environne le corps ne l'échauffe qu'infiniment peu, et plutôt encore par le contact, qu'en envoyant des rayons de chaleur, car les gaz n'ont qu'un pouvoir émissif très borné. C'est même par suite de la faiblesse de ce pouvoir que la couche d'air ne partage pas, à beaucoup près, l'abaissement de température que subit le sol qui la supporte. Aussi, dans les circonstances météorologiques que j'ai signalées, un thermomètre couché sur la terre accuse toujours une température inférieure à celle qui est indiquée par un thermomètre suspendu dans l'air. La différence est d'autant plus forte que la faculté rayonnante des corps exposés est plus prononcée, et qu'elle peut s'exercer sur une plus grande étendue du ciel. Toutes les causes qui agitent l'air, qui troublent sa transparence, qui masquent ou rétrécissent le champ de l'hémisphère visible, nuisent au refroidissement nocturne. Un nuage, comme un écran, compense en tout ou en partie, selon sa température propre, la perte de chaleur qu'un corps terrestre eût éprouvée en rayonnant vers l'espace. Le vent, en renouvelant incessamment l'air qui est en contact avec la surface des objets qui tendent à se refroidir, amoindrit toujours d'une certaine quantité, les effets du rayonnement. C'est donc alors que le ciel est pur, l'atmosphère calme, que le refroidissement nocturne atteint son maximum, et qu'il est le plus nuisible aux cultures.

Dans une nuit qui réunit toutes les conditions favorables au rayonnement, un thermomètre ayant très peu de masse, quand il est placé sur l'herbe, marque après un certain temps, 7° à 8° au dessous de la température de l'atmosphère ambiante (1). Aussi, sous la zône tempérée, en Europe, comme l'a fait remarquer M. Daniell, par l'effet du rayonnement nocturne, la température des prairies et des bruyères peut s'abaisser pendant dix mois de l'année jusqu'au point

(1) Arago, *Annuaire des longitudes*, 1827, p. 149.

de congélation (1). C'est surtout au printemps et en automne que les effets nuisibles du rayonnement sont le plus à craindre pour les plantes, parce que le refroidissement nocturne amène assez fréquemment leur température à quelques degrés au dessous de zéro.

Quelques obervations que j'ai faites sur le rayonnement nocturne, à diverses hauteurs dans les Cordilières, sembleraient indiquer que les effets en sont moins prononcés qu'en Europe, peut-être, et c'est une simple conjecture, à cause d'une plus forte quantité de chaleur acquise par le sol pendant le jour. Je comparai, à l'aide de thermomètres très sensibles et très peu volumineux, la température de l'herbe et celle de l'air; à 1 mètre 1/2 d'élévation : voici quelques résultats (2).

Localités.	Hauteur.	Températures de l'herbe.	de l'air.	Différence.
Zupia	1225m	17°,2	20°.5	3°,3
Rodeo.	1709	14,4	17,4	3,0
Guadualexo. . . .	1750	10,0	15,0	5,0
Riosucio	1818	10.5	15,0	5,0
Meneses.	2508	5,5	8,1	2,6
San Jose	2778	2,8	8,9	6,1
Vetas	3218	0,0	6,0	6,0
Guadalupe. . . .	3304	0,0	5,0	5,0
Tolima.	3672	— 1,1	4,4	5,5
Tolima.	4119	— 2,1	— 1,1	1,0
Guaguapichincba	4600	0,0	1,7	1,7

(1) Humboldt, *Asie centrale*, t. [illegible], p. 198.

(2) Boussingault, *Annales de chimie et de physique*, t. LII 2e série.

D'après les renseignements que j'ai pu me procurer, il semblerait que dans les Cordilières intertropicales ce n'est déjà que très rarement qu'il gèle à une hauteur inférieure à 2,000 mètres. Cependant, il se présente certaines circonstances qui favorisent tellement le refroidissement nocturne qu'il est réellement impossible de signaler une limite bien définie. On peut établir d'une manière générale que les cultures des plateaux qui sont assez élevés pour posséder une température moyenne de 10° à 14°, sont exposées à souffrir de la gelée. Il arrive assez souvent qu'une récolte de blé, d'orge, de maïs ou de pomme de terre, donnant les plus belles espérances, est détruite dans une nuit par l'effet du rayonnement.

En France, pendant les belles nuits d'avril et de mai, quand le ciel est serein, les bourgeons, les feuilles, les jeunes pousses deviennent roux, en un mot se gèlent, quoique dans l'air un thermomètre se maintienne à plusieurs degrés au dessus de zéro. Les jardiniers, comme on sait, attribuent cette action fâcheuse à la lumière de la lune des mois d'avril et de mai, à la lune rousse, et ils fondent leur opinion sur ce fait, que par un ciel couvert, quand les rayons de l'astre n'éclairent pas les plantes, les effets destructifs ne se montrent plus, bien que l'atmosphère ait sensiblement la même température. Dans les hautes Cordilières, les cultivateurs attribuent à la lumière de la lune les mêmes propriétés nuisibles, et il y a cette seule différence que, selon eux, l'influence fâcheuse persiste durant toute l'année, en d'autres termes, on a toujours la lune rousse. Il est digne de remarque que, dans les environs de Paris, la température moyenne (10°—14°) des mois d'avril et de mai représente précisement le climat constant des stations des Cordilières où l'on a à redouter pour les plantes, les effets de la gelée. M. Arago a montré que le froid attribué à la lumière de la lune, est simplement la conséquence de la radiation nocturne dans une saison où le thermomètre est fréquemment, pendant la nuit, à 5° ou 6° degrés au dessus de zéro (1). Dans cette condition la température d'un végétal peut néanmoins descendre au dessous du point de congélation, une culture peut être complètement gelée. Le phénomène se réalisera particulièrement pendant un ciel serein. Or, c'est par un ciel découvert que la lune est visible; quand au contraire la lune est cachée par les nuages, le temps est couvert et alors la condition principale de la radiation nocturne ne se présente pas; la température des corps terrestres ne s'abaissera plus au dessous de celle de

(1) Arago, *Annuaire des longitudes*, année 1822.

l'air ambiant, et les plantes ne gèleront qu'autant que l'atmosphère elle-même sera à zéro. Ainsi, comme l'a fait remarquer M. Arago, l'observation des jardiniers n'était point fausse, elle était incomplète. Si le gel des parties molles des végétaux, dans des circonstances où l'air reste à plusieurs degrés au dessus du point de congélation, est réellement du à l'émission des rayons calorifiques vers l'espace céleste, il doit arriver qu'un écran placé au dessus d'un corps qui rayonne, de manière à masquer une portion du ciel, doit en empêcher, ou tout au moins en affaiblir le refroidissement. C'est effectivement ce qui a lieu. D'après les belles recherches de Wells, un thermomètre placé sur une planche d'une certaine épaisseur et élevée d'un mètre au dessus du sol, indique quelquefois, par un temps calme et serein, 5 degrés de moins qu'un second thermomètre fixé sous la face inférieure de la planche (1). Ainsi s'explique l'utilité des nattes, des châssis, des couches de pailles, en un mot de tous ces abris légers avec lesquels les jardiniers couvrent les plantes délicates. Avant qu'on sût que les corps placés à la surface de la terre deviennent, pendant une belle nuit, plus froids que l'air qui les entoure, on n'apercevait pas la raison de cette pratique, car il était réel-

(1) Arago, *Annuaire des longitudes*, année 1837, p. 150.

lement impossible de concevoir que d'aussi minces écrans pussent garantir une plante de la basse température de l'atmosphère.

Ces moyens, aussi simples qu'efficaces de protéger les plantes dans les jardins, sont rarement applicables dans la grande culture, où la surface à préserver est toujours très étendue. Cependant, dans les hivers rigoureux, le froid en pénétrant dans le sol détruirait souvent les champs ensemencés en automne si, dans les hautes latitudes, la neige qui recouvre la terre n'était pas un puissant obstacle au refroidissement, en agissant à la fois comme une enveloppe et comme un écran. Comme une enveloppe, car la neige est une des substances les moins conductrices, une de celles qui, pour une épaisseur donnée, s'oppose le plus au passage de la chaleur; elle est donc un obstacle à peu près insurmontable à ce que la terre qui la supporte se mette en équilibre de température avec l'atmosphère. Comme un écran, parce qu'en abritant le sol, elle le soustrait au refroidissement qu'il ne manquerait pas d'éprouver dans les nuits sereines, en rayonnant vers les cieux. On sait d'ailleurs qu'en Europe, le manque de neige occasionne souvent la perte des céréales d'automne. C'est à la surface de la neige qu'a lieu le plus grand abaissement de température, et en raison du manque de conductibilité, la terre se refroidit beaucoup moins. J'ai commencé en février de 1841 quelques observations qui montrent que la neige qui couvre le sol se comporte comme un écran. J'avais 1° un thermomètre sur la neige, la boule de l'instrument était recouverte de 2 à 3 millimètres de neige en poudre; 2° un thermomètre dont le réservoir se trouvait placé sous la couche de neige, et qui, par un côté, touchait à la terre; 3° un thermomètre à l'air libre, à 12 mètres au dessus du sol, au nord d'un bâtiment.

La couche de neige avait alors 0m,1 d'épaisseur; elle recouvrait depuis un mois un champ ensemencé de blé. Le soleil donnait en plein sur le champ couvert de neige, les jours où j'ai observé.

11 février à cinq heures du soir le soleil est, depuis une demi-heure, caché par les montagnes. Ciel découvert, air très calme.

Thermomètre sous la neige 0°, thermomètre sur la neige — 1°,5 (1), thermomètre libre 2°,5.

12 février, la nuit a été très belle, pas de nuages, air calme; à sept heures du matin, le soleil n'est pas encore sur le champ.

Thermomètre sous la neige—3°,5; thermomètre sur la neige—12°; thermomètre libre—3°.

(1) A peine le soleil était-il caché derrière les montagnes, que le rayonnement de la surface de la neige devenait sensible.

A cinq heures et demie du soir le soleil est caché par les montagnes :

Thermomètre sous la neige 0° ; thermomètre sur la neige — 1°,4; thermomètre libre 3°.

13 février. A sept heures du matin, ciel gris, air un peu agité.

Thermomètre sous la neige—2°; thermomètre sur la neige—8°2 ; thermomètre libre — 3°,8.

A cinq heures et demie du soir air calme, ciel découvert, le soleil caché depuis quelque temps.

Thermomètre sous la neige 0° ; thermomètre sur la neige — 1°,0 ; thermomètre libre 4°,5.

14 février, à sept heures du matin, vent d'ouest, pluie fine.

Thermomètre sous la neige 0° ; thermomètre sur la neige 0° ; thermomètre libre 2°.

Quand on réfléchit sur les pertes qu'occasionne aux cultivateurs la gelée causée par le refroidissement nocturne, aux époques où les plantes ont déjà une végétation assez avancée, on se demande s'il n'existe pas un moyen praticable de préservation ? Je vais faire connaître une méthode imaginée et suivie avec succès par des indiens agriculteurs. Les indigènes du haut Pérou, qui habitent les plaines si élevées du Cuzco, sont peut-être plus exposés qu'aucun autre peuple à voir leurs récoltes détruites par l'effet du rayonnement nocturne. Les Incas avaient parfaitement déterminé les conditions sous lesquelles on devait craindre la gelée pendant la nuit. Ils avaient reconnu qu'il ne gèle que lorsque le ciel est pur et l'atmosphère tranquille; sachant par conséquent que la présence des nuages s'oppose à la gelée, ils avaient imaginé pour préserver leurs champs contre le froid, de faire pour ainsi dire des nuages artificiels. Lorsque la nuit s'annonçait de manière à faire craindre une gelée, c'est à dire lorsque les étoiles brillaient d'un vif éclat et que l'air était peu agité, les Indiens mettaient le feu à des tas de paille humide, au fumier, afin de faire de la fumée et de troubler par ce moyen la transparence de l'atmosphère, dont ils avaient tant à redouter. On conçoit au reste qu'il doit être facile de troubler la transparence d'un air calme en faisant de la fumée; il en serait tout autrement s'il faisait du vent, mais alors la précaution elle-même deviendrait tout à fait inutile, puisque dans un air agité, quand le vent souffle, on n'a plus à craindre la gelée causée par la radiation nocturne.

La pratique suivie par les Indiens, telle que je viens de la mentionner, a été décrite par l'Inca Garcilaso de la Vega, dans ses *Commentarios reales del Peru*. Garcilaso était né dans la ville impériale du Cuzco, et dans son enfance il avait vu maintes fois les Indiens faire de la fumée pour préserver leurs champs de maïs de la gelée.

Voici d'ailleurs la traduction du passage, vraiment curieux, de l'historien du Pérou.

« Lorsque les Indiens voyaient, à la nuit tom-
« bante, le ciel découvert et sans aucun nuage,
« craignant alors la gelée, ils brûlaient du fu-
« mier afin de produire de la fumée, et chacun
« d'eux en particulier tâchait de faire de la fu-
« mée dans sa cour; parce qu'ils disaient que
« la fumée empêche la gelée en faisant comme
« les nuages l'office d'une couverture. Ce que
« je rapporte ici, je l'ai vu pratiquer dans le
« Cosco. Si les Indiens le pratiquent encore au-
« jourd'hui, je n'en sais rien; je n'ai jamais su
« non plus s'il est vrai que la fumée puisse em-
« pêcher la gelée, car alors j'étais trop enfant
« pour chercher à approfondir ce que je voyais
« faire aux Indiens » (1).

Le refroidissement des corps occasionné par la radiation nocturne, est toujours accompagné d'un dépôt d'humidité qui s'opère à leur surface sous forme de gouttelettes, de *rosée*. Les ingénieuses expériences de Wells ayant démontré que l'apparition de la rosée suit constamment et ne précède jamais l'abaissement de la température des objets sur lesquels elle se dépose, le phénomène ne peut être attribué qu'à une simple condensation de la vapeur aqueuse contenue dans

(1) Les heureux effets de la fumée, pour prévenir la congélation nocturne, sont aussi signalés par Pline le naturaliste.

l'air, comparable en tout point à la précipitation qui s'opère sur les parois d'un vase renfermant un liquide plus froid que l'air (1). La quantité d'humidité que l'atmosphère peut renfermer est d'autant plus grande que la température est plus élevée. Aussi dans les pays très chauds, la rosée se produit avec assez d'abondance pour favoriser la végétation en suppléant à la pluie pendant une grande partie de l'année. Dans l'opinion de plusieurs météorologistes, ce serait sur les côtes que l'on observerait la rosée la plus forte ; elle serait presque nulle dans l'intérieur des grands continents, et ne se manifesterait que dans le voisinage des lacs et des fleuves (2). J'avoue que je ne saurais partager cette opinion énoncée d'une manière aussi absolue. Je n'ai jamais eu l'occasion de voir une rosée aussi abondante que celle qui se produit quelquefois dans les steppes de San Martin, à l'est de la Cordilière orientale des Andes, à une très grande distance de la mer ; son abondance était telle, que pendant plusieurs nuits il me fut impossible d'employer un horizon artificiel en verre noir, pour prendre des hauteurs méridiennes d'étoiles ; à l'instant même où l'appareil était en présence du ciel, il se déposait une si grande quantité d'eau à la surface du verre qu'elle ruisselait de tous côtés ; il fallut avoir re-

(1) Arago, *Annuaire des longitudes*, année 1837, p. 160.
(2) Kaemtz, *Météorologie*, p. 105, traduct.

cours au mercure pour recevoir l'image de l'étoile en observation (1). Durant les nuits pures et calmes, le gazon de ces plaines immenses reçoit, sous forme de rosée, une quantité considérable d'humidité qui tempère, par son évaporation, l'excessive chaleur du jour. Dans les climats tropicaux, les forêts contribuent à abaisser la température, à la naissance et à l'entretien des sources, en faisant passer la vapeur aqueuse de l'air à l'état de rosée. Dans les régions très chaudes il est rare de bivouaquer dans une clairière, lorsque la nuit est favorable à la radiation, sans entendre l'eau dégoutter continuellement des arbres environnants. Je puis citer entre bon nombre d'observations de ce genre celle que je fis dans une forêt du Cauca. Au *contadero de las coles*, où je bivouaquai, la nuit était magnifique, et cependant dans la forêt qui commençait à quelques mètres de distance, il pleuvait abondamment ; la lumière de la lune permettait de voir l'eau ruisseler des branches supérieures (2).

Il est possible que la transpiration des parties vertes des arbres vienne s'ajouter à la rosée et augmenter l'intensité du phénomène que je dé-

(1) C'était en 1824, lors de la campagne entreprise pour lever la carte du rio Méta : MM. Roulin et Rivero, qui faisaient partie de l'expédition, ont été témoins de ce fait.

(2) Dans la nuit du 4 au 5 juillet 1827.

cris, mais j'incline à croire que le refroidissement des feuilles par voie de radiation, a la plus large part dans la production de l'humidité. Il est vrai que de toutes les feuilles qui forment la cime d'un arbre, celles dont la totalité ou une partie de la surface rayonne librement vers l'espace, interceptent, comme le ferait un écran, la radiation des branches qui occupent une position moins élevée, d'autant plus que les bois de l'équateur sont tellement fourrés, que souvent ils sont impénétrables à la lumière. Mais, comme l'a fait observer M. de Humboldt, si les branches qui couronnent un arbre se refroidissent directement par émission, celles qui sont situées immédiatement au dessous donneront, en rayonnant vers la partie inférieure des feuilles déjà refroidies, plus de chaleur qu'elles n'en recevront, leur température baissera nécessairement, et ce refroidissement se propagera de haut en bas, jusqu'à ce que la masse entière de l'arbre y participe. C'est ainsi que l'air ambiant, en circulant entre les feuilles, se refroidit durant les nuits claires, et pour juger de l'influence qu'un sol forestier peut exercer sur l'abaissement de la température d'une contrée, il suffit de se rappeler avec M. de Humboldt qu'en raison de la multiplicité de ses organes foliacés, un arbre dont le sommet ne présente qu'une section horizontale de 40 mètres carrés influe réellement sur le refroidissement de l'atmosphère par une surface plusieurs milliers de fois plus étendue que cette section (1).

La proportion de vapeur qu'un gaz peut retenir est d'autant plus grande que la température est plus élevée. Toutes les causes qui refroidissent l'air saturé de vapeur aqueuse, occasionnent, comme nous l'avons reconnu précédemment, la précipitation d'une certaine quantité d'humidité. Quand cette condensation s'opère au sein d'une masse gazeuse, l'eau précipitée se constitue en petites vésicules creuses, flottantes, qui troublent la transparence du milieu qui les tient momentanément en suspension. Ce sont ces vésicules qui, par leur accumulation, forment les nuages ou les brouillards ; car, comme l'a dit un physicien célèbre, un brouillard est un nuage où l'on est, et un nuage est un brouillard où l'on n'est pas.

Les vésicules des nuages tombent vers la terre comme tous les corps pesants, mais par suite de leur légèreté, la résistance de l'air qu'elles déplacent diminue la rapidité de leur chute (2). Lorsqu'elles deviennent plus volumineuses, elles constituent, par leur réunion, des gouttes d'eau qui tombent avec une plus grande vitesse. Quand ces gouttes traversent des couches d'air très sèches, elles se vaporisent en partie ; c'est pour cette rai-

(1) Humboldt, *Asie centrale*, t. III, p. 303.
(2) Kaemtz, *Météorologie*, p. 123, traduct.

son qu'il tombe quelquefois moins de pluie dans la plaine que sur les montagnes. Dans des circonstances différentes, c'est le phénomène inverse que l'on observe, les gouttes augmentent de masse en passant par les régions inférieures d'une atmosphère saturée en condensant de la vapeur. C'est même le cas le plus général.

En discutant un grand nombre d'observations, les météorologistes en ont tiré la conséquence que la quantité annuelle de pluie varie avec la latitude, qu'elle augmente à mesure que l'on approche de l'équateur, ce qui revient à dire que cette quantité croît avec la température du climat. Ici encore se présentent d'assez nombreuses exceptions. Ainsi, presque sous la ligne équinoxiale à Payta, sur le bord de la mer, il ne pleut que fort rarement, la pluie est un évènement, et lorsque je m'y trouvai il y avait plus de dix-huit ans qu'on n'avait eu une averse. Les causes locales ont la plus grande influence sur le phénomène de la pluie, aussi à parité des latitudes, les pays sont loin d'être également humides.

On croit aussi avoir reconnu en Europe qu'il pleut davantage le jour que la nuit. Dans les régions équinoxiales, du moins dans les parties que j'ai visitées, il semblerait que c'est le contraire qui a lieu. Tout le monde admet qu'il y pleut principalement pendant la nuit. C'est ce que confirmeraient des observations que j'ai faites dans les environs de Marmato (*al rodeo*), et dont voici les résultats :

PLUIE EN CENTIMÈTRES. ANNÉE 1827.

	Le jour.	La nuit.	Pluie totale.
Octobre. . . .	3,4	15,1	18,5
Novembré . .	1,8	20,8	22,6
Décembre . .	0,2	15,9	15,1

Deux séries d'observations exécutées dans la même contrée, sur deux points assez voisins, mais placés à des élévations fort différentes, confirment pour la zône équatoriale la conclusion des météorologistes européens, en ce sens, que la quantité annuelle de pluie diminue en même temps que la hauteur au dessus du niveau de la mer augmente. Elles montrent que sous des latitudes très peu différentes, il pleut davantage là où la température moyenne et de 20°,4, que là où elle est de 14°,5.

Marmato est située par 5° 27′ N et par 5^h 11′ de long. O, altitude 1,426 mètres. Santa-Fé par 4° 36′ N, long. O 5_h 6′, altitude 2,650 mètres.

PLUIE EN CENTIMÈTRES.

	Marmato. 1833.	Marmato. 1834 (1).	Santa-Fé. 1807 (2)
Janvier	8,1	1,8	6,6
Février	12,2	5,4	1,7
Mars	22,1	5,	0,6

(1) Observations des officiers des mines.

(2) Observations de Caldas.

Avril	10,2	17,9	6,0
Mai.	27,9	22,4	15,3
Juin.	23,6	33,4	7.9
Juillet.	0,0	7,8	9,5
Août	0,0	2,5	12,3
Septembre. . . .	5,1	13,2	1,8
Octobre.	9,4	25,7	12,7
Novembre. . . .	33,3	17,8	9,5
Décembre . . .	2,5	17,8	16,4
	154,4	171,2	100,3

Dans les climats tempérés, la pluie varie avec les saisons. Près de l'équateur où la température reste constamment la même, les grandes pluies, la saison des orages, commence précisément à l'époque où le soleil approche du zénith. Toutes les fois que la latitude d'un point de la zône équinoxiale où il pleut, est de même dénomination et égale à la déclinaison du soleil, les orages se forment. Dans de semblables circonstances, le ciel, dans la matinée, est souvent d'une pureté remarquable; l'air est calme, la chaleur du soleil insupportable. Vers midi des nuages commencent à s'élever sur l'horizon, l'hygromètre ne marche pas au sec comme cela a lieu ordinairement, il reste fixe ou s'avance vers le signe de l'humidité extrême. C'est toujours après la culmination de l'astre que le tonnerre se fait entendre; il est ordinairement précédé d'un vent léger, et bientôt la pluie tombe par torrent.

Dans mon opinion, la permanence des orages

dans le sein de l'atmosphère est un fait capital, parce qu'il se rattache à une des questions les plus importantes de la physique du globe, celle de la fixation de l'azote de l'air dans les êtres organisés.

Les recherches les plus récentes indiquent pour la composition en volume de l'air atmosphérique sec :

Oxygène	20,8
Azote	79,2

L'air contient encore 2 à 5 dix millièmes de gaz acide carbonique, et des quantités peut-être encore plus faibles de gaz combustible carburé. Les expériences de M. Théodore de Saussure, comme celles de M. Liebig, y ont démontré, en outre, des traces de vapeurs ammoniacales.

Nous avons établi précédemment que les animaux ne s'assimilent pas directement l'azote atmosphérique. L'azote est cependant un élement essentiel à la constitution de tout être vivant; qu'il appartienne d'ailleurs à l'un ou à l'autre règne. Si l'on recherche quelle peut être la source de ce principe qui se rencontre dans les herbivores, on la trouve tout naturellement dans les végétaux qui leur servent d'aliment. Si lon s'enquiert ensuite de l'origine la plus prochaine de l'azote qui fait partie des plantes, on la découvre dans les engrais provenant plus particulièrement des débris des animaux; car les plantes pour prospérer, pour se développer activement, doivent recevoir par leurs racines une nourriture azotée. On arrive ainsi à concevoir, que ce sont les végétaux qui fournissent l'azote aux animaux, et que ces derniers le restituent au règne végétal lorsque leur existence est accomplie; on croit reconnaître, en un mot, que la matière organisée vivante tire son azote de la matière organisée morte.

Cette conclusion tend à établir que la matière vivante est limitée à la surface du globe, et que sa limite est posée en quelque sorte par la quantité d'azote actuellement en circulation dans les êtres doués d'organisation; mais la question doit être envisagée d'un point de vue plus élevé, en demandant quelle est l'origine de l'azote qui entre dans la constitution de la matière organique considérée dans son ensemble.

Si nous examinons maintenant quels peuvent être les gisements de l'azote, nous trouverons, en mettant en dehors les êtres organisés ou leurs débris, qu'il n'y en a véritablement qu'un seul : l'atmosphère. Il est donc extrêmement probable que les êtres vivants ont emprunté leur azote à l'atmosphère, comme ils lui ont certainement emprunté le carbone (1).

(1) Boussingault, *Annales de chim. et de phys*. t. LXXI, année 1839.

La supposition la plus vraisemblable, dans l'état actuel de la science, est de considérer les vapeurs ammoniacales répandues dans l'air, comme l'origine première des substances azotées des végétaux, et par suite des animaux; une conséquence de cette supposition, c'est d'admettre, avec M. Liebig, que le carbonate d'ammoniaque préexistait déjà dans l'atmosphère avant l'apparition des êtres vivants sur le globe.

Le phénomène de la constance des orages me paraît propre à justifier cette opinion. On sait, en effet, que toutes les fois qu'une série d'étincelles électriques passe dans de l'air humide, il y a production et combinaison d'acide nitrique et d'ammoniaque; le nitrate d'ammoniaque accompagne d'ailleurs constamment l'eau des pluies d'orage; mais ce nitrate, étant fixe de sa nature, ne saurait se maintenir à l'état de vapeur : c'est d'ailleurs du carbonate ammoniacale que l'on a signalé dans l'air. En se rappelant les réactions que j'ai fait connaître, on peut aisément concevoir que le nitrate d'ammoniaque amené sur la terre par la pluie, mis en contact avec les roches calcaires, se volatilise ensuite à l'état de carbonate lors de la prochaine dessiccation du sol. Ainsi, en définitive, ce serait une action électrique, la foudre, qui disposerait le gaz azote de l'atmosphère à s'assimiler aux êtres organisés. En Europe, où les orages sont rares, on accordera peut-être difficilement autant d'importance à l'électricité des nuages. Cependant, en négligeant ce qui se passe en dehors des tropiques, en considérant uniquement la zône équinoxiale, on peut prouver que pendant l'année entière tous les jours, peut-être même à tous les instants, il se fait dans l'air une continuité de décharges électriques. Un observateur placé à l'équateur, s'il était doué d'organes assez sensibles, y entendrait continuellement le bruit du tonnerre.

A mesure qu'on s'éloigne de l'équateur, l'époque pluvieuse devient moins périodique. Sous les tropiques les pluies d'orages qui sont toujours les plus abondantes, tombent pendant que le soleil passe dans la proximité du zénith. Dans notre hémisphère cette abondance se manifeste surtout durant l'hiver, et sur des points assez méridionaux la pluie d'été est tout à fait insignifiante. En désignant par 100 la quantité annuelle de pluie on a :

	Madère.	Lisbonne (1).
Hiver	51	40
Printemps.	16	34
Eté	3	3
Automne.	30	23

Il tombe moins de pluie dans la partie orientale de l'Europe que dans la région occidentale. Cette pluie annuelle est d'ailleurs distribuée fort inégalement dans les différentes saisons, ainsi

(1) Kaemtz, *Météorologie*, p. 135, trad.

que l'a établi M. de Gasparin dans un travail remarquable. Si l'on exprime par 100 la quantité de pluie mesurée dans un an, on a pour chaque saison :

	Angleterre occidentale.	France occidentale.	France orientale.	Allemagne.	Saint-Pétersbourg.
Hiver . . .	26	23	20	18	14
Printemps .	20	18	23	22	18
Eté.	23	25	29	37	37
Automne. .	31	34	28	23	30

La quantité d'eau qui tombe dans l'année varie considérablement, suivant les climats ; pour se former une idée de l'étendue de ces variations, il suffit d'examiner quelques uns des résultats enregistrés dans les observatoires :

	Centim.		Centim.
Saint-Domingue (Cap français.	308	Viviers.	92
Grenade (Antilles). . .	284	Lyon.	89
Bombay.	208	Manchester	84
Kendal.	156	Strasbourg	71
Gènes.	140	La Rochelle	66
Alais.	99	Paris.	56
Milan.	96	Londres.	53
Naples	95	Saint-Pétersbourg . . .	46
Douvres.	95	Stockholm.	44

Sous le rapport agricole, c'est moins la quantité annuelle d'eau que reçoit une contrée que la répartition mensuelle de la pluie qu'il importe de connaître ; c'est de cette répartition que dépend le plus souvent la fertilité ou l'aridité du sol. Dans les localités suivantes, on reçoit par mois :

PLUIE EN CENTIMÈTRES.

	JANVIER.	FÉVRIER.	MARS.	AVRIL.	MAI.	JUIN.	JUILLET.	AOUT.	SEPTEMBRE.	OCTOBRE.	NOVEMBRE.	DÉCEMBRE.
Kendal.	13.3	13.0	8.0	7.6	8.8	6.9	12.6	12.8	12.6	13.8	12.2	15.5
Alais.	8.7	6.1	6.1	8.4	9.0	4.5	5.2	4.4	13.2	14.0	11.1	8.1
Strasbourg.	3.6	2.8	4.7	4.4	7.6	8.1	8.9	8.9	7.0	5.1	5.5	4.3
La Rochelle.	5.6	5.1	3.9	4.2	5.1	4.1	4.3	4.2	6.9	7.9	7.5	6.8
Paris.	3.8	4.1	2.8	5.3	6.0	6.1	5.9	5.4	5.0	3.7	4.7	3.8
Londres.	3.7	3.2	3.0	3.3	4.1	4.4	6.1	4.6	4.7	5.3	5.6	4.4
Stockholm	1.2	1.5	1.9	0.8	4.5	1.7	6.1	10.7	6.1	3.3	3.4	2.3

§ V. *De l'influence des défrichements sur la diminution des cours d'eau.*

C'est une question importante, et aujourd'hui généralement agitée, que celle de savoir si les travaux agricoles des hommes peuvent modifier le climat d'un pays. Les grands défrichements, les dessèchements des marais qui influent sur la répartition de la chaleur pendant les différentes saisons de l'année, influent-ils aussi sur les eaux vives qui arrosent une contrée, soit en diminuant la quantité de pluie, soit en permettant aux eaux pluviales une évaporation plus prompte, lorsque des forêts étendues ont été abattues et transformées en grandes cultures?

Dans de nombreuses localités, on a cru reconnaître que, depuis un certain nombre d'années, des cours d'eau utilisés comme moteurs, se sont très sensiblement amoindris. Sur d'autres points, on est fondé à croire que les rivières sont devenues moins profondes; et l'étendue croissante des plages recouvertes de galets, qui apparaissent sur leurs bords, semble attester la disparition d'une partie de leurs eaux; enfin des sources abondantes se sont presque taries. Ces remarques ont principalement été recueillies dans les vallées qui sont dominées par des montagnes, et l'on croit avoir remarqué que cette diminution des eaux a suivi de près l'époque à laquelle on a commencé à détruire, sans aucun ménagement, les bois qui se trouvaient répartis à la surface du pays.

Ces faits sembleraient indiquer que là où des déboisements se sont effectués, il y pleut moins qu'autrefois : c'est en effet l'opinion qui prévaut assez généralement à cet égard, et si on l'admettait, sans un examen plus approfondi, on serait conduit à tirer tout d'abord cette conséquence, que les défrichements diminuent la quantité annuelle de pluie qui tombe sur une contrée. Mais en même temps que l'on a constaté les faits que je viens de rapporter, on a observé que, depuis le déboisement des montagnes, les rivières et les torrents, qui semblent avoir perdu une partie de leurs eaux, présentent des crues subites et tellement extraordinaires qu'il en résulte de grands désastres. De même on a vu, à la suite de violents orages, des sources à peu près sèches surgir tout à coup avec impétuosité, pour se tarir bientôt après. Ces dernières observations, on le conçoit facilement, doivent avertir de ne pas embrasser légèrement l'opinion commune, qui admet que la coupe des bois diminue la quantité annuelle de pluie : car il n'y aurait rien d'impossible à ce que, non seulement cette quantité de pluie n'ait pas varié ; mais il pourrait encore arriver que le volume des eaux courantes fût resté le même, malgré les apparences de sécheresse présentées à certaines époques de l'année par les rivières et les sources : peut-être y trouverait-on cette seule différence, que l'écoulement de la même masse d'eau devient beaucoup plus irrégulier par l'effet du déboisement : par exemple, si les basses eaux que présente le Rhône, pendant une partie de l'année, étaient compensées exactement par un nombre suffisant de grandes crues, il en résulterait qu'aujourd'hui ce fleuve porterait encore à la Méditerranée le même volume d'eau qu'il y versait anciennement, à une époque antérieure aux déboisements qui ont eu lieu près de ses sources, et lorsque, probablement, sa profondeur moyenne n'était pas, comme de nos jours, sujette à des variations considérables. S'il en était ainsi, les forêts auraient toujours cet avantage, qu'elles régulariseraient, qu'elles ménageraient en quelque sorte l'écoulement des eaux pluviales. Si réellement les eaux courantes deviennent plus rares, à mesure que les défrichements prennent de l'extension, cela doit tenir à ce qu'en effet les pluies sont devenues moins abondantes, ou bien à ce que l'évaporation est grandement favorisée par un sol privé d'arbres qui n'est plus abrité à la fois contre les rayons du soleil et contre le vent. Ces deux causes, qui agissent toujours dans le même sens, doivent souvent se combiner, et avant de chercher à évaluer isolément ce qui appartient à l'une et à l'autre, il convient d'abord de constater s'il est bien établi que les eaux courantes diminuent à la surface d'une contrée, au milieu de laquelle s'opère un grand défrichement; en un mot, il faut voir si l'on n'a pas pris l'apparence du fait pour la réalité. C'est là, au reste, le point utile de la question; car une fois établi que les déboisements atténuent le volume des cours d'eau, il est beaucoup moins important de savoir si cette diminution est due à telle ou telle cause. Il faut donc rechercher s'il ne se trouve pas dans la nature un ordre de phénomènes qui puisse servir de critérium, pour arriver à la solution de cette question.

Les lacs qu'on rencontre, soit dans les plaines, soit sur les divers étages des chaînes de montagnes, me paraissent éminemment propres à éclairer cette discussion. On peut, en effet, considérer les lacs comme des jauges naturelles, destinées à évaluer sur une échelle colossale, les variations qui peuvent avoir lieu dans la quantité d'eaux courantes qui arrosent un pays. Si la masse de ces eaux éprouve une variation, dans un sens quelconque, il est évident que cette variation, et le sens dans lequel elle aura lieu, sera indiquée par le niveau moyen du lac, par la raison qui fait que le niveau d'un lac varie à différentes époques de l'année, selon que la saison est sèche ou pluvieuse. Ainsi, le niveau moyen d'un lac s'abaissera si la quantité d'eau courante qui coule sur une contrée, diminue; il s'élèvera, au contraire, si ces eaux vives deviennent plus abondantes; enfin ce niveau restera stationnaire, si le volume d'eau qui se rend dans le lac n'éprouve aucune variation. Dans la discussion qui va suivre, j'ai fait usage, de préférence, des observations relatives aux lacs qui n'ont pas d'issues; la raison en est facile à saisir, puisqu'il s'agit de constater des changements de niveau, souvent assez faibles. Je ne négligerai pas cependant ce qui est relatif aux lacs qui laissent déborder les eaux par un canal; parce que j'ai la conviction que leur étude peut encore conduire à des résultats assez précis. Avant d'entrer en matière, je dois donner quelques éclaircissements, afin de bien assigner la valeur que j'attache aux mots *changement de niveau.*

Les géologues reconnaissent que partout à la surface du globe le niveau des eaux parait avoir éprouvé des variations considérables, soit qu'on porte son attention sur les bords de la mer, ou dans le voisinage des grands lacs. Le fait est constant et n'est révoqué en doute par personne. On n'est pas aussi généralement d'accord sur la réalité du phénomène; les uns, et c'est le plus grand nombre, prétendent que dans beaucoup de cas le changement de niveau n'est qu'apparent, que les masses d'eau ne se sont pas abaissées, mais que les côtes ont été soulevées. Les autres, au contraire, voient une véritable disparition de la masse de liquide, un vrai dessèchement; de part et d'autre, on apporte des raisons en faveur de l'une ou de l'autre manière de voir : je n'ai pas besoin de prendre part, pour le moment, dans la dispute qui divise les géologues. Je n'aurai nullement à m'occuper des côtes de l'Océan; je n'invoquerai pas davantage les grandes différences de niveau qui ont évidemment eu lieu dans certains lacs, à la suite de circonstances géologiques qui se trouvent en dehors de mon sujet; ces variations, souvent énormes, paraissent, en général, avoir été occasionnées par de violentes catastrophes qui, à très peu d'exceptions près, ont été antérieures aux temps historiques. Je ne ferai usage que des changements de niveau observés dans les lacs par nos devanciers ou par nos contemporains : en un mot, je n'attacherai de valeur qu'aux faits qui se sont accomplis sous les yeux des hommes, puisque c'est l'influence de leurs travaux agricoles sur l'état météorologique de l'atmosphère que je me propose d'apprécier. Ce que j'ai à dire a été particulièrement observé en Amérique. Toutefois, je chercherai à établir que ce qui est vrai pour l'Amérique l'est encore pour tout autre continent.

Un des pays les plus intéressants de Venezuela

est, sans aucun doute, la vallée d'Aragua. Située à une petite distance de la côte, douée d'un climat chaud et d'un sol d'une fertilité sans exemple ; elle réunit tous les genres de culture propre aux régions tropicales ; sur les monticules qui s'élèvent au fond de la vallée, on ne voit pas sans étonnement des champs qui rappellent l'agriculture de l'Europe. Le blé réuissit assez bien sur les hauteurs qui dominent la Vittoria ; bornée au nord par la chaîne du littoral, au sud par un système de montagnes qui la sépare des Llanos, la vallée d'Aragua se trouve limitée à l'est et à l'ouest par une série de collines qui la ferment complètement. Par suite de cette singulière configuration du terrain, les rivières qui prennent naissance dans son intérieur n'ont aucune issue vers l'Océan ; leurs eaux s'accumulent dans la partie la plus basse de la vallée et forment, par leur réunion, le beau lac de Tacarigua ou de Valencia. Ce lac, qui, au rapport de M. de Humboldt, excède en étendue celui de Neuchâtel, est élevé de 439 mètres au dessus de la mer; sa longueur est d'environ dix lieues : sa plus grande largeur ne dépasse pas deux lieues et demie.

A l'époque où M. de Humboldt visitait la vallée d'Aragua, les habitants étaient frappés du dessèchement graduel que subissait le lac depuis une trentaine d'années. En effet, il suffisait de comparer les descriptions données par les anciens historiens avec son état actuel, pour reconnaître, après avoir fait une large part pour les exagérations, que les eaux s'étaient considérablement abaissées. Les faits parlaient assez haut d'eux-mêmes. Oviédo (1) qui, vers la fin du seizième siècle, avait si souvent parcouru la vallée d'Aragua, dit positivement que Nueva-Valencia fut fondée en 1555, à une demi-lieue du lac de Tacarigua ; en 1800, M. de Humboldt reconnut que cette ville se trouvait éloignée du rivage, de 5260 mètres (2).

L'aspect du terrain en apportait d'ailleurs de nouvelles preuves : des monticules qui s'élèvent dans la plaine conservent encore aujourd'hui le nom d'îles, qu'elles portaient autrefois à plus juste titre, lorsqu'elles étaient environnées d'eau. Les terres, mises à nu par le retrait du lac, étaient transformées en admirables cultures de cotonniers, de bananiers et de cannes à sucre. Des constructions élevées près du rivage voyaient les eaux s'éloigner d'année en année. En 1796, des îles nouvelles firent leur apparition. Un point militaire important, une forteresse bâtie en 1740, dans l'île de la *Cabrera*, se trouvait alors dans une péninsule (3). En-

(1) Son *Historia de la provincia de Venezuela* a été publiée en 1723.

(2) Humboldt, t. V, p. 165.

(3) Humboldt, t. X, p. 148.

fin dans deux îles de granit, celles de *Cura* et de Cabo-Blanco, M. de Humboldt rencontra, dans des broussailles, à quelques mètres au dessus du niveau des eaux, du sable fin, rempli d'hélicites (1). Des faits aussi clairs, aussi certains, n'avaient pu manquer de faire naître, de la part des savants du pays, de nombreuses explications, qui toutes avaient de commun une issue souterraine, qui permettait aux eaux du lac un écoulement (2) vers l'Océan. M. de Humboldt fit justice de ces hypothèses, et après un mûr examen des localités, ce célèbre voyageur n'hésita pas à voir la cause de la diminution des eaux du lac Tacarigua dans les nombreux défrichements qui avaient eu lieu depuis un demi-siècle dans la vallée d'Aragua. « En abattant les arbres qui couvrent la cime et le flanc des montagnes, a-t-il dit, les hommes, sous tous les climats, préparent aux générations futures deux calamités à la fois : un manque de combustible et une disette d'eau (3). »

Depuis Oviédo qui, comme tous les chroniqueurs, a gardé un silence absolu sur une diminution du lac, la culture de l'indigo, celle de la canne, du coton, du cacao, avaient pris un immense développement. La vallée d'Aragua pré-

(1) Humboldt, t. V, p. 170.
(2) Humboldt, t. V, p. 171.
(3) Humboldt, t. V, p. 173.

sentait, en 1800, une population aussi dense qu'aucune des parties les mieux peuplées de la France, et on était agréablement surpris de l'aisance qui régnait dans les nombreux villages de cette contrée industrieuse. Tel était l'état prospère de ce beau pays, quand M. de Humboldt habitait la Hacienda de Cura.

Vingt-cinq ans plus tard, j'explorais à mon tour la vallée d'Aragua. J'avais fixé ma résidence dans la petite ville de Maracay. Depuis plusieurs années, les habitants avaient fait la remarque, que non seulement les eaux du lac avaient cessé de diminuer, mais qu'elles avaient subi une hausse très sensible. Des terrains naguère occupés par des plantations de coton étaient submergés. Les îles de las Nuevas Aparecidas, sorties des eaux en 1796, étaient devenues de nouveau des hauts fonds dangereux pour la navigation. La langue de terre de la Cabrera, au côté nord de la vallée, était tellement étroite, que la plus petite crue du lac l'inondait totalement. Un vent soutenu du nord-ouest suffisait pour couvrir d'eau la route qui conduit de Maracay à Nueva-Valencia. Les craintes qu'avaient eues pendant si longtemps les habitants riverains, étaient changées de nature ; ce n'était plus le dessèchement complet du lac que l'on redoutait. On se demandait si les envahissements successifs de ces eaux continueraient encore longtemps à s'emparer des propriétés ; ceux qui avaient expliqué la diminution du lac en imaginant des canaux souterrains, s'étaient empressés de les boucher pour donner raison de l'exhaussement des eaux.

Dans les vingt-deux ans qui venaient de s'écouler, de graves évènements politiques s'étaient accomplis. Venezuela n'appartenait plus à l'Espagne. La paisible vallée d'Aragua avait été le théâtre des luttes les plus sanglantes ; la guerre à mort avait désolé ces riantes contrées, décimé ses populations. Au premier cri d'indépendance, un grand nombre d'esclaves trouvèrent leur liberté en servant sous les drapeaux de la nouvelle république. Les grandes cultures furent abandonnées, et la forêt si envahissante sous les tropiques eut bientôt repris une grande partie du terrain que les hommes lui avaient arraché par plus d'un siècle de travaux constants et pénibles. Lors de la prospérité croissante de la vallée d'Aragua, les principaux affluents du lac étaient détournés pour servir à de nombreuses irrigations ; le lit des rivières se trouvait à sec pendant plus de six mois de l'année. A l'époque que je rappelle, leurs eaux, qui n'étaient plus utilisées, coulaient librement.

Ainsi pendant le développement de l'industrie agricole de la vallée d'Aragua, lorsque les défrichements se multiplient, quand les grandes cultures prennent de l'extension, le niveau du lac baisse graduellement; plus tard, durant une période de désastres, heureusement passagers, les défrichements s'arrêtent, les terres occupées par la grande culture sont en partie rendues à la forêt; alors les eaux cessent de baisser, et bientôt elles prennent un mouvement ascensionnel non équivoque.

Je porterai maintenant la discussion, sans toutefois sortir de l'Amérique, dans une région où le climat est analogue à celui de l'Europe; là on peut parcourir des champs immenses couverts de céréales; je veux parler des plateaux de la Nouvelle-Grenade, de ces hautes vallées, élevées de 2,000 à 3,000 mètres, et dans lesquelles on éprouve pendant toute l'année une température de 14° à 16° centigrades. Les lacs sont fréquents dans les Cordilières; il me serait facile d'en d'écrire un grand nombre; mais je me bornerai à citer ceux qui ont été le sujet d'anciennes observations.

Le village d'Ubaté se trouve placé dans le voisinage de deux lacs : il y a environ soixante-dix ans, ces deux lacs n'en formaient qu'un seul (1).

Les anciens habitants ont vu successivement les eaux diminuer, et de nouvelles plages s'étendre d'année en année. Aujourd'hui des champs de blés, d'une fertilité extrême, couvrent un

(1) J'ai trouvé la hauteur de ces lacs de 2569 mètres.

terrain qui était encore complètement inondé il y a trente ans (1).

Il suffit de parcourir les environs d'Ubaté, de consulter les plus vieux chasseurs du pays, de compulser les archives des paroisses, pour rester convaincu que de nombreuses forêts ont été abattues. Les défrichements continuent, et il est constant que la retraite des eaux, bien que beaucoup plus lente qu'autrefois, n'a pas encore entièrement cessé.

Le lac de Fuquené, situé dans la même vallée, à l'est d'Ubaté, mérite toute notre attention. Par des mesures barométriques faites avec un soin extrême, j'ai trouvé qu'il a la même élévation que ceux d'Ubaté. Il y a près de deux siècles que ce lac fut visité par don Lucas Fernandez de Piedrahita, évêque de Panama, à qui l'on doit l'*Histoire de la conquête de la Nouvelle-Grenade;* cet auteur dont j'ai eu plus d'une fois l'occasion de constater l'exactitude qu'il a mise dans l'évaluation des distances, donne au lac de Fuquené dix lieues de longueur sur trois lieues de largeur (2). Par une circonstance des plus heureuses, le docteur Roulin a eu, il y quelques années, l'occasion de lever un plan de ce lac,

(1) L'abaissement du niveau moyen d'un lac est d'autant plus facile à constater, qu'une baisse de 8 à 10 centimètres met souvent à sec une très grande surface de terrain.

(2) Piedrahita, *Historia de la conquista de la Nueva Granada*, p. 5.

auquel il a trouvé une lieue et demie de longueur sur une lieue de largeur.

On pourrait craindre que les dimensions adoptées par Piedrahita ne soient exagérées. Je ne le crois pas ; et en m'appuyant d'un côté sur mes nivellements barométriques, de l'autre sur le silence qu'ont gardé les anciens chroniqueurs à l'égard des lacs d'Ubaté, silence qui serait d'autant plus remarquable qu'ils ont cité des amas d'eau beaucoup moins considérables, j'incline à croire qu'à l'époque où l'évêque de Panama visitait ce pays, il n'y avait qu'un seul grand lac qui se continuait sans interruption, depuis Ubaté jusqu'à Zimijaca. Dans cette supposition l'évaluation de Piedrahita n'a plus rien d'exagéré. Au reste, le fait de la retraite des eaux est beaucoup plus important que l'évaluation de la surface du terrain laissé à sec ; ce fait n'est révoqué en doute par personne : les habitans de Zimijaca savent tous que le village fut bâti très près du lac : aujourd'hui il se trouve à environ une lieue. Anciennement, on s'y procurait aisément les bois de construction dont on avait besoin ; les montagnes qui s'élèvent de part et d'autre de la vallée étaient couvertes, jusqu'à une certaine hauteur, des arbres propres à ces régions froides ; le chêne de la Cordilière (*encinos*) y abondait ; on y trouvait aussi de nombreux lauriers (*myrica*), dont on tirait une grande quantité de cire. Maintenant, ces montagnes sont presque totalement déboisés ; c'est pricipalement l'exploitation des sources salées de Taosa et d'Enemocon qui a été la cause de la destruction rapide des bois, dans les environs d'Ubaté et de Fuquené. A tous ces faits authentiques, et que je pourrais au besoin multiplier, on peut répondre que la disparition des eaux, tout incontestable qu'elle est, aurait peut-être eu lieu sans le déboisement. On peut soutenir à la rigueur que le dessèchement est dû à une tout autre cause à nous inconnue, et qu'il faut le ranger parmi les nombreux phénomènes dont nous constatons la réalité, mais qu'il ne nous est pas donné d'expliquer.

Je n'ai pas à citer ici, comme j'ai pu le faire pour le lac de Valencia, une recrudescence des eaux, occasionnée par l'abandon de la culture et l'apparition de nouveaux bois. Je pourrais cependant invoquer en faveur de l'opinion que je défends la lenteur du dessèchement dans la vallée de Fuquené, depuis que l'abattage des arbres a presque totalement cessé. Les cultivateurs ne voyant plus se former aussi rapidement qu'autrefois ces terrains fertiles que le lac abandonne, pensent déjà au moyen d'obtenir directement ce qu'ils obtenaient par l'effet du déboisement du pays. C'est dans ce but qu'en 1826 des spéculateurs avisaient au moyen propre à dessécher entièrement le fond de la vallée, en ouvrant une issue aux eaux. Je préfère présenter une preuve évidente, et je la trouverai, je pense, en continuant à étudier des phénomènes du même ordre. Je vais montrer que des lacs, qui sont dans une situation telle que jamais aucun déboisement n'a eu lieu dans leurs alentours, n'ont éprouvé aucun changement dans leur niveau.

Je commencerai par le lac de Tota, parce qu'il n'est pas très éloigné de Fuquené, qu'il se trouve d'ailleurs dans des circonstances géologiques semblables, et qu'il est en même temps le lac le plus curieux qu'on puisse rencontrer dans toute la Nouvelle-Grenade.

Le lac Tota est placé sur un point très élevé de la Cordilière de Sogamoso; son élévation doit approcher de 4,000 mètres. A cette hauteur, la végétation disparaît presque entièrement. On aperçoit çà et là dispersées sur la roche de grès, quelques unes des plantes qui caractérisent la région des Paramos, des Saxifrages, des Frailejones enduits d'un épais duvet, et ces graminées, semblables à de la paille sèche, qui ont fait donner aux Savanes le nom de *Pajonales*.

Le lac est à peu près circulaire, et Piedrahita, qui le visita en 1542, lui donne deux lieues de diamètre; ses eaux, quand elles sont soulevées par les vents, forment des vagues qui rendent la navigation dangereuse. Une tradition bien antérieure à la découverte de l'Amérique, fait résider dans le lac un monstre marin : c'est lui qui agite les eaux et les verse sur le chemin qui est marqué sur le rivage. Des personnes dignes de foi m'ont assuré avoir vu à la surface du lac non un monstre, comme l'affirment les Indiens, mais bien une masse d'eau s'élever subitement et communiquer en retombant une agitation telle à la masse liquide que les vagues viennent inonder la route que les voyageurs sont obligés de parcourir. Tout le monde reconnaîtra à cette description un phénomène analogue aux seiches du lac de Genève. Les Indiens ont la prétention de pouvoir prédire, par l'aspect de l'atmosphère, l'agitation des eaux, comme ils le disent, si le lac doit se fâcher ; il est alors prudent de ne pas se mettre en route. En 1652, le chemin passait, comme il passe encore aujourd'hui, tout au bord du lac, et les seiches qui se succédaient alors avec autant de fréquence qu'à présent, rendaient le trajet tout aussi dangereux, la route se trouvant comprise entre le lac et un mur de rochers élevés. Les eaux baignent les mêmes roches, et leur niveau n'a pas éprouvé plus de changement que la contrée déserte et stérile qui les environne.

Peut-être trouvera-t-on que je ne devais pas faire entrer comme élément de la discussion, la description d'un lac placé à la dernière limite de la vie végétale.

Dans la crainte que l'exemple que j'ai cru devoir choisir, parce qu'il me paraissait frappant, ne doive être repoussé précisément parce qu'il est pris au milieu d'une contrée rocheuse, et pour ainsi dire dénuée de végétation, je me vois forcé de décrire de nouveaux lacs, moins élevés que celui de Tota et dont les eaux sont restées stationnaires depuis des siècles, bien qu'ils soient placés au centre d'un pays riche par son agriculture, mais dont l'aspect n'a jamais changé : c'est près de l'équateur, dans la province de Quito, que je les ai étudiés.

En laissant Ibarra pour se rendre à Quito, on traverse une vallée charmante, dans laquelle se rencontre le lac de San-Pablo ; les Indiens lui conservent son ancien nom de Chilcapan ; j'ai trouvé qu'il est élevé de 2,763 mètres au dessus de l'Océan. La température correspondante à cette hauteur ne permet plus la culture du maïs ; mais on aperçoit de nombreux champs d'orge, d'avoine et de pommes de terre ; tout le fond du pays consiste en beaux pâturages ; les collines sont couvertes de moutons que l'on élève pour l'exploitation des laines qui alimentent les fabriques de draps de la province. Les nombreux villages qui avoisinent le lac existaient bien avant la conquête ; la masse de la population est encore purement indienne ; elle a conservé ses usages et son idiome ; les choses paraissent se trouver dans l'état où elles étaient sous l'empire des Incas. La seule différence essentielle qu'il soit peut-être possible de signaler, c'est le pacage des moutons qui a remplacé celui des lamas : toutefois ces derniers animaux sont encore assez communs ; on rencontre fréquemment sur les routes des troupeaux de lamas, conduits par un Indien qui les dirige, chargés de marchandises, vers les villes voisines.

Un fait admis par tout le monde, c'est que le plateau de San-Pablo n'est plus boisé, depuis un temps immémorial. Sous les Incas, c'était déjà une terre de pacage. Des bergeries, établies depuis plus d'un siècle au bord du lac, n'ont pas vu le rivage s'éloigner ; et la route que suivit Huyana-Capac, quand il partit de Quito pour aller faire la conquête de Otavalu, fixe encore aujourd'hui la limite des eaux. La Cordilière qui sépare la vallée de San-Pablo des côtes de la mer du Sud est couverte, sur la pente orientale, de forêts épaisses presque impénétrables. J'indique cette circonstance, parce que j'ai la conviction qu'un grand déboisement, qui aurait lieu au dessous d'un lac alpin, même à une assez grande distance, influerait encore sur le niveau des eaux.

Je pourrais citer, sans m'éloigner beaucoup de la localité que je viens de faire connaître, le singulier lac de Cuicocha qui occupe un bassin trachytique, dans lequel deux îles, examinées avec beaucoup de soin par le colonel Hall, attestent la stabilité et la constance de son niveau. L'étude du lac Yaguar-Cocha, ou le lac de Sang, nommé ainsi depuis que Huayna-Capac rougit ses eaux avec le sang de 30,000 Indiens Cañares qu'il y fit égorger, nous conduirait à un résultat semblable. Ces deux lacs n'ont aucune issue ; mais j'ai choisi de préférence celui de Chilcapan, précisément parce qu'il a une ouverture naturelle au nord, par laquelle sort le Riô-Blanco. J'ai voulu montrer qu'ainsi que je l'ai dit précédemment, les observations faites sur des lacs ouverts n'étaient pas à rejeter. L'effet que doit tendre à produire un cours d'eau qui sort d'un lac par une gorge, est celui de creuser, d'approfondir cette gorge, et, par suite, l'abaissement des eaux. J'ai fait voir que, malgré cette circonstance, les eaux du Chilcapan n'ont pas baissé sensiblement. En examinant avec attention la roche de trachyte, là où le Riô-Blanco prend naissance, je n'ai rien reconnu qui indique une action érosive du cours d'eau. Dans les nombreuses cascades que j'ai été à même d'examiner, je crois avoir reconnu qu'en effet une masse d'eau peut, en tombant, creuser profondément les pierres les plus dures ; mais je n'ai pas observé que l'action de l'eau fût bien marquée, lorsqu'elle coule sur une roche, à moins que le cours d'eau n'entraîne, comme c'est généralement le cas pour les torrents, des cailloux dont le frottement continuel use la surface de la roche sur laquelle ils glissent.

Je terminerai ce que j'ai à dire sur les lacs de l'Amérique méridionale, en parlant de celui de Quilatoa, déjà situé dans l'autre hémisphère, parce qu'il a été observé avec exactitude, à deux époques suffisamment éloignées l'une de l'autre, en 1740 et en 1831.

Quand on séjourne à Latacunga, ville située à peu de distance du Cotopaxi, on entend souvent parler des merveilles de la Laguna de Quilatoa. De temps à autre, ce lac jette des flammes qui embrasent les arbustes qui croissent sur ses bords ; il produit de fréquentes détonations qui s'entendent à une très grande distance. Il n'en fallait pas davantage pour déterminer M. de la Condamine, qui en septembre 1738 se trouvait à Latacunga, à entreprendre une excursion au lac de Quilatoa. Il reconnut à ce lac 200 toises de diamètre ; car il est tout à fait circulaire : il s'en fallait de 20 toises environ que l'eau n'atteignît ses bords escarpés.

Le 28 novembre 1831, je me trouvais aussi près du lac de Quilatoa. On ne saurait mieux le comparer qu'à un cratère dont le fond est occupé par de l'eau. J'ai trouvé qu'il est élevé de 3918 mètres, c'est-à dire qu'il appartient à la région froide ; en effet, il est entouré de pâturages immenses, et 500 mètres plus bas se trouve la bergerie de Piliputzin ; à l'est, la Cordilière qui descend vers la côte est couverte de forêts à peu près inconnues. Les renseignements que nous donnèrent les bergers qui vivent dans la proximité du lac, firent disparaître tout le merveilleux qu'on lui attribue ; jamais ils n'avaient vu de flammes sortir de ses eaux, jamais ils n'avaient entendu de détonations. Le résultat de mon excursion au lac de Quilatoa fut de constater que les choses se trouvent comme elles étaient à l'époque du voyage de M. de la Condamine.

L'étude des lacs si communs en Asie, conduirait probablement à un résultat conforme à celui qui se déduit des observations faites dans l'Amérique méridionale, savoir, que les eaux qui arrosent une contrée diminuent à mesure que les déboisements se multiplient, que la culture prend de l'extension. Les travaux récents de M. de Humboldt, qui ont jeté un jour si nouveau sur cette partie du globe, semblent ne laisser que peu de doute à cet égard. Après avoir fait voir que le système de l'Altaï va s'éteindre par une suite de coteaux dans les steppes de Kirghiz, et que, par conséquent, la chaîne de l'Oural ne se lie pas à l'Altaï, ainsi qu'on le croyait généralement, ce célèbre géographe montre que précisément là où l'on avait coutume de placer les monts Alghiniques, commence une région remarquable de lacs qui se continue dans les plaines qui sont traversées par les rivières d'Ichim, d'Omsk et d'Ob (1). On dirait que ces lacs nombreux sont le résidu de l'évaporation d'une grande masse d'eau, qui jadis couvrait tout le pays, et qui aurait été fractionnée en autant de lacs particuliers par la configuration du sol. En traversant le steppe de Baraba, pour se rendre de Tobolsk à Baraoul, M. de Humboldt a constaté que partout le dessèchement augmente rapidement par l'effet de la culture.

L'Europe possède aussi ses lacs, et il reste à les examiner sous le point de vue qui nous occupe. J'ai parcouru trop rapidement la Suisse pour que mon attention ait pu être suffisamment dirigée sur les lacs de cette contrée intéressante. Heureusement, un observateur illustre nous a laissé des documents précieux qui viennent encore fournir de nouvelles preuves de l'influence de la culture sur la diminution des eaux.

Saussure, dans ses premières recherches sur la température des lacs de la Suisse, examina ceux qui sont placés au pied de la première ligne du Jura.

Le lac de Neuchâtel a huit lieues de longueur; sa plus grande largeur ne dépasse pas deux lieues. Saussure fut frappé, en le visitant, de l'étendue que ce lac devait avoir autrefois : car, dit-

(1) Humboldt, *Fragments asiatiques*, t. I, p. 40-59.

il, les grandes prairies horizontales et marécageuses, qui le terminent au sud-ouest, ont été indubitablement couvertes d'eau.

Le lac de Bienne a trois lieues de longueur sur une de largeur; il est séparé de celui de Neuchâtel par une suite de plaines qui furent vraisemblablement inondées.

Le lac Morat est aussi séparé du lac de Neuchâtel par des marais horizontaux, qui, à n'en pas douter, étaient autrefois submergés. Alors, ajoute Saussure, les trois grands lacs de Neuchâtel, de Bienne et de Morat, étaient réunis dans un seul bassin (1).

En Suisse, comme en Amérique, comme en Asie, les anciens lacs, qu'on pourrait appeler les lacs primitifs, ceux qui occupaient le fond des vallées lorsque le pays était inculte et sauvage, se sont divisés, par l'effet du dessèchement, en un certain nombre de lacs indépendants.

Je terminerai la tâche que je me suis imposée, en utilisant, dans l'intérêt de la discussion que je cherche à éclaircir, les observations de Saussure sur le lac de Genève. Ce lac est, pour ainsi dire, le point de départ des admirables travaux de ce physicien célèbre. Personne ne l'a mieux étudié que lui.

Saussure admet qu'à une époque bien anté-

(1) Saussure, *Voyages dans les Alpes*, t. II, chap. XVI.

rieure aux temps historiques, les montagnes qui dominent le lac étaient ensevelies sous les eaux ; une catastrophe occasionna une débâcle, et bientôt le courant n'occupa plus que le bas de la vallée : le lac de Genève fut formé.

En se fondant sur les monuments construits par les hommes, on ne saurait douter que depuis douze à treize cents ans, les eaux du lac de Genève ne se soient graduellement retirées. C'est évidemment sur les plages qu'elles ont abandonnées, que le quartier de Rive et les rues basses ont été bâtis (1). Cet abaissement de la surface du niveau du lac, poursuit Saussure, n'est pas seulement l'effet du creusement du canal de décharge, il a été produit aussi par une diminution dans la quantité des eaux qui y affluent.

La conséquence qu'il est permis de tirer des observations de Saussure, c'est que depuis douze à treize cents ans les eaux courantes ont diminué graduellement, dans les contrées voisines du lac de Genève. Personne ne contestera, je pense que, durant cette longue période, il n'y ait eu en Suisse d'immenses défrichements et un progrès toujours croissant dans la culture de ce beau pays. Par l'examen des niveaux des lacs, nous sommes arrivés à cette conclusion que, dans les contrées où se sont opérés de grands défriche-

(1) Saussure, *Voyages*, t. I, chap. VI.

ments, il y a eu très probablement diminution dans les eaux vives qui coulent à la surface du terrain ; tandis que là où il ne s'est effectué aucun changement, les eaux courantes ne paraissent pas avoir subi de variation.

Les forêts, considérées sous le point de vue qui nous occupe, auraient donc pour effet, d'abord, de conserver le volume des eaux destinées aux usines et aux canaux, et ensuite de s'opposer à ce que les eaux pluviales se réunissent et s'écoulent avec une trop grande rapidité, en mettant un obstacle à l'évaporation. Qu'un sol couvert d'arbres soit moins propre à favoriser l'évaporation qu'un terrain déboisé, c'est ce que tout le monde admettra sans discussion ; mais pour bien observer les différences de ces deux conditions, il faut voyager sur une route qui traverse successivement un pays découvert et un pays boisé, quelque temps après une saison pluvieuse. On remarque alors que les parties de la route qui se trouvent dans la forêt sont encore couvertes de boue, lorsque déjà celles qui sont tracées sur le terrain découvert sont entièrement sèches.

C'est surtout dans l'Amérique méridionale que la difficulté de l'évaporation sur un sol ombragé par des forêts épaisses est plus tranchée. Dans les forêts l'humidité y est constante, même longtemps après la saison des pluies ; les sentiers qui y sont ouverts restent, pendant toute l'année, de véritables bourbiers; l'unique moyen de dessécher ces routes forestières est de leur donner une largeur de 80 à 100 mètres, ce qui revient à dire qu'il faut faire un véritable défrichement.

Une fois admis que les eaux courantes diminuent par l'effet des défrichements et de la culture, il convient d'examiner si cette diminution provient d'une moindre quantité de pluie, ou si d'une plus grande évaporation, ou bien encore si elle est due aux irrigations.

J'ai posé en principe qu'il devait être à peu près impossible de faire nettement la part de ces différentes causes. J'essaierai toutefois, en terminant, de les apprécier d'une manière générale. La discussion gagnera déjà quelque chose, si l'on prouve qu'il peut y avoir diminution d'eaux courantes par l'effet seul du défrichement, sans que toutes les causes agissent simultanément.

Pour ce qui est relatif à l'irrigation, il faut nécessairement distinguer entre le cas où une grande culture est substituée à la forêt, et celui où un terrain aride, non boisé, est rendu cultivable par l'industrie de l'homme. Dans le premier cas, il est assez probable que l'irrigation ne contribue que pour fort peu de chose dans l'altération de la masse d'eaux courantes; car on peut bien admettre que la quantité d'eau consommée pour le compte de la végétation d'une surface donnée de forêts doit égaler, sinon surpasser, celle qui sera absorbée par une surface égale, livrée à la culture après le déboisement. Alors, l'influence exercée par ce terrain cultivé rentre dans la condition d'un sol défriché, agissant uniquement en favorisant l'évaporation des eaux pluviales. Dans le second cas, c'est à dire dans celui où une grande étendue de pays inculte aura été couverte de culture, il y aura évidemment consommation d'eau par la végétation qu'on y aura favorisée; l'introduction de l'industrie agricole tendra donc à diminuer les cours d'eaux qui sillonnent ce pays. C'est très probablement à une circonstance semblable qu'il faut attribuer le dessèchement graduel des lacs qui jaugent une grande partie des eaux vives du nord de l'Asie. Il est à peu près inutile d'ajouter que, dans une circonstance de ce genre, l'effet dû seulement à l'évaporation des eaux pluviales n'est pas augmenté; cet effet doit plutôt être moindre : car, sur un sol couvert de plantes, l'eau s'évapore plus difficilement que sur un sol dénué de végétation.

Dans les considérations que j'ai présentées sur les lacs de Venezuela, de la Nouvelle-Grenade et de la Suisse, on peut attribuer directement la disparition d'une partie des eaux courantes tributaires de ces lacs à une moindre quantité de pluies; mais on peut soutenir avec tout autant de raison qu'elle est simplement la conséquence d'une évaporation plus rapide des eaux pluviales. Il est effectivement des circonstances sous l'influence desquelles la diminution des eaux vives est occasionnée par une évaporation plus active. J'ai entendu citer à ce sujet un bon nombre d'exemples; mais, dans une discussion de ce genre, c'est moins des faits nombreux que des faits bien avérés qu'il convient d'adopter. Pour ce motif, je me bornerai à rapporter deux observations : l'une est due à M. Desbassyns de Richemond, qui l'a recueillie à l'île de l'Ascension; l'autre m'est particulière : elle est au nombre des faits que j'ai enregistrés pendant un séjour de plusieurs années aux mines de Marmato.

Dans l'île de l'Ascension, on a vu une belle source placée au bas d'une montagne, primitivement boisée, perdre son abondance et se tarir lorsqu'on eut coupé les arbres qui couvraient la montagne. On attribua la perte de la source au déboisement. On boisa de nouveau, et quelques années après, la source reparut peu à peu, et coula bientôt avec son ancienne abondance.

La montagne métallifère de Marmato est située dans la province de Popayan, au milieu de forêts immenses. Le cours d'eau sur lequel les bocards sont établis est formé par la réunion de plusieurs petits ruisseaux qui prennent naissance sur le plateau de San-Jorge. C'est un espace extrêmement boisé qui domine l'établissement.

En 1826, lorsque je visitais ces mines pour la première fois, Marmato consistait en quelques misérables cabanes habitées par des Nègres esclaves. En 1830, époque à laquelle je quittai cette localité, Marmato présentait l'aspect le plus animé; on y voyait de grands ateliers, une fonderie d'or, des machines pour diviser et amalgamer le minéral. Une population libre, de près de 3,000 habitants, se trouvait échelonnée sur la pente de la montagne. C'est dire que de copieuses coupes de bois avaient été faites, tant pour la construction des machines et des habitations que pour la fabrication du charbon. Pour la facilité du transport, les coupes avaient eu lieu sur le plateau de San-Jorge. Le défrichement durait à peine depuis deux ans, que déjà l'on s'aperçut que le volume d'eau dont on dispose pour les machines avait diminué notablement. Le volume d'eau était mesuré (1) par le travail des machines. La question était grave, car à Marmato une diminution dans la quantité d'eaux motrices sera toujours suivie d'une diminution dans le produit en or.

A Marmato, à l'île de l'Ascension, il n'est nul-

(1) Un jaugeage exact fait à différentes époques a prouvé la diminution réelle des eaux motrices.

lement probable qu'un défrichement local et aussi limité ait pu influer assez sur l'état météorologique de l'atmosphère, pour faire varier la quantité annuelle de pluie qui tombe sur la contrée. Il y a plus, à Marmato, aussitôt qu'on eut constaté la diminution des eaux, on s'empressa d'établir un pluviomètre (1). Dans le cours de la deuxième année d'observation, on mesura une quantité de pluie plus forte que celle recueillie pendant la première année, bien que les défrichements aient continué, et sans qu'on ait remarqué une augmentation appréciable dans les eaux motrices.

Sans doute deux années d'observations udométriques sont suffisantes, même dans les tropiques, pour accuser une variation définitive dans la quantité annuelle de pluie; mais les observations de Marmato établissent toujours que la masse d'eau courante a diminué, bien que la quantité de pluie ait été plus forte la deuxième année.

Il est donc vraisemblable que des déboisements locaux, très peu étendus, peuvent atténuer et même faire disparaître des sources et des ruisseaux, sans que cet effet puisse être attribué à une moindre quantité de pluie.

Il reste à examiner si les grands défrichements,

(1) *Annales de Chimie et de Physique*, t. LXI, p. 107.

ceux qui embrassent un pays étendu, peuvent rendre les pluies moins abondantes. Les observations udométriques conduiront seules à résoudre la question. Malheureusement, les observations qu'il est permis de discuter sont trop peu anciennes, et en Europe elles ont été généralement commencées lorsque les grands déboisements étaient déjà effectués. Les Etats-Unis d'Amérique, où les forêts disparaissent avec une inconcevable rapidité, nous présenteront peut-être, dans un temps qui n'est pas très éloigné, une série précieuse de faits.

En étudiant, sous les tropiques, le phénomène de la pluie, je suis arrivé à me former sur la question du déboisement une opinion que j'ai déjà fait partager à plusieurs observateurs.

Pour moi, il est constant qu'un défrichement très étendu diminue la quantité annuelle de pluie qui tombe sur une contrée.

On a dit depuis longtemps que dans les régions équinoxiales, l'époque de la saison pluvieuse revient chaque année avec une étonnante régularité : cela est de la plus grande exactitude ; seulement, ce fait météorologique ne doit pas être énoncé d'une manière trop générale.

La régularité dans l'alternance des saisons sèches et pluvieuses, est la plus grande possible dans les contrées qui possèdent un territoire extrêmement varié. Ainsi, un pays qui offre à la fois des forêts et des rivières, des montagnes et de grandes plaines, des lacs, des plateaux étendus, présente en effet des saisons périodiques parfaitement tranchées (1).

Il n'en est plus de même si le territoire est plus uniforme, s'il devient en quelque sorte spécial. L'époque du retour des pluies sera beaucoup moins régulière, si les terrains découverts arides dominent; si des cultures d'une grande extension remplacent en partie les forêts; si les rivières sont moins communes, les lacs plus rares (2). Les pluies seront alors moins abondantes, et dans un semblable pays on éprouvera de temps à autre des sècheresses d'une longue durée.

Si au contraire des forêts épaisses recouvrent en presque totalité le territoire, si les rivières sont multipliées, les cultures limitées, l'irrégularité dans les saisons aura encore lieu, mais alors dans un sens différent. Les pluies domineront, et dans certaines années elles deviendront pour ainsi dire continuelles (3).

Le continent américain nous offre, sur un dé-

(1) Venezuela, les Llanos, plateaux de la Nouvelle-Grenade, de Quito, plaines de la Magdalena, province d'Antioquia, provinces de Guagaquail, de Cartagena.

(2) Provinces de Socotro, de Sogamoso, de Cumana, de Coro, de Cuenca (vers Piura).

(3) Choco, forêts de l'Orénoque.

veloppement immense, deux régions placées sous les mêmes conditions de température, et dans lesquelles on rencontre successivement les circonstances les plus favorables à la formation de la pluie, et celles qui lui sont entièrement opposées.

A partir de Panama, et en se dirigeant vers le sud, on trouve la baie de Cupica, les provinces de San Buenaventura, du Choco, et d'Esmeraldas; dans ce pays couvert de forêts épaisses et sillonnées par une multitude de rivières, les pluies sont presque continuelles. Dans l'intérieur du Choco, il ne se passe pas un jour sans pleuvoir. Au delà de Tumbez, vers Payta, commence un ordre de choses entièrement différent : les forêts ont disparu ; le sol est sablonneux, la culture à peu près nulle. Ici, la pluie est pour ainsi dire inconnue. Lorsque je me trouvais à Payta, il y avait, au dire des habitants, dix-sept ans qu'il n'avait plu.

Ce manque de pluie est commun dans tout le pays qui avoisine le désert de Sechura et s'étend jusqu'à Lima : dans ces contrées les pluies y sont aussi rares que les arbres.

Ainsi, dans le Choco, dont le sol est couvert de forêts, il y pleut toujours ; sur la côte du Pérou, dont le terrain est sablonneux, dénué d'arbres, privé de verdure, il n'y pleut jamais ; et cela, comme je l'ai dit, sous un climat qui jouit de la même température, et dont le relief et la distance aux montagnes sont à peu près les mêmes.

Piura n'est pas plus éloigné des andes de l'Assuay que ne le sont les plaines humides du Choco de la Cordilière occidentale.

Les faits qui viennent d'être exposés semblent établir :

1° Que les grands défrichements diminuent la quantité des eaux vives qui coulent à la surface du pays ;

2° Qu'il est impossible de dire si cette diminution est due à une moindre quantité annuelle de pluie, à une plus grande évaporation des eaux pluviales, ou à ces deux effets combinés ;

3° Que la quantité d'eaux vives ne paraît pas avoir varié dans les contrées qui n'ont subi aucuns changements dus à la culture ;

4° Qu'indépendamment de la conservation des eaux vives, en mettant un obstacle à l'évaporation, les forêts, en ménagent et en régularisent l'écoulement ;

5° Que la culture établie dans un pays aride et non couvert de forêts dissipe une partie des eaux courantes ;

6° Que par des déboisements purement locaux, des sources peuvent disparaître, sans qu'on soit en droit de conclure que la quantité annuelle de pluie ait diminué;

7° Qu'en se fondant sur des faits météorologiques recueillis dans les régions équinoxiales, on doit présumer que les défrichements diminuent la quantité annuelle de pluies qui tombent sur une contrée.

FIN DU DEUXIÈME ET DERNIER VOLUME.

TABLE DES MATIÈRES

CONTENUES

DANS LE DEUXIÈME VOLUME.

CHAPITRE V.

CHAPITRE VI.

CHAPITRE VII.

CHAPITRE VIII.

CHAPITRE IX.

(1) Par une erreur d'impression, ce chapitre est indiqué comme chapitre IX.

FIN DE LA TABLE DU DEUXIÈME VOLUME.

www.ingramcontent.com/pod-product-compliance
Lightning Source LLC
LaVergne TN
LVHW010113230826
846091LV00001BA/32

* 9 7 8 2 0 1 9 6 8 4 3 8 9 *